한국의 균류

• 담자균류 •

②

주름버섯목	주름버섯과
	광대버섯과
	눈물버섯과
	송이버섯과

Fungi of Korea

Vol.2: Basidiomycota

Agaricales	Agaricaceae
	Amanitaceae
	Psathyrellaceae
	Tricholomataceae

한국의 균류 ②
: 담자균류

초판인쇄	2017년 12월 01일
초판발행	2017년 12월 01일

지은이	조덕현
펴낸이	채종준
펴낸곳	한국학술정보(주)
주 소	경기도 파주시 회동길 230 (문발동)
전 화	031) 908-3181(대표)
팩 스	031) 908-3189
홈페이지	http://ebook.kstudy.com
E-mail	출판사업부 publish@kstudy.com
등 록	제일산-115호(2000.6.19)

I S B N	978-89-268-7452-3 94480
	978-89-268-7448-6 (전6권)

Fungi of Korea Vol.2: Basidiomycota

Edited by Duck-Hyun Cho

© All rights reserved First edition, 11.2017.

Published by Korean Studies Information Co., Ltd., Seoul, Korea.

한국의 균류
•담자균류•
②

주름버섯목	주름버섯과
	광대버섯과
	눈물버섯과
	송이버섯과

Fungi of Korea
Vol.2: Basidiomycota

Agaricales	Agaricaceae
	Amanitaceae
	Psathyrellaceae
	Tricholomataceae

조덕현 지음

머리말

균류는 생태계에서 자연의 청소부라 불리며 훌륭한 분해자로서의 기능을 수행하고 있다. 그 덕분에 우리 환경은 깨끗한 생태계를 유지하고 있다. 하지만 균류의 물질 분해 기능을 제대로 알고 고마워하는 사람은 많지 않다. 다만 균류 중 버섯이 먹거리로서 주목을 받았으며, 식용버섯이냐 독버섯이냐에만 관심이 모아졌다. 최근에는 균류에서 여러 가지 신물질, 특히 항암 성분이 밝혀짐으로써 그와 관련한 연구가 활발하게 진행되고 있어 주목된다.

한국의 균류 연구는 여러 분야에서 이뤄지고 있지만 기초적인 분류를 연구하는 학자는 상대적으로 많지 않다. 여러 이유가 있지만 이 분야를 연구하는 것이 학자들의 의식주 해결에 도움이 되지 않는 것도 그중 하나다. 저자는 50년간 한국의 국립공원과 도립공원을 비롯한 크고 작은 전국의 산야에서 버섯을 채집해 왔다. 이를 바탕으로 최근에는 한국 최초로 백두산 일대의 버섯을 집대성한 『백두산의 버섯도감』(1, 2권)을 출간하였다. 이어 연구를 통해 확보한 방대한 자료에서 자낭균류만을 골라 『한국의 균류 1-자낭균류』를 출간하였다.

이번에는 담자균류의 일부를 도감으로 펴내게 되었다. 과거의 형태적 분류방식이 분자생물학적으로 바뀌면서 도감을 작업하는 데 여러 가지 어려운 문제를 야기하기도 하였다. 예를 든다면 과거의 학명이 전혀 다르게 바뀌었다. 전체를 하나하나 대조 확인해야 하는 꽤 힘든 작업이었다. 또바뀐 학명이 하루가 다르게 또다시 바뀌어 재배치해야 했기 때문에 이 역시 어려움이 많았다. 이미 발표된 종들(species)이 빠져 있기도 하고 임시 배치하여 소속이 없거나 분명치 않은 것도 있다.

앞으로 세계는 생물자원을 많이 확보한 나라가 부강한 나라가 될 것이라는 게 일치된 의견이다. 생물자원을 확보하기 위해서 전 세계는 지금 말 없는 전쟁을 하고 있다. 과거에는 외국의 학자가 자국에 들어와서 연구 활동을 하는 것이 쉬웠으나 지금은 모든 나라가 이것을 엄격히 제한하고 있다. 자국의 생물자원이 외국으로 유출되는 것을 막기 위해서이다.

이번에 출간하는 도감은 담자균류의 주름버섯과, 광대버섯과, 눈물버섯과, 송이버섯과를 중심으로 엮었다. 본 도감이 한국의 생물자원을 보호하고, 미래 생물자원을 확보하고 활용하는 데 도움이 되기를 바란다. 이 도감은 저자 한 사람의 노력으로 이루어진 것이 아니다. 이 책에는 50년간 채집 관찰을 이어온 정재연 큐레이터의 노력과 가족의 헌신적인 격려, 그리고 그동안 함께 연구한 많은 학부생과 대학원생의 노력이 담겨졌다. 언제나 주위에서 격려해 주는 많은 분이 있었기에 가능한 일이었다. 머리 숙여 고마움과 감사를 드린다.

조덕현

감사의 글

· 균학 공부의 길로 인도하고 아시아의 균학자 3명 중 한 사람으로 선정해주신 이지열 박사(전 전주교육대학교 총장, 전 한국균학회 회장)에게 고마움을 드리며, 늘 무언의 격려를 해주시는 이영록 박사(고려대학교 명예교수, 대한민국학술원)에게도 고마움을 전한다.
· 정재연 큐레이터는 사진 촬영을 도와주었음은 물론 현미경적 관찰 및 버섯표본과 방대한 사진 자료를 정리하여 주었다.
· 박성식 선생(전 성지여자고등학교 교사)과 여러모로 도움을 준 분들에게도 고마움을 드린다.

일러두기

· 분류체계는 Ainsworth & Bisbys의 『Dictionary of the Fungi』(10판)를 변형하여 배치하였다.

· 학명은 영국의 www.indexfungorum.org(2017.01)에 의거하였다. 과거의 학명도 병기하여 참고하도록 하였으며 여기에 등재되지 않은 학명은 과거의 학명을 그대로 사용하였다.

· 한국 미기록종의 보통명은 균학라틴어 사전(Mycological Latin and Nomenclature)과 라틴어의 어원을 기본으로 신칭하였다.

· 한국 보통명이 적절치 못한 것은 균학라틴어 사전과 라틴어의 어원을 기본으로 개칭하였다.

· 한국 보통명이 여러 개인 것은 국제명명규약에 따라 먼저 발표된 것을 채택하였다.

· 학명이 바뀜으로써 동종이명으로 된 것 중에서 이미 발표된 종도 병기하였다. 예를 들어 광대버섯의 경우 기본학명을 서술하고 과거에 다른 종으로 분류하였던 Amanita muscaria var. formosa를 광대버섯(예쁜형)으로 기술하였다. 같은 종 가운데서 기본종과 색깔이 너무 다른 것도 사진과 설명을 기재하여 이해를 돕도록 하였다.

· 한국 보통명이 바뀌는 경우 이전의 보통명도 함께 병기하였다. 예를 들어 볼록포자갓버섯(Lepiota ventriosospora)은 보통명이 큰포자갓버섯(L. magnispora)으로 변경되었는데, 이 경우에는 한국 보통명을 둘 다 병기하였다.

· 문헌에 따라 한 종류에 대하여 다르게 분류한 것은 www.indexfungorum.org를 기준으로 통일하였다.

· 학명은 편의상 이탤릭체가 아닌 고딕체로 하였고 신칭과 개칭의 표기는 편집상 생략하였다.

· 자주 사용되는 용어는 부록에 정리·수록하여 버섯을 이해하는 데 도움을 주고자 하였다.

차 례

담자균문

Basidiomycota

∨

주름균아문

Agaricomycotina

등색주름버섯

Agaricus abruptibulbus Peck

형태 균모의 지름은 5~11㎝ 정도로 처음 난형에서 둥근 산 모양
을 거쳐서 편평하게 된다. 표면은 비단 같은 광택이 나며 흰색-연
한 황색이다. 손으로 강하게 만지면 탁한 황색의 얼룩이 지고, 살
은 흰색이다. 주름살은 떨어진 주름살로 백색에서 홍색이 되었다
가 자갈색으로 되며 폭이 넓고 촘촘하다. 자루의 길이는 9~13㎝,
굵기는 1~1.5㎝로 백색에서 연한 살구색을 띤다. 자루의 살은 공
기에 접촉하면 약간 황색을 띤다. 자루의 속은 비어 있다. 기부가
급격히 부풀어져 있고 표면에 약간 솜 같은 미세한 인편이 있다.
턱받이는 위쪽에 있고 흰색에서 연한 황색으로 되며 대형의 막
질이다. 아래쪽에는 솜찌꺼기상의 부속물이 있다. 포자의 크기는
6.5~7.5×3.5~5㎛로 타원형이며 표면은 매끈하고 암갈색이다.
생태 여름~가을 / 활엽수림, 침엽수와 활엽수의 혼효림, 죽림 등
의 낙엽이 많은 땅에 군생한다.
분포 한국, 중국, 일본, 유럽, 북아메리카 등 전 세계

솜털흰주름버섯

Agaricus altipes (F.H. Møll.) F.H. Møll.
A. aestivalis (Møll.) Pil.

형태 균모의 지름은 5~10cm로 어릴 때는 반구형이다가 둥근 산 모양으로 넓게 펴진다. 때때로 중앙부가 편평한 모양이 되기도 한 다. 표면은 밋밋하나 점차 비단결 같은 털이 밀생하며 백색이나 간혹 오래되면 연한 황토 갈색으로 된다. 살은 백색, 자루 쪽은 약 간 분홍색이다. 주름살은 떨어진 주름살이고 어릴 때는 연한 분홍 색으로 오랫동안 분홍색을 띠다가 나중에 암자갈색으로 되며 언 저리는 고르다. 자루의 길이는 5~12cm, 굵기는 1~2.5(3)cm로 원 주형이다. 간혹 위쪽이 가늘며 기부가 굵지 않다. 표면은 백색이 고 희미하게 세로로 솜털이 있으며 턱받이는 영존성이다. 자루 의 속은 차 있다가 오래되면 비게 된다. 포자의 크기는 5.9~7.9× 3.8~4.8μm로 타원형이며 표면은 매끈하고 벌꿀 같은 갈색이다. 포자벽은 두껍고 포자문은 자갈색이다.

생태 늦봄~여름 / 침엽수림의 땅 또는 침엽수와 활엽수의 혼효 림의 땅에 단생 또는 군생한다.

분포 한국, 유럽 등 전 세계

키다리주름버섯

Agaricus annae Pilát

형태 균모의 지름은 7~9*cm*로 어릴 때 원추형에서 원추형의 종 모양으로 되었다가 편평해지며 중앙은 낮고 둥글게 된다. 표면에 는 섬유상 인편이 있으며 중앙은 황토색이고 그 외는 황토색 섬 유실의 비단 같은 백색이지만 나중에 퇴색한다. 주름살은 끝붙은 주름살로 적색을 띤 살구색의 핑크색이다. 가장자리는 연한 핑크 색이다. 살은 어릴 때는 상처가 나면 적색으로 변하나 오래 계속 되지 않으며 냄새가 약간 난다. 자루의 길이는 10~16*cm*, 굵기는 1~1.5*cm*로 길고 가늘며 가끔 위쪽으로 구부러진다. 기부는 부풀 지 않고 땅에 단단히 고정된다. 어릴 때는 턱받이 아래로 섬유상 인편이 있으나 나중에 밋밋해지며 표면은 상처를 받으면 적색으 로 물든다. 턱받이는 아래로 늘어지고 얇으며 쉽게 탈락한다. 포 자의 크기는 7.5~9.5×4.5~5.5*μm*로 타원형이며 비교적 큰 편이 다. 낭상체가 많다.
생태 여름~가을 / 숲속의 땅에 군생한다.
분포 한국, 중국, 유럽

흰주름버섯

Agaricus arvensis Schaeff.

형태 균모의 지름은 8~20cm로 처음에는 둥근 산 모양이며 백색이다. 가장자리에 턱받이의 인편이 붙어 있다. 살은 백색이다. 주름살은 떨어진 주름살로 처음에는 백색이나 회홍색을 거쳐 자색의 흑갈색으로 되며 빽빽하게 밀생한다. 자루의 길이는 2~9cm, 굵기는 1~2cm로 원통형이며 아래가 부풀어 있다. 표면은 백색이나 손으로 만지면 백황색(살색)으로 되고 세로로 잘 갈라진다. 턱받이가 주름살을 덮고 있는 모습을 흔히 볼 수 있다. 턱받이는 균모에서 떨어지면서 일부는 가장자리에 부착되거나 자루에 너덜너덜하게 붙는다. 포자의 크기는 5.5~6.5×3~3.5μm로 타원형이며 포자벽은 2중 막으로 두껍다. 포자문은 자갈색이다.
생태 여름~가을 / 활엽수림의 낙엽이 쌓인 곳과 대나무 숲 등에 산생하거나 드물게 군생한다. 식용, 약용하며 항암 성분이 있다. 인공재배도 한다.
분포 한국, 일본, 중국 등 전 세계

실비듬주름버섯

Agaricus augustus Fr.
A. augustus Fr. var. augustus

형태 균모의 지름은 10~20㎝로 둔한 난형에서 둥근 산 모양으로 되었다가 차차 편평해진다. 황갈색 바탕에 밤갈색의 섬유상 인편이 중앙에 밀집한 형태로 덮여있다. 가장자리는 방사상으로 인편이 산재한다. 살은 두껍고 백색에서 붉은 백색으로 된다. 아몬드의 강한 쓴맛과 냄새가 있다. 주름살은 끝붙은 주름살로 밀생하며 백색에서 갈색으로 된다. 자루의 길이는 10~20㎝, 굵기는 2~4㎝로 유백색에서 황백색으로 된다. 자루에는 작은 인편이 부착하며 인편은 연한 갈색으로 된다. 위쪽에 백색 막질의 큰 턱받이가 늘어져 있는데 오래되면 갈색으로 변하고 상처가 나면 황색으로 변한다. 자루의 속은 차 있고 기부는 때때로 부푼다. 포자의 크기는 7~10×4.5~5.5㎛로 타원형이며 표면은 매끈하고 황색의 암갈색이다. 포자막은 두껍고 포자문은 자갈색이다.

생태 여름~가을 / 숲속의 땅에 단생 또는 군생한다. 맛이 좋은 식용균이다.

분포 한국, 일본, 중국, 유럽, 북아메리카 등 전 세계

변색주름버섯

Agaricus bernardii Quél.

형태 균모의 지름은 1~15*cm*로 반구형에서 편평한 둥근 산 모양으로 되며 가운데가 들어간다. 백색에서 밝은 갈색이며 상처를 받으면 붉은색으로 된다. 표면은 쉽게 거칠어지고 갈색의 인편이 있다. 살은 백색으로 칼로 자르면 적색-오렌지색으로 된다. 맛은 별로 좋지 않으며 비린내가 난다. 주름살은 끝붙은 주름살로 연한 회색에서 살색이 되었다가 흑갈색으로 된다. 자루의 길이는 5~7 *cm*, 굵기는 2~4*cm*로 백색이나 기부는 약간 회갈색이다. 턱받이는 백색으로 폭이 좁고 칼집 모양이다. 포자의 크기는 5.5~7× 5~5.5*μm*로 광난형이다. 포자문은 흑갈색이다. 연낭상체는 길고 원통형, 곤봉형, 방추형 등으로 다양하며 벽은 얇다.

생태 가을 / 모래땅, 바다 근처 풀밭, 길가 등에 군생한다.

분포 한국, 유럽

양송이버섯

Agaricus bisporus (J.E. Lange) Imbach
A. bisporus var. bisporus J.E. Lange / A. bisporus var. albidus J.E. Lange ex Sing.

형태 균모의 지름은 5~12cm로 처음 구형에서 차차 편평하게 된다. 표면은 회갈색 또는 백색이며 매끄럽고 비늘 조각이 있는 것도 있다. 상처를 받으면 적갈색의 얼룩이 생긴다. 살은 백색에서 연한 붉은색으로 된다. 주름살은 끝붙은 주름살로 백색에서 갈색으로 된다. 자루의 길이는 4~8cm, 굵기는 1~3cm로 속은 차 있으며 백색이다. 턱받이는 백색의 막질이다. 포자의 크기는 6.5~9×4.5~7μm로 광타원형이며 2-포자성이다. 포자벽은 2중 막으로 두껍다.

생태 여름 / 풀밭에 군생한다. 식용, 약용(항암)버섯이다. 인공재배도 한다.

분포 한국, 일본, 중국 등 북반구 온대

참고 북한명은 벼짚버섯이다.

양송이버섯(아재비형)

Agaricus bisporus var. **bisporus** J.E. Lange

형태 균모의 지름은 5~13cm로 구형에서 둥근 산 모양을 거쳐 편평한 모양이 된다. 어릴 때는 표면이 밋밋하고 연한 갈색-그을린 갈색이나 나중에는 가장자리 쪽에서 안쪽으로 가늘게 갈라지고 크림 백색 바탕에 가는 비늘이 눌려 붙는다. 가장자리는 고르고 때로는 주름살이 가장자리 밖으로 나온다. 간혹 어릴 때에는 내피막 잔존물이 매달린다. 살은 백색으로 자르면 처음에는 연한 오렌지색이 되고 나중에는 연한 포도주색을 띤다. 살은 두껍다. 주름살은 올린 주름살로 폭이 좁다. 어릴 때는 연한 분홍색-연한 살색이다가 나중에 암자갈색-흑색으로 된다. 자루의 길이는 5~8cm, 굵기는 2~4cm로 원주형이며 속이 차고 단단하다. 표면은 백색으로 세로로 미세하게 섬유상의 비늘이 있으며 나중에 아래쪽으로 회갈색이 증가하며 만지면 갈색을 띤다. 턱받이는 백색으로 두껍고 부푼다. 포자의 크기는 7.1~9.7×5.2~6.4μm로 광타원형에 표면은 매끈하고 회갈색이며 벽은 두껍다. 포자문은 자갈색이다.
생태 늦봄~가을 / 정원, 가축분뇨 퇴적지, 풀밭, 공원 등에 군생한다. 드문 종이다.
분포 한국, 일본, 중국, 유럽, 북아메리카 등 전 세계

신령주름버섯

Agaricus blazei Murr.

형태 균모의 지름은 6~11cm로 반구형에서 둥근 산 모양으로 되었다가 평평한 모양이 된다. 중앙은 평탄하고 표면에는 연한 회갈색-갈색의 섬유상 인편이 덮여 있다. 가장자리 끝에는 외피막의 파편이 매달린다. 살은 백색이고 자르면 약간 오렌지 황색으로 변한다. 주름살은 떨어진 주름살로 어릴 때는 백색이다가 살구색 또는 흑갈색이 되고 폭이 넓으며 빽빽하다. 자루의 길이는 6~13cm, 굵기는 1~2cm로 위아래가 같은 굵기이며 기부는 약간 부푼다. 표면은 백색이고 손으로 만지면 황색으로 된다. 턱받이의 아래쪽에는 분상-솜찌꺼기상의 작은 인편이 붙어 있으나 나중에는 탈락하고 밋밋해진다. 자루의 속은 비어 있다. 턱받이는 자루의 위쪽에 있는데 대형의 막질이며 백색이나 나중에 갈색으로 된다. 턱받이 아래쪽에는 갈색의 솜찌꺼기상 부속물이 붙어 있다. 포자의 크기는 5.2~6.6×3.7~4.4μm로 타원형-난형이며 표면은 매끈하다.
생태 여름~가을 / 숲속의 맨땅, 절개지에 단생 또는 군생한다. 볏짚 퇴비에서 연중 인공재배할 수 있다. 약용, 식용이 가능하다.
분포 한국, 일본, 중국, 브라질, 북아메리카

19

흑변주름버섯

Agaricus bohusii Bon

형태 균모의 지름은 5.5~15cm로 둥근 산 모양이며 중앙은 갈색에서 흑갈색이다. 표면에는 점점으로 된 섬유상 인편이 분포하며 중앙은 돌출한다. 살은 연한 갈색, 적색에서 적갈색을 거쳐서 흑갈색으로 변한다. 냄새는 부드럽고 맛은 분명치 않다. 주름살은 끝붙은 주름살로 밀생하며 백색에서 적갈색을 거쳐 흑색으로 된다. 자루의 길이는 7~20cm, 굵기는 1~2.5cm로 원통형에 연한 갈색이며 불규칙한 인편이 분포한다. 가장자리에 고랑이 있고 기부에 검은 갈색의 인편이 있다. 턱받이는 크고 두꺼우며 2중이다. 포자의 크기는 5.2~7.2×4~6㎛로 광난형이다. 연낭상체는 많고 원통형의 곤봉형이며 흔히 기부에 격막이 있다.

생태 여름~가을 / 혼효림의 땅에 속생한다. 드문 종이다.

분포 한국, 유럽

톱니주름버섯

Agaricus bresadolanus Bohus
A. romagnesii Wasser

형태 균모의 지름은 3.5~8cm로 어릴 때는 반구형이다가 둥근 산 모양을 거쳐 톱니상의 편평한 모양으로 된다. 표면은 어릴 때는 밝은 갈색이고 점차 중앙 쪽으로 갈라진다. 눌린 섬유상 인편이 백색의 바탕에 있으며 중앙은 밝은 갈색이다. 가장자리는 오랫동안 아래로 말리며 오래되면 총채의 술처럼 되기도 하고 가끔 물결형을 이룬다. 살은 백색이고 두꺼우며 상처를 받으면 갈색으로 되기도 한다. 냄새가 약간 나고 맛은 온화하나 분명치 않다. 주름살은 끝붙은 주름살로 어릴 때 밝은 핑크색에서 핑크 갈색을 거쳐 흑갈색으로 되며 폭이 좁다. 언저리는 밋밋하고 백색이다. 자루의 길이는 4~6cm, 굵기는 0.8~1.5cm로 원통형이며 가끔 기부는 부풀고 균사체가 있는 것도 있다. 표면은 백색이고 무디며 기부는 상처를 받거나 비비면 노란색에서 갈색으로 된다. 턱받이는 막질로 매달려 있고 백색이며 쉽게 탈락한다. 포자의 크기는 5.4~7.4×3.7~4.8μm로 타원형에 표면은 매끈하고 회갈색이며 벽은 두껍다. 포자문은 흑자갈색이다. 담자기의 크기는 20~25×7~10μm로 곤봉형이며 4-포자성이다. 기부에 꺾쇠는 없다.

생태 여름~가을 / 정원, 공원, 풀밭에 단생·군생한다. 가끔 활엽수림 아래에 나기도 한다. 식용 가능하며 드문 종이다.

분포 한국, 유럽

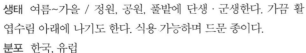

21

주름버섯

Agaricus campestris L.
A. campestris L. var. campestris / A. campestris var. squamulosus (Rea) Pilát

형태 균모의 지름은 5~10cm로 둥근 산 모양에서 차차 편평한 모양으로 된다. 표면은 백색에서 황색으로 되고 비늘 조각이 있으며 가장자리는 어릴 때 아래로 말린다. 살은 백색인데 상처를 받으면 붉은색으로 변한다. 주름살은 끝붙은 주름살로 분홍색에서 자갈색을 거쳐 흑갈색으로 된다. 자루의 길이는 5~10cm, 굵기는 0.7~2cm이며 기부는 가늘고 백색이다. 자루의 속은 살로 차 있다가 나중에는 비게 된다. 턱받이는 백색의 얇은 막질로 떨어지기 쉽다. 포자의 크기는 6~8×3.8~5μm로 타원형에 표면은 매끈하며 매우 희미한 발아공을 가진 것도 있다. 포자벽은 2중 막으로 두껍다.

생태 여름~가을 / 풀밭, 잔디밭 등의 땅에 군생하거나 균륜을 형성한다. 식용하며, 인공재배가 가능하다.

분포 한국, 일본, 중국 등 전 세계

참고 북한명은 들버섯이다.

갈변주름버섯

Agaricus cappellianus Hlaváček
A. vaoporarius (Pers.) Imbach

형태 균모의 지름은 10~20cm로 어릴 때 반구형이다가 둥근 산 모양을 거쳐 편평하게 되며 노쇠하면 중앙이 톱니상으로 된다. 표면은 거의 밋밋하고 어릴 때 어두운 그을린 갈색에서 담배색의 갈색으로 된다. 나중에는 갈라져서 약간 동심원 모양으로 되며 압착된 섬유상 인편이 연한 바탕 면에 있다. 상처를 받으면 갈색으로 되고 가장자리는 오랫동안 아래로 말린다. 어릴 때는 백색의 외피막이 매달리다가 떨어지면 밋밋해진다. 살은 백색으로 칼로 자르면 적색에서 갈색으로 되며 두껍다. 견과류의 맛과 냄새가 난다. 주름살은 끝붙은 주름살로 어릴 때 연한 핑크색이다가 나중에 회핑크색에서 검은 자갈색으로 된다. 언저리는 다소 밋밋하다. 자루의 길이는 7~12cm, 굵기는 2.5~4.5cm로 원통형이며 때때로 기부 쪽으로 가늘다. 어릴 때는 속이 차 있고 노쇠하면 빈다. 표면은 다소 밋밋하며 턱받이 위쪽은 백색으로 갈색의 섬유가 있고 아래쪽에는 갈색의 인편 알갱이가 있다. 기부에 분명한 갈색 띠가 있다. 턱받이는 백색의 막질로 2중이다. 포자의 크기는 5.5~7.4×4.6~6.2μm로 광타원형에서 아구형이고 표면은 매끈하며 벽은 두껍고 흑갈색이다. 담자기의 크기는 20~30×7~9μm로 가는 곤봉형이며 보통 4-포자성이지만 때때로 2~3개의 포자성도 보인다. 꺾쇠는 없다.

생태 여름~가을 / 정원, 공원, 길가, 쓰레기 더미 등 비옥한 땅에 군생한다.

분포 한국, 유럽

재주름버섯

Agaricus caribaeus Pegler

형태 균모의 지름은 2~4.5cm로 반구형 또는 거의 편평한 모양이며 회백색 또는 연한 회갈색이다. 중앙은 회갈색의 회녹색이다. 표면에는 가루가 분포하며 짙은 인편이 있다. 가장자리는 연한 색이고 불분명한 줄무늬선이 있다. 살은 회백색이며 약간 얇다. 주름살은 떨어진 주름살로 밀생하며 오백색에서 암갈색 또는 연한 흑갈색으로 된다. 자루의 길이는 3.5~6.5cm, 굵기는 0.3~0.4cm로 원주형이며 기부는 부풀고 백색 또는 오백색이다. 표면은 거의 밋밋하다. 턱받이는 자루의 위쪽에 있고 얇다. 포자의 크기는 5.5~8.9×3.9~5μm로 타원형에 표면은 매끈하고 투명하며 벽은 두껍다. 포자문은 갈색이다. 담자기는 4-포자성이며 봉상이다. 연낭상체의 크기는 9.5~15×6.9μm이다.

생태 여름~가을 / 혼효림의 땅에 군생한다.

분포 한국, 중국

볼록주름버섯

Agaricus comtulus Fr.
A. niveolutescens Huijsm

형태 균모의 지름은 2~4(5)*cm*로 둥근 산 모양에서 평평한 모양으로 된다. 백색에서 황토색을 띤 크림색을 나타내며 중앙부가 진하다. 건조하면 방사상으로 가장자리가 갈라지기도 한다. 살은 백색이다. 주름살은 떨어진 주름살로 처음에는 살구색에서 분홍색으로 되지만 오래되면 진해지며 촘촘해진다. 자루의 길이는 3~5 *cm*, 굵기는 0.4~0.6*cm*로 흔히 기부가 부풀어 있고 백색-크림색이며 황색으로 퇴색되지 않는다. 색깔은 중앙부가 진하다. 건조하면 가장자리가 갈라진다. 자루의 기부 쪽은 약간 황색이다. 턱받이는 백색의 막질이다. 포자의 크기는 4.5~5.9×3~3.8*㎛*로 난형에 표면은 매끈하며 포자막은 두껍고 연한 황갈색이다.
생태 늦여름~가을 / 목장 또는 풀밭에 군생한다. 식용 가능하다.
분포 한국, 일본, 유럽, 북아메리카, 아프리카 등 전 세계

비듬주름버섯

Agaricus devoniensis P.D. Orton

형태 균모의 지름은 3~15cm로 둥근 산 모양에서 편평한 둥근 산 모양으로 된다. 표면은 백색이거나 엷은 핑크색 또는 자색으로 비단결이다. 살은 백색이고 주름살 위와 자루 아래의 살은 엷은 핑크색이다. 버섯 맛과 냄새가 나나 분명치 않다. 주름살은 끝붙은 주름살로 회색-핑크색이나 오래되면 검게 된다. 자루의 길이는 3~4cm, 굵기는 1~1.5cm로 백색이며 상처를 받으면 적색으로 되고 표면에는 외피막의 인편이 덮인다. 턱받이는 엽초 모양으로 백색이며 쉽게 탈락한다. 포자의 크기는 6.5~7×5~5.5μm로 아구형이다. 포자문은 흑갈색이다. 연낭상체의 크기는 36~50×10~13μm로 엉켜 있고 곤봉형에 벽은 얇고 투명하며 갈색이다.
생태 늦여름~가을 / 모래땅에 군생한다. 식용 가능하며 매우 드문 종이다.
분포 한국, 유럽

꼬마주름버섯

Agaricus diminutivus Peck

형태 균모의 지름은 1~4cm로 둥근 산 모양 또는 원추형의 둥근 산 모양에서 평평하게 되며 중앙은 약간 돌출하거나 편평하다. 표면은 건조하고 백색이며 압착된 적갈색-흑갈색의 비단결 같은 인편이 덮여 있다. 살은 유백색이며 변하지 않는다. 주름살은 떨어진 주름살로 백색에서 복숭아색 또는 갈색을 띠다가 나중에 암갈색으로 되며 밀생한다. 자루의 길이는 3~5cm, 굵기는 0.3~0.7 cm로 위쪽으로 가늘고 기부는 약간 부푼다. 표면은 백색 혹은 황색이며 오래되거나 상처가 나면 갈색으로 된다. 털은 없거나 표층에서 생긴 비단 같은 솜털이 있다. 자루의 속은 차 있다. 포자의 크기는 6.5~7×4.5~5.5㎛로 타원형-난형에 표면은 매끈하고 갈색이며 포자벽은 두껍다.

생태 가을 / 숲속의 낙엽, 나무 밑에 군생한다.

분포 한국, 일본, 중국, 북아메리카

광양주름버섯

Agaricus dulcidulus Schulzer
A. purpurellus F.H. Møller / A. rubellus (Gill.) Sacc.

형태 균모의 지름은 1.5~4.5cm 정도로 처음 난형에서 둥근 산 모양을 거쳐 편평한 모양이 되며 중앙은 약간 돌출된다. 표면은 거의 흰색 바탕에 적자색-적갈색의 섬유상 또는 미세한 인편이 덮여 있고 중앙에 밀집된다. 살은 흰색이나 대부분 나중에 황색을 띠게 된다. 주름살은 떨어진 주름살로 흰색에서 살구색으로 되었다가 회갈색이 되며 촘촘하다. 자루의 길이는 3.5~6cm, 굵기는 0.3~0.6cm로 아래쪽으로 굵어지고 기부는 때에 따라 약간 구근상이다. 표면에는 작은 막질의 턱받이가 있고 아래쪽에는 솜 같은 미세한 인편이 덮여 있지만 그 외는 밋밋하다. 처음에는 백색이나 손으로 만지면 황색-오렌지 갈색으로 변한다. 포자의 크기는 4~6(7.5)×2.5~3.5μm로 타원형이며 표면은 매끈하다.

생태 여름~가을 / 주로 침엽수림의 땅에 군생한다. 식용 가치가 없다.

분포 한국(백두산), 중국, 일본, 유럽

음란주름버섯

Agaricus impudicus (Rea) Pilát
A. variegans Møll.

형태 균모의 지름은 5~16cm로 처음 종 모양에서 편평한 모양으로 된다. 중앙을 중심으로 백색의 인편이 밀포한다. 자색의 흑갈색 또는 자색의 황갈색이다. 가끔 턱받이의 막질이 부착하기도 한다. 살은 얇고 백색이며 자루 위쪽의 살은 분홍색으로 약간 냄새가 난다. 주름살은 홈파진 주름살로 폭이 0.15~0.6cm이고 밀생하며 처음 백색에서 갈색을 거쳐 흑갈색으로 변한다. 상처를 받으면 포도주색과 같은 분홍색으로 된다. 자루의 길이는 6~15cm, 굵기는 1.5~3.5cm로 원통형이며 백색이고 솜털 같은 인편이 있다. 턱받이는 아래로 넓게 늘어져 있고 갈색의 미세한 인편이 있으며 얇다. 기부는 부풀어 있고 균사 덩어리가 있다. 자루의 속은 살로 차 있지만 시간이 지나면 차차 비게 된다. 포자의 크기는 5.6~7.1×2.9~4.2µm로 타원형 또는 약간 원통형이며 간혹 기름방울을 가진 것이 있다. 2중 막으로 벽이 두껍다. 아밀로이드 반응을 보인다.
생태 여름 / 대나무 숲의 부식토, 특히 거름으로 준 맹겨에 단생 또는 군생한다. 식용 가능하다.
분포 한국, 일본, 유럽, 북아메리카 등

붉은끼주름버섯

Agaricus langei (Møll.) F.H. Møller

형태 균모의 지름은 5~10(15)*cm*로 어릴 때는 반구형이나 나중에 둥근 산 모양-평평한 모양이 된다. 표면은 어릴 때는 밋밋하고 녹슨 갈색-밤갈색이나 점차 얇게 갈라져 방사상으로 미세한 녹슨 갈색의 섬유상 인편이 전면에 덮인다. 그 사이로 연한 색깔의 살이 드러나기도 한다. 살은 백색이나 자르면 점차 적색으로 변한다. 가장자리는 날카롭다. 주름살은 떨어진 주름살로 어릴 때는 연한 분홍색이나 오래되면 암자갈색으로 변하고 촘촘하며 폭이 좁은 편이다. 자루의 길이는 8~12(20)*cm*, 굵기는 0.7(1.5)~3*cm*로 원주형이며 기부는 굵어지지 않는다. 어릴 때는 속이 차 있으나 나중에는 빈다. 턱받이 아래쪽 표면은 백색이나 만지면 분홍색으로 되며 위쪽은 백색-연한 분홍색이다. 포자의 크기는 5.8~9.4×3.7~5*㎛*로 타원형이다. 표면은 매끈하고 벌꿀 같은 갈색이며 벽이 두껍다. 포자문은 암자갈색이다.
생태 여름~가을 / 침엽수 임지 또는 침엽수와 활엽수의 혼효림의 땅에 단생 또는 군생한다. 식용 가능하며 맛이 좋다.
분포 한국, 유럽

갓주름버섯

Agaricus lepiotiformis Yu Li

형태 균모의 지름은 2.5~4.5cm로 처음에 편평한 모양이나 중앙이 볼록해진다. 표면은 백색이나 중앙은 갈색이고 갈색 털 같은 인편이 있으며 가장자리로 갈수록 적어진다. 살은 백색이며 상처를 받아도 변색하지 않는다. 주름살은 떨어진 주름살로 우유 같은 백색 또는 자갈색으로 밀생하나 길이가 다르다. 자루의 길이는 5.5~7.5cm, 굵기는 0.4~0.7cm로 원주형이며 백색 또는 연한 황색으로 되고 위쪽은 밋밋하고 하부에는 털이 있다. 턱받이는 백색의 막질로 한 층이며 기부는 팽대한다. 포자의 크기는 4.5~6.3 × 2.7~3.6μm로 타원형에 표면은 갈색이며 매끈하고 투명하다.

생태 가을 / 죽림, 숲속의 땅에 단생·군생한다.

분포 한국, 중국

황반주름버섯

Agaricus luteomaculatus F.H. Møller

형태 균모의 지름은 3~5cm로 어릴 때 반구형에서 원추형으로 되며 노쇠하면 편평하게 된다. 중앙은 둔하게 볼록하다. 표면은 밋밋하나 미세한 섬유상의 털이 있으며 밀짚색에서 황금색으로 되며 손을 대면 노란색으로 변한다. 중앙과 가장자리는 보통 자색에서 라일락 갈색이다. 가장자리는 오래되면 갈라진다. 살은 백색이고 자르면 노란색으로 되며 얇다. 아몬드 냄새가 나고 맛은 온화하다. 주름살은 끝붙은 주름살로 어릴 때 연한 회색-핑크색이나 노쇠하면 검은 회색-자색-갈색 등으로 되며 폭이 넓다. 흔히 자루 쪽으로 포크형이다. 언저리는 백색의 톱니상이다. 자루의 길이는 3~4cm, 굵기는 0.5~0.7cm로 원통형이며 기부는 곤봉형으로 부풀고 속은 비고 단단하며 부서지기 쉽다. 표면은 다소 밋밋하고 어릴 때는 백색이지만 만지면 노란색으로 되고 노쇠하면 다소 자갈색이 된다. 턱받이는 백색으로 얇고 아래로 늘어지고 쉽게 탈락한다. 포자의 크기는 4.7~5.9×3.2~4.1μm로 타원형이다. 담자기의 크기는 20~22×6~6.5μm로 곤봉형이며 4-포자성이다.

생태 여름~가을 / 참나무류 숲과 혼효림의 숲에 단생·군생한다. 드문 종이다.

분포 한국, 유럽

작은비늘주름버섯

Agaricus micromegethus Peck

형태 균모의 지름은 2~8cm로 처음에 편반구형에서 차차 편평하게 펴진다. 표면은 백색이며 옅은 회색 또는 회색의 인편이 분포한다. 가운데는 색이 진하다. 노쇠하면 가장자리는 갈라진다. 살은 오백색이다. 주름살은 떨어진 주름살로 처음의 오백색에서 점차 분홍색을 거쳐 자갈색 또는 흑갈색으로 되고 밀생하며 길이가 다르다. 자루의 길이는 2~6cm, 굵기는 0.7~1cm로 원주형이며 위쪽으로 점차 가늘어지고 기부는 부풀어 있다. 턱받이는 백색의 막질로 탈락하기 쉽다. 포자의 크기는 4.5~6.5×3.5~4㎛로 타원형에 갈색이며 표면은 광택이 나고 매끈하다.

생태 여름~가을 / 풀밭, 숲속의 풀밭에 단생·군생한다.

분포 한국, 중국

흑비늘주름버섯

Agaricus moelleri Wasser
A. praeclaresquamosus Freeman / A. praeclaresquamosus var. praeclaresquamosus /
A. placomyces var. meleagris (Jul. Schäff) R. Pascual

형태 균모의 지름은 5~10cm로 처음 구형에서 둥근 산 모양으로 되었다가 편평하게 된다. 가끔 중앙이 넓고 볼록하다. 표면에는 회색 또는 적갈색의 인편이 촘촘히 덮여 있고 중앙에 밀집한다. 맛은 좋지 않다. 주름살은 끝붙은 주름살로 밀생하며 백색에서 노란색으로 변하는데 특히 자루의 기부가 뚜렷하다. 자루의 길이는 8~15cm, 굵기는 1.5~2cm로 원통형이며 가늘고 때때로 굽기도 한다. 기부는 부풀고 크다. 턱받이는 헐렁헐렁하다. 포자의 크기는 4.5~6×3.5~4.5μm로 타원형이며 표면은 매끈하다. 포자문은 검은 초콜릿 갈색이다.

생태 가을 / 낙엽수림의 땅에 군생 · 산생한다.

분포 한국, 일본, 중국, 유럽, 북아메리카 등 전 세계

흑비늘주름버섯(광비늘형)

Agaricus praeclaresquamosus Freeman

형태 균모의 지름은 6~11cm로 처음에 둥근 산 모양에서 차차 편평해지며 백색 바탕에 흑색의 섬유상 인편이 분포한다. 표면은 간혹 황갈색 또는 회갈색의 인편이 있는 것도 있으며 중앙에 밀포하여 검은색을 띤다. 가장자리에는 표피가 너덜너덜하게 부착한다. 살은 백색이고 얇다. 주름살은 끝붙은 주름살로 밀생하며 백색에서 적갈색으로 되었다가 흑색으로 된다. 자루의 길이는 8~13cm, 굵기는 0.6~1.2cm로 가는 원통형이다. 백색 또는 황백색이며 기부는 둥글고 굵다. 자루의 속은 비어 있으며 표면과 같은 색깔이다. 약간 섬유상으로 상처를 받으면 황갈색으로 되는 것도 있다. 턱받이는 대단히 커서 주름살 전체를 덮으나 시간이 지나면 떨어져서 자루의 아래쪽 턱받이로 부착한다. 포자의 크기는 5.8~6.8×3.5~4.3μm로 타원형이며 끝이 뾰족하고 2중 막이다. 1~2개의 기름방울을 가지는 것도 있다. 아밀로이드 반응을 보인다. 포자문은 갈색이다. 연낭상체는 구형 또는 배 모양이며 벽은 얇고 투명하다.

생태 여름~가을 / 혼효림의 땅에 군생한다. 독버섯이다.

분포 한국, 일본, 중국, 유럽, 북아메리카, 북아프리카 등 전 세계

틈주름버섯

Agaricus pampeanus Speg.

형태 균모의 지름은 4~13cm로 어릴 때 거의 반구형이다가 점차 편평한 모양으로 된다. 표면은 어릴 때는 밋밋하나 나중이 되면 갈라져서 집중되고 압착된 인편으로 덮이며 백색이다. 인편은 백색 바탕에 갈색이다. 가장자리는 오랫동안 안으로 말리고 어릴 때 백색의 막편이 매달린다. 살은 백색 또는 약간 회색이고 상처를 받으면 적색으로 된다. 균모의 중앙은 두꺼우며 좋은 냄새가 난다. 주름살은 끝붙은 주름살로 어릴 때는 연한 살색-핑크색이고 노쇠하면 흑자색으로 되며 폭이 좁다. 언저리는 밋밋하다. 자루의 길이는 3~6cm, 굵기는 1.5~3.5cm로 약간 원통형이고 때때로 기부 쪽이 가늘거나 약간 곤봉형이다. 자루의 속은 차 있고 단단하며 부서지기 쉽다. 표면은 백색으로 어릴 때 세로줄의 섬유실이 있고 노쇠하면 갈색으로 된다. 턱받이는 올린 형에 섬유실은 섬유 상이며 보통 약하게 발달한다. 포자의 크기는 8.8~10.8×5.3~6.3 µm로 타원형에 회갈색이다. 표면은 매끈하고 벽은 두꺼우며 발아공이 있다. 포자문은 흑갈색이다. 담자기의 크기는 25~30×7~10 µm로 곤봉형이며 4-포자성이다. 기부에 꺾쇠는 없다.
생태 여름~가을 / 초원, 풀밭, 기름진 땅에 단생·군생한다.
분포 한국, 중국, 유럽, 남북아메리카

두건주름버섯

Agaricus perturbans E. Ludw. & W. Pohl
A. decoratus (F.H. Møller) Pilát

형태 자실체의 지름은 3~6cm로 반구형에서 편평해지며 백색이
다. 표면은 옅은 갈색으로 털 같은 인편이 있다. 살은 백색이며 두
껍다. 주름살은 떨어진 주름살로 밀생하며 분홍색 또는 흑갈색이
다. 자루의 길이는 7~9.5cm, 굵기는 0.8~1cm로 백색이며 손으로
만지면 갈색으로 된다. 표면은 광택이 나고 밋밋하며 기부는 팽
대하고 구형이다. 턱받이는 자루 위쪽에 있고 막질로 탈락하기 쉽
다. 턱받이 아래는 방사상으로 쪼개지고 융모상이다. 포자의 크기
는 6.3~9×3.5~4.5㎛로 타원형이고 자갈색이다. 표면은 광택이
나고 매끈하며 투명하다. 담자기는 4-포자성이다.
생태 여름~가을 / 숲속의 땅에 단생 · 군생한다.
분포 한국, 중국

흑갈색갓주름버섯

Agaricus phaeolepidotus F.H. Møller

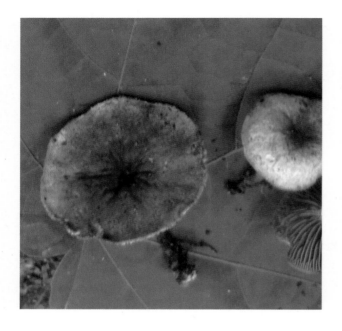

형태 균모의 지름은 5~8cm로 종 모양이지만 중앙이 넓은 편평한 형이며 얕게 볼록한 형태로 된다. 표면은 갈색이고 때때로 연한 적색을 가지며 표피는 부서져 곧추서고 납작한 인편이 있다. 주름살은 바른 주름살로 처음에는 백색이지만 성숙하면 살색의 핑크색에서 자갈색으로 된다. 언저리는 연한 색이다. 자루의 길이는 5~8cm, 굵기는 1~1.2cm로 거의 원통형이나 기부는 부푼다. 보통 길고 굽어진다. 표면은 백색이며 밋밋하다. 기부에 갈색의 이랑이 있고 부서져서 파편 조각이 된다. 살은 상처를 받아도 변색하지 않는다. 약간 노란색이며 자루의 기부에서는 황갈색, 자루 중간의 위는 연한 핑크색이다. 턱받이는 넓으며 막질로 아래로 늘어진다. 포자의 크기는 5~6.5×3~3.5μm로 난형이다.

생태 가을 / 혼효림의 땅에 단생 · 군생한다.

분포 한국, 유럽

기둥주름버섯

Agaricus pilatianus (Bohus) Bohus

형태 균모의 지름은 6~12cm로 둔한 둥근 산 모양이다. 처음 백색에서 연기색 또는 회갈색으로 된다. 어릴 때 상처를 받으면 노란색이 된다. 살은 백색이며 자루 기부는 노란색으로 물든다. 맛과 냄새는 좋지 않은데 강한 페놀 냄새와 비슷하다. 주름살은 끝붙은 주름살로 처음 백색에서 핑크색으로 되었다가 마침내 초콜릿 갈색으로 된다. 자루의 길이는 4~8cm, 굵기는 1.5~3cm로 원통형 또는 약간 곤봉형이며 기부로 갈수록 가늘다. 표면은 백색에서 엷은 오갈색을 거쳐 갈색으로 된다. 턱받이는 백색이고 2중이다. 포자의 크기는 5.5~6.5×4.3~5.3μm로 광난형이다. 포자문은 갈색이다. 연낭상체의 크기는 22~30×11~13.5μm로 곤봉형에서 넓은 곤봉형으로 된다.

생태 가을 / 정원 또는 풀밭에 군생한다. 독버섯이다.

분포 한국, 유럽

주름버섯아재비

Agaricus placomyces Peck
A. placomyces var. placomyces Peck

형태 균모의 지름은 5~9cm로 처음에는 난형이다가 둥근 산 모양에서 편평한 모양이 된다. 표면에는 미세한 점상의 회갈색 인편이 밀포해 있고 중앙부는 흑갈색으로 진하다. 인편 사이로 유백색의 바탕이 드러나기도 한다. 살은 백색이고 절단하면 다소 연한 황색에서 연한 갈색을 띤다. 주름살은 떨어진 주름살로 연한 분홍색이 오래 유지되지만 결국 흑갈색으로 되며 폭이 넓고 촘촘하다. 자루의 길이는 6~9cm, 굵기는 1~1.2cm로 표면은 유백색이고 기부는 팽대하며 큰 막질의 턱받이가 있다. 포자의 크기는 4~6×3~4μm로 타원형이며 표면은 매끈하다. 포자문은 갈색-자갈색이다.
생태 여름 / 숲속의 땅에 군생한다. 독버섯으로 일부 사람에게 중독 증상을 보인다.
분포 한국, 일본, 중국, 유럽, 북아메리카

컵주름버섯

Agaricus pocillator Murr.

형태 균모의 지름은 3~10cm로 둥근 산 모양에서 평평한 모양이 된다. 표면은 크림색 바탕에 중앙으로 미세한 흑갈색의 인편이 밀집되어 있어 암색을 띤다. 주름살은 떨어진 주름살로 어릴 때는 백색이나 나중에 분홍색으로 되었다가 암갈색이 된다. 자루의 길이는 4~8cm, 굵기는 0.6~1.2cm로 원주형이며 기부는 뚜렷하게 부풀어서 둥근 모양을 이룬다. 표면은 백색이고 밋밋하다. 턱받이는 크고 2개의 층을 이룬다. 포자의 크기는 4.5~6×3~3.8μm로 타원형이며 표면은 매끈하고 투명하다. 포자문은 암갈색이다.

생태 여름~가을 / 혼효림의 땅에 흔히 군생한다.

분포 한국, 유럽, 북아메리카

자색주름버섯

Agaricus porphyrizon P.D. Orton

형태 균모의 지름은 4~10㎝로 둥근 산 모양이며 라일락색의 백색이다. 표면은 압착된 인편과 섬유상이고 중앙은 더 진하다. 상처를 받으면 둔한 노란색으로 되고 밋밋하다. 살은 백색이며 자루는 노란색으로 몰드는데 특히 기부에서 심하다. 맛과 냄새가 좋은데 아몬드 냄새가 난다. 주름살은 끝붙은 주름살로 촘촘하고 백색에서 핑크색이 되었다가 갈색으로 된다. 자루의 길이는 5~10㎝, 굵기는 1.2~2㎝로 방망이형에 백색이며 손으로 만지면 노란색으로 물들고 밋밋하다. 턱받이는 막질로 얇고 단순하다. 포자의 크기는 4.5~5.6×3.2~3.8㎛로 난형이다. 포자문은 짙은 갈색이다.
생태 초가을 / 혼효림 특히 참나무류 숲의 땅에 군생한다. 흔한 종이 아니며 식독 여부는 불분명하다.
분포 한국, 중국, 유럽

째진주름버섯

Agaricus praerimosus Peck

형태 균모의 지름은 7~9cm로 반구형에서 차차 펴져서 거의 편평하게 된다. 표면은 오백색이며 표피는 심하게 갈라져서 기왓장 모양의 인편으로 덮인다. 살은 백색이다. 주름살은 떨어진 주름살로 밀생하며 길이가 같지 않다. 자루의 길이는 6~8cm, 굵기는 1.5~2.5cm로 오백색이며 위는 황색이다. 표면은 밋밋하고 기부는 팽대한다. 턱받이는 백색의 막질로 2중이다. 포자의 크기는 6.5~8.1×4.5~5.5μm로 타원형에 표면은 매끈하고 투명하다. 4-포자성이다. 연낭상체는 거의 곤봉형 또는 원주형이다.

생태 가을 / 침엽수림의 땅에 산생한다. 식용 가능하다.

분포 한국, 중국

털주름버섯

Agaricus rusiophyllus Lasch

형태 균모의 지름은 2.5~4cm로 반구형에서 차차 편평해지며 백색이다. 표면에는 융모상의 털 또는 털 같은 인편이 분포한다. 살은 백색에서 점차 옅어져 불분명해진다. 주름살은 떨어진 주름살로 진한 갈색이며 밀생한다. 자루의 길이는 2.5~3.5cm, 굵기는 0.3~1cm로 원주형에 오백색이며 기부는 팽대한다. 표면은 털로 덮여 있다. 자루의 속은 차 있다. 턱받이는 백색의 막질로 중앙에 위치하나 탈락하기 쉽다. 포자의 크기는 4.5~6.5×3.6~4.5μm로 난원형이고 갈색 또는 자갈색이다. 표면은 매끈하고 광택이 나고 투명하다. 담자기는 4-포자성이다. 낭상체는 없다.

생태 가을 / 혼효림의 땅에 단생한다.

분포 한국, 중국

대머리주름버섯

Agaricus semotus Fr.

형태 균모의 지름은 2~5cm로 둔한 난형에서 둥근 산 모양을 거쳐 편평한 모양이 된다. 처음에는 백색이지만 곧 작은 라일락색의 인편이 중앙에 덮이고 가장자리 쪽으로는 흰색 바탕 위에 라일락 적색-포도주색의 가는 섬유상 인편이 방사상으로 연하게 덮인다. 바탕은 나중에 황색-탁한 갈색으로 된다. 살은 백색이나 자루의 아래쪽은 약간 황색을 띤다. 주름살은 떨어진 주름살로 촘촘하고 처음은 크림색이나 곧 분홍색을 거쳐 자갈색으로 된다. 자루의 길이는 3~6cm, 굵기는 0.4~0.8cm로 백색이나 기부는 약간 황색으로 변하고 다소 굵어지기도 한다. 턱받이는 작고 백색이다. 포자의 크기는 4.4~5.6×3.1~3.9μm로 난형에 표면은 매끈하고 황색을 띤 회색이며 포자막은 두껍다. 포자문은 자갈색이다.
생태 여름~가을 / 활엽수림이나 침엽수림의 가장자리, 개활지 등에 군생한다.
분포 한국, 유럽, 중국, 북아메리카, 아프리카

붉은갓주름버섯

Agaricus subrufescens Peck

형태 균모의 지름은 4.5~7.5cm로 반구형에서 차차 편평하게 된다. 표면은 마르고 백색이며 유연하나 오래되면 부서지기 쉽다. 맛은 온화하다. 주름살은 떨어진 주름살로 밀생하며 폭이 좁고 백색에서 분홍색을 거쳐 흑갈색으로 된다. 변두리는 처음에 가는 털이 있다가 없어진다. 자루의 길이는 5~15cm, 굵기는 1~1.2cm로 위로 가늘어지며 기부는 구경상으로 부푼다. 턱받이의 위쪽은 백색으로 털이 없어 매끄러우며 아래쪽은 균모의 인편과 같은 색인 솜털과 미세한 인편으로 덮인다. 자루의 속은 차 있다가 빈다. 턱받이는 약간 하위이며 막질로 크고 2중이다. 상면은 매끄럽고 백색이며 하면은 솜털 같고 연한 황토색이다. 포자의 크기는 6.5~8 ×4~5μm로 타원형이며 암자색에 표면은 매끄럽다. 포자문은 흑갈색이다. 연낭상체는 원주형에 가깝고 가늘다.

생태 봄~가을 / 숲속 땅에 단생 · 군생한다. 식용 가능하다.

분포 한국, 일본, 중국, 유럽, 북아메리카 등 전 세계

진갈색주름버섯

Agaricus subrutilescens (Kauffm.) Hots. & Stuntz

형태 균모의 지름은 7~20㎝로 둥근 산 모양을 거쳐 차차 편평한 모양으로 된다. 표면은 처음에 자갈색의 섬유가 덮인다. 균모의 표피가 갈라지고 진한 인편으로 덮여 연한 홍백색의 바탕이 나타나며 가운데는 검은 갈색이다. 살은 백색에서 자갈색으로 된다. 주름살은 떨어진 주름살로 홍색에서 흑갈색으로 변한다. 자루의 길이는 9~20㎝, 굵기는 1~2㎝로 위쪽은 연한 홍색이며 아래쪽은 굵고 솜털의 인편이 있다. 턱받이는 자루의 가운데 또는 위쪽에 붙어 있고 백색이며 아래쪽에는 인편이 있다. 포자의 크기는 5.5~6.5×3~3.5㎛로 타원형에 검은 갈색이며 표면은 매끈하다.
생태 여름~가을 / 숲속의 땅에 단생 · 군생한다. 식용 여부는 불분명하다.
분포 한국, 일본, 중국, 북아메리카(서부)

숲주름버섯

Agaricus sylvaticus Schaeff.
A. sylvaticus var. pallidus (F.H. Møller) F.H. Møller / A. haemorrhoidarius Schulzer

형태 균모의 지름은 5~10cm로 반구형에서 둥근 산 모양으로 된
다. 표면은 백색 바탕에 황토색-갈색의 섬유상 인편이 미세하게
갈라져 압착되어 있다. 가장자리로 방사상의 비늘이 있으며 점
점 밋밋해진다. 살은 백색이나 자르면 적색으로 변한다. 주름살
은 끝붙은 주름살이며 분홍색에서 흑갈색으로 된다. 자루의 길이
는 5~8cm, 굵기는 1~1.2cm로 백색이며 하부는 굵은 비늘로 덮였
으며 속은 비어 있다. 턱받이는 상부에 있고 갈색이며 위쪽에 줄
무늬선이 있고 그 아래에 솜털이 있다. 포자의 크기는 4.5~5.5×
3~4μm로 타원형에 자갈색이며 표면은 매끄럽다.
생태 여름~가을 / 침엽수림 속 낙엽층의 땅에 군생한다.
분포 한국, 일본, 중국, 유럽, 북아메리카 등 전 세계
참고 sylvaticus와 silvaticus는 같은 단어이다.

담황색주름버섯

Agaricus sylvicola (Vittad.) Peck
A. essettei Bon

형태 균모의 지름은 5~12.5cm로 반구형에서 차차 편평하게 되며 중앙은 약간 돌출된다. 표면은 마르고 매끈하며 유백색, 회백색 또는 연한 황색이고 중앙은 가끔 다갈색이다. 섬유상의 털이 압착되어 있으며 상처를 받으면 황색으로 된다. 가장자리는 처음에 아래로 감기며 가끔 피막의 잔편이 붙어 있다. 살은 약간 두껍고 백색이며 상처를 받으면 황색으로 된다. 맛은 온화하다. 주름살은 떨어진 주름살로 밀생하며 폭이 좁고 길이가 같지 않다. 처음에는 백색이고 이후 연분홍색이 되었다가 갈색을 거쳐 자갈색으로 된다. 자루의 길이는 6~12cm, 굵기는 0.6~1.2cm로 위쪽으로 가늘어지며 기부는 구경상으로 부풀고 백색에서 황갈색으로 되며 상처를 받으면 황색으로 된다. 턱받이는 상위이며 막질로 상면은 백색이고 하면은 솜털상이며 대형이고 탈락하기 쉽다. 포자의 크기는 6.5~7×3.5~4μm로 타원형이고 자갈색이며 표면은 매끄럽다. 4-포자성이다. 연낭상체는 난형 또는 서양배 모양이고 폭은 15~20μm이다. 포자문은 암갈색이다.

생태 여름~가을 / 분비나무숲, 가문비나무 숲, 잣나무 숲, 잎갈나무 숲, 활엽수 및 혼효림의 땅에 단생·산생한다. 식용 가능하다.

분포 한국, 일본, 중국, 유럽, 북아메리카 등 전 세계

참고 sylvicola와 silvicola는 같은 단어이다.

낙엽송주름버섯

Agaricus urinascens (Jul. Schäff. & F.H. Møller) Sing.
A. excellens (Møller) Møller / A. macrosporus (F.H. Møller & Jul. Schäff) Pilát /
A. urinascens var. excellens (Møller) Nauta

형태 균모의 지름은 10~15cm 정도로 반구형에서 둥근 산 모양
으로 된다. 흰색이고 오래되면 중앙이 약간 황색을 띤다. 표면에
는 같은 색의 미세한 섬유상 인편이 밀포되어 비단 같은 광택이
있다. 살은 두껍고 흰색이며 절단하면 약간 분홍색을 띨 때도 있
다. 주름살은 떨어진 주름살로 연한 회분홍색이며 폭이 넓고 촘촘
하다. 자루의 길이는 10~14cm, 굵기는 2~3.5cm로 위아래가 같은
굵기이고 흰색이다. 기부는 가끔 약간 굵어진다. 턱받이는 백색의
막질로 큰 편이다. 포자의 크기는 8.5~11.5×5.1~6.6μm로 타원형
에 표면은 매끈하고 꿀 같은 갈색이며 포자벽이 두껍다.
생태 가을 / 숲속의 개활지 또는 숲속 이외의 풀 사이에 나며
특히 가문비나무, 낙엽송 등의 숲속 땅에 군생한다. 식용 가능
하다.
분포 한국, 일본, 중국, 유럽, 북아메리카, 북아프리카

낙엽송주름버섯(큰포자형)

Agaricus macrosporus (F.H. Møller & Jul. Schäff) Pilát

형태 균모의 지름은 7~10cm로 어릴 때 반구형에서 편평한 둥근 산 모양이 되며 가끔 중앙이 둔하게 볼록하다. 노쇠하면 중앙은 톱니상으로 되고 표면은 방사상의 섬유실 인편이 덮인다. 백색에서 황토색-노란색이며 비비면 노란색으로 된다. 가장자리는 오랫동안 안으로 말린다. 살은 백색이고 두껍고 단단하며 가끔 갈색을 띤다. 냄새는 좋고 맛은 온화하다. 주름살은 끝붙은 주름살로 연한 핑크색에서 자색의 검은 갈색으로 된다. 폭이 넓으며 가장자리는 약간 물결형이다. 자루의 길이는 7~12cm, 굵기는 2~3cm로 원통형이다. 기부 쪽은 곤봉형으로 속은 차 있다가 비며 부서지기 쉽다. 표면은 백색에서 황토 갈색으로 된다. 턱받이의 위는 밋밋하고 아래는 섬유상의 인편이 있으며 두껍고 막질로 가끔 찢어지며 영존성이다. 포자의 크기는 8.6~12.3×5.2~6.9μm로 타원형에 표면은 매끈하다. 꿀색의 갈색이며 벽은 두껍다. 포자문은 자갈색이다. 담자기의 크기는 25~28×8~9μm로 곤봉형이며 4-포자성이다. 기부에 꺾쇠는 없다.

생태 여름~가을 / 풀밭, 숲속의 땅에 단생·군생한다.

분포 한국, 유럽, 북아메리카

노란껍질주름버섯

Agaricus xanthodermus Genev.
A. xanthodermus var. griseus (Pers.) Bon & Cappelli / A. xanthodermus var. lepiotoides Maire

형태 균모의 지름은 5~15cm로 반구형에 중앙은 편평하며 나중에 둥근 산 모양으로 퍼진다. 처음 표면은 백색이고 불분명한 작은 회갈색의 인편이 있으며 상처를 받으면 밝은 크림색-노란색으로 된다. 특히 가장자리 쪽이 심하다. 살은 백색이며 맛은 좋지 않고 잉크 냄새가 난다. 주름살은 끝붙은 주름살로 밀생하며 폭이 넓다. 백색에서 연한 핑크색이 되었다가 회갈색을 거쳐 흑갈색으로 된다. 자루의 길이는 5~15cm, 굵기는 1~2cm로 기부는 부푼다. 표면은 백색이다. 턱받이는 백색이고 2중이다. 자루의 기부는 크림색-노란색으로 물든다. 포자의 크기는 5~6.5×3~4μm로 타원형, 아구형 또는 난형 등 다양하다. 벽은 얇고 표면은 매끈하고 투명하다. 연낭상체의 크기는 10~20×8~14μm이며 포자문은 자갈색이다.

생태 여름~가을 / 숲속, 풀밭, 정원 등에 군생한다. 보통종이다.
분포 한국, 유럽

노란껍질주름버섯(회색형)

Agaricus xanthodermus var. **griseus** (Pers.) Bon & Cappelli

형태 균모의 지름은 5~8cm로 어릴 때 반구형에서 부등의 반구형이 된다. 표면은 어릴 때 방사상의 섬유상에서 후에 갈라져 방사상의 인편 알갱이를 형성하며 회갈색에서 회오갈색으로 된다. 가장자리는 오랫동안 아래로 말리고 예리하다. 살은 백색이고 상처를 받으면 거의 노란색으로 되며 두껍다. 맛은 온화하나 좋지 않다. 주름살은 끝붙은 주름살로 어릴 때 회색-핑크색에서 점차 자갈색을 거쳐 자흑색으로 되고 폭이 좁다. 언저리는 밋밋하다. 자루의 길이는 5~10cm, 굵기는 1~1.5cm로 원통형이며 기부는 부푼다. 기부의 표면은 자르거나 비비면 강한 노란색이 된다. 속은 어릴 때 차 있고 노쇠하면 빈다. 턱받이는 막질로 표면 위는 백색에서 연한 핑크색으로 되고 밋밋하며 표면 아래는 백색으로 밋밋하고 미세한 섬유상이다. 포자의 크기는 4.8~6.2×3.7~4.7μm로 광타원형에 표면은 매끈하고 연한 꿀색의 갈색으로 벽은 두껍다.

생태 여름~가을 / 침엽수림, 덤불 숲, 공원, 풀숲 속의 땅에 단생·군생한다. 드문 종이다.

분포 한국, 유럽

목장주름버섯

Agaricus pratensis Schaeff.

형태 균모의 지름은 4~10cm로 처음에 반구형이나 점차 편평하게 펴진다. 표면은 백색, 회백색에서 연한 회색으로 된다. 평평하며 불규칙한 모양의 인편이 있다. 중앙은 갈라진다. 살은 백색이고 두껍다. 주름살은 떨어진 주름살로 밀생하며 회백색에서 암갈색을 거쳐 자갈색으로 된다. 자루의 길이는 4~9cm, 굵기는 1~1.5cm로 균모와 같은 색이며 광택이 나고 밋밋하다. 자루의 속은 차 있고 백색에서 암분홍색으로 변한다. 기부는 팽대한다. 턱받이는 백색의 막질로 두껍고 중앙에 있으며 탈락하기 쉽다. 포자의 크기는 6.5~9×5~6μm로 타원형에 광택이 나며 표면은 매끈하고 갈색이다.

생태 여름~가을 / 풀밭 또는 초원지대에 단생 또는 군생한다. 식용 가능하다.

분포 한국, 중국

헛목장주름버섯

Agaricus pseudopratensis (Bohus) Wasser

형태 균모의 지름은 2.5~5cm로 둥근 산 모양에서 중앙이 편평한 모양으로 되며 백색이다. 중앙은 개암나무 갈색에 폭이 넓은 띠를 가지며 갈색의 인편과 섬유실이 압착되어 있다. 주름살은 밝은 갈색에서 흑갈색으로 된다. 살은 백색이며 기부는 청황색이다가 곧 검은 적포도색으로 된다. 냄새는 좋지 않다. 자루의 길이는 2~3cm, 굵기는 0.7~1.2cm로 원통형에서 약간 곤봉형으로 되며 기부는 가늘다. 표면은 밋밋하거나 약간 섬유실로 된다. 턱받이는 크고 얇고 2중이며 간단하다. 포자의 크기는 5~7×4~5μm로 아구형이다. 연낭상체는 많고 곤봉형이다.

생태 여름 / 풀 속 또는 모래땅에 군생한다.

분포 한국, 유럽

향기포복버섯

Chamaemyces fracidus (Fr.) Donk

형태 균모의 지름은 4~6cm로 어릴 때 반구형에서 둥근 산 모양을 거쳐 편평하게 되며 중앙에 둔한 돌기가 있다. 표면은 밋밋하며 건조하면 그을린 색이 되고 습하면 광택이 난다. 어릴 때 크림색-백색이나 나중에 갈색의 반점이 있는 황토색으로 된다. 가장자리는 예리하고 어릴 때 백색의 외피막 반점이 있고 노쇠하면 갈색으로 된다. 살은 백색에서 크림색이며 균모의 중앙은 두껍고 언저리 살은 얇다. 냄새는 약간 나고 맛은 온화하고 좋은 편이나 불분명하다. 주름살은 끝붙은 주름살에서 약간 올린 주름살이며 어릴 때 백색이나 나중에 크림색으로 되며 폭이 넓다. 언저리는 밋밋하고 백색의 솜털이 있다. 자루의 길이는 4~6cm, 굵기는 0.5~1cm로 원통형이며 가끔 위쪽으로 굵다. 어릴 때는 속이 차 있다가 노쇠하면 섬유실로 비게 된다. 표면에는 백색의 세로줄 섬유실이 턱받이 위쪽에 있고 갈색의 반점이 섬유실의 막질로 된다. 포자의 크기는 4.7~6×2.8~3.5μm로 원통형-타원형이며 표면은 매끈하고 투명하다. 담자기의 크기는 20~23×5~6μm로 곤봉형이며 4-포자성이고 기부에 꺾쇠가 있다. 연낭상체의 크기는 10~15μm로 방추형, 곤봉형이다. 측낭상체는 모양과 크기가 연낭상체와 비슷하다.

생태 늦봄~늦여름 / 활엽수림의 땅에 단생 · 군생한다.

분포 한국, 유럽

주름흰갈대버섯

Chlorophyllum agaricoides (Czern.) Vellinga
Endoptychum agaricoides Czern.

형태 균모의 지름은 1~7cm, 높이는 2~10cm로 난형에서 둥근형으로 되며 기부는 넓게 된다. 백색에서 그을린 백색을 거쳐 그을린 황색으로 된다. 표면은 밋밋하고 미세한 털이 있으며 가끔 인편도 있다. 포자 집단은 비틀린 주름 같고 방형이다. 성숙하면 백색에서 연한 갈색으로 된다. 때때로 약간 가루상이다. 자루는 거의 밖으로 드러나지 않으며 기본체 속으로 파묻힌다. 인대 같은 조직에 의해 땅에 부착한다. 백색에서 황색으로 된다. 포자의 크기는 6.5~8×5.5~7μm로 타원형이며 표면은 매끈하고 갈색이다.
생태 봄~가을 / 썩은 고목에 산생하거나 집단으로 군생한다. 풀밭, 화단, 목장, 경작지 또는 황무지에 조밀하게 속생한다. 식용 여부는 불분명하다.
분포 한국, 유럽, 북아메리카

두엄흰갈대버섯

Chlorophyllum alborubescens (Hongo) Vellinga
Lepiota alborubescens (Hongo) Vellinga / Macrolepiota alborubescens (Hongo) Hongo

형태 균모의 지름은 2.5~8cm로 처음에 난형에서 둥근 산 모양을 거쳐 점차 편평형으로 되며 중앙부가 돌출된다. 표면은 연한 황색-크림색이고 밋밋하며 나중에 연한 황색의 표피가 균열된 크고 작은 인편이 산재한다. 살은 흰색이며 상처를 받으면 적색으로 변한다. 주름살은 떨어진 주름살로 약간 촘촘하며 두껍고 흰색이다. 자루의 길이는 3.5~10cm, 굵기는 0.4~0.6cm로 표면은 흰색이지만 오래되면 칙칙한 갈색으로 된다. 턱받이는 흰색의 막질로 움직일 수 있다. 기부가 약간 부풀어 있으며 속은 비어 있다. 포자의 크기는 8.5~12×6~8.5μm로 광타원형에 표면은 매끈하고 벽이 두꺼우며 발아공이 있다.

생태 여름~가을 / 볏짚 썩은 곳, 두엄 쌓은 곳, 밭 부근의 풀밭 등에 군생한다. 흔한 종이다.

분포 한국, 일본

갈색흰갈대버섯

Chlorophyllum brunneum (Farl. & Burt) Vellinga
Lepiota brunnea Farl. & Burt

형태 균모의 지름은 7~20cm로 어릴 때 아구형에서 방석 모양으로 되며 노쇠하면 펴져서 넓은 둥근 산 모양 또는 거의 편평하게 된다. 표면은 건조성이며 밋밋하고 어릴 때 갈색에서 적갈색으로 되며 중앙은 갈색이다. 가장자리는 안으로 말리고 아래로 처지며 흔히 외피막이 붙어 있고 거칠고 갈색이다. 주름살은 끝붙은 주름살로 밀생하며 폭이 넓고 백색이며 성숙하거나 상처를 받으면 갈색으로 물든다. 자루의 길이는 6~16cm, 굵기는 1~3cm이다. 원통형이거나 혹은 점차 아래로 부풀어서 기부가 동그랗게 되며 동그란 것은 위로 뻗은 테가 있고 속은 비어 있다. 표면은 건조성이고 비단결로 백색이며 상처를 받으면 오렌지색에서 갈색으로 된다. 살은 백색이고 노출되면 오렌지색으로 변한 다음에 적갈색으로 된다. 냄새와 맛은 불분명하다. 턱받이는 크고 백색의 막질로 두꺼우며 영존성이다. 턱받이 아래에 갈색의 막편이 있다. 포자의 크기는 10~3×6~9μm로 타원형에서 아몬드형으로 흔히 한쪽 끝이 잘린 형이며 발아공이 있고 표면은 매끈하다. 거짓 아밀로이드 반응을 보인다. 낭상체는 곤봉형이다. 포자문은 백색이다.
생태 봄~가을 / 풀밭, 정원, 쓰레기 더미에 단생·군생하며 때로는 균륜을 형성한다. 식용 가능하다.
분포 한국, 중국, 유럽, 북아메리카

58

젖꼭지흰갈대버섯

Chlorophyllum hortense (Murrill) Vellinga
Lepiota hortensis Murrill

형태 균모의 지름은 4~10cm로 어릴 때 난형에서 둥근 산 모양으로 되며 중앙에 영존성의 볼록한 모양이 있다. 표면은 건조하고 백색의 땅색 위에 섬유실이 있으며 곧 인편으로 된다. 중앙은 그을린 황갈색의 올리브색에서 밝은 갈색으로 되며 가장자리는 그을린 크림색으로 되고 밝은 담황색의 인편이 집중적으로 배열된다. 가장자리는 두껍고 고르며 줄무늬선이 있다. 살은 얇고 부드러우며 크림색-백색이고 공기에 노출되면 자갈색으로 변한다. 냄새와 맛은 불분명하다. 주름살은 바른 주름살-끝붙은 주름살로 촘촘하다. 언저리는 매끈하다. 자루의 길이는 4~7cm, 굵기는 0.3~0.6cm로 건조성이고 속은 차 있다가 빈다. 거의 위아래가 같은 굵기거나 아래로 부푼다. 표면은 밋밋하고 갈색이며 아래는 약간 섬유실이다. 턱받이는 중간에 위치한다. 턱받이 위쪽은 밋밋하고 자루의 막편은 막질로 갈색에 부서지기 쉽다. 포자문은 백색이다. 포자의 크기는 8~10×6~7μm로 타원형이며 표면은 매끈하고 거짓 아밀로이드 반응을 보인다.

생태 가을 / 풀밭의 땅에 산생 또는 작은 집단으로 속생한다. 식용 여부는 불분명하다.

분포 한국, 유럽, 북아메리카

흰갈대버섯

Chlorophyllum molybdites (Meyer) Massee
Lepiota molybdites (G. Meg.) Sacc.

형태 균모의 지름은 10~15cm로 구형에서 종 모양을 거쳐 편평하게 되지만 중앙은 볼록하다. 처음에는 갈색의 표피가 덮여 있지만 생장하면서 중앙부 이외는 표피가 불규칙하게 갈라져 인편으로 되어 점점이 산재하며 백색 해면질의 바탕을 나타낸다. 살은 처음에 치밀하거나 해면질처럼 되며 백색 또는 살색이다. 주름살은 떨어진 주름살로 약간 밀생하며 백색에서 녹색으로 되고 상처를 받으면 갈색으로 변한다. 자루의 길이는 10~25cm, 굵기는 1~2.5cm로 기부 쪽으로 부푼다. 표면은 섬유상으로 백색에서 회갈색으로 되며 속은 비었고 상부에 두꺼운 턱받이가 있으며 위아래로 이동이 가능하다. 포자의 크기는 8~11.5×6~7μm로 난형-광타원형이며 포자막은 두껍고 꼭대기에 발아공이 있다. 연낭상체의 크기는 18~44×12~20μm로 서양배 모양 또는 곤봉형이다.
생태 봄~가을 / 잔디밭, 풀밭, 유기질이 많은 숲속의 땅에 군생한다. 독버섯이다.
분포 한국, 중국, 일본, 아시아(필리핀), 열대 및 아열대, 남아메리카, 북아메리카 등 전 세계

독흰갈대버섯

Chlorophyllum neomastoidem (Hongo) Vellinga
Lepiota neomaestoidea Hongo / *Macrolepiota neomaestoidea* (Hongo) Hongo

형태 균모의 지름은 8~10*cm* 정도로 구형에서 둥근 산 모양을 거쳐 차차 편평하게 되고 중앙부가 돌출된다. 균모가 펴지면서 연한 황갈색의 표피가 인편으로 되어 중앙에 대형으로 남아 있고 때때로 약간의 소형 인편이 가장자리에 산재한다. 바탕은 흰색의 섬유상인데 가는 거스러미가 있다. 살은 흰색이고 상처를 받으면 적색으로 변한다. 주름살은 떨어진 주름살로 흰색이며 폭이 넓고 빽빽하다. 자루의 길이는 10~12*cm*, 굵기는 4~8*cm*로 표면은 거의 흰색이지만 오래되면 탁한 갈색으로 된다. 기부는 급격히 부풀어져 있고 속은 비어 있다. 턱받이는 유백색으로 고리(반지) 모양이며 상하로 움직일 수 있다. 포자의 크기는 7.5~9.5×5~6*μm*로 타원형-난형이며 발아공이 있고 표면은 매끈하다.

생태 가을 / 대나무밭, 숲속에 다수 군생하며 가끔 균륜을 형성하기도 한다. 독버섯이다.

분포 한국, 일본, 중국

큰갓흰갈대버섯

Chlorophyllum rhacodes (Vittad.) Vellinga
Macrolepiota rhacodes (Vittad.) Sing. / Macrolepiota rhacodes (Vittad.) Sing. var. rhacodes

형태 균모의 지름은 5~15cm로 처음에는 구형이다가 둥근 산 모양을 거쳐 차차 편평형으로 되며 중앙부가 돌출된다. 표피는 갈색-회갈색인데 균모가 퍼지면서 균열이 생겨 분명한 인편으로 되어 점상 또는 섬유상으로 빽빽이 표면을 덮는다. 살은 흰색이며 절단하면 연한 붉은색으로 변한다. 주름살은 떨어진 주름살로 폭이 넓고 두껍고 촘촘하다. 처음에는 흰색이다가 오래되면 붉은색으로 된다. 자루의 길이는 10~15cm, 굵기는 1.2~2cm로 탁한 분홍갈색이며 위쪽은 매우 연한 색이고 기부는 부풀어 있는데 흔히 한쪽이 더 굵다. 손으로 만지면 적갈색으로 변한다. 턱받이는 2중이고 위아래로 움직일 수 있다. 포자의 크기는 8.4~11.7×5.2~7.9 μm로 타원형-난형에 표면은 매끈하고 투명하며 벽이 두껍고 발아공이 있다. 거짓 아밀로이드 반응을 보인다. 포자문은 유백색이다.
생태 여름~늦가을 / 숲속의 땅에 단생 · 군생한다.
분포 한국, 일본, 유럽, 오스트레일리아, 북아메리카, 아프리카 등 전 세계

꽃먹물버섯

Coprinus floridanus Murrill

형태 균모의 지름은 1.5~3.2cm로 넓은 둥근 산 모양이다. 표면은 분명한 방사상의 줄무늬홈선이 있으며 회색 또는 회노란색이고 중앙은 전형적인 거무스름한 노란색이다. 가장자리는 고르다. 살은 매우 얇고 백색이며 냄새와 맛은 분명치 않다. 주름살은 올린 주름살 또는 홈파진 주름살로 약간 밀생하며 처음에는 회색이나 곧 검은색으로 된다. 언저리는 고르다. 자루의 길이는 2~5cm, 굵기는 0.2~0.5cm로 위아래가 같은 굵기이며 기부 쪽으로 부푼다. 표면은 밋밋하고 매끈하며 크림색에서 약간 투명하다. 포자의 크기는 9~11×4~6μm로 타원형이며 표면은 매끈하고 검은색이다. 포자문은 검은색이다.
생태 연중 / 등걸 또는 썩는 고목에 군생한다. 식용 여부는 불분명하다.
분포 한국, 북아메리카

볏짚먹물버섯

Coprinus boninensis S. Ito & Imai

형태 균모의 지름은 약 2~3cm로 둥근 산 모양에서 편평하게 펴지면서 중앙이 다소 돌출된다. 표면은 습기가 있을 때 다소 끈적기가 있다. 중앙에 갈색의 작은 인편이 있고 주변은 갈색 혹은 백색의 섬유가 있다. 주름살은 떨어진 주름살로 처음에는 백색이나 나중에 자회색 또는 흑갈색으로 되며 촘촘하고 매우 얇으며 오래되면 녹아서 액화된다. 자루의 길이는 5~8cm, 굵기는 0.3~0.6cm로 백색이고 위쪽으로 가늘어지며 섬유상의 작은 인편이 덮여 있다. 자루의 속은 비어 있다. 자루의 살은 백색이고 매우 얇으며 부서지기 쉽다. 포자의 크기는 7.5×5~6μm로 타원형-아구형에 표면은 매끈하고 자갈색이다. 포자문은 자흑색이다.

생태 가을 / 초가 지붕 위의 이엉에 군생하는데 특히 비 오는 날 발생하였다가 금방 사그라든다. 그 외에도 썩은 풀 위에 군생한다.

분포 한국, 일본

먹물버섯

Coprinus comatus (O.F. Müll.) Pers.

형태 균모의 지름은 3~5cm, 높이는 5~10cm로 원주형 또는 긴 난형이며 자루의 반 이상이 균모로 싸여 있다. 표면은 연한 회황색 또는 연한 황토색의 갈라진 인편으로 덮여 있다. 주름살은 떨어진 주름살로 백색이나 연한 붉은색을 거쳐 검은색으로 되며 가장자리부터 검은 잉크처럼 녹아내린다. 자루의 길이는 15~25cm, 굵기는 0.8~1.5cm로 백색이다. 자루의 속은 비어 있다. 위아래로 움직이기 쉬운 턱받이가 있으며 기부는 방추형으로 부풀어 있다. 포자의 크기는 12~15×7~8μm로 타원형이며 발아공이 있다.

생태 봄~가을 / 풀밭, 아파트 풀밭, 길가에 단생 · 군생 · 산생한다. 어릴 때는 식용 가능하나 미량의 독성분이 있다. 약용하며 항암 성분도 함유한다.

분포 한국(북한), 일본, 중국, 유럽, 북아메리카 등 전 세계

애먹물버섯

Coprinus rhizophorus Kawam. ex Hongo & Yokoy.

형태 균모의 지름은 2~6cm로 처음에는 난형이나 종 모양으로 되고 가장자리 끝이 처들리며 불규칙하게 찢어진다. 표면은 처음에는 백색이나 생장하면서 연한 담갈색이다가 회갈색이 된다. 방사상으로 긴 줄무늬홈선이 나타난다. 외피막은 백색-갈색으로 나중에 알갱이 모양의 파편이 되어 균모의 표면에 산재하거나 탈락한다. 주름살은 떨어진 주름살로 처음에는 백색이지만 곧 흑갈색이 되고 액화되며 촘촘하다. 자루의 길이는 7~14cm, 굵기는 0.4~0.6cm로 백색이며 흔히 기부 쪽이 다소 가늘어지고 하반부에는 알갱이 모양의 인편이 산재한다. 기부에는 다량의 분지된 흑갈색의 균사속이 이어져 있다. 자루의 살은 백색이며 포자의 크기는 7~9×4.5~5.5µm로 타원형-난형이며 표면은 매끈하고 발아공이 있다. 포자문은 흑색이다.

생태 봄~가을 / 숲속의 땅, 길가, 나지 등의 비옥한 땅에 다수가 속생한다.

분포 한국, 일본

말똥먹물버섯

Coprinus sterquilinus (Fr.) Fr.

형태 균모의 지름은 4~6cm로 처음에는 구형이나 차차 퍼져서 둥근 산 모양을 거쳐 원추형으로 된다. 또는 구형에서 평평하게 되지만 가장자리가 위로 말리며 찢어지기도 한다. 처음 표면에 미세한 백색 털이 차차 인편으로 되는데 쉽게 부서지지는 않는다. 살은 맛과 냄새가 있다. 주름살은 올린 주름살이고 밀생한다. 백색에서 때로는 강한 핑크색을 거쳐 검은색으로 되며 빠르게 액화한다. 자루의 길이는 8~15cm, 굵기는 0.5~0.9cm로 기부에서 위쪽으로 가늘다. 자루의 속은 비었고 섬유실로 된다. 자루 아래쪽에는 백색의 분명한 가동성의 턱받이 같은 것이 존재한다. 포자의 크기는 17~22×10~13μm로 타원형이며 표면은 매끈하고 발아공이 있다. 포자문은 흑색이다. 연낭상체는 길고 부풀며 측낭상체는 없다.

생태 여름~가을 / 토끼똥이나 말똥에 단생 또는 집단으로 발생한다. 드문 종이다.

분포 한국, 유럽

낭피버섯

Cystoderma amianthinum (Scop.) Fayod
Lepiota amianthina (Scop.) Karst.

형태 균모의 지름은 2~5cm로 반구형에서 차차 편평하게 되며 중앙부는 넓게 돌출하거나 조금 돌출한다. 표면은 마르고 전체에 알갱이 모양의 주름이 방사상으로 배열되며 연한 황토색이지만 중앙은 색깔이 더 진하다. 가장자리에 피막의 잔편이 붙어 있다. 살은 다소 두꺼우며 연한 황색 또는 황색이고 맛은 온화하다. 주름살은 올린 주름살로 밀생하며 폭이 좁고 백색이나 나중에 황색을 띤다. 자루의 높이는 2.5~5cm, 굵기는 0.2~0.6cm로 위아래의 굵기가 같거나 간혹 위로 가늘어지는 것이 있다. 턱받이 위쪽은 백색으로 털이 없으며 아래쪽은 균모와 같은 색이고 알갱이 모양의 가는 인편으로 덮인다. 턱받이는 중간쯤에 있고 균모와 같은 색이며 상면은 막질이고 하면은 알갱이 모양의 가는 인편으로 덮이고 쉽사리 탈락한다. 포자의 크기는 6~8×3~4μm로 타원형이며 표면은 매끄럽다. 포자문은 백색이다. 낭상체는 방추형이다.
생태 여름~가을 / 잣나무 숲, 분비나무 숲, 가문비나무 숲, 활엽수림, 혼효림의 땅에 산생한다. 식용 가능하다.
분포 한국, 중국, 일본, 유럽, 북아메리카 등 전 세계

흰분말낭피버섯

Cystoderma carcharias (Pers.) Fayod

형태 균모의 지름은 2~6cm로 원추형에서 둥근 산 모양을 거쳐 차차 편평하게 되지만 중앙이 약간 볼록하다. 표면은 분홍 베이지색에서 살색으로 되고 미세한 알갱이가 입자 모양으로 밀포한다. 가장자리는 톱니상이며 백색의 외피막 잔편이 붙기도 한다. 주름살은 끝붙은 주름살로 백색이며 밀생하고 폭이 좁다. 자루의 길이는 6~9cm, 굵기는 0.3~0.7cm로 균모와 같은 색이다. 턱받이 위쪽은 밋밋하고 백색이며 아래쪽은 연한 분홍의 백색으로 미세한 알갱이가 가루상으로 덮인다. 턱받이는 살색의 막질이다. 포자의 크기는 4~5.5.×3~4µm로 난형이며 표면은 매끈하고 투명하다. 아밀로이드 반응을 보인다. 포자문은 백색이다.

생태 여름~가을 / 침엽수림의 땅에 단생한다. 식용 가능하다.

분포 한국, 중국, 일본, 유럽, 북아메리카 등 전 세계

귤낭피버섯

Cystoderma fallax A.H. Smith & Sing.
C. carcharias var. fallax (A.H. Sm. & Sing.) I. Saar

형태 균모의 지름은 2.5~5*cm*로 둥근 산 모양에서 차차 편평형으로 된다. 표면에는 황갈색-녹슨 갈색의 가루상 또는 알갱이 물질이 덮여 있다. 살은 얇고 흰색이다. 주름살은 바른 주름살로 유백색이고 폭이 좁으며 밀생한다. 자루의 길이는 5~7.5*cm*, 굵기는 0.3~0.5*cm*로 위아래가 같은 굵기로 때때로 기부가 굵으며 위쪽에 적갈색의 턱받이가 있다. 턱받이의 위쪽은 밋밋하고 흰색이며 아래쪽은 균모와 같은 색으로 미세한 알갱이가 가루상으로 덮여 있다. 포자의 크기는 3.5~5.5×2.8~3.6μm로 타원형에 표면은 매끈하고 투명하며 아밀로이드 반응을 보인다. 포자문은 백색이다.
생태 가을 / 침엽수림의 낙엽 사이나 이끼 사이에 군생한다.
분포 한국, 중국, 일본, 유럽, 북아메리카 등 전 세계

69

원추낭피버섯

Cystoderma jasonis (Cooke & Massee) Harmaja

형태 균모의 지름은 1.2~3.5cm로 원추형-둥근 산 모양에서 편평한 원추형으로 되나 보통 중앙이 넓게 돌출된다. 표면은 황토색이며 가루가 있고 주름진다. 가장자리에는 미세한 털이 있다. 살은 얇고 노란색이다. 주름살은 바른 주름살로 백색에서 연한 크림색으로 되며 밀생한다. 자루의 길이는 4~7.5cm, 굵기는 0.2~0.5cm로 위쪽으로 가늘고 보통 굽었다. 표면은 약간 비단결이며 위는 밋밋하고 크림색-황토색의 턱받이 테가 있다. 포자의 크기는 6~7.5×3~3.5μm로 타원형에서 아몬드 모양이며 표면은 매끈하고 아밀로이드 반응을 보인다. 포자문은 백색이다. 담자기의 크기는 20~24×5~7.5μm로 가는 막대형에 4-포자성이다. 기부에 꺾쇠가 있다. 낭상체는 없다.

생태 여름 / 산성의 땅, 참나무 숲속의 땅, 풀더미 위, 이끼 속 등에 군생한다. 희귀종이다.

분포 한국, 유럽

신낭피버섯

Cystoderma neoamianthinum Hongo

형태 균모의 지름은 1.5~4(6)cm로 둥근 산 모양에서 거의 편평하게 된다. 표면에는 황색-황토색의 작은 알갱이가 밀포한다. 살은 거의 백색에서 약간 황색으로 된다. 주름살은 올린 주름살로 거의 백색이고 빽빽하며 폭은 0.3~0.5cm이다. 자루의 길이는 2~6cm, 굵기는 0.3~0.7cm로 턱받이 위쪽은 약간 황색을 띠고 가루상이며 아래쪽은 황색-황토색의 작은 알갱이로 덮인다. 자루의 속은 차 있고 턱받이는 폭이 좁고 탈락하기 쉽다. 포자의 크기는 3.5~4×2.5~3μm로 구형-광타원형에 표면은 매끈하고 투명하며 아밀로이드 반응을 보인다.

생태 여름~가을 / 참나무류 등의 낙지, 쓰러진 나무, 대나무의 그루터기 등에 군생한다.

분포 한국, 일본, 중국

황갈색가루낭피버섯

Cystodermella cinnabarina (Alb. & Schw.) Harmaja
Cystoderma terrei f. luteum Dähnck

형태 균모의 지름은 2.5~6cm로 둥근 산 모양에서 차차 편평하게 된다. 표면은 마르고 작은 과립이 밀생하며 홍갈색이다. 가장자리에 피막의 잔편이 붙어 있다. 살은 두꺼운 편이며 연한 황백색이고 표피 아래는 홍색을 띠며 맛은 유화하다. 주름살은 떨어진 주름살로 밀생하며 폭이 넓고 백색이다. 자루의 높이는 4~7cm, 굵기는 0.3~0.6cm로 위로 가늘고 기부는 다소 굵다. 턱받이의 위쪽은 백색이며 아래쪽은 균모와 같은 색으로 홍갈색의 작은 과립으로 덮여 있다. 자루의 속은 비어 있다. 턱받이는 아래에 위치하고 균모와 같은 색이며 얇고 부서지거나 소실되기 쉽다. 포자의 크기는 4~4.5×2.5~3μm로 타원형이며 표면은 매끄럽다. 거짓 아밀로이드 반응을 보인다. 연낭상체의 크기는 30~43×5~6μm로 선단은 피침형이며 때때로 결정체가 부착한다. 포자문은 백색이다. 낭상체는 털상으로 꼭대기는 화살 모양이다.
생태 가을 / 침엽수와 활엽수의 혼효림의 땅에 산생한다. 식용 가능하다.
분포 한국, 일본, 중국, 유럽, 북아메리카 등 전 세계

가루낭피버섯

Cystodermella granulosa (Batsch) Harmaja
Cystoderma granulosum (Batsch) Fayod

형태 균모의 지름은 1~4.5cm로 난형에서 차차 편평하게 되며 중앙부는 약간 돌출한다. 표면은 마르고 연한 홍갈색이며 중앙이 진하고 가장자리 쪽으로 연해지며 흑갈색의 알갱이로 덮이는데 중앙에 더 밀집한다. 가장자리는 처음에 아래로 감긴다. 살은 얇고 희다. 맛은 쓰고 냄새는 좋지 않다. 주름살은 떨어진 주름살 또는 홈파진 주름살로 밀생하며 폭이 넓고 백색에서 황색으로 된다. 자루의 높이는 2~5cm, 굵기는 0.1~0.6cm로 위로 가늘어지며 턱받이 위쪽은 갈색 섬유상의 털로 덮이고 아래쪽은 균모와 같은 색인 알갱이 인편으로 덮인다. 자루의 속은 비어 있다. 턱받이는 상위에 치우치며 막질에 가깝고 아래로 드리운다. 하면은 균모와 같은 색의 알갱이로 덮이고 영존성이다. 포자의 크기는 4~5 × 2.5~3μm로 타원형이고 표면은 매끄럽다. 포자문은 백색이다. 낭상체는 털상으로 꼭대기는 날카롭고 지름은 2~3μm이다.
생태 여름~가을 / 잣나무 숲, 분비나무 숲, 가문비나무 숲과 활엽수 혼효림에 산생 · 군생한다. 식용 가능하다.
분포 한국, 일본, 중국, 유럽, 북아메리카 등 전 세계

일본가루낭피버섯

Cystodermella japonica (Thoen & Hongo) Harmaja
Cystoderma japonicum Thoen & Hongo

형태 균모의 지름은 2.5~6(10)*cm*로 둥근 산 모양에서 차차 편평해지고 중앙이 돌출하기도 한다. 표면은 황토색-밝은 황갈색이며 입자나 가루상의 물질이 덮여 있다. 자라면서 표면에 방사상의 주름이 잡히기도 하며 어릴 때는 가장자리 끝에 외피막의 잔편이 붙어 있다. 주름살은 끝붙은 주름살로 백색이며 촘촘하다. 자루의 길이는 3~5*cm*, 굵기는 0.5~2*cm*로 위쪽에 턱받이가 있다. 표면에는 균모와 같은 모양의 작은 입자가 덮여 있고 턱받이 위쪽은 백색-연한 황토색이며 거의 밋밋하다. 턱받이는 백색의 막질로 비교적 크고 부서지기 쉽다. 포자의 크기는 3.9~5×2.5~3.3*μm*로 타원형이다.

생태 여름~가을 / 숲속에 버려진 왕겨 위나 대나무밭의 낙엽 위에 군생한다. 흔히 균륜을 형성한다.

분포 한국, 일본

성숙솜갈대버섯

Cystolepiota adulterina (F.H. Møller) Bon
Lepiota adulterina Møll.

형태 균모의 지름은 1.5~2.5*cm*로 원추형에서 둥근 산 모양이다. 표면은 처음에는 두껍고 부드러운 비듬이 있고 연한 갈색이며 나중이 되면 두껍고 가루상의 사마귀 반점으로 된다. 가장자리에 외피막이 있고 자실체 주위에는 과실 가루가 땅바닥에 떨어져 있는 것 같은 흔적이 있다. 균모의 살은 백색이고 자루의 살은 기부 쪽으로 적색이다. 맛과 냄새는 불분명하다. 주름살은 끝붙은 주름살로 크림색이고 밀생한다. 자루의 길이는 3~4*cm*, 굵기는 0.2~0.4*cm*로 가늘고 백색에서 약간 핑크색으로 연한 갈색의 비듬이 되며 부서지기 쉬운 턱받이가 있다. 포자의 크기는 4~6×2~2.5*μm*로 장타원형에서 유원통형이다. 낭상체는 불분명하나 곤봉형이다. 포자문은 백색이다.

생태 늦여름~가을 / 석회석이 있는 숲속의 땅에 소집단으로 발생한다. 활엽수림 중 관목림 속의 땅에 단생한다.

분포 한국, 유럽

보라솜갓버섯

Cystolepiota bucknallii (Berk. & Broome) Sing. & Clemencon
Lepiota bucknallii (Berk. & Broome) Sacc.

형태 균모의 지름은 1~2.5cm로 어릴 때 종 모양에서 차차 둥근 산 모양을 거쳐 편평하게 된다. 표면은 무디고 미세한 알갱이 같은 가루가 있다. 백색의 자색에서 연한 자색으로 되며 노쇠하면 크림색에서 연한 황토색으로 된다. 가장자리는 예리하고 어릴 때 백색의 외피막 파편이 유연한 털로 된다. 살은 백색이고 표피 아래는 자색이며 얇고 냄새가 강하다. 맛은 온화하지만 좋지는 않다. 주름살은 끝붙은 주름살로 크림 백색에서 연한 노란색으로 되며 폭이 넓다. 언저리는 밋밋하다. 자루의 길이는 2.5~6cm, 굵기는 0.2~0.4cm로 원통형이며 어릴 때는 속이 차 있다가 노쇠하면 빈다. 표면은 어릴 때는 자색 바탕에 백색 가루가 있고 검은 자색에서 흑자색으로 되며 노쇠하면 매끈하다. 가끔 탈락한 턱받이의 흔적이 있다. 포자의 크기는 7.1~9.1×2.6~3.9μm로 방추형에서 포탄 모양이다. 측면이 뾰족하고 표면은 매끈하며 두꺼운 벽이다. 담자기의 크기는 20~25×6.5~8.5μm로 곤봉형이며 4-포자성이다. 기부에 꺾쇠는 없다. 연낭상체와 측낭상체는 보이지 않는다.

생태 여름~가을 / 활엽수림 또는 혼효림의 땅에 단생·군생한다.

분포 한국, 일본, 중국, 유럽, 북아메리카

대나무솜갓버섯

Cystolepiota hetieri (Boud.) Sing.
Lepiota hetieri Boud.

형태 균모의 지름은 2~5cm로 반구형에서 아치형으로 되며 차차 편평하게 되지만 중앙은 약간 돌출하기도 한다. 표면은 약간 흰색에서 회노란색이 되었다가 붉은 갈색으로 된다. 표면은 가루상의 피복물로 덮이고 섬유상이다. 살은 백색이며 맛은 불분명하고 냄새는 좋지 않다. 주름살은 끝붙은 주름살로 백색에서 회갈색으로 되며 밀생한다. 자루의 길이는 4.5cm, 굵기는 0.3cm 정도로 백색이며 기부는 공처럼 부푼다. 표면은 균모와 같은 가루상이며 아래쪽에는 섬유상의 턱받이 흔적이 있고 반점의 조각들이 분포한다. 포자의 크기는 6~7×2.5~3㎛로 타원형이고 표면은 매끈하다. 거짓 아미로이드 반응을 보인다. 낭상체는 막대형이다.

생태 여름~가을 / 숲속의 낙엽, 습지, 부식질 토양에 군생한다.

분포 한국, 일본, 중국, 유럽

황솜갓버섯

Cystolepiota icterina F.H. Møller ex Kundsen

형태 균모의 지름은 1.5~3cm로 반구형에서 차차 둥근 산 모양을 거쳐 편평하게 된다. 표면에는 미세한 섬유상의 가루가 있고 황색에서 회황색을 거쳐 퇴색한다. 가장자리는 섬유상이다. 살은 매우 얇고 균모와 같은 색이며 맛과 냄새는 없다. 주름살은 끝붙은 주름살로 크림색-밀짚색으로 폭이 넓고 얇다. 자루의 길이는 3~5.5 cm, 굵기는 0.2~0.3cm로 원통형이며 유연하고 균모와 같은 색이다. 기부는 갈색이다. 포자의 크기는 3.8~5.5×2.5~3.2μm로 타원형 또는 난형이며 표면은 매끈하고 투명하다. 담자기의 크기는 20~28×6~10μm로 곤봉형에 4-포자성이다. 연낭상체의 크기는 18~35×5~7μm이고 곤봉형 또는 유방추형이다.

생태 여름~가을 / 낙엽수림의 비옥한 땅에 군생 또는 다발로 발생한다.

분포 한국, 유럽

흰여우솜갓버섯

Cystolepiota pseudogranulosa (Berk. & Br.) Pegler
Lepiota pseudogranulosa (Berk. & Broome) Sacc.

형태 균모의 지름은 1.3~2cm로 원추형의 종 모양에서 둥근 산 모양으로 된다. 표면의 바탕은 백색인데 백색-연한 갈색의 면질-분질물이 두껍게 덮여 있다. 가장자리 끝은 분질의 외피막 파편이 붙어 있다. 분질물은 손으로 만지면 묻기 쉽다. 살은 매우 얇고 백색이다. 주름살은 떨어진 주름살로 백색이며 갈색의 얼룩이 생기고 약간 촘촘하다. 자루의 길이는 2~4cm, 굵기는 0.15~0.2cm로 표면과 같은 분질물이 붙어 있으며 위쪽에 면질-분질의 턱받이가 있으나 소실되기가 쉽다. 포자의 크기는 4.5~5.5×2.5~3㎛로 타원형이며 표면은 매끈하고 투명하다.

생태 여름~가을 / 주로 활엽수림 숲속의 땅에 군생한다. 식독이 불분명하다.

분포 한국, 일본, 중국 등 거의 전 세계

반나솜갓버섯

Cystolepiota seminuda (Lasch) Bon
Lepiota sistrata var. seminuda (Lasch) Quél.

형태 균모의 지름은 0.8~1.2(4)cm로 어릴 때는 원추형의 종 모양이며 나중에 평평해지거나 중앙이 둔하게 돌출된 둥근 산 모양 또는 둔한 원추형이 된다. 표면은 무디고 크림색 또는 연한 황색 바탕에 흰 가루가 덮여 있다. 나중에 가루가 탈락하고 연한 분홍색을 띤다. 가장자리는 날카롭고 때때로 턱받이 잔존물이 붙어 있다. 살은 얇고 백색이다. 주름살은 떨어진 주름살로 어릴 때는 백색이나 나중에 크림색-연한 황색으로 되며 폭이 넓다. 언저리는 고르다. 자루의 길이는 2~4(5)cm, 굵기는 0.1~0.2cm로 원주형에 부러지기 쉽고 어릴 때는 속이 차 있으나 나중에는 빈다. 표면은 꼭대기 쪽으로 백색-크림색이다. 기부 쪽은 분홍색 또는 라일락 갈색이며 점차 어두운 색깔로 된다. 때때로 자루 전체가 분홍살색으로 되며 기부가 진한 것도 있다. 어릴 때는 자루 전면이 가루상이나 나중에는 다소 매끄러워진다. 포자의 크기는 3.5~4.5×2.3~2.7μm로 광타원형이며 표면은 매끈하고 투명하다. 포자문은 백색이다.

생태 여름~가을 / 숲속, 길가, 나지, 공원 등의 다소 부식질이 많은 토양에 단생·군생한다. 식용 가능하다.

분포 한국, 유럽, 북아메리카

자매솜갓버섯

Cystolepiota sistrata (Fr.) Sing. ex Bon & Bellu

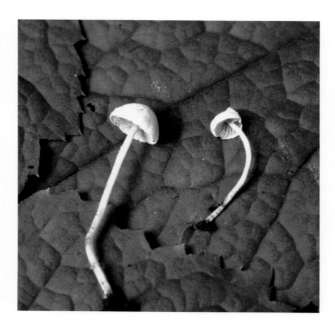

형태 균모의 지름은 0.8~1.5*cm*로 어릴 때 원추형-종 모양에서 둥근 산 모양을 거쳐 차차 편평하게 된다. 표면은 백색에서 크림색이며 연한 황색 바탕에 백색 가루가 분포하고 나중에 과립으로 되며 약간 밝은 핑크색이다. 가장자리는 예리하고 가끔 표피의 막질이 매달린다. 살은 백색으로 얇고 냄새가 나며 맛은 온화하다. 주름살은 끝붙은 주름살로 어릴 때 백색의 크림색에서 연한 황색으로 되며 폭이 넓고 변두리는 밋밋하다. 자루의 길이는 2~4*cm*, 굵기는 0.1~0.2*cm*로 원통형이며 부서지기 쉽다. 자루의 속은 어릴 때 차 있지만 오래되면 빈다. 표면에는 어릴 때 백색 가루가 분포하나 노후하면 약간 밋밋해진다. 표면의 위쪽은 백색에서 크림색이고 아래쪽은 살색의 핑크색 또는 라일락 갈색이다. 기부는 검다. 포자의 크기는 3.5~4.5×2.3~2.7*μm*로 타원형이며 표면은 매끈하고 투명하다. 담자기의 크기는 13~17×6~7.5*μm*로 원통형-막대형이며 4-포자성이다. 기부에 꺾쇠는 없다. 낭상체는 없다.
생태 여름~가을 / 기름진 땅 부근에 단생·군생한다.
분포 한국, 일본, 중국, 유럽, 북아메리카, 아시아

성숙솜갓버섯아재비

Cystolepiota subadulterina Bon

형태 균모의 지름은 3~5cm로 둥근 산 모양이며 단단하다. 표면은 섬유상이 풍부하나 쉽게 탈락한다. 백색에서 더러운 회황토색으로 되며 드물게 장미색으로 되는 것도 있다. 가장자리는 안으로 말린다. 주름살은 끝붙은 주름살로 오백색에서 갈색으로 된다. 자루의 살은 암갈색으로 된다. 자루는 균모의 색과 비슷하고 가루상이 많다. 턱받이는 흔적이 있으나 희미하다. 포자의 크기는 3.5~4.5×2~2.5μm로 원통형-난형이고 한쪽 끝이 잘린 형태이다. 측낭상체는 없다.

생태 여름 / 기름진 숲속의 땅에 단생 또는 군생한다.

분포 한국, 유럽

장미솜갓버섯

Cystolepiota moelleri Knudsen
Lepiota rosea Rea

형태 균모의 지름은 2~3cm로 둥근 산 모양에서 차차 평평한 모양으로 된다. 처음에는 분홍색이다가 오래되면 분홍 갈색이 되고 촘촘하게 가루상-알갱이 모양의 피복물이 덮여 있다. 가장자리 끝에는 외피막 잔재물이 톱니상으로 붙어 있다. 살은 백색이고 기부 쪽은 분홍색이다. 주름살은 떨어진 주름살로 백색에서 크림색으로 되며 촘촘하다. 자루의 길이는 5~6cm, 굵기는 0.3~0.5cm로 꼭대기는 백색이고 턱받이 아래는 균모와 같은 색이다. 턱받이는 좁고 곧 소실된다. 포자의 크기는 4.5~6×2.5~3.5μm로 타원형이고 표면은 매끈하다. 거짓 아밀로이드 반응을 보인다. 포자문은 백색이다.

생태 여름~가을 / 활엽수 숲속의 습한 땅에 단생한다.

분포 한국, 일본, 유럽

용골가시갓버섯

Echinoderma carinii (Bres) Bon
Lepiota carinii Bres.

형태 균모의 지름은 2.5~4(5)cm로 둥근 산 모양에서 편평한 모양으로 되지만 가끔 둔한 둥근형도 있다. 표면은 황토색에서 밝은 갈색으로 되며 중앙에 갈색의 인편이 집중적으로 덮여 있다. 인편은 어릴 때 날카로운 원추형이나 오래되면 납작해지고 탈락하며 중앙은 어둡다. 가장자리는 예리하고 밋밋하며 오래되면 갈라져서 인편으로 된다. 살은 백색이고 얇으며 약간 불쾌한 냄새가 나고 맛은 온화하다. 주름살은 끝붙은 주름살로 백색이며 폭이 넓다. 언저리는 매끈하다. 자루의 길이는 3~5cm, 굵기는 0.2~0.5cm로 원통형이며 기부는 때때로 부푼다. 어릴 때 속은 차 있고 노쇠하면 빈다. 턱받이 위는 백색에서 적갈색으로 밋밋하며 아래는 갈색의 알갱이-인편이 크림색 바탕 위에 있다. 노쇠하면 털은 없어지고 밋밋해진다. 턱받이는 백색이고 어릴 때는 섬유상의 솜털상으로 쉽게 탈락하며 나중에는 갈색의 섬유상이 있다. 포자의 크기는 3.4~4.5×2.1~2.7μm로 타원형이며 표면은 매끈하고 투명하다.

생태 여름~가을 / 참나무류 숲과 혼효림의 땅에 단생·군생한다. 드문 종이다.

분포 한국, 유럽

가시갓버섯

Echinoderma asperum (Pers.) Bon
Amanita aspera (Pers.) Pers. / *Lepiota acutesquamosum* (Weinm.) P. Kumm. / *Lepiota aspera* (Pers.) Quél.

형태 균모의 지름은 7~10㎝로 원추형에서 둥근 산 모양을 거쳐 편평한 모양으로 되나 가운데는 볼록하다. 습한 날씨에는 약간 미끈거리며 표면은 황갈색 또는 적갈색이고 검은 갈색 돌기로 덮여 있다. 살은 백색이며 냄새는 나쁘다. 주름살은 떨어진 주름살로 백색이고 약간 밀생한다. 자루의 길이는 8~10㎝, 굵기는 0.8~1.2㎝로 기부는 부풀어 있고 속은 비어 있다. 턱받이 위는 백색이고 아래는 연한 갈색이며 갈색의 인편이 있다. 턱받이는 위를 향하며 흰색과 노란색의 테가 둘려 있다. 포자의 크기는 5.5~7.5×2.5~3㎛로 타원형이고 표면은 투명하며 매끈하다. 아밀로이드 반응을 보인다.

생태 여름~가을 / 숲속, 쓰레기장, 길가 등에 군생하며 너도밤나무 숲에 많다. 식독이 불분명하다.

분포 한국(북한), 일본, 중국, 북아메리카 등 전 세계

가시갓버섯(광대형)

Amanita aspera (Pers.) Pers.

형태 균모의 지름은 5~10cm로 둥근 산 모양에서 편평해지며 습할 때는 끈적기가 있고 밋밋하며 흑갈색에서 황갈색으로 된다. 가장자리에는 때때로 방사상의 줄무늬가 있다. 주름살은 끝붙은 주름살 또는 바른 주름살로 밀생하고 폭이 넓으며 백색에서 황백색으로 된다. 자루의 길이 7.5~15cm, 굵기는 1~2cm로 기부 쪽으로 부푼다. 표면은 가루상이며 노란색에서 황갈색으로 된다. 살은 기부의 부푼 곳에서 적갈색으로 변하기도 한다. 외피막은 황회색 또는 노란색의 황갈색으로 된다. 균모와 자루에 막편이 있고 막편은 막질로 노란색에서 회황색으로 된다. 자루의 위쪽에 턱받이가 있다. 포자의 크기는 8~20×6~7㎛로 타원형이며 표면은 매끈하고 투명하다. 아밀로이드 반응을 보인다. 포자문은 백색이다.

생태 가을 / 참나무 숲의 땅에 발생한다. 북아메리카에서는 발생하는 시기가 지역에 따라 다르다는 보고도 있다.

분포 한국, 일본, 중국, 북아메리카

가시갓버섯(비듬형)

Lepiota acutesquamosum (Weinm.) P. Kumm.

형태 균모의 지름은 7~10㎝로 어릴 때 약간 원추형에서 둥근 산 모양을 거쳐 편평하게 되지만 중앙은 볼록하다. 표면은 황갈색-적 갈색으로 그 위에 암갈색의 돌기가 밀포한다. 돌기는 직립하며 떨 어지기 쉽다. 살은 백색이다. 주름살은 떨어진 주름살로 백색이고 밀생하며 분지한다. 자루의 길이는 8~10㎝, 굵기는 0.8~1.2㎝로 기부는 약간 부푼다. 속은 비고 위쪽은 백색, 아래쪽은 연한 갈색 이며 인편이 있다. 턱받이는 백색이며 가장자리는 갈색에 막질이 다. 포자의 크기는 5.5~7.5×2.5~3㎛로 좁은 타원형 또는 원통형 이다. 연낭상체의 크기는 23~31×12~16㎛로 주머니 모양이다.
생태 여름~가을 / 숲속의 땅 또는 등산로의 길가 등에 군생한다. 식용이다.
분포 한국, 일본, 소아시아, 유럽, 북아메리카

성게가시갓버섯

Echinoderma echinaceum (J.E. Lange) Bon
Lepiota echinacea J.E. Lange

형태 균모의 지름은 2~5cm로 둥근 산 모양에서 차차 편평하게 되나 중앙은 둔하게 볼록하며 오래되면 물결형으로 된다. 표면은 노란 갈색이며 적갈색 바탕에 원추형의 길이 1mm의 인편이 빽빽하게 덮인다. 듬성듬성하게 알갱이-인편이 있는데 가장자리 쪽으로 강하게 압착되어 있고 중앙에서 직립한다. 가장자리는 오랫동안 아래로 말리고 밋밋하다. 살은 백색이고 얇으며 냄새와 맛은 좋지 않고 온화하지만 불분명하다. 주름살은 끝붙은 주름살로 백색에서 크림색으로 폭이 넓다. 변두리는 약간 밋밋하다. 자루의 길이는 3~6cm, 굵기는 1.6~2.5cm로 원통형이고 기부는 부풀며 백색의 균사체가 있다. 자루의 속은 차 있다가 빈다. 표면은 단단하고 크림색이며 턱받이의 위는 밋밋하거나 약간 섬유실로 되며 턱받이 아래는 밝은 갈색의 뻣뻣한 솜털 같은 인편이 밀생하며 나중에 섬유실로 된다. 포자의 크기는 4.5~6×2~3μm로 원주형-타원형이고 표면은 매끈하고 투명하다. 거짓 아밀로이드 반응을 보인다.

생태 여름~가을 / 숲속의 땅에 군생한다.

분포 한국, 일본, 중국, 유럽

뿔껍질가시갓버섯

Echinoderma hystrix (Møll. & Lange) Bon
Lepiota hystrix Møll. & Lange

형태 균모의 지름은 3~5(7)cm로 원추형–둥근 산 모양에서 차차 편평하게 된다. 가끔 중앙이 약간 둥글게 볼록한 것도 있다. 표면은 회갈색이며 끝이 흑갈색인 피라미드 모양의 거친 인편이 중앙쪽으로 진하게 덮인다. 가장자리는 인편이 다소 소형이며 아래로 말린다. 어릴 때는 가장자리와 자루가 흰색의 막질로 연결된다. 살은 백색이며 두껍고 냄새는 좋지 않으나 맛은 온화하다. 주름살은 떨어진 주름살로 흰색이며 폭이 좁고 밀생하며 포크형이다. 자루의 길이는 5~6cm, 굵기는 0.6~1cm로 위아래가 같은 굵기이다. 턱받이의 위쪽은 흰색의 섬유상이고 아래는 진한 흑갈색의 인편이 덮인다. 흔히 암갈색의 액체를 분비한다. 턱받이는 막질의 섬유상이다. 표면의 위쪽은 백색이며 아래쪽은 미세한 갈색 털의 인편이 있다. 포자의 크기는 5.4~6.9×2.1~2.9㎛로 협타원형이고 표면은 매끈하다. 포자문은 백색이다.
생태 여름~가을 / 숲속의 땅에 군생한다.
분포 한국, 일본, 중국, 유럽, 북아메리카 등 전 세계

붉은가시갓버섯

Echinoderma rubellum (Bres.) Migl.
Lepiota rubella Bres.

형태 균모의 지름은 0.3~1.1cm로 구형에서 차차 편평해지며 중앙이 약간 볼록하다. 표면은 거의 막질상이고 건조성이며 인편이 있고 살색-붉은색이다. 중앙은 털이 있다. 살은 균모는 백색, 자루는 붉은색이며 냄새가 나고 맛은 없다. 주름살은 끝붙은 주름살로 백색이며 가끔 황색이 있고 거의 밀생하며 배불뚝이형이다. 처음에는 가루상이나 나중에는 둥근 섬유상이 된다. 자루의 길이는 0.5~1cm, 굵기는 0.15cm로 위아래가 같은 굵기이고 원통형이며 붉은색이다. 턱받이 아래는 섬유상이고 쉽게 탈락하는 알갱이 인편이 있으며 위쪽은 섬유상이고 옅은 색이다. 기부는 약간 두껍다. 포자의 크기는 4~5×2~2.5μm로 유타원형이고 1~2개의 기름방울을 함유하며 투명하다. 담자기의 크기는 30~35×6~8μm로 곤봉형이다.

생태 가을 / 숲속의 땅에 군생한다.

분포 한국, 유럽

여린가시갓버섯

Echinoderma jacobi (Vell. & Kunds.) Gminder
Lepiota jacobi Vell. & Kunds. / Lepiota langei Knudsen

형태 균모의 지름은 2~4cm로 어릴 때 원추형에서 원추형의 종 모양을 거쳐 둥근 산 모양으로 되며 중앙은 약간 볼록하다. 표면은 크림색 바탕에 흑갈색의 인편이 점점이 분포한다. 살은 백색이고 얇으며 냄새는 조금 나고 맛은 없으나 온화하다. 주름살은 끝붙은 주름살로 백색에서 연한 크림색으로 되고 폭이 넓다. 변두리는 예리하고 밋밋하다. 자루의 길이는 3~5cm, 굵기는 0.3~0.6cm로 원통형이며 속은 차 있다가 비며 부서지기 쉽다. 표면의 꼭대기는 백색에서 황토색으로 되며 어릴 때 아래에 희미한 턱받이 띠가 있다. 기부 쪽으로 크림색-갈색의 바탕에 회갈색이며 섬유상의 인편이 분포한다. 포자의 크기는 3.6~4.9×2.1~2.9㎛로 타원형이며 표면은 매끈하고 투명하다. 거짓 아밀로이드 반응을 보인다. 담자기의 크기는 13~18×4.5~6㎛로 막대형-원통형이며 기부에 꺾쇠가 있다.
생태 여름~가을 / 혼효림의 땅에 단생 · 군생한다. 드문 종이다.
분포 한국, 중국, 유럽.

노란갓버섯

Lepiota aurantioflava Hongo

형태 균모의 지름은 1~5cm 정도로 둥근 산 모양에서 거의 평평하게 되며 중앙이 돌출된다. 표면은 오렌지 황색 바탕에 암갈색이고 중앙 쪽이 진하다. 약간 가루상이며 날카롭고 떨어지기 쉬운 돌기가 덮여 있다. 가장자리에는 가루상의 막편이 부착되기도 한다. 살은 얇고 황색이다. 주름살은 떨어진 주름살로 오렌지 황색이며 폭이 약간 넓은 편이고 촘촘하다. 자루의 길이는 2.5~5cm, 굵기는 0.2~0.5cm로 오렌지 황색 바탕에 갈색의 작은 가루상 인편이 붙어 있다. 턱받이는 황색이고 잘 발달되지 않으며, 탈락이 빠르고 쉽다. 포자의 크기는 3.5~4.7×2.3~2.9㎛이고 타원형이며 표면은 매끈하다. 거짓 아밀로이드 반응을 보인다.
생태 여름~가을 / 숲속의 땅에 군생 또는 간혹 속생한다. 특히 절개지에 발생한다. 식독이 불분명하다.
분포 한국, 일본

흑꼭지갓버섯

Lepiota atrodisca Zeller

형태 균모의 지름은 5~12cm로 반구형에서 둥근 산 모양을 거쳐 편평하게 된다. 표면은 오백색이며 중앙에는 흑갈색의 인편이 가장자리 쪽으로 분포한다. 살은 백색이다. 주름살은 떨어진 주름살로 백색이고 밀생하며 폭이 좁고 포크형이다. 자루의 길이는 6~13cm, 굵기는 0.5~0.7cm로 원주형이다. 표면은 갈색이지만 상부는 엷은 색이다. 턱받이는 상부에 있고 백색의 막질이다. 기부는 팽대하며 자루의 속은 차 있다. 포자의 크기는 6~8×3~5μm로 타원형이며 표면은 매끈하고 무색이며 광택이 난다. 포자문은 백색이다.

생태 여름~가을 / 숲속의 땅에 단생 · 산생한다.

분포 한국, 중국

비늘갓버섯

Lepiota atrosquamulosa Hongo

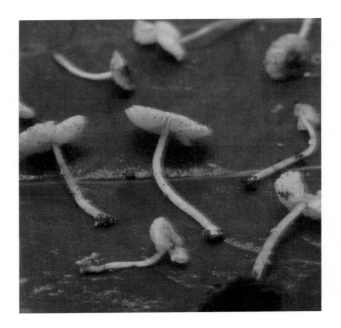

형태 균모의 지름은 1.5~4cm로 종 모양에서 거의 평평하게 된다. 표면은 백색 섬유상의 바탕에 흑갈색의 작은 인편들이 산재하며 중앙부에 밀집해 거의 흑색을 띤다. 주름살은 떨어진 주름살로 백색-황백색이고 촘촘하거나 약간 촘촘하다. 자루의 길이는 1.5~3.5cm, 굵기는 0.15~0.5cm로 백색-황색을 띤 적색이다. 표면은 밋밋하다. 턱받이는 백색이며 약간 막질이고 소실되기 쉽다. 포자의 크기는 6~9×4~5.5㎛로 타원형-난형이다.
생태 여름~가을 / 숲속의 부식질 토양에 발생한다. 식독이 불분명하다.
분포 한국, 일본, 파푸아뉴기니

91

황변갓버섯

Lepiota besseyi H.V. Sm. & N.S. Weber

형태 균모의 지름은 5~8cm로 어릴 때 유원주형에서 종 모양으로 되며 점차 펴져서 넓은 둥근 산 모양 또는 편평한 모양이 된다. 중앙이 넓게 볼록하고 미세한 벨벳 털이 있으며 이것들이 부서져서 편평한 알갱이 모양의 인편으로 된다. 백색인데 중앙 쪽으로 적갈색에서 회갈색의 알갱이 인편이 있다. 가장자리에 줄무늬선은 없다. 주름살은 끝붙은 주름살로 밀생하며 폭이 넓고 백색이다. 자루의 길이는 3~7.5cm, 굵기는 0.8~1.2cm로 원주형이거나 기부 쪽으로 약간 부푼 형태이다. 표면은 섬유상이고 백색이며 꼭대기 근처에 영존성의 턱받이가 있다. 자루는 빨리 노란색으로 되며 칼로 자르면 적색으로 변한다. 포자의 크기는 8~14×5~10μm로 타원형이며 표면은 매끈하고 투명하다. 거짓 아밀로이드 반응을 보인다. 포자문은 백색이다.

생태 여름 / 풀밭, 나무와 나무껍질 더미 등에 발생한다. 식용 여부는 모른다.

분포 한국, 유럽, 북아메리카

고동색갓버섯

Lepiota boudieri Bres.
L. fulvella Rea

형태 균모의 지름은 3~5*cm*로 반구형에서 차차 편평하게 되며 중앙은 약간 둥근 볼록형이다. 표면은 비단결에서 밋밋해진 다음에 섬유상으로 되지만 인편으로는 되지 않는다. 살은 얇고 백색이다. 자루의 살은 약간 황색이며 맛과 냄새는 불분명하다. 주름살은 끝붙은 주름살로 백색 또는 약간 노란색이며 특히 가장자리는 약간 노란색이고 폭이 좁다. 자루의 길이는 3~6*cm*, 굵기는 0.4~0.8*cm*로 원주형이며 기부 쪽으로 약간 부풀고 단단하다. 약간의 털이 있는데 쉽게 탈락하며 턱받이는 위쪽에 있다. 포자의 크기는 3.5~4.5×9~10*μm*로 포탄 모양이고 치우친 돌기가 있으며 표면은 매끈하고 투명하다. 담자기의 크기는 20~25×7~8*μm*로 곤봉형이고 4-포자성이며 기부에 꺾쇠가 있다. 연낭상체의 크기는 22~34×8~12*μm*로 곤봉형이다. 측낭상체는 없으며 포자문은 백색이다. 거짓 아밀로이드 반응을 보인다.

생태 여름 / 활엽수림의 땅에 작은 집단으로 군생 · 단생한다. 드물게 썩은 너도밤나무의 고목 또는 가끔 쐐기풀 속에도 발생한다.

분포 한국, 유럽 등

홍갈색갓버섯

Lepiota bruneoincarnata Chodat & C. Martin

형태 균모의 지름은 2~4cm로 어릴 때 반구형에서 차차 편평하게 펴진다. 표면은 홍갈색이며 암자갈색의 인편이 있다. 인편은 중앙에 밀포하여 짙은 색을 띤다. 가장자리는 짧은 골이 있다. 살은 백색이다. 주름살은 떨어진 주름살로 밀생하고 길이가 다르며 백색에서 암홍색으로 된다. 자루의 길이는 3~6cm, 굵기는 0.3~0.7cm로 균모와 같은 색이고 속은 비어 있다. 턱받이는 불완전하며 아래는 작은 인편이 있고 띠 모양인 것도 있다. 포자의 크기는 7.8~8.8×4~5μm로 난형 또는 타원형으로 무색이며 표면은 광택이 나고 매끈하다. 연낭상체는 많고 방망이형으로 크기는 20~26×7.5~10μm이다. 포자문은 백색이다.

생태 여름~가을 / 숲속의 땅, 길가, 풀밭 등에 군생한다.

분포 한국, 중국

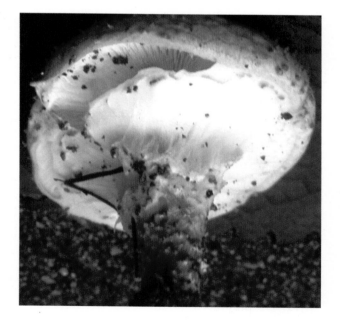

밤색갓버섯

Lepiota castanea Quél.

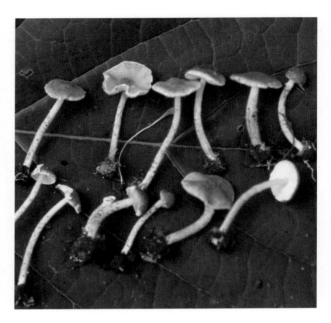

형태 균모의 지름은 1.5~3*cm* 정도로 원추형 또는 둥근 산 모양에서 차차 편평하게 되며 가운데가 약간 돌출한다. 표피는 밤갈색-오렌지 갈색으로 얼마 안 되어 가늘게 균열되면서 알갱이 모양의 작은 인편으로 된다. 살은 유백색이다. 주름살은 떨어진 주름살로 흰색-크림색에서 다갈색 때때로 붉은색으로 변하며 빽빽하다. 자루의 길이는 3~5.5*cm*, 굵기는 0.25~0.4*cm*로 기부가 약간 굵어져서 표면은 오렌지 갈색 바탕에 균모와 같은 색의 작은 인편이 산재한다. 턱받이는 거미줄 모양이며 흰색이고 쉽게 탈락한다. 자루의 속은 비어 있다. 포자의 크기는 8.3~10×3.5~4.1*μm*로 한쪽이 잘린 포탄 모양이며 표면은 매끈하고 투명하다. 아밀로이드 반응을 보인다. 포자문은 백색이다.

생태 여름~가을 / 숲속의 땅에 단생·군생한다.

분포 한국, 일본, 중국, 유럽, 북아메리카 등 전 세계

95

갈색털갓버섯

Lepiota cinnamomea Hongo

형태 균모의 지름은 2~5cm로 난형에서 둥근 산 모양으로 되고 나중에는 거의 평평하게 된다. 표면은 처음에 살구색을 띠는 계피색의 펠트 모양이지만 중앙부 이외는 표피가 가는 알갱이 모양으로 갈라져서 인편으로 되어 산재한다. 살은 백색이다. 주름살은 떨어진 주름살로 백색이다가 크림색이 된다. 폭이 넓고 촘촘하다. 자루의 길이는 3.5~7cm, 굵기는 0.25~0.5cm로 기부가 약간 굵어지기도 한다. 표면은 크림색에서 살색으로 된다. 턱받이의 아래쪽은 갈색의 알갱이 모양의 가는 인편이 분포하고 위쪽은 가루상이다. 턱받이는 폭이 좁고 백색이며 소실되기 쉽다. 포자의 크기는 4~6×2.3~2.7μm로 타원형이며 표면은 매끈하고 투명하다.
생태 여름~가을 / 정원의 나무 아래 부식토에 군생한다. 식독이 불분명하다.
분포 한국, 일본

96

솜갓버섯(방패갓버섯)

Lepiota clypeolaria (Bull.) P. Kumm.

형태 균모의 지름은 4~7*cm*로 원주형을 거쳐 둥근 산 모양이 되지만 나중에는 편평해진다. 표면은 황색 또는 황토색이며 모피 모양에서 표피가 쪼개져 인편으로 되어 분포한다. 살은 백색이다. 주름살은 끝붙은 주름살로 처음 백색에서 황색으로 되며 밀생한다. 자루의 길이는 5~10*cm*, 굵기는 0.3~0.9*cm*로 속은 비어 있으며 위쪽은 백색의 비단결 모양이다. 턱받이의 아래쪽은 균모처럼 섬유상 또는 솜털상이다. 포자의 크기는 14~22.5×4.5~6*μm*로 좁은 방추형이다.

생태 여름~가을 / 숲속의 땅에 단생·군생한다.

분포 한국, 일본, 중국, 유럽, 북아메리카 등 전 세계

갈색고리갓버섯

Lepiota cristata (Bolt.) P. Kumm.
L. cristata var. pallidior Bon / L. cristata var. felinoides Bon

형태 균모의 지름은 2~4cm로 처음의 종 모양 또는 둥근 산 모양
에서 차차 편평한 모양으로 되지만 가운데는 볼록하다. 표피는
연한 갈색 또는 적갈색이다. 성장하면 가운데 이외의 부분은 쪼
개져서 인편으로 되어 백색의 섬유상 바탕 위에 산재하는데 가
운데는 적갈색을 띤다. 살은 백색 또는 적갈색이다. 주름살은 끝
붙은 주름살로 백색 또는 크림색이다. 자루의 길이는 3~5cm, 굵
기는 0.2~0.5cm로 비단 빛이 나며 백색 또는 살색이다. 턱받이는
백색이며 쉽게 탈락한다. 자루의 속은 비어 있다. 포자의 크기는
5.5~8×3.5~4.5㎛이고 마름모꼴의 포탄 모양이다. 거짓 아밀로이
드 반응을 보인다.

생태 여름~가을 / 숲속, 정원, 잔디밭, 쓰레기장 등의 땅에 군생
한다. 독버섯으로 알려져 있다.

분포 한국, 일본, 중국, 유럽, 북아메리카 등 전 세계

갈색고리갓버섯(바랜형)

Lepiota cristata var. **pallidior** Bon

형태 균모의 지름은 1.5~3.5cm로 어릴 때 원추형-종 모양에서 편평하게 되며 중앙은 둔하게 볼록하다. 때때로 불규칙한 물결형이며 표면은 백색의 바탕 위에 압착된 인편이 있고 인편은 크림색에서 황토색 또는 황토 갈색이며 중앙은 밋밋하고 황색에서 황토 갈색이다. 가장자리는 오랫동안 아래로 말리며 물결형이다. 살은 백색이다. 균모의 중앙은 두껍고 가장자리로 갈수록 얇다. 냄새는 좋지 않고 맛은 온화하다. 주름살은 끝붙은 주름살로 백색에서 연한 크림색으로 되며 폭이 넓다. 언저리는 밋밋하다. 자루의 길이는 3~4.5cm, 굵기는 0.2~0.4cm로 원통형이며 기부는 가끔 부푼다. 속은 차 있다가 비며 연한 갈색에서 핑크 갈색으로 된다. 표면은 갈색의 바탕 위에 백색의 섬유실이 있고 솜털상의 막질에 탈락하기 쉬운 턱받이가 있다. 포자의 크기는 6~7.7×2.8~3.6μm로 잘린 포탄 모양이고 치우친 돌출이 있으며 표면은 매끈하고 투명하다. 담자기의 크기는 15~20×7~9μm로 곤봉형이고 4-포자성이다. 기부에 꺾쇠가 있다.

생태 여름~가을 / 숲속의 길가, 풀밭, 아파트의 풀밭 등에 단생 · 군생한다.

분포 한국, 일본, 중국, 유럽

주머니갓버섯

Lepiota cystophorioides Joss. & Riousset

형태 균모의 지름은 2~3cm로 어릴 때는 구형이나 나중에 편평해지며 가운데가 볼록하다. 표면은 백황색이고 가운데는 황색-황갈색이 진하며 섬유상이다. 살은 얇고 백색이다. 주름살은 떨어진 주름살로 성기다. 자루의 길이는 2~5cm, 굵기는 0.2~0.4cm로 원주형이며 약간 붉은 크림색이다. 포자의 크기는 5~7×3.5~4㎛로 타원형이나 양 끝이 뾰족하다. 거짓 아밀로이드 반응을 보인다.
생태 여름 / 소나무 숲의 땅에 단생·산생한다. 식독이 불분명하다.
분포 한국, 유럽

침갓버섯

Lepiota echinella Quél. & G.E. Bernard
L. echinella var. rhodorhiza (P.D. Orton) Legon & A. Henrici

형태 균모의 지름은 1.5~2.5cm로 둥근 산 모양의 종 모양에서 둥근 산 모양을 거쳐 편평하게 된다. 표면은 암회갈색이고 작은 인편 가시로 덮여 있으며 가장자리는 색이 옅다. 살은 백색이며 맛은 없고 냄새는 향기롭다. 주름살은 끝붙은 주름살로 백색이며 두껍고 약간 배불뚝이형이다. 주름살의 변두리는 갈색이다. 자루의 길이는 2.5~5cm, 굵기는 0.2~0.4cm로 원통형이며 기부 쪽으로 약간 부푼다. 표면은 작은 표피 조각들로 덮이고 꼭대기는 솜털상의 인편이 있다. 턱받이는 중앙에 있고 턱받이 테의 아래는 검으며 털상이다. 포자문은 백색이다. 포자의 크기는 5~6.5×3~4μm로 타원형이며 표면은 매끈하다. 거짓 아밀로이드 반응을 보인다.
생태 여름~가을 / 활엽수림의 땅에 군생한다. 드문 종이다.
분포 한국, 일본, 중국, 유럽

101

흰갓버섯

Lepiota erminea (Fr.) P. Kumm.
L. alba (Bres.) Sacc.

형태 균모의 지름은 3~7cm로 반구형에서 차차 편평하게 되며 중앙부는 돌출한다. 표면은 마르고 백색에서 연한 황색으로 된다. 처음에는 총생하여 섬유상의 가는 털로 있다가 나중에 인편으로 되며 오래되면 탈락한다. 살은 두꺼운 편이고 백색이며 맛은 온화하다. 주름살은 떨어진 주름살로 밀생하며 폭이 넓은 편이고 백색이다. 자루의 길이는 5~7cm, 굵기는 0.4~0.6cm로 위아래의 굵기가 같거나 가끔 위쪽으로 가늘어지는 것이 있으며 백색이다. 자루의 턱받이 위쪽은 매끄럽고 아래쪽은 흰 가루가 있다가 없어진다. 자루의 속은 차 있다가 빈다. 턱받이는 섬유질이고 백색이며 쉽사리 탈락한다. 포자의 크기는 10~12×7~7.3μm로 타원형이며 표면은 매끄럽고 1개의 기름방울이 있다. 포자문은 백색이다.
생태 여름~가을 / 톱밥에서 군생·속생한다. 식용이다.
분포 한국, 중국, 일본, 유럽, 북아메리카

고양이갓버섯

Lepiota felina (Pers.) Karst.

형태 균모의 지름은 2~3cm 정도로 반원형에서 둥근 산 모양을 거쳐 편평형이 되며 때로는 가운데가 약간 돌출한다. 어릴 때는 암갈색-암흑갈색의 외피가 싸여 있지만 자라면서 표피가 찢어져 균모 전체에 점상으로 얼룩덜룩하게 산재하며 가운데는 색이 진하다. 살은 흰색이나 갈색을 띠는 것도 있다. 주름살은 떨어진 주름살로 흰색이고 폭이 좁으며 약간 밀생한다. 자루의 길이는 3~5 cm, 굵기는 0.2~0.4cm로 섬유상이고 유백색이며 흑갈색의 인편이 아래쪽으로 점점이 산재한다. 턱받이는 막질로 위쪽은 흰색, 아래쪽은 암회갈색이다. 포자의 크기는 6.5~7.5×3.5~4μm로 난형이며 표면은 매끈하고 투명하다. 포자문은 백색이다.

생태 가을 / 침엽수림의 땅에 군생한다.

분포 한국, 일본, 중국, 유럽, 북아메리카

불꽃갓버섯

Lepiota flammeotincta Kauffman

형태 균모의 지름은 1~6cm로 넓은 둥근 산 모양에서 차차 편평해진다. 바탕은 백색이고 갈색, 적갈색, 자갈색 또는 거의 검은 털 또는 인편을 가진다. 표면은 상처를 받으면 붉게 되었다가 서서히 검은 자갈색으로 된다. 가장자리가 들어 올려진다. 주름살은 끝 붙은 주름살로 밀생하며 언저리는 백색이나 가끔 갈색인 것도 있다. 자루의 길이는 3~9.5cm, 굵기는 0.1~0.6cm로 가늘며 기부 쪽으로 약간 두껍다. 턱받이 위는 백색이고 균모처럼 털이 있으며 상처를 받으면 균모의 표면처럼 빠르게 적갈색으로 되었다가 흑갈색으로 된다. 외피막은 백색이며 막질의 파편이 자루의 가운데에 있다. 자루의 위쪽에 소맷자락 같은 턱받이가 있다. 살은 상처를 받으면 백색의 핑크색, 적색 또는 오렌지색으로 변했다가 퇴색한다. 포자의 크기는 6~8.5×4~4.8μm로 타원형이며 표면은 매끈하고 투명하다. 거짓 아밀로이드 반응을 보인다. 포자문은 백색이다.

생태 여름~가을 / 벚나무 주위, 숲속의 땅에 단생·군생한다. 식용 여부는 불분명하다.

분포 한국, 북아메리카

애노란갓버섯

Lepiota flava Beeli

형태 균모의 지름은 2~2.5cm로 원추형에서 약간 중앙이 높은 평평한 모양이 된다. 표면은 섬유상이며 레몬색이고 끈적기는 없다. 살은 얇고 균모의 표피 밑부분은 황색을 띤다. 주름살은 떨어진 주름살로 거의 백색이고 폭은 약 2mm 정도이며 촘촘하다. 자루의 길이는 3~5cm, 굵기는 0.2cm로 원주형이며 기부는 동그랗게 부풀어 있고 직경은 0.5~0.7cm 정도이다. 위쪽은 백색이고 아래쪽은 레몬색이다. 턱받이는 자루의 상부에 있고 막질로 연한 황색이다. 포자의 크기는 6~7(8.5)×3~3.7μm로 타원형이며 표면은 매끈하다.
생태 가을 / 숲속의 땅에 군생한다.
분포 한국, 일본, 아프리카

암갈색갓버섯

Lepiota fuscicepes Hongo

형태 균모의 지름은 2~3cm로 원추형에서 둥근 산 모양을 거쳐 차차 편평해진다. 표면은 건조하고 미세한 인편이 밀집하며 가운데는 어두운 갈색이고 가장자리 쪽으로 연한 암갈색이다. 가장자리는 방사상으로 갈라진다. 살은 얇고 백색이며 부서지기 쉽다. 맛과 냄새는 없다. 주름살은 끝붙은 주름살로 백색에서 크림색으로 되며 밀생한다. 자루의 길이는 2~3.5cm, 굵기는 0.2~0.3cm로 원통형이고 가끔 아래쪽이 굵다. 표면은 백색이며 비단결 모양으로 미세한 섬유상의 인편이 있다. 턱받이 아래로 자루가 굽어 있는 것도 있다. 턱받이는 백색으로 얇고 좁으며 직립한다. 가장자리는 어두운 갈색이다. 포자의 크기는 5~7×3~3.5μm로 타원형이다. 표면은 매끈하고 투명하며 가끔 기름방울을 갖고 있다. 거짓 아밀로이드 반응을 보인다.

생태 봄~가을 / 숲속의 낙엽, 고목 또는 땅에 단생·군생한다. 낙엽 등을 분해한다.

분포 한국, 일본 등

106

대추씨갓버섯

Lepiota grangei (Eyre) Kühner

형태 균모의 지름은 1.5~2.5(3) *cm*로 어릴 때 원추형-종 모양에서 평평한 모양으로 된다. 표면의 중앙은 암녹색-올리브 녹색이고 과립상의 비늘이 덮여 있으며 가장자리 쪽으로 갈라지기도 한다. 주름살은 떨어진 주름살로 촘촘하며 어릴 때는 오랫동안 크림색이나 나중에 녹슨 색의 반점이 생기기도 한다. 자루의 길이는 4~6*cm*, 굵기는 0.2~0.4*cm*로 원통형이고 기부는 구형으로 속이 비어 있고 단단하지만 부러지기 쉽다. 표면은 크림색이며 꼭대기에는 백색의 섬유상 물질이 덮여 있고 하부 쪽으로 연한 오렌지색-갈색이 많아진다. 드물게 녹색을 띤 비늘이 덮여 있기도 하다. 포자의 크기는 9.9~11.9×3.5~4.5*μm*로 원통형의 탄환 모양이며 표면은 매끈하고 노란색이다. 거짓 아밀로이드 반응을 보인다. 포자문은 크림색이다.

생태 가을 / 활엽수림의 땅, 길가 또는 풀숲 사이에 단생·군생한다. 식용이다.

분포 한국, 일본, 유럽

회녹색갓버섯

Lepiota griseovirens Maire

형태 균모의 지름은 2.5cm 정도로 어릴 때는 원추형의 종 모양이고 후에 종 모양에서 편평하게 되어 둔한 둥근 모양으로 된다. 표면은 흑갈색이며 같은색의 과립이 중앙에 있다. 가장자리는 올리브색 또는 자색이며 작게 갈라진다. 백색 바탕에 같은 색의 인편이 있다. 살은 엷고 백색이며 상처를 받아도 변하지 않는다. 약간 냄새가 나고 떫으며 맛은 온화하다. 주름살은 끝붙은 주름살로 백색에서 크림색이며 폭이 넓다. 주름살의 가장자리는 섬유상이다. 자루의 길이는 2.5~5cm, 굵기는 0.2~0.5cm로 원통형이며 약간 기부 쪽으로 부푼다. 자루의 속은 비고 단단하다. 표면은 백색에서 크림색으로 되며 턱받이 위쪽에 세로줄의 섬유가 있으며 아래쪽에 흑갈색의 인편 띠가 있다. 오래되거나 상처를 받으면 기부가 오렌지 갈색으로 변한다. 포자의 크기는 19~24×7~8.5μm로 포탄 모양의 원통형-부푼 모양이고 표면은 매끈하고 투명하다. 거짓 아밀로이드 반응을 보인다. 담자기는 원통형에서 막대형이며 2-4 포자성이다. 기부에 꺾쇠가 있다. 연낭상체의 크기는 20~45×6~11μm로 막대형의 주머니 모양이다.

생태 여름 / 숲속의 땅에 단생·군생한다.

분포 한국, 중국

보라인편갓버섯

Lepiota ianthinosquamosa Pegler

형태 균모의 지름은 4~6cm로 둥근 산 모양에서 차차 편평해진다. 중앙은 요철 모양이며 흑자색의 인편이 있다. 가장자리로 갈수록 인편의 크기는 작아진다. 살은 백색이고 얇다. 주름살은 떨어진 주름살이며 길이가 다르다. 자루의 길이는 3~5cm, 굵기는 0.3~0.4cm로 원주형이고 오백색이며 흑갈색의 작은 인편이 있다. 포자의 크기는 7.5~10.5×3.5~4.5μm로 난원형이고 표면은 매끈하고 광택이 난다. 담자기는 4-포자성이다. 측낭상체가 있다.
생태 여름 / 숲속의 풀밭에 단생·군생한다.
분포 한국, 중국

부싯돌갓버섯

Lepiota ignivolvata Bousset & Joss. ex Joss.

형태 균모의 지름은 4~10cm로 둥근 산 모양에서 차차 퍼져서 낮은 둥근 산 모양으로 된다. 중앙은 적갈색이며 가장자리 쪽으로 황토색-크림색 인편이 분포한다. 인편은 작으며 밀집해 있다. 살은 백색이며 냄새는 강하고 고약하다. 주름살은 끝붙은 주름살로 백색에서 크림색이며 폭이 넓다. 언저리는 밋밋하다가 섬유상의 인편이 부착한다. 자루의 길이는 6~12cm, 굵기는 0.6~1.5cm로 원통형이며 기부 쪽으로 약간 부푼다. 밝은 오렌지색의 띠가 가장자리에 있으며 보통 시간이 지나면 띠는 분명해진다. 턱받이의 아래는 오렌지색과 비슷하다. 자루의 속은 차 있다가 빈다. 포자의 크기는 11~13×6μm로 방추형의 타원형이며 표면은 매끈하고 투명하다. 거짓 아밀로이드 반응을 보인다. 포자문은 백색이다. 담자기는 곤봉형에서 서양배 모양이며 4-포자성이다. 기부에 꺾쇠가 있다.

생태 가을 / 낙엽수림과 참나무류의 숲에 군생한다. 드문 종이며 식용이 불가능하다.

분포 한국, 유럽, 북아메리카

큰포자갓버섯(볼록포자갓버섯)

Lepiota magnispora Murrill
L. ventriosospora Reid

형태 균모의 지름은 4~8cm 정도로 원추형의 둥근 산 모양에서 거의 편평한 모양으로 된다. 표면은 황토색이고 황색-갈색의 인편이 덮여 있으며 중앙은 검은색이고 밋밋하다. 살은 유백색이고 얇다. 주름살은 끝붙은 주름살로 흰색이며 약간 촘촘하고 칼날 모양이다. 자루의 길이는 3~4cm, 굵기는 0.4~0.8cm로 균모와 같은 색이며 황색을 띤 솜 모양의 털이 덮여 있는데 특히 기부 쪽으로 갈수록 심하다. 살은 갈색 또는 적갈색이다. 포자문은 백색이다. 포자의 크기는 13.3~16.5×4.2~5.1㎛로 방추형 또는 배불뚝이형이며 표면은 매끈하고 투명하다. 간혹 기름방울을 가진 것도 있으며 거짓 아밀로이드 반응을 보인다. 담자기의 크기는 25~33×10~12㎛로 곤봉형이며 4-포자성이다. 기부에 꺾쇠가 있다. 연낭상체의 크기는 22~35×11~20㎛로 곤봉형, 배불뚝이형, 서양배 모양 등 여러 가지이며 4-포자성이다. 측낭상체는 없다.

생태 여름~가을 / 혼효림의 땅에 군생한다. 식용이다.

분포 한국, 일본, 중국, 유럽

애기여우갓버섯

Lepiota micropholis (Berk. & Br.) Sacc.

형태 균모의 지름은 1~2cm로 둥근 산 모양에서 평평한 모양으로 된다. 표면의 바탕은 백색이며 적색이 섞인 갈색의 가는 인편이 있다. 중앙은 인편이 집중되어 있어서 색이 진하다. 가장자리는 방사상으로 산재한다. 살은 매우 얇고 백색이다. 주름살은 떨어진 주름살로 촘촘하고 백색이다. 자루의 길이는 3~4(5)cm, 굵기는 0.2~0.3cm로 위쪽이 약간 가늘고 아래쪽은 약간 굽어 있으며 기부는 약간 굵다. 표면은 백색이고 밋밋하다. 턱받이는 약간 위쪽에 있으며 턱받이 위쪽은 백색, 아래쪽은 흑갈색이다. 포자의 크기는 5~6×2.5~3.5μm이고 광타원형으로 표면은 매끈하다.

생태 여름 / 정원이나 온실 부식토, 침엽수 땅에 1~2개가 단생 · 군생한다.

분포 한국, 일본, 유럽

옆턱받이갓버섯

Lepiota parvannulata (Lasch) Gillet

형태 균모의 지름은 1~1.3cm로 편평한 모양이다. 털이 덮여 있으나 쉽게 없어진다. 표면은 회백색이나 중앙은 흑갈색이다. 가장자리에는 줄무늬선이 있다. 살은 백색이고 얇으며 맛은 없다. 주름살은 떨어진 주름살로 백색에서 황색으로 된다. 언저리는 고르다. 자루의 길이는 1.8~2cm, 굵기는 0.2cm로 백색이며 표면에 털이 있다. 턱받이는 중앙에 있고 백색이며 쉽게 탈락하지 않는다. 포자의 크기는 5.3~6.5×3.3~3.8μm로 난원형 또는 타원형이며 무색 또는 엷은 황색이다. 포자벽은 흑색이고 1개의 기름방울을 함유하며 발아공은 없다. 거짓 아밀로이드 반응을 보인다. 담자기의 크기는 10~14×3.5~5μm로 자루형이다.

생태 여름 / 혼효림의 땅에 단생 · 군생한다.

분포 한국, 중국

선녀갓버섯

Lepiota oreadiformis Vel.

형태 균모의 지름은 2~3cm로 어릴 때 원추형에서 원추형의 종 모양을 거쳐 편평해지나 중앙은 약간 볼록하다. 표면은 크림색에서 밝은 황토색 또는 검은 황토색이다. 중앙은 적갈색이며 밋밋하고 갈색의 과립 인편으로 덮이고 방사상으로 주름진다. 건조하면 갈라진다. 가장자리는 예리하고 미세한 술 장식이 있으며 어릴 때 백색의 섬유가 있다. 살은 백색이며 얇다. 흙냄새가 약간 나고 맛은 없지만 온화하다. 주름살은 끝붙은 주름살로 어릴 때는 백색이나 오래되면 밝은 황토색으로 되며 폭이 넓다. 가장자리는 약간 섬유상이다. 자루의 길이는 4~5cm, 굵기는 0.4~0.5cm로 원통형이며 속은 비고 질기다. 표면은 백색이고 위쪽에 섬유상의 턱받이가 있으며 희미한 세로줄의 섬유상이 있다. 턱받이 아래쪽은 밝은 황토색으로 세로줄의 백색 섬유가 있다. 포자의 크기는 10~16.2× 4.5~6.2μm로 타원형이며 표면은 매끈하고 투명하다. 거짓 아밀로이드 반응을 보인다. 담자기의 크기는 25~35×9~12μm로 막대형이며 기부에 꺾쇠가 있다. 연낭상체의 크기는 17~35×7~12μm로 막대형이다. 측낭상체는 없다.

생태 여름~가을 / 풀밭에 단생 · 군생한다. 드문 종이다.

분포 한국, 중국, 유럽

애기갓버섯

Lepiota praetervisa Hongo

형태 균모의 지름은 0.5~1.2(2)㎝로 둥근 산 모양에서 차차 편평해진다. 표면의 바탕은 백색이며 암갈색의 미세한 인편이 중앙부에 밀집한다. 살은 매우 얇고 백색이다. 주름살은 떨어진 주름살로 백색이다. 자루의 길이는 2~3㎝, 굵기는 0.2㎝ 정도로 약간 굽어 있다. 턱받이는 백색의 막질이다. 포자의 크기는 5~6×2.5~3㎛로 타원형-난형이며 표면은 매끈하고 투명하다. 포자문은 백색이다. 거짓 아밀로이드 반응을 보인다.

생태 여름 / 숲속의 부식토 위에 군생한다.

분포 한국, 일본

헛라일락갓버섯

Lepiota pseudolilaceaa Huijsman
L. pseudohelveola Kühner ex Hora

형태 균모의 지름은 2~5cm로 종 모양에서 둥근 산 모양으로 되었다가 편평해지나 중앙은 볼록하다. 표면에는 다소 작은 갈색의 인편이 있다. 살은 백색이고 자루는 약간 갈색이며 맛과 냄새는 무미건조하다. 과일 맛과 냄새가 나기도 한다. 주름살은 끝붙은 주름살로 백색이며 약간 배불뚝이형이고 다소 촘촘하다. 자루의 길이는 4~6cm, 굵기는 0.2~0.5cm로 원통형이며 기부는 약간 부풀고 백색의 가균사가 있다. 흔히 약간 굽어 있다. 턱받이는 크고 막질이다. 턱받이 위는 핑크색이며 아래에는 작은 인편이 있고 가끔 분리하여 기부 근처에 2번째 턱받이를 만든다. 포자의 크기는 7~10×4~5μm로 타원형이며 표면은 매끈하고 투명하다. 포자문은 백색이다. 거짓 아밀로이드 반응을 보인다. 낭상체는 넓은 방추형이다.

생태 가을 / 활엽수림의 땅에 작은 집단으로 군생한다.

분포 한국, 유럽

흰갓버섯아재비

Lepiota subalba Kühner ex P.D. Orton

형태 균모의 지름은 1~3.5cm로 처음에 종 모양에서 둥근 산 모양을 거쳐 차차 편평하게 펴진다. 중앙은 가끔 볼록하고 작은 털상의 인편이 있다. 표면은 황백색이며 중앙은 진하다. 어릴 때 가장자리에는 백색의 외피막 조각이 있다. 살은 백색이며 갈색인 곳도 있다. 맛과 냄새는 강하고 달콤하다. 주름살은 끝붙은 주름살로 백색-크림색으로 두껍고 약간 배불뚝이형이다. 자루의 길이는 2~4.5cm, 굵기는 0.1~0.3cm로 원통형이며 약간 기부로 부푼다. 기부는 섬유상 뿌리형이다. 꼭대기에 백색의 섬유실이 있다. 턱받이는 식별이 어려울 정도의 흔적만 있다. 포자의 크기는 7~9×3~4μm로 방추형이며 표면은 매끈하고 투명하다. 거짓 아밀로이드 반응을 보인다. 낭상체는 다양하고 원통형 또는 방추형이다. 포자문은 백색이다.

생태 가을 / 활엽수림, 너도밤나무, 석회석의 땅 등에 단생·군생한다.

분포 한국, 유럽

116

노란주름갓버섯

Lepiota subcitrophylla Hongo

형태 균모의 지름은 2.5~3cm로 원추형의 둥근 산 모양에서 차차 편평한 모양으로 되며 중앙이 약간 돌출된다. 바탕색은 연한 황색 인데 회갈색-암갈색의 표피 인편이 찢어져서 반점 모양으로 산 재하고 중앙에 밀집된다. 살은 황색이고 상처를 받으면 청색으 로 변한다. 주름살은 떨어진 주름살로 레몬 황색이고 약간 성기 다. 자루의 길이는 3~5.5cm, 굵기는 0.2~0.3cm로 기부가 약간 굵 다. 연한 황색의 바탕에 회갈색의 가는 인편이 산재하며 속은 비 어 있다. 턱받이는 솜찌꺼기상이고 쉽게 탈락한다. 포자의 크기는 8.5~10.5(12.5)×3.5~4μm로 한쪽이 잘린 총알 모양이다. 거짓 아 밀로이드 반응을 보인다. 포자문은 백색이다.

생태 여름~가을 / 소나무와 모밀잣밤나무 등 혼효림의 땅에 군 생한다. 드문 종이며 식독이 불분명하다.

분포 한국, 일본

살색갓버섯아재비

Lepiota subincarnata J.E. Lange
L. josserandii Bon & Boiffard

형태 균모의 지름은 1.5~2.5cm로 둥근 산 모양에서 차차 편평해진다. 중앙에 작은 알갱이의 황갈색 또는 적갈색의 인편이 표면을 덮고 있으며 중앙에 밀집하여 분포한다. 살은 백색으로 분홍빛이 있다. 냄새는 강하고 맛은 맵다. 주름살은 끝붙은 주름살로 크림색-백색이며 두껍고 배불뚝이형이다. 자루의 길이는 2~4cm, 굵기는 0.2~0.3cm로 처음에는 백색에서 적갈색의 인편이 있다. 이후 인편은 백색 솜털로 된다. 턱받이의 띠는 불분명하다. 포자의 크기는 5~7×3~4㎛로 약간 타원형 또는 난형이며 표면은 매끈하고 투명하다. 거짓 아밀로이드 반응을 보인다. 낭상체는 곤봉형이다.

생태 늦가을 / 낙엽수림과 참나무류 숲에 군생한다. 흔한 종이 아니며 식독이 불분명하다.

분포 한국, 유럽

118

털갓버섯

Lepiota tomentella J.E. Lange

형태 균모의 지름은 1~2.5*cm*로 처음에 종 모양에서 둥근 산 모양을 거쳐 편평하게 펴지나 가끔 중앙이 볼록한 것도 있다. 표면은 갈색의 인편과 미세한 솜털로 덮으며 중앙에 매우 밀집해 있다. 살은 백색이며 냄새가 약간 나고 맛은 달콤하다. 주름살은 끝붙은 주름살로 배불뚝이형이고 살구색-크림색이며 약간 두껍다. 자루의 길이는 3~4*cm*, 굵기는 0.4~0.5*cm*로 막대 모양이며 기부는 부푼다. 턱받이의 아래는 갈색의 인편이 산포한다. 포자의 크기는 7.5~9×3~4*μm*로 방추형이며 표면은 매끈하고 투명하다. 거짓 아밀로이드 반응을 보인다. 낭상체는 막대형이다. 포자문은 백색이다.

생태 여름 / 숲속의 땅에 군생한다.

분포 한국, 중국, 유럽

가는대갓버섯

Lepiota wasseri Bon
L. kuehneriana Locq. / L. subgracilis Wasser

형태 균모의 지름은 1.5~2.5*cm*로 어릴 때 원추형의 종 모양에서
둥근 산 모양의 편평형으로 된다. 표면은 흑갈색이나 올리브색 또
는 자색을 띠며 흑갈색의 과립이 중앙에 밀집한다. 표피는 가장
자리 쪽으로 갈라져서 작은 인편이 중앙에 집중적으로 형성되며
백색 바탕 위에 백색의 인편이 있다. 가장자리는 밋밋하고 예리
하다. 살은 백색으로 상처를 받아도 변하지 않으며 얇다. 냄새가
나고 맛은 떫다. 주름살은 끝붙은 주름살로 백색에서 크림색이고
폭이 넓다. 주름살의 언저리는 섬유상이다. 자루의 길이는 2.5~5
cm, 굵기는 0.2~0.5*cm*로 원통형이며 단단하고 기부는 부푼다. 표
면은 백색에서 크림색으로 되며 턱받이 위쪽에 세로줄의 섬유상
이 있다. 아래로 흑갈색 인편의 띠가 있고 기부 쪽은 상처를 받으
면 오렌지 갈색으로 변한다. 자루의 속은 비었다. 포자의 크기는
6.5~9.5×3~4.5*μm*로 포탄 모양이고 끝이 한쪽으로 치우친 모양
이며 표면은 매끈하고 투명하다. 거짓 아밀로이드 반응을 보인다.
담자기의 크기는 19~24×7~8.5*μm*로 원통형에서 곤봉형이고 2-4
포자성이다. 기부에 꺾쇠가 있다.

생태 여름~가을 / 숲속의 유기질이 풍부한 땅, 모래땅에 단생 ·
군생한다. 드문 종이다.

분포 한국, 중국, 유럽

황금갓버섯

Lepiota xanthophylla P.D. Orton

형태 균모의 지름은 2~4cm로 둥근 산 모양에서 차차 평평한 모양으로 되며 가운데가 다소 돌출된다. 어릴 때는 표면에 황토 갈색-계피색의 미세하고 끝이 뾰족한 인편이 덮여 있다. 균모가 펴지면서 가운데 이외의 알갱이가 파편이 되어서 동심원상으로 산재하고 황색의 바탕이 드러난다. 살은 연한 황색이며 변하지 않는다. 주름살은 떨어진 주름살로 연한 황색-레몬 황색으로 약간 밀생하거나 약간 성기며 폭은 보통이다. 자루의 길이는 3.5~6cm, 굵기는 0.3~0.4cm로 원주형이며 위아래의 굵기가 같고 위쪽에 턱받이 흔적이 있으며 턱받이는 거의 발달하지 않으며 소실성이다. 턱받이 위쪽은 연한 황색이며 아래쪽은 회갈색의 작은 인편이 부착되어 있다. 자루의 속은 비어 있다. 포자의 크기는 6.5~8×3~4μm로 장타원형-타원형이며 표면은 매끈하고 투명하다.
생태 여름~가을 / 숲속의 길옆에 흔히 군생한다. 식용이다.
분포 한국, 일본, 유럽, 아프리카

붉은갓버섯

Lepiota rufipes Morgan

형태 균모의 지름은 0.6~2.2cm로 둥근 산 모양에서 차차 편평해
지나 중앙은 볼록하다. 표면은 밋밋하고 매끄럽고 방사상의 양모
같은 섬유상의 실이 있고 약간 흰색의 크림색이나 노쇠하면 갈색
의 오렌지색으로 된다. 살은 냄새가 없으며 백색에서 약간 크림색
으로 균모와 비슷하며 갈색의 자색이다. 가장자리는 처음에는 위
로 말리나 차차 펴진다. 주름살은 끝붙은 주름살로 밀생하며 두
껍고 백색에서 크림색으로 되며 나중에 갈색의 황토 갈색으로 된
다. 자루의 길이는 2~3.2cm, 굵기는 0.1~0.27cm로 원통형이고 속
은 비었으며 기부 쪽으로 약간 굽었다. 섬유상의 양모 같은 백색
으로 기부는 자색 또는 갈색의 자색이다. 포자의 크기는 2.7~4×
2.2~2.7μm로 타원형 또는 아구형이다. 거짓 아밀로이드 반응이
아니다. 담자기의 크기는 13~20×4.5~6μm로 곤봉형 또는 원통
형이며 4-포자성이다. 연낭상체의 크기는 18~26×7~12μm로 곤
봉형이다.

생태 여름~가을 / 숲속의 땅에 군생한다.

분포 한국, 유럽

흙여우갓버섯

Leucoagaricus georginae (W.G. Sm.) Candusso

형태 균모의 지름은 0.8~2cm로 처음에 반구형에서 편평한 둥근
산 모양으로 되지만 중앙에 작은 돌기가 있다. 표면은 미세하고
촘촘한 벨벳 모양으로 백색이고 손으로 만지면 즉시 적색으로 변
한다. 살은 백색이며 부서지기 쉽고 맛과 냄새는 불분명하다. 주
름살은 끝붙은 주름살로 백색이고 얇고 배불뚝이형이며 밀생한
다. 자루의 길이는 1.5~2.5cm, 굵기는 0.3~0.5cm로 위아래 굵기가
같으며 기부는 약간 부푼다. 표면의 미세한 벨벳 털은 손으로 만
지면 적색으로 변한다. 턱받이는 작고 중간쯤에 부착한다. 포자
의 지름은 3.5~4.5μm로 구형-난형이며 표면은 매끈하다. 거짓 아
밀로이드 반응을 보인다. 낭상체는 병 모양으로 늘어진 목을 가진
다. 포자문은 백색이다.

생태 여름 / 자작나무, 오리나무, 밤나무, 관목류 등의 숲속 땅에
작은 집단으로 군생한다.

분포 한국, 유럽

과립여우갓버섯

Leucoagaricus americanus (Peck) Velligna
Leucocoprinus bresadolae (Schulz.) S. Wasser / Leucocoprinus americanus (Peck) Redhead

형태 균모의 지름은 5~10cm로 둔한 원추형에서 종 모양을 거쳐 편평한 둥근 산 모양으로 되며 중앙에 넓은 볼록이 있다. 표면은 밋밋하고 미세한 털이 전체를 덮고 있다. 중앙은 성숙해도 털이 남아 있고 적갈색에서 붉은 갈색이 된다. 중앙 이외의 털은 부서져서 작게 남고 적갈색에서 황토색이 되며 막편 조각이 백색에서 연한 크림색의 바탕을 덮는다. 상처를 받으면 자색으로 된다. 살의 두께는 0.2~0.5cm이고 백색이다. 공기에 노출되면 즉시 노란색이 되었다가 벽돌 적색에서 검은 자갈색으로 된다. 가장자리는 아래로 말리는 것, 위로 뒤집히는 것이 있으며 갈라지고 노쇠하면 홈선이 생기는 것도 있다. 맛과 냄새는 불분명하다. 주름살은 끝 붙은 주름살로 밀생하고 촘촘하며 백색에서 크림색이다. 언저리는 상처를 받으면 핑크 오렌지색에서 오렌지 갈색 또는 적갈색으로 된다. 자루의 길이는 7~15cm, 굵기는 1~2cm로 방추형에서 곤봉형이며 속은 차 있다가 빈다. 표면은 압착된 섬유실로 갈색에서 적갈색이 바탕을 뒤덮는다. 상처를 받으면 노란색에서 적갈색으로 되며 외피막 막질이 있고 커다란 턱받이는 백색에서 적갈색으로 된다. 포자의 크기는 8~11×6~8μm로 타원형이며 표면은 매끈하고 발아공이 있다. 거짓 아밀로이드 반응을 보인다. 포자문은 크림색이다. 연낭상체는 곤봉형이다.

생태 여름~가을 / 숲속의 땅, 기름진 땅, 톱밥 더미의 가장자리에 작은 집단으로 속생한다.

분포 한국, 일본, 중국, 북아메리카

과립여우갓버섯(과립형)

Leucocoprinus bresadolae (Schulz.) S. Wasser

형태 균모의 지름은 5~10cm로 난형에서 둥근 산 모양을 거쳐 차차 편평하게 되지만 중앙은 돌출한다. 표면은 흰색 바탕에 갈색 낟알 모양의 인피로 덮이며 중앙부에 밀집하여 진한 색을 나타내고 가장자리 쪽으로는 드문드문하게 분포한다. 가장자리에 방사상의 희미한 줄무늬홈선이 있다. 살은 백색이고 상처를 받으면 적색으로 변한다. 주름살은 떨어진 주름살로 백색-크림색이며 밀생한다. 자루의 높이는 5~13cm, 굵기는 1~3cm로 근부는 백색의 방추형이고 가루상의 인편으로 덮인다. 자루의 속은 비어 있다. 턱받이는 암갈색의 막질이다. 포자의 크기는 9~10.5×6.5~7.5μm이고 난형이다.

생태 여름~가을 / 톱밥 짚더미 나무의 그루터기에 군생 · 속생한다.

분포 한국, 일본, 중국, 유럽

일본여우갓버섯

Leucoagaricus japonicus (Kawam. ex Hongo) Hongo
Lepiota japoniaca Kawam. ex Hongo

형태 균모의 지름은 5~8cm로 처음은 반구형에서 차차 퍼지며 중앙은 볼록하고 편평하다. 표면은 처음에 암적색의 벨벳 모양이지만 균모가 퍼지면 표피가 파괴되어 인편으로 된다. 표면은 적갈색이고 섬유상의 바탕에 인편이 흩어져 있다. 살은 얇고 백색이다. 주름살은 끝붙은 주름살로 백색이고 밀생한다. 자루의 길이는 8~12cm, 굵기는 0.4~0.6cm로 기부는 부풀어서 지름이 1~1.3cm 정도이며 백색이다. 자루의 속은 비어 있다. 턱받이는 막질로 백색이고 가장자리는 적색을 띤다. 포자의 크기는 7~8×4~4.5㎛로 난형-방추형의 타원형이며 발아공은 불분명하다. 연낭상체의 크기는 24~32×7~12㎛로 곤봉형-원주형이다.
생태 여름~가을 / 숲속, 죽림 등의 땅에 단생 · 군생하나 속생하기도 한다.
분포 한국, 일본, 북아메리카

125

흰여우갓버섯

Leucoagaricus leucothites (Vittad.) Wasser
Lepiota leucothites (Vittad.) P.D. Orton / Lepiota holosericea Gillet

형태 균모의 지름은 3~8*cm*로 반구형에서 넓은 둥근 산 모양을 거쳐 차차 펴지며 중앙은 볼록하게 되지는 않는다. 표면은 밋밋한 비단결 모양이며 가끔 껍질이 약간 벗겨지지만 인편으로 되지는 않는다. 살은 백색에서 갈색으로 되며 맛과 냄새는 약간 부드럽다. 주름살은 끝붙은 주름살로 백색 또는 약간 핑크색-크림색이며 촘촘하다. 자루의 길이는 5~8*cm*, 굵기는 0.6~1.2*cm*로 가늘고 약간 원통형이다. 기부가 약간 부푼형으로 되지만 오래 지속되지는 않는다. 표면은 밋밋하고 턱받이는 위쪽에 있다. 포자의 크기는 7~9×4.5~5*μm*로 광타원형이며 표면은 매끈하고 투명하다. 거짓 아밀로이드 반응을 보인다. 포자문은 백색이다.

생태 여름 / 활엽수림 또는 혼효림의 땅, 길가, 풀밭에 단생한다. 가끔 작은 집단으로 발생한다.

분포 한국, 유럽

126

흑주름여우갓버섯

Leucoagaricus meleagris (Gray) Sing.
Leucocoprinus meleagris (Gray) Locq.

형태 균모의 지름은 2.5~4.5cm로 편반구형 혹은 둔한 구형이지만 거의 편평한 모양인 것도 있다. 표면은 오백색 또는 연한 갈색이고 중앙은 볼록하며 진하고 회갈색이다. 노쇠하면 자갈색 가루상의 작은 인편이 생긴다. 가장자리는 미세한 줄무늬가 있고 암흑갈색으로 된다. 살은 오백색이고 얇다. 주름살은 떨어진 주름살로 연한 황색 또는 옅은 황금색이며 길이가 다르다. 자루의 길이는 4~7cm, 굵기는 0.4~0.6cm로 원통형이며 위쪽은 오백색, 아래쪽은 연한 갈색이다. 자루의 속은 비어 있다. 턱받이는 상부에 위치한다.

생태 가을 / 숲속의 땅에 군생한다.

분포 한국, 중국

양털여우갓버섯

Leucoagaricus pilatianus (Demoulin) Bon & Boiffard

형태 균모의 지름은 3~7㎝로 약간 둥근 산 모양에서 차차 넓은 둥근 산 모양을 거쳐 편평하게 된다. 중앙은 볼록하게는 되지 않는다. 표면에 작은 인편이 흩어져 있고 적갈색이다. 살은 백색이며 나무 맛과 기름 냄새가 난다. 주름살은 끝붙은 주름살-바른 주름살로 백색이며 배불뚝이형 또는 칼라형이다. 자루의 길이는 5~9㎝, 굵기는 0.4~1㎝로 백색이고 위쪽으로 가늘어지며 곤봉형이다. 기부는 부풀고 갈색의 가균사가 있다. 턱받이는 중간에 있다. 포자의 크기는 6~7.5×3.5~4.5㎛로 광타원형이며 표면은 매끈하고 투명하다. 강한 거짓 아밀로이드 반응을 보인다. 포자문은 백색이다.

생태 여름~가을 / 활엽수림의 땅에 작은 집단으로 군생한다.

분포 한국, 유럽

주홍여우갓버섯

Leucoagaricus rubrotinctus (Peck) Sing.
Lepiota rubrotincta Pk.

형태 균모의 지름은 4~7cm로 종 모양에서 차차 편평한 모양으로 되며 가운데는 볼록하다. 가장자리는 아래로 말리고 백색의 막질이 톱니상으로 붙어 있다. 표면은 붉은색이지만 가운데는 검은 적색이다. 어떤 것은 가장자리로 갈수록 색이 엷어져서 진한 분홍색에 가깝다. 표면에 군데군데가 찢어져 백색의 살이 보이며 방사상의 미세한 줄무늬가 있는 것도 있다. 살은 백색이며 매우 얇다. 주름살은 떨어진 주름살 또는 끝붙은 주름살로 간격은 보통이며 백색이다. 자루의 길이는 5~10cm, 굵기는 0.3~0.7cm이며 백색이다. 표면은 비단처럼 매끄럽고 아래로 갈수록 차차 굵어진다. 기부는 둥글고 백색의 균사들이 붙어 있는 것도 있다. 턱받이는 위에 부착하고 백색이며 막질이다. 가장자리가 약간 분홍색인 것도 있다. 포자의 크기는 6~10×4~5.5μm이며 타원형이다. 포자문은 백색이다. 거짓 아밀로이드 반응을 보인다.

생태 여름~가을 / 숲속, 아파트 풀밭, 대나무 숲에 단생·군생하나 속생도 한다.

분포 한국, 일본, 중국, 북아메리카 등 전 세계

장미여우갓버섯

Leucoagaricus roseilividus (Murrill) E. Ludw.

형태 균모의 지름은 1~3cm로 둥근 산 모양에서 펴져서 편평한 둥근 산 모양이 되거나 편평하게 된다. 표면에 벨벳 모양의 털이 있고 그 외는 섬유실 같은 잔디 모양이며 가운데는 라일락 자색에서 검은 자색이다. 가장자리는 안으로 말렸다가 뒤집히며 적자색에서 포도색의 자색 섬유실이 잔디처럼 바탕을 덮는다. 살은 얇고 백색이며 변색하지 않는다. 맛과 냄새는 온화하다. 주름살은 끝붙은 주름살로 밀생하며 폭은 비교적 넓고 백색에서 연한 크림색으로 된다. 언저리는 미세한 가루상이다. 자루의 길이는 2~10cm, 굵기는 0.2~0.5cm로 원통형이며 기부 쪽으로 부풀고 속은 비어 있다. 표면은 비단결 같은 섬유실이며 꼭대기는 백색이고 그 외는 노란색이다. 아래는 라일락색 또는 포도색 같은 자색의 흔적이 있고 표피는 얇다. 턱받이는 솜 같은 막질로 크다. 턱받이 아래 표면은 흔히 라일락색에서 포도색 같은 자색이다. 포자는 6.5~9×4~5.5µm로 아몬드형이고 매끈하다. 거짓 아밀로이드 반응을 보인다. 포자문은 백색이다.

생태 가을~겨울 / 숲속의 땅에 단생·산생하며 간혹 뭉쳐서 난다. 식용 여부는 불분명하다.

분포 한국, 유럽, 북아메리카

투명여우갓버섯

Leucoagaricus serenus (Fr.) Bon

형태 균모의 지름은 3~5.5cm로 둥근 산 모양이며 중앙이 돌출한다. 표면은 밋밋하고 순백색이나 약간 노란색이 섞여 있다. 노쇠하면 비단결 같으며 부서지기 쉽다. 살은 백색이고 맛과 냄새는 분명하다. 가장자리에 약간 주름이 있다. 주름살은 끝붙은 주름살로 백색이고 촘촘하다. 자루의 길이는 4~7cm, 굵기는 0.5~0.9cm로 원통형 또는 위로 가늘며 기부 쪽으로 약간 부푼다. 자루 위쪽에 있는 턱받이는 쉽게 탈락한다. 포자의 크기는 5~9×4~5μm로 타원형이며 표면은 매끈하고 투명하다. 거짓 아밀로이드 반응을 보인다. 포자문은 백색이다.

생태 여름 / 활엽수의 땅, 너도밤나무 아래에 작은 집단으로 넓게 발생한다.

분포 한국, 유럽

비단털여우갓버섯

Leucoagaricus sericifer (Locq.) Vellinga
L. sericeus (Cool) Bon & Boiffard

형태 균모의 지름은 1.5~5cm로 처음에 종 모양에서 넓은 둥근 산 모양으로 되며 중앙이 볼록하다. 표면은 비단결 같으며 밋밋하다. 살은 백색이고 맛과 냄새는 불분명하다. 주름살은 끝붙은 주름살로 백색에서 자색으로 된다. 자루의 길이는 6~8cm, 굵기는 2~4cm로 가늘고 다소 원통형으로 기부는 약간 부풀고 곤봉형이다. 자루의 중간에 백색의 턱받이가 있다. 포자의 크기는 5~7× 2~3μm로 난형 또는 아몬드형이며 표면은 매끈하고 투명하다. 거짓 아밀로이드 반응을 보인다. 낭상체는 방추형이고 포자문은 백색이다.

생태 가을 / 숲속의 땅에 소집단으로 무리를 지어 잔디처럼 발생한다. 드문 종이다.

분포 한국, 유럽

검은털여우갓버섯

Leucoagaricus melanotrichus (Malençon & Bertault) Trimbach
Lepiota melanotricha Malençon & Bertault

형태 균모의 지름은 1.5~3cm로 구형의 종 모양에서 편평한 둥근 산 모양으로 되며 중앙은 약간 볼록하다. 표면은 백색 바탕에 표피는 섬유실로 되며 회흑색이다. 살은 얇고 백색이다. 버섯의 맛과 냄새가 난다. 가장자리는 약간 톱니상이다. 주름살은 끝붙은 주름살로 처음에는 백색이나 노쇠하면 크림색으로 된다. 자루의 길이는 2~4cm, 굵기는 0.2~0.4cm로 원주형이며 회백색이고 검은 섬유실로 덮인다. 턱받이는 단순하고 탈락하기 쉽다. 포자의 크기는 6~8×4~5μm로 약간 난형-유타원형이며 발아공은 없다. 거짓 아밀로이드 반응을 보인다. 포자문은 백색이다. 담자기의 크기는 20~25×8~9μm로 곤봉형이며 4-포자성이다.

생태 여름~가을 / 숲속의 땅에 군생한다.

분포 한국, 유럽

가는여우갓버섯

Leucoagaricus tener (P.D. Orton) Bon

형태 균모의 지름은 1.8~2.5cm로 둥근 산 모양에서 차차 펴져서 편평해지며 중앙이 약간 들어간다. 표면은 작은 인편으로 덮인다. 살은 백색이다. 맛은 불분명하며 냄새는 분명하고 강한 향이 난다. 주름살은 끝붙은 주름살로 백색-크림색이며 다소 배불뚝이형으로 성기다. 자루의 길이는 2~2.5cm, 굵기는 0.2~0.5cm로 원통형이거나 기부 쪽으로 약간 부푼다. 꼭대기는 백색이며 털이 있다. 턱받이는 대형으로 쉽게 탈락한다. 포자의 크기는 6~8×3.5~4μm로 타원형 또는 아몬드형이고 표면은 매끈하고 투명하다. 거짓 아밀로이드 반응을 나타낸다. 낭상체는 곤봉형이다.

생태 가을 / 숲속의 땅에 작은 집단으로 발생한다. 드문 종이다.

분포 한국, 유럽

노란각시버섯

Leucocoprinus birnbaumii (Corda) Sing.

형태 균모의 지름은 2.5~5cm로 난형이다가 종 모양-원추형이 되고 나중에는 거의 평평하게 퍼지며 중앙이 크게 돌출된다. 표면은 가루상-면질의 인편이 덮여 있으며 황색-레몬색이다. 가장자리는 방사상으로 줄무늬홈선이 있어서 부챗살 모양이다. 주름살은 떨어진 주름살로 연한 황색이고 촘촘하다. 자루의 길이는 5~7.5cm, 굵기는 0.15~0.5cm이며 기부는 곤봉형으로 부푼다. 표면은 황색-레몬색의 분질물이 덮여 있다. 턱받이는 막질이고 쉽게 탈락한다. 처음에는 자루 위쪽에 있지만 성장하면 아래쪽에 붙게 된다. 포자의 크기는 8.4~14.6×6~9.2μm로 난형이며 표면은 매끈하고 투명하며 발아공이 있고 포자벽이 두껍다. 거짓 아밀로이드 반응을 보인다. 포자문은 백색이다.

생태 여름~가을 / 정원 · 온실 내의 흙 위나 화분에 발생한다. 세계의 열대 및 아열대에 많이 발생하고 기타 지역은 식물이나 토양에서 옮겨진 경우이다. 식용이다.

분포 한국, 일본, 중국 등

갈색중심각시버섯

Leucocoprinus brebissonii (Godley) Locq.

형태 균모의 지름은 2.5~5cm로 난형에서 종 모양–원추형을 거쳐 편평하게 되고 중앙은 크게 돌출한다. 표면은 솜털의 인편으로 덮이며 레몬색이다. 가장자리는 방사상의 줄무늬홈선이 있고 부챗살 모양이다. 살은 얇고 황색이다. 주름살은 끝붙은 주름살로 순백색에서 연한 황색이며 밀생한다. 자루의 길이는 5~7.5cm, 굵기는 0.3~0.6cm로 하부는 곤봉형으로 부풀고 속은 비어 있다. 표면은 백색이며 레몬색의 가루 같은 물질로 덮인다. 턱받이는 막질이고 쉽게 탈락한다. 포자문은 백색이다. 포자의 크기는 8.5~11×5.5~8.5μm로 난형–타원형이고 발아공이 있으며 표면은 매끈하고 투명하다. 담자기의 크기는 18~28×10~12μm로 곤봉형이며 4-포자성이다. 기부에 꺾쇠는 없다. 연낭상체의 크기는 40~77×11~30μm이며 곤봉형, 원통형, 방추형–배불뚝이형 등 다양하다. 측낭상체는 없다.

생태 여름~가을 / 잔디밭, 길가, 활엽수 숲속의 땅에 군생한다.

분포 한국, 일본, 중국, 유럽, 북아메리카, 열대 및 아열대 등 전세계

흰가루각시버섯

Leucocoprinus cepistipes (Sow.) Pat.

형태 균모의 지름은 2~6cm로 처음에 난형에서 종 모양-원추형을 거쳐 차차 편평하게 된다. 표면은 흰색 바탕에 흰색 가루상 또는 솜 같은 피복물이 덮여 있고 나중에 다소 크림색-회색을 띠게 된다. 가장자리는 방사상으로 줄무늬홈선이 있어서 부챗살 모양을 이룬다. 주름살은 떨어진 주름살로 흰색이고 빽빽하며 가장자리는 가루상이다. 자루의 길이는 5~12.5cm, 굵기는 0.3~0.6cm이며 기부는 곤봉형으로 부푼다. 포자문은 분홍 크림색이다. 포자의 크기는 7.6~11.1×5.4~6.9μm로 타원형-난형이며 발아공이 있고 표면은 매끈하고 투명하며 포자벽이 두껍다. 거짓 아밀로이드 반응을 보인다. 담자기의 크기는 22~35×10~12μm로 막대형이고 4-포자성이다. 기부에 꺾쇠는 없다. 연낭상체의 크기는 12~30×4~8μm로 방추형이며 측낭상체는 없다.
생태 여름~가을 / 숲속의 부식토, 정원의 퇴비에 군생하며 또는 소수가 속생한다.
분포 한국, 일본, 중국, 유럽, 북아메리카, 온대 및 아열대

흰주름각시버섯

Leucocoprinus cygneus (J.E. Lange) Bon
Lepiota cygnea Lange

형태 균모의 지름은 0.8~2cm 정도로 종 모양에서 차차 편평한 형으로 되고 보통 중앙이 돌출한다. 표면은 백색이고 때로는 중앙이 희미한 가죽색을 띠며 비단 같은 섬유가 있다. 가장자리 쪽으로 미세하게 갈라진다. 주름살은 떨어진 주름살로 흰색이고 폭이 좁으며 약간 밀생한다. 자루의 길이는 2~3.5cm, 굵기는 0.05~0.2cm로 흰색이며 기부가 약간 굵어지기도 한다. 속은 비어 있다. 표면은 처음에 다소 솜찌꺼기 같은 것이 있다가 나중에 없어진다. 막질의 턱받이가 있다. 포자의 크기는 5~6.5×3~3.5㎛로 타원형이며 표면은 매끈하다.

생태 여름~가을 / 혼효림의 부식토에 군생한다.

분포 한국, 중국, 일본, 유럽, 북아메리카

여우꽃각시버섯

Leucocoprinus fragilissimus (Ravenel ex Berk. & Curt.) Pat.

형태 균모의 지름은 2~4cm로 원추형-종 모양에서 둥근 산 모양을 거쳐 차차 편평하게 되고 중앙이 오목하다. 표면은 흰색 바탕에 방사상의 줄무늬홈선이 부챗살처럼 있으며 중앙에는 황색의 가는 인편이 있다. 가장자리는 톱니상이다. 살은 아주 얇고 백색이다. 주름살은 떨어진 주름살로 백색이며 약간 성기다. 자루의 높이는 4~8cm, 굵기는 0.2~0.3cm로 기부는 부푼다. 황색이며 속은 비어 있다. 턱받이는 황색의 막질이고 하부에는 황색의 미세한 털이 있다. 포자의 크기는 9~12.5×6~8.5µm로 레몬형이고 발아공이 있으며 표면은 매끄럽고 투명하다.

생태 여름~가을 / 숲속의 땅, 정원 내 온실의 땅에 군생한다. 자루가 쉽게 꺾이며 손으로 만지면 인편이 손에 묻는다.

분포 한국, 중국, 일본, 유럽, 북아메리카, 열대 및 온대

벗은각시버섯

Leucocoprinus straminellus (Bagl.) Narducci & Caroti
L. denudatus (Sacc.) Sing. / L. denutatus f. major Hongo

형태 균모의 지름은 1.5~2.5cm로 난형에서 종 모양을 거쳐 편평한 둥근 산 모양으로 되며 중앙이 분명하게 볼록하다. 가장자리에 줄무늬선이 있다. 살은 크림색이며 맛과 냄새는 불분명하다. 주름살은 끝붙은 주름살로 백색-크림색이며 성기고 칼라형이다. 자루의 길이는 2.4~5cm, 굵기는 1~2cm로 위쪽으로 가늘어지고 기부쪽으로 부푼다. 자루의 중간쯤에 있는 큰 턱받이는 쉽고 빠르게 탈락한다. 포자의 크기는 5~6×4~4.5μm로 타원형에서 다소 구형이며 표면은 매끈하고 투명하다. 거짓 아밀로이드 반응을 보인다. 포자문은 백색이다. 연낭상체는 불규칙한 곤봉형으로 끝에 부속지가 있다.

생태 가을 / 이끼류가 있는 녹색지대, 정원의 풀밭, 잔디밭 등에 작은 집단으로 군생한다.

분포 한국, 유럽

벗은각시버섯(화분형)

Leucocoprinus denutatus f. **major** Hongo

형태 균모의 지름은 3~4cm 정도이며 처음에 난형이다가 나중에 둥근 산 모양에서 거의 평평한 모양이 된다. 중앙이 젖꼭지 모양으로 돌출하는 특징이 있다. 표면은 연한 황색이고 쌀겨 모양의 피복물이 덮여 있으며 방사상으로 줄무늬홈선이 있다. 주름살은 떨어진 주름살로 연한 황색이며 촘촘하다. 자루의 길이는 6~8cm, 굵기는 0.25~0.35cm로 기부는 약간 부풀어 있다. 균모와 같은 색이며 표면은 쌀겨 모양의 피복물이 덮여 있고 속은 비어 있다. 연한 황색의 턱받이가 있다. 포자의 크기는 5~6.5×4~5.5μm로 광난형이며 발아공은 없다.

생태 여름~가을 / 부식토에 군생하는데, 특히 화분 등에 잘 난다. 식용 여부는 불분명하다.

분포 한국, 일본

우산각시버섯

Leucocoprinus otsuensis Hongo

형태 균모의 지름은 3~6cm 정도로 처음에는 난형이나 원추형-둥근 산 모양으로 되고 나중에 편평하게 펴진다. 표면의 중앙은 연한 홍갈색이고 가장자리는 백색이다. 표면에는 암적갈색-암자갈색 솜찌꺼기상의 작은 인편들이 반점 모양으로 붙어 있고 특히 중심부에 밀집해 있다. 가장자리에는 방사상의 줄무늬홈선이 있다. 주름살은 떨어진 주름살로 백색이며 약간 촘촘하다. 자루의 길이는 5~15cm, 굵기는 0.2~0.5cm로 기부가 부풀어 있다. 턱받이 위쪽은 백색이고 아래쪽은 홍갈색이며 미세한 면질물이 붙어 있다. 위쪽에 턱받이가 있으며 쉽게 탈락한다. 자루의 속은 비어 있다. 포자의 크기는 9~11×6.5~7.5μm로 타원형-난형이며 표면은 매끈하고 투명하며 벽이 두껍고 발아공이 있다. 포자문은 백색이다.

생태 여름~가을 / 숲속의 기름진 땅 또는 썩은 나무 위에 발생한다. 식독이 불분명하다.

분포 한국, 일본

둥근포자각시버섯

Leucocoprinus subglobisporus Hongo

형태 균모의 지름은 2~5cm로 둥근 산 모양에서 차차 평평해지며 중앙이 약간 오목해진다. 가장자리에는 방사상의 줄무늬홈선이 생긴다. 표면은 연한 갈색이며 암자갈색의 미세한 비늘이 퍼져 있고 중앙부가 진하다. 살은 얇고 백색이다. 주름살은 홈파진 주름살로 백색이다. 자루의 길이는 4~7cm, 굵기는 0.5~1cm로 위쪽은 백색이고 아래쪽은 암갈색으로 미세하며 면모상이다. 턱받이는 백색이고 위쪽에 있으며 쉽게 탈락한다. 포자의 크기는 6.5~9×4.5~7.5㎛로 광난형-아구형이다. 표면은 매끈하고 투명하며 벽이 두껍고 갈색이다. 포자문은 백색이다.

생태 여름~가을 / 숲속의 땅에 난다. 식독이 불분명하다.

분포 한국, 일본

꼬깔각시버섯

Leucocoprinus zeylanicus (Berk.) Boedijin

형태 버섯의 지름은 2~11cm로 처음에 원추형 또는 삿갓형에서 차차 거의 편평하게 되며 꼭대기는 돌출한다. 표면은 오백색 또는 옅은 황갈색이고 중앙은 진한 흑갈색이며 흑회갈색의 인편이 있다. 가장자리에 방사상의 줄무늬가 발달한다. 살은 백색이다. 주름살은 떨어진 주름살로 백색이고 밀생하며 길이가 다르다. 자루의 길이는 3~11cm, 굵기는 0.2~0.8cm로 원통형이며 아래로 점차 거칠다. 표면은 갈색이며 세로줄의 줄무늬선이 있다. 기부는 팽대하고 거의 백색이다. 자루의 속은 차 있다. 포자의 크기는 7.5~9 ×4.5~6.3μm로 타원형이고 한쪽 끝이 자른 형의 포탄 모양이다. 표면은 매끈하고 광택이 나며 발아공이 있다. 연낭상체의 크기는 35~60×3.5~6.3μm로 원주형 또는 곤봉형이다.

생태 가을 / 숲속의 땅에 단생한다. 식독이 불분명하다.

분포 한국, 중국

흰솜털큰갓버섯

Macrolepiota excoriata (Schaeff.) Wasser
Leucoagaricus excoriatus (Schaeff.) Sing. / Macrolepiota heimii Locq. ex Bon

형태 균모의 지름은 6~10cm로 처음에는 난형이다가 나중에 둥근 산 모양으로 되며 중앙이 약간 돌출한다. 백색 바탕에 미세한 황토 갈색의 비늘이 덮여 있으며 중앙은 다소 진하다. 살은 백색이다. 주름살은 떨어진 주름살로 백색-크림색이며 매우 촘촘하다. 자루의 길이는 4~6cm, 굵기는 0.5~1cm로 기부 쪽으로 약간 굵어진다. 표면은 밋밋하고 백색-크림색이다. 턱받이는 폭이 좁으며 오래 영존하거나 탈락하기도 한다. 포자의 크기는 12~15×8~9μm로 난형이다.

생태 여름~늦가을 / 풀밭, 목초지, 숲의 가장자리 등에 단생한다. 식용이다.

분포 한국, 유럽

흰솜털큰갓버섯(변색형)

Macrolepiota heimii Locq. ex Bon

형태 균모의 지름은 6~10cm로 반구형에서 종 모양을 거쳐 편평하게 된다. 중앙은 둔하게 볼록하다. 표면은 백색이며 미세한 방사상의 섬유실이 압착된 인편이 있다. 중앙은 회황토색이다. 가장자리는 오랫동안 아래로 말리며 외피막 섬유실이 매달린다. 살은 백색이며 얇고 상처를 받아도 변색하지 않는다. 냄새는 좋지 않고 맛은 온화하다. 주름살은 끝붙은 주름살로 백색에서 크림색으로 되며 폭이 넓다. 언저리는 밋밋하고 백색이다. 자루의 길이는 7~10cm, 굵기는 0.8~1.2cm로 원주형이다. 기부는 약간 부풀고 속은 비고 단단하다. 표면의 턱받이는 백색에서 갈색이며 세로줄의 백색 섬유실이 있고 기부의 살은 잘랐을 때 바깥쪽이 핑크색-갈색으로 변한다. 턱받이는 백색이며 막질로 자루에 매달리며 위아래로 움직인다. 포자의 크기는 12~16.6×7.9~9.5μm로 타원형이며 표면은 매끈하고 투명하다. 벽은 두껍고 돌출된 발아공이 있다.

생태 여름~가을 / 풀밭, 정원, 공원 등의 땅에 단생 또는 집단으로 발생한다. 드문 종이다.

분포 한국, 유럽

가는큰갓버섯

Macrolepiota gracilenta (Krombh.) Wasser
Lepiota gracilenta (Krombh.) Quél.

형태 균모의 지름은 6~12cm로 처음에는 반구형에서 둥근 산 모양으로 되지만 중앙은 돌출한다. 표면에는 미세한 가루가 있고 검은 털이 있으며 차차 긴 인편으로 되고 파편이 흔히 점상으로 나타난다. 막질의 파편은 적갈색에서 칙칙한 적색으로 된다. 가장자리는 얇고 방사상의 줄무늬가 있으며 흑갈색 또는 커피 갈색이다. 살은 유연한 섬유상이고 약간 흰색에서 갈색으로 되며 냄새와 맛은 조금 있다. 주름살은 홈파진 주름살로 폭은 1cm 정도로 넓으며 연하고 갈색이다. 약간 흰색에서 크림색-갈색으로 되며 포크형이다. 자루의 길이는 10~16cm, 굵기는 1~2cm로 가늘고 길며 원통형이다. 자루의 속은 차 있다가 빈다. 꼭대기 쪽으로 가늘고 기부는 부풀며 약간 흰색이다. 표면은 작은 인편의 갈색으로 이루어져 있고 투명한 파편이 있다. 턱받이는 위쪽에 있고 갈색, 개암나무색이며 미세한 줄무늬선이 있다. 포자의 크기는 12~16×8.5~10μm로 타원형이고 발아공이 있으며 선단은 돌출한다. 거짓 아밀로이드 반응을 보인다.

생태 여름 / 숲속의 땅에 단생한다.

분포 한국, 중국, 유럽

배꼽큰갓버섯

Macrolepiota konradii (Huijsman ex P.D. Orton) M.M. Moser
Lepiota konradii Huijsman ex P.D. Orton

형태 균모의 지름은 7~12cm로 편반구형에서 중앙이 약간 볼록한 둥근 산 모양을 거쳐 편평하게 펴지나 중앙이 들어간다. 표면은 갈색의 껍질이 찢어져서 커다란 인편이 되고 아래의 백색 살이 드러난다. 살은 냄새가 좋다. 주름살은 떨어진 주름살로 백색이다. 자루의 길이는 10~15cm, 굵기는 0.8~1.2cm로 부풀고 위로 가늘다. 표면은 백색이며 작은 갈색 인편으로 덮여 있다. 포자의 크기는 13~17×8~10μm로 난형이며 표면은 매끈하고 투명하며 꼭대기에 발아공이 있다. 포자문은 백색이다.

생태 늦여름~늦가을 / 풀밭, 숲속의 땅에 군생한다. 드문 종이며 식용이다.

분포 한국, 유럽, 북아메리카

돌기큰갓버섯

Macrolepiota prominens (Sacc.) Moser
Lepiota prominens Sacc.

형태 균모의 지름은 10~15cm로 큰갓버섯보다 고르고 아름다운 버섯이다. 균모가 거의 백색이어서 눈에 잘 띄고 자루는 갈색이다. 균모의 인편은 미세하다. 턱받이는 2중이고 두껍다. 주름살은 크림색에서 약간 핑크색으로 된다. 포자의 크기는 9~10×6~7μm로 타원형이고 핑크색의 크림색이다.

생태 여름~가을 / 숲속, 들판, 풀밭에 산생한다. 맛이 좋은 식용균이다.

분포 한국, 유럽

젖꼭지큰갓버섯

Macrolepiota mastoidea (Fr.) Sing.
Lepiota mastoidea (Fr.) Kumm.

형태 균모의 지름은 5~15㎝로 원추형의 종 모양에서 둥근 산 모양으로 되지만 중앙은 젖꼭지처럼 돌출한다. 표면은 연한 황토색에서 선명한 갈색으로 되고 이것이 갈라져 미세한 인편으로 되며 갈라진 사이로 백색의 살이 나타난다. 가장자리는 얇고 백색이며 예리하다. 살은 두꺼우며 백색이고 성숙해도 변색하지 않는다. 냄새는 약간 나나 불분명하고 맛은 온화하다. 주름살은 끝붙은 주름살로 백색이고 폭이 좁으며 가장자리는 밋밋하다. 자루의 길이는 8~15㎝, 굵기는 0.8~1.2㎝로 원통형이다. 기부는 부풀어 둥글고 질기며 속은 차 있다가 빈다. 표면은 턱받이 위쪽으로 연한 황토색이며 털이 있다가 밋밋해진다. 턱받이 아래는 백색에서 크림색으로 된 바탕 위에 미세한 연한 황토색의 인편이 불규칙한 띠로 된다. 턱받이는 막질이고 약간 가동성이며 표면 위쪽은 갈색의 반점이 있고 아래쪽은 백색이다. 포자문은 백색이다. 포자는 12.5~16×~10.5㎛로 타원형이고 투명하다. 표면은 매끈하고 벽은 두꺼우며 발아공이 있다.
생태 여름~가을 / 혼효림, 공원, 관목의 아래 또는 풀과 풀밭의 땅에 단생·군생한다. 희귀종이다.
분포 한국, 중국, 유럽, 북아메리카

큰갓버섯

Macrolepiota procera (Scop.) Sing.
Lepiota procera (Scop.) Gray / Lepiota procera var. albida Roum.

형태 균모의 지름은 9~15cm로 난형 또는 종 모양에서 반구형을 거쳐 편평해지고 중앙부는 돌출한다. 표면은 처음에는 매끄럽고 홍갈색이나 편평해진 다음 중앙부 이외의 표피층이 갈라져서 대형의 불규칙한 녹슨 색 인편으로 된다. 인편 아래의 바탕은 백색이다. 가장자리의 인편은 작고 색깔도 연하다. 살은 두껍고 흰색이며 유연하고 탄력성이 있다. 맛은 온화하다. 주름살은 떨어진 주름살로 백색이고 밀생하며 폭이 넓고 얇다. 주름살의 가장자리는 솜털상이다. 자루의 높이는 15~30cm, 굵기는 0.7~1.1cm로 원주형이며 위아래 굵기가 같다. 기부가 구경상으로 부푼다. 표면은 균모와 같은 색이며 녹슨 갈색의 작은 인편이 뱀 무늬처럼 덮인다. 자루의 속은 갯솜질이나 나중에 빈다. 턱받이는 2중이며 좁고 두껍다. 위아래로 움직일 수 있으며 영존성이다. 포자의 크기는 13~15×8.5~10㎛로 타원형이고 표면은 매끈하고 투명하며 발아공이 있다.

생태 여름~가을 / 숲속, 숲 변두리, 풀밭 또는 길가의 땅에 산생 · 단생하며 드물게 군생한다. 소나무, 잎갈나무, 신갈나무 등과 외생균근을 형성한다. 식용이다.

분포 한국(북한), 일본, 중국, 유럽, 북아메리카 등 전 세계

귀흑주름버섯

Melanophyllum eyrei (Massee) Sing.
Lepiota eyrei (Massee) J.E. Lange

형태 균모의 지름은 1~3cm로 둥근 산 모양-종 모양이다. 표면은 연한 갈색이고 중앙은 황토 갈색이다. 가장자리는 크림색-황갈색으로 미세한 알갱이가 있다. 어릴 때는 가장자리에 외피막의 잔존물이 부착한다. 살은 백색이며 자루의 살은 갈색이다. 주름살은 바른 주름살로 청색 또는 청록색이고 약간 성기며 폭이 넓다. 자루의 길이는 1.5~2.5cm, 굵기는 0.1~0.2cm이며 표면에는 미세한 알갱이가 있다. 균모와 같은 색이며 기부 쪽으로 진한 색이다. 포자의 크기는 4~5×2~2.5μm로 난형이다. 포자문은 연한 녹색이다.
생태 여름~가을 / 활엽수림 또는 침엽수림의 땅에 나며 보통 이끼류 사이에 난다.
분포 한국, 일본, 중국, 유럽

잔피막흑주름버섯

Melanophyllum haematospermum (Bull.) Kreisel
M. echinatum (Roth) Sing.

형태 균모의 지름은 1~2.5cm로 원추형의 둥근 산 모양에서 종 모양으로 되며 나중에 거의 편평하게 펴진다. 표면은 탁한 회갈색 또는 암회갈색인데 분질물로 덮여 있다. 가장자리 끝에는 피막의 잔재물이 붙어 있다. 주름살은 떨어진 주름살로 진한 분홍색에서 암적색 또는 암갈색으로 된다. 자루의 길이는 2~4cm, 굵기는 0.15~0.3cm로 포도주 분홍색인데 회갈색의 분질이 덮여 있다. 포자문은 올리브 갈색 또는 적갈색이다. 포자의 크기는 6~7×2.5~3μm로 막대형-타원형이며 미세하게 거칠고 레몬색-노란색이다. 포자벽은 두껍다. 담자기의 크기는 16~21×6~7.5μm로 원통형, 막대형 등 다양하며 4-포자성이다. 기부에 꺾쇠는 없다. 연낭상체와 측낭체는 관찰되지 않는다.

생태 봄~가을 / 숲속의 습한 부식질 토양, 불탄 자리에 군생한다.

분포 한국, 일본, 중국, 인도네시아, 유럽

턱받이금버섯

Phaeolepiota aurea (Matt.) Maire
Gymnopilus spectabilis (Fr.) Sing.

형태 균모의 지름은 5~15cm로 원추형-반구형에서 둥근 산 모양을 거쳐 중앙이 높고 편평해진다. 표면은 황토색-황금색으로 같은 색의 가루로 덮여 있으며 방사상의 주름이 있다. 살은 연한 황색이며 강한 냄새가 난다. 주름살은 끝붙은 주름살로 황백색에서 황갈색으로 되며 밀생하고 폭이 넓다. 자루의 길이는 8~15cm, 굵기는 1.2~3.5cm로 원주형이며 세로로 달리는 주름이 있고 균모와 같은 색이다. 표면은 균모와 같은 색의 분질물로 덮인다. 턱받이는 크고 막질이며 윗면은 황백색이고 아랫면은 가루로 덮이며 주름이 있다. 포자의 크기는 9~13×4~5㎛로 방추상의 타원형이고 연한 황갈색이며 표면은 미세한 반점으로 덮인다. 포자문은 녹슨 황토 갈색이다.

생태 여름~가을 / 숲속, 길가, 뜰, 밭두렁 등에 군생한다. 맛있는 식용균이다.

분포 한국, 일본, 중국, 유럽, 북아메리카, 북반구 일대

턱받이금버섯(갈황색미치광이버섯형)

Gymnopilus spectabilis (Fr.) Sing.

형태 균모의 지름은 5~15cm로 반구형-둥근 산 모양에서 거의 편평하게 펴진다. 표면은 황금색-오렌지 갈황색으로 가는 섬유상이 있다. 살은 연한 황색-황토색이고 치밀하며 쓴맛이 있다. 주름살은 바른 주름살이고 약간 내린 주름살이다. 처음에 황색에서 밝은 녹슨 색으로 된다. 자루의 길이는 5~15cm, 굵기는 0.6~3cm로 기부는 부풀고 표면은 균모보다 연한 색이고 섬유상이다. 위쪽에 연한 황색을 띤 막질의 큰 턱받이가 있다. 포자의 크기는 7.5~9.5 ×5~6μm로 타원형-난형이며 표면이 가는 사마귀 반점으로 덮여 있다.

생태 여름~가을 / 활엽수, 특히 느티나무 또는 침엽수의 살아 있는 나무나 고목에 다수가 속생한다. 때때로 커다란 덩어리를 이루기도 한다. 환각 증상을 일으키는 독버섯이다.

분포 한국, 일본 등 전 세계

비듬빵말불버섯

Bovista furfuacea Pers.

형태 자실체는 공 모양에서 배 모양으로 되고 폭은 1~3cm이다. 유백색에서 황색으로 되며 손으로 만지면 갈색으로 물든다. 표면은 갈라지고 그 외에 낟알 모양의 검은 알갱이가 있다. 기본체는 처음 백색에서 갈색을 거쳐 검게 되며 이것들이 포자로 된다. 자실체가 성숙하면 꼭대기가 터져서 포자가 방출한다. 포자문은 처음 백색에서 올리브 갈색으로 된다. 포자의 크기는 4~4.5×3.5~4 μm로 아구형이고 갈색이며 표면에 미세한 사마귀 반점이 있다.

생태 여름~가을 / 모래와 자갈이 있는 곳에 군생한다.

분포 한국, 중국, 유럽

젖은빵말불버섯

Bovista paludosa Lév.

형태 자실체의 폭은 1~4cm, 높이는 1~5cm로 서양배 모양 또는 둥근 모양이다. 외피는 처음에 백색이나 백황색으로 되며 부드럽다. 껍질을 벗기면 속은 붉은 갈색에서 검은색으로 되며 기부는 발 모양처럼 된다. 포자의 지름은 3.5μm로 구형이며 갈색이다. 표면은 매끈하고 투명하다. 포자문은 처음에 백색이다가 후에 올리브 갈색으로 된다.

생태 가을 / 숲속의 이끼류가 있는 곳, 유기물이 풍부한 곳에 단생·군생한다.

분포 한국, 중국, 유럽

흑변빵말불버섯

Bovista nigrescens Pers.

형태 자실체의 크기는 3~6cm로 구형 또는 아구형이고 기부가 약간 뾰족하다. 어릴 때 표면은 밋밋하고 백색이며 흔히 쌀겨 같은 작은 그물눈 형태로 주름이 생기고 외피가 거칠어진다. 표면은 나중에 아래쪽에서 위쪽으로 검은색을 띠게 되고 외피가 벗겨져 나가며 밋밋하거나 쭈글쭈글한 가죽 모양의 내피가 드러난다. 내피는 암적갈색 또는 검은색이고 약간 광택이 난다. 포자를 싸고 있다가 위쪽에 1~3cm 정도의 파열부가 생겨서 이곳에서 포자가 비산한다. 기본체의 내부는 백색에서 올리브 갈색 또는 암갈색으로 된다. 포자의 크기는 6~6.5μm로 구형이며 표면에 미세한 사마귀반점이 있으며 포자에 긴 꼬리 모양의 탄사가 있고 갈색으로 1개의 기름방울이 있다. 담자기의 크기는 20×9μm로 막대 모양이며 4-포자성이다. 기부에 꺾쇠가 없다.

생태 여름~가을 / 고산대의 목초지나 풀밭의 부식층이 많은 곳 또는 활엽수나 혼효림의 땅에 군생한다. 어릴 때는 식용 가능하다.

분포 한국, 중국, 유럽

153

빵말불버섯

Bovista plumbea Pers.

형태 자실체의 크기는 2~4cm로 구형-아구형이다. 자루는 없지만 기부에 섬유상의 균사 덩어리가 흙과 뭉쳐 있어 자실체가 지면에서 이탈하지 않는다. 처음에 외피는 두껍고 백색이다가 점점 달걀 껍질 모양의 큰 박편으로 떨어져 나가 부서지기 쉽게 된다. 연한 백색-회백색의 가죽질 모양의 내피층이 드러나면서 표면은 점차 흑갈색으로 된다. 성숙하면 위쪽에 0.5~1cm 정도의 원형 구멍이 생겨 포자가 비산한다. 기본체의 내부는 백색에서 적갈색 또는 암자갈색으로 된다. 포자의 크기는 4~6.5×3.5~5.5㎛로 아구형-난형이며 포자에 긴 꼬리 모양의 탄사가 있고 표면은 매끄럽고 갈색이며 기름방울이 있다. 담자기의 크기는 10~20×7~10㎛로 막대 모양이며 4-포자성으로 기부에 꺾쇠가 없다.
생태 여름~가을 / 잔디밭, 목장, 골프장, 초지 등의 땅에 산생한다. 흔히 계곡 부근에 군생한다. 어릴 때는 식용 가능하다.
분포 한국, 일본, 중국, 유럽

애기빵말불버섯

Bovista pusilla (Batsch) Pers.
Lycoperdon pusillum Batsch

형태 말불버섯과 달리 자루가 없거나 극히 짧다. 자실체는 구형-
아구형이며 무성 기부는 없으나 짧은 자루가 있는 경우도 있다.
기부에는 뿌리 모양의 균사속이 있다. 어릴 때 표면이 흰색에서
점토색으로 된다. 표면에 낮은 반점상의 비늘이 있으며 백색에서
갈색으로 된다. 기본체는 어릴 때는 흰색이지만 성숙하면 녹황색
으로 된다. 포자의 지름은 3~4μm로 구형이며 표면은 매끄럽고 미
세한 사마귀 모양의 돌기가 있다.
생태 여름~가을 / 숲속의 땅 또는 풀밭의 땅, 길가 등에 군생한
다. 흔한 종이다.
분포 한국, 중국, 일본, 유럽

무늬혹빵말불버섯

Calbovista subsculpta Moser ex M.T. Seidl

형태 자실체의 지름은 6~12*cm*, 높이는 7~17*cm*로 아구형에서 팽
이형으로 되며 기질에 헛뿌리처럼 부착한다. 꼭대기에 조각 모양
이 있다. 내피층의 두께는 5~10*mm*로 크림색에서 연한 황토색이
며 필라멘트 같은 털상이 넓게 덮인다. 잘린 형으로 다면체의 사
마귀 모양이다. 외피층은 얇고 막질로 내피층에 연결된다. 기본체
는 백색에서 크림색으로 되었다가 황색을 거쳐 올리브색으로
되며 성숙하면 갈색으로 된다. 가끔 자색의 색깔로 가루상이다.
포자의 지름은 3.5~5*μm*로 구형에서 아구형으로 되며 표면에 미
세한 사마귀 반점이 있다. 포자문은 갈색이다.
생태 눈이 녹은 봄 / 참나무류 숲 등의 노천 땅, 길가에 단생 · 산
생하거나 소집단으로 발생한다.
분포 한국

코끼리말징버섯

Calvatia boninensis S. Ito & S. Imai

형태 자실체의 폭은 4~14cm, 높이는 5~10cm로 성숙한 것은 말징버섯보다 폭이 넓은 경우가 많다. 팽이 모양-서양배 모양으로 어릴 때는 황갈색-갈색이며 나중에 적갈색-암다갈색으로 된다. 표면에 거친 털이 덮여 있다. 노후하면 머리의 측면에 세로로 많은 주름이 생기기도 한다. 절단해 보면 얇은 2중의 외피막이 내부에 있다. 기본체의 위쪽에 포자가 생기고 아래쪽은 포자가 없는 무성 기부가 된다. 처음 백색에서 갈색-암갈색으로 된다. 오래되면 탈수되어 가루상이 된다. 건조하면 외피가 탈락하면서 포자가 비산하고 나중에 스펀지 모양으로 변한 무성 기부만 남게 된다. 포자의 크기는 4~6×3~4μm로 타원형이며 표면에 침 모양의 미세한 돌기가 있다.

생태 여름~가을 / 숲속의 땅에 단생·군생한다.

분포 한국, 일본

황적색말징버섯

Calvatia candida (Rostk.) Hollos
C. rubroflavum Cragin

형태 자실체의 지름은 3~12㎝, 높이는 2~8㎝로 거의 구형에서 서양배 모양이며 꼭대기가 편평한 모양이 흔하다. 불염성의 기부로 백색 가근상의 균사가 있다. 어릴 때는 거의 백색으로 핑크색 또는 연한 자주색이다. 상처를 받을 때, 자를 때, 비볐을 때 황색에서 밝은 황색 또는 오렌지색으로 된다. 표면에는 밋밋하고 미세하게 그물눈이 만들어진다. 포자의 집단은 어릴 때 순백색으로 작게 패인 곳이 있고 노후하면 밝은 황색-오렌지색을 거처 둔한 오렌지색으로 되며 가루상이다. 처음에 냄새는 없으나 곧 성숙하면 잘 익은 과일처럼 강한 냄새가 난다. 포자의 지름은 3~4㎛로 구형이며 표면에 미세한 사마귀 반점이 있고 올리브 갈색이다.

생태 여름~겨울 / 정원, 풀숲, 숲속의 땅에 산생 또는 집단으로 발생하며 기본체가 백색일 때 식용 가능하다. 썩은 과일처럼 냄새는 좋지 않다.

분포 한국, 중국, 북아메리카

말징버섯

Calvatia craniiformis (Schw.) Fr.

형태 자실체의 지름은 5~8cm, 높이는 6~10cm로 도란형 또는 서양배 모양이다. 외피는 종잇장 모양으로 매우 얇다. 표면은 밋밋하거나 미세한 가루 모양이 덮이기도 하며 처음에는 황갈색에서 점차 암다갈색으로 변한다. 노후하면 머리의 측면에 세로로 많은 주름이 생기기도 한다. 절단하면 얇은 외피막이 내부에 있다. 기본체의 위쪽에는 포자가 생기고 아래쪽은 포자가 없는 무성 기부가 된다. 처음에 백색이다가 녹황색 또는 황갈색으로 된다. 건조하면 외피가 탈락하면서 포자가 비산하고 나중에는 스펀지 모양으로 변한 무성 기부만 남게 된다. 나중에는 악취가 난다. 포자의 지름은 3~4㎛로 구형이며 표면은 매끈하거나 미세한 돌기가 있고 벽이 두껍다.
생태 여름~가을 / 숲속의 부식질 토양, 낙엽층 및 나지 등에 산생·군생한다. 어릴 때는 식용 가능하다.
분포 한국, 일본, 중국 등 전 세계

흰말징버섯

Calvatia cretacea (Berk.) Lloyd

형태 자실체의 지름은 2.5~5cm로 아구형에서 약간 편평해진다. 외피의 아래쪽은 주름지고 자루가 있으며 기부는 가늘어진다. 작은 점상들이 백색의 균사체에 부착한다. 백색에서 갈색을 거쳐 황토색으로 되며 사마귀 반점은 두껍게 되고 아래로 밋밋하고 퇴색하여 밀가루 같은 비듬으로 된다. 위는 때때로 부드러우나 항상 갈라지고 불규칙하며 많은 사마귀 집단을 만든다. 성숙하면 노출 정도에 따라 얇고 광택이 나며 은색의 갈색에서 초콜릿색으로 되고 내부의 표피는 아래쪽부터 갈라진다. 기본체는 황금색의 올리브색을 거쳐 초콜릿 갈색으로 된다. 포자의 지름은 4.2~5.5μm로 구형이며 1개의 기름방울이 있다. 작은 돌기가 있고 미세한 사마귀 반점들이 있으며 투명한 껍질에 싸여 있다. 세모체는 실로 된 조각이며 포자와 같은 색으로 드물게 분지한다. 많은 미세 구멍이 있고 두께는 3~7μm이다.

생태 여름 / 숲속의 땅에 군생한다.

분포 한국, 중국

큰말징버섯

Calvatia cyathiformis (Bosc) Morgan

형태 자실체의 지름은 7~15*cm*, 높이는 9~20*cm*로 어릴 때는 거의 구형이지만 점차 팽이 모양이나 서양배 모양으로 되어 위쪽은 둥글고 아래쪽은 좁아진다. 외피의 표면은 처음에 밋밋하나 곧 작은 조각 또는 그물눈 모양의 균열이 생기며 크고 작은 박막이 되어 탈락한다. 어릴 때는 백색이나 점차 그을린 회갈색, 자주색 또는 자갈색으로 된다. 내피층은 암자주색 또는 자갈색이고 밋밋하며 얇다. 성숙한 후에는 외피와 내피가 모두 탈락하고 포자가 비산하며 남아 있는 자실체는 사발처럼 보인다. 기본체는 백색에서 황갈색, 암자갈색으로 된다. 건조하면 외피가 탈락하면서 포자가 비산하고 후에는 스펀지 모양으로 변한 무성 기부만 남게 된다. 무성 기부는 흰색에서 칙칙한 황갈색이며 최종적으로 암자색으로 된다. 포자가 비산한 후에는 이 암자색 무성 기부만 컵 모양으로 남는다. 포자의 지름은 3.5~7.5*μm*로 구형이며 침상의 돌기가 있다.

생태 가을 / 풀밭이나 목장, 공원 등의 땅에 군생하며 어릴 때는 내부(기본체)가 단단하고 식용 가능하다.

분포 한국, 일본, 중국, 북아메리카

팽이말징버섯

Calvatia gardneri (Berk.) Lloyd
C. craniiformis var. gardneri (Berk.) Kobay.

형태 자실체의 지름은 4~5cm, 높이는 4~5cm로 거꾸로 된 원추형-팽이형이고 가운데 부분의 지름은 2~2.5cm이다. 기부에 가까울수록 폭이 좁아진다. 외피는 회갈색이고 불규칙하게 파열된다. 포자의 지름은 3μm로 구형이며 표면에는 미세하고 가는 가시가 있다. 포자문은 녹갈색이다.

생태 여름~가을 / 숲속의 땅에 1~2개가 난다.

분포 한국, 일본, 동남아, 오스트레일리아, 남아메리카

거대말징버섯

Calvatia gigantea (Batsch) Lloyd
Langermannia gigantea (Batsch) Rost. / Lycoperdon giganteum Batsch

형태 자실체는 거대형으로 지름이 10~50cm이다. 불규칙한 구형이며 때때로 오목하게 들어가는 부분이 생기기도 한다. 표피는 어릴 때는 백색-크림색이고 밋밋하며 미세하게 벨벳 모양의 미모가 덮이기도 한다. 오래되면 녹황색 또는 올리브 갈색이 되고 표피가 종잇장처럼 갈라져서 떨어져 나간다. 기본체는 처음에 백색이고 펄프 모양으로 단단하나 나중에 유황 황색, 올리브 녹색-올리브 갈색으로 되고 솜처럼 되면서 가루상으로 된다. 포자의 지름은 3.5~5μm로 구형이고 표면에 미세하게 가는 가시가 있지만 다소 매끈해 보인다. 연한 갈색 벽이 다소 두껍고 내부에 기름방울이 들어 있는 경우도 있다.

생태 여름~가을 / 목장, 풀밭, 관목류 등의 부식질이 많은 토양에 난다. 한번 난 곳의 부근에 반복해서 나는 경우가 많다. 매우 드물다.

분포 한국, 유럽

댕구알버섯

Lanopila nipponica Kawam. ex Kobay.

형태 자실체는 지름은 15~40cm로 구형이며 축구공과 비슷하다. 표면의 두께는 1~1.5mm로 두꺼운 가죽 모양의 껍질로 싸이며 백색이다. 내부의 기본체가 성숙함에 따라 다량의 액체를 내면서 퇴색한다. 건조해지면 황갈색-자갈색의 얇은 껍질은 불규칙하게 벗겨지며 싸여있던 기본체를 노출한다. 기본체는 백색이나 황갈색-자갈색으로 되고 낡은 솜 모양으로 된다. 포자의 지름은 6~7.6μm로 구형이고 황갈색이며 표면에 가시 같은 돌기가 나 있다.
생태 여름~가을 / 대나무밭, 풀밭, 숲속의 풀밭에 단생하며 균상이 파괴되지 않는 한 같은 장소에 매년 발생한다.
분포 한국, 일본, 중국

뿔말불버섯

Lycoperdon acuminatum Berk. & M.A. Curtis

형태 자실체는 매우 작으며 지름과 높이는 0.3~0.9cm로 거꾸로 된 팽이 또는 끝이 뾰족한 달걀 모양이다. 표피는 백색에서 연한 백색으로 되었다가 황색을 거쳐 회색 또는 연한 회갈색으로 된다. 얇고 섬세하며 얇은 스펀지 또는 알갱이가 짧은 가시 비듬을 가진다. 서서히 내피막을 노출하며 성숙하면 꼭대기에 구멍 같은 입을 형성한다. 하단부에 자루와 같은 기부는 없다. 기본체는 연하고 처음에는 연한 갈색으로 되며 성숙하면 약간 올리브색으로 가루상이다. 포자의 지름은 3.3~4µm로 구형이며 벽은 두껍고 짧은 꼬리가 있다. 표면은 매끈하고 연한 올리브색에서 오회색으로 된다. 포자문은 백색이다.

생태 가을~겨울 / 활엽수림과 참나무류의 고목 등걸의 이끼류가 있는 곳에 산생 또는 집단으로 발생한다.

분포 한국, 북아메리카

거친가시말불버섯

Lycoperdon asperum (Lev.) Speg.

형태 자실체의 지름은 2.5~6cm, 높이는 2~8cm로 서양배 모양-아구형이며 꿀색, 황색, 갈색 또는 연한 연기색 등으로 다양하다. 외피층은 가시 같은 미세한 돌기가 밀생하고 노후하면 국부적으로 탈락한다. 내피층은 종이 같고 황갈색이며 성숙하면 꼭대기가 열린다. 기본체는 어릴 때는 백색 육질이며 오래되면 올리브색으로 되고 성숙하면 황갈색의 오래된 솜 같은 포자 덩어리를 만든다. 기부에 자루는 없지만 백색의 균사 다발을 만든다. 포자의 지름은 4~6µm로 구형이며 표면은 매끈하고 처음은 청황색이나 나중에 갈색으로 변한다. 꼬리가 있고 적갈색이며 꼬리 표면에 작은 가시가 있다.

생태 가을 / 썩은 낙엽에 산생한다.

분포 한국, 중국, 일본, 아시아, 아프리카, 오스트레일리아, 뉴질랜드, 남아메리카 등 전 세계

흑보라말불버섯

Lycoperdon atropurpureum Vittad.

형태 자실체의 높이는 2~5cm로 아구형에서 팽이 모양을 거쳐 서양배 모양으로 되며 균사체로 기질과 연결된다. 표면은 황갈색으로 외피막에 갈색 침이 있으며 침은 가늘고 직립하여 잘 발달되나 부서지기 쉽다. 내피는 표피의 갈라진 사이로 나타나고 광택이 나며 크림색이다. 기본체에는 불분명한 주축이 있다. 포자문은 자색이 가미된 초콜릿 갈색이다. 포자의 지름은 4.5~5.5μm로 구형이며 표면에 거친 사마귀 반점이 있는데 서로 떨어져 있다. 세모체는 유연하고 적갈색이며 길이는 4.5~7μm이고 벽의 두께는 1~1.5μm이다.

생태 여름~가을 / 숲속의 땅에 단생 · 군생한다.

분포 한국, 중국, 유럽

꼬리말불버섯

Lycoperdon caudatum Schröt
L. pedicellatum Peck

형태 균모의 높이는 5㎝ 정도로 팽이 모양에서 서양배 모양으로 되며 약간 부식하는데 뿌리 모양을 형성한다. 거짓 균사는 없다. 외피는 강한 조락성이며 크림색에서 황노란색으로 된다. 밀집된 가시가 있으나 쉽게 탈락하며 그물눈과 가시는 분리된다. 내피는 연한 벌집 모양이고 라일락색의 갈색이다. 기본체는 올리브 갈색에서 회갈색으로 되며 불분명한 거짓 주축이 있다. 포자문은 올리브 갈색에서 회갈색이다. 포자의 지름은 4~4.5㎛로 구형에서 아구형이며 표면은 매끈하고 임성의 조각이 부착한다. 세모체의 길이는 35㎛이며 약간 유연하고 노란색에서 회갈색으로 되며 많다.
생태 여름~가을 / 모래땅, 석회질 땅, 숲속의 땅에 단생·군생한다.
분포 한국, 일본, 중국, 유럽, 북아메리카

꼬리말불버섯(긴꼬리형)

Lycoperdon pedicellatum Peck

형태 자실체의 머리 지름은 2~5cm, 길이(높이)는 3~5(6)cm로 머리 부분은 납작한 구형이고 다소 짧은 자루가 있어서 짧은 서양배 모양이다. 외피에 1~2mm 정도의 가시가 밀생하고 몇 개의 가시 끝이 모여서 피라미드 모양이 되는 것이 특징이다. 처음에는 크림 백색에서 황갈색으로 된다. 가시가 탈락하면 내피에 그물눈 모양의 흔적이 약간 남지만 다소 매끄러운 모양이 된다. 내피는 회갈색-황토 갈색이고 꼭대기 부분에 원형 구멍이 생겨서 포자가 비산한다. 기본체는 처음에 흰색이나 나중에 올리브 갈색이 된다. 포자의 지름은 4μm로 구형이며 회갈색-갈색이다. 표면에 미세한 반점이 있고 갈색의 기름방울이 있다.

생태 여름~가을 / 숲속의 낙엽층, 습기 많은 땅, 이끼 많은 곳, 풀밭 등에 단생한다.

분포 한국, 일본, 중국, 유럽, 북아메리카

노란껍질말불버섯

Lycoperdon dermoxanthum Vittad.
Bovista dermoxantha (Vittad.) De Toni

형태 자실체의 지름은 (0.7)1~3(4)*cm*로 구형에서 서양배 모양이며 전형적으로 중앙이 볼록하다. 중앙의 포자 분출 구멍은 불규칙하게 찢어지며 지름은 0.2~1*cm*이다. 외피는 밋밋하고 백색이나 부서져서 조그만 압착된 인편 또는 작은 쐐기처럼 된다. 내피는 종 모양으로 회갈색 또는 때때로 다른 색을 띠기도 한다. 기본체는 밝은 올리브 갈색에서 검은 갈색으로 된다. 아기본체는 없거나 조직의 흔적으로 존재하기도 한다. 포자문은 밝은 올리브 갈색이다. 포자의 지름은 3.5~4.5(5.5)*μm*로 구형이고 표면에 사마귀 반점이 덮이며 전형적인 말불버섯의 세모체가 있다.

생태 여름 / 햇빛에 노출된 기름진 땅, 건조한 곳, 풀밭, 숲속의 땅, 길가의 땅에 단생하거나 작은 집단으로 발생한다. 모래에 발생하는 경우 가근의 균사를 만들기도 한다.

분포 한국, 유럽

가시말불버섯

Lycoperdon echinatum Pers.

형태 자실체의 지름은 2~5cm로 구형이며 서양배 모양의 무성 기부는 잘록해서 원추형이 된다. 기부에는 뿌리 모양의 백색 균사 다발이 붙어 있다. 각피의 표면은 황갈색~갈색이고 두께는 3~5mm 정도의 다소 진한 색의 가시가 밀생되어 있다. 가시는 성숙하면 탈락하기 쉽다. 가시가 탈락하면 내피에 그물눈 모양의 흔적이 남는다. 내피는 적갈색이고 종이 같으며 꼭지에 구멍이 생겨 포자가 비산한다. 기본체는 처음에 흰색에서 오렌지 황색~갈색~자갈색으로 보인다. 포자문은 초콜릿 갈색이다. 포자의 지름은 3~4μm로 구형이며 표면에 사마귀 반점 또는 가시가 있고 갈색이다. 담자기의 크기는 10~20×7~9μm로 곤봉형이며 2 또는 4 포자성이다. 기부는 꺾쇠가 없다.

생태 여름~가을 / 숲속의 땅에 단생 · 군생한다.

분포 한국, 일본, 중국, 유럽, 북아메리카

170

별가시말불버섯

Lycoperdon ericaeum Bonord.

형태 자실체의 지름은 4~6cm로 거의 서양배 모양이며 크림색에서 엷은 갈색이다. 외피는 엉성하게 발달해 부서지기 쉽다. 별꼴의 가시와 가루상의 알갱이들이 혼합되어 압착되는 경우가 흔하다. 내피층은 노출되지 않으며 크림색으로 기본체에 발달하지 못한 헛주축이 있다. 유기본체는 벌집 모양이고 전형적으로 라일락 갈색이다. 세모체는 부서지기 쉽고 황갈색으로 지름은 4.5~8μm이다. 벽의 두께는 0.5~0.8μm로 구멍이 많고 크며 규칙적으로 배열한다. 외피층은 간단한 구형이다. 포자문은 갈색이다. 포자의 지름은 4~4.7μm로 구형이며 표면에 미세한 돌기가 있다. 가끔 소경자 잔존물이 부착하며 분리되지 않는다.

생태 여름~가을 / 개활의 산성 땅, 비옥한 잔디밭에 단생 · 군생하며 간혹 작은 집단으로 발생한다.

분포 한국, 북아메리카

냉동말불버섯

Lycoperdon frigidum Demoulin

형태 자실체의 지름은 1~4cm로 둥근 산 모양에서 서양배 모양이며 보통 약간 일그러진 모양이다. 표면은 약간 흰색에서 엷은 녹색의 검은색으로 된다. 백색의 가시 같은 것이 있다가 탈락한다. 기부는 검은색이다. 포자의 지름은 5~6μm로 구형이고 갈색이며 표면에 사마귀 반점이 있다. 포자문은 처음에 백색이나 드물게 검은색이다.

생태 여름 / 풀밭의 땅에 군생한다.

분포 한국, 유럽

171

키다리말불버섯

Lycoperdon excipuliforme (Scop.) Pers.
Calvatia excipuliformis (Pers.) Perdeck

형태 자실체의 머리 부분은 높이 8~15*cm*, 폭 5~10*cm*로 말불버섯처럼 머리 부분은 아구형-타원형이며 그 아래로 다소 긴 자루가 있다. 어릴 때는 연한 황갈색-연한 갈색의 외피에 미세한 침상 돌기 또는 알갱이 모양이 부착되어 있다. 이것이 나중에 탈락하며 종잇장 모양의 내피가 드러난다. 침상 돌기가 다 떨어져 나간 부분은 가는 그물눈 모양으로 보인다. 백갈색의 내피는 갈색이 되어 성숙하면 위쪽부터 찢어져서 포자가 비산하고 대부분 무성 기부만 남게 된다. 기본체는 백갈색이지만 성숙하면 자갈색이 된다. 포자의 지름은 4.5~5.5*μm*로 구형이며 갈색으로 표면에 뚜렷한 사마귀 반점들이 덮여 있다. 담자기의 크기는 12~15×6~8*μm*로 막대형이며 4-포자성이다. 기부에 꺾쇠는 없다.

생태 늦여름~가을 / 숲속의 땅, 목장, 개활지 등의 습기 많은 땅에 군생한다. 어릴 때는 식용 가능하다.

분포 한국, 일본, 중국, 유럽, 북아메리카

검은말불버섯

Lycoperdon fuscum Bonord.

형태 자실체의 지름은 2~4cm로 팽이 모양 또는 서양배 모양이며 붙임의 기부는 약간 짧다. 외피층은 다발처럼 되었고 검은 갈색에서 흑색의 가시가 있으며 길이는 0.5mm로 탈락하기 쉽다. 내피층은 진한 담배색에서 연한 담배색이며 막질이다. 기본체는 담배색이다. 세모체는 실 모양으로 길고 드물게 가지를 친다. 격막이 없고 벽은 두껍고 갈색이며 지름은 3.5~4μm로 끝이 가늘다. 포자의 크기는 4~4.8μm로 구형에 녹갈색으로 표면에 미세한 돌기가 있으며 쉽게 탈락하고 짧은 꼬리가 있다. 포자문은 연기색이다.

생태 여름 / 이끼류가 있는 숲속의 땅에 군생한다.

분포 한국, 중국, 북아메리카

적황색말불버섯

Lycoperdon henningsii Sacc. & P. Syd.

형태 자실체의 지름은 0.5~1cm로 절구형이며 유백색 바탕의 표면에 황갈색의 사마귀 반점이 덮여 있다. 성숙하면 황토색으로 된다.
생태 여름 / 길가의 이끼류가 자라는 곳에 산생한다.
분포 한국, 일본, 유럽

혹말불버섯

Lycoperdon lambinonii Demoulin

형태 자실체의 높이는 2~5cm, 지름은 1~3.5cm로 아구형 또는 서양배 모양이다. 표면은 갈색이며 외피는 다양한 장식의 알갱이가 있고 두께는 얇으며 부서지기 쉽고 때때로 뭉친 가시가 있다. 크림색에서 황갈색 또는 검은 갈색이다. 내피는 단단해 보인다. 기본체는 잘 발달된 헛주축이 있고 유기본체는 벌집 모양으로 연한 갈색이며 라일락색을 띠기도 하고 없기도 하다. 포자문은 갈색이다. 포자의 크기는 (3.4)3.8~4.6(4.8)μm로 거의 구형이며 표면에 미세하게 오돌오돌한 분리된 소경자 조각이 있다. 세모체는 연한 갈색으로 지름이 4~7μm이며 구멍들은 드물고 작다. 외피는 단순한 구형이다.

생태 여름 / 참나무류의 기름진 땅과 개활지 땅에 발생하며 석회석의 땅에 단생 또는 집단으로 발생한다.

분포 한국, 유럽, 북아메리카

하늘색말불버섯

Lycoperdon lividum Pers.
L. spadiceum Pers.

형태 자실체의 높이는 1.5~2.5cm, 지름은 1.5~3cm로 타원형에서 서양배 모양으로 된다. 자루는 짧게 응축되어 원추형과 비슷하다. 바깥 면은 모래를 뿌린 모양이고 드물게 가시를 가지며 건조하면 눈꽃 모양으로 된다. 어릴 때 황토색에서 갈색으로 되고 성숙하면 갈색이 된다. 표면은 밋밋하며 약간 맥상이고 오래되면 꼭대기는 파열되고 포자를 비산한다. 자루의 기부는 약간 균사체가 있으며 부풀지만 나중에 부스럼처럼 된다. 기본체는 백색이며 자르면 백색의 기본체와 큰방 모양으로 구분된다. 성숙하면 솜털 같은 가루로 되고 갈색의 스펀지 모양으로 밀집해 있다. 냄새와 맛은 독특하지 않다. 포자의 크기는 3.5~4.5×3.5~4μm로 아구형이고 표면에는 미세한 갈색 반점이 있다. 포자벽은 두껍고 기름방울이 있다. 담자기의 크기는 8~10×7~8μm로 짧은 막대형이며 1~3개의 포자성이고 길이는 20μm로 기부에 꺾쇠는 없다.

생태 여름 / 숲속, 죽림의 땅에 단생 · 군생한다.

분포 한국, 일본, 중국

하늘색말불버섯(긴목형)

Lycoperdon spadiceum Pers.

형태 자실체의 지름은 2~3cm로 머리는 아구형이며 가늘어진 짧은 자루가 있다. 회갈색-황토 갈색이다. 표면은 비듬 모양이며 외피막은 얇고 후에 작은 불규칙한 구멍이 생겨서 포자가 비산한다. 기본체는 백색에서 올리브 갈색으로 되며 아래쪽은 스펀지 모양이다. 포자의 지름은 4μm로 구형이며 표면에 미세한 사마귀 반점이 있다.
생태 가을 / 목초지, 나지, 모래 언덕 등에 군생한다.
분포 한국, 일본, 유럽

비늘말불버섯

Lycoperdon mammiforme Pers.

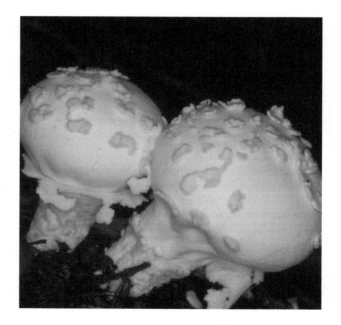

형태 자실체는 지름과 높이가 3~5㎝이며 혹이 있는 넓은 서양배 모양이다. 외피는 보자기 모양으로 양털 같은 털이 나지만 곧 터져서 큰 사마귀 반점으로 변한다. 이 반점은 표면을 드문드문 덮고 있다가 곧 떨어져 기부에만 남는다. 사마귀 반점들 사이에 끝이 붙은 가는 가시가 겨처럼 붙으며 백색이다. 외피가 떨어진 후에 내피는 분홍 백색에서 분홍 갈색으로 되고 얇고 매끄러우며 꼭대기에 구멍이 생긴다. 기본체는 백색에서 황갈색으로 되며 탄사는 갈색이다. 가시를 제외한 포자의 지름은 4.5~5.3㎛로 구형이다. 표면은 가시와 알맹이가 있고 기름방울을 가진다. 담자기는 보이지 않는다.

생태 여름~가을 / 활엽수림 속 낙엽층의 땅에 군생한다.

분포 한국, 일본, 중국, 유럽, 북아메리카

둘레말불버섯

Lycoperdon marginatum Kalchbr.

형태 자실체의 크기는 1~5cm로 어릴 때 거의 둥근 모양이며 성숙하면 편평한 둥근 모양을 거쳐 서양배 모양으로 되며 높이보다 폭이 넓다. 아래로 가늘어지고 임성이며 기부는 자루 같다. 처음에 백색에서 짧은 가시 또는 사마귀 반점 같은 것으로 덮인다. 표면은 거의 밋밋하고 연한 색에서 흑갈색 또는 적갈색으로 되며 성숙하면 꼭대기에 입 같은 구멍이 생긴다. 포자의 지름은 3.5~4.5μm로 구형이며 표면에는 미세한 반점이 있다가 매끈하게 된다. 때때로 부서진 꼬리가 있고 연한 갈색이다. 포자 집단은 처음은 백색이나 성숙하면 올리브 갈색을 거쳐 회갈색의 가루상으로 된다.

생태 여름~겨울 / 숲속의 땅, 모래땅, 도토리나무와 소나무의 혼효림, 비옥한 지역에 단생·산생한다. 간혹 집단으로 발생하며 식독이 분명치 않다.

분포 한국, 유럽, 북아메리카

179

여린말불버섯

Lycoperdon molle Pers.

형태 자실체는 높이 2.5~5cm, 폭 2~4cm로 구형이나 서양배 모양 또는 도원추형이다. 기부에 자루 같은 것이 있고 바깥면은 유연하고 회색-갈색의 침이 있다. 표면은 과립의 비듬 같은 것이 부착하고 갈색이며 표피 아래는 크림색에서 황갈색이다. 자실체 전체가 밋밋하며 오래되면 가시는 떨어진다. 기본체는 백색이고 큰 방처럼 되며 올리브색-갈색이다. 성숙한 자실체는 적색에서 초콜릿 갈색의 포자를 꼭대기의 구멍을 통해서 방출한다. 포자의 지름은 사마귀 반점을 제외하면 4~5.5μm로 구형이고 밝은 갈색이며 표면에 거친 사마귀 반점이 있다. 담자기는 보이지 않는다.

생태 여름~가을 / 숲속의 땅에 군생한다.

분포 한국, 일본, 중국, 유럽, 아시아, 북아메리카, 아프리카 등 전 세계

흑변말불버섯

Lycoperdon nigrescens Pers.
L. foetidum Bonord.

형태 자실체의 지름은 2~5*cm*로 구형-장화형이다. 기부는 자루 모양으로 균사가 붙어 있고 외피는 끝이 붙어서 피라미드를 만드는 암갈색의 짧은 가시로 덮인다. 가시 사이의 표면은 매끄럽고 갈색이며 드물게 흑갈색이다. 내피는 크림색에서 갈색으로 된다. 표면은 그물 모양이나 나중에 가시가 떨어져 버린다. 기본체는 처음 백색에서 성숙하면 올리브 갈색으로 되며 방이 크다. 자실체는 꼭대기에 있는 구멍을 통해 포자를 내보낸다. 어린 자실체에서는 불쾌한 냄새가 난다. 포자의 지름은 4~5μm로 구형이며 알맹이와 사마귀 반점이 있거나 매끄럽고 매끈하며 기름방울이 있다. 담자기의 크기는 8~12×4~5μm로 곤봉형이다. 2 또는 4 포자성으로 기부에 꺾쇠는 없다.

생태 여름~가을 / 숲속, 풀밭에 군생한다.

분포 한국, 일본, 중국, 유럽, 북아메리카

말불버섯

Lycoperdon perlatum Pers.
L. gemmatum Batsch

형태 자실체의 높이는 4~6cm로 머리 부분은 둥글게 부풀고 그 속에 포자가 생긴다. 표면은 백색에서 회갈색으로 되며 뾰족한 알맹이 모양의 돌기가 많다. 기본체는 백색인데 포자가 성숙하면 회갈색의 낡은 솜 모양으로 되어 머리 부분의 끝에 열린 작은 구멍에서 포자를 연기처럼 내뿜는다. 자실체의 하반부는 원주형으로 이것이 자루가 되고 내부는 갯솜 모양이다. 포자의 지름은 3.5~5 μm로 구형이며 연한 갈색이다. 표면에 미세한 사마귀 반점이 있고 갈색이며 포자벽이 두껍다. 담자기의 크기는 7~10×4~5μm로 짧은 곤봉형이다. 2 또는 4 포자성이며 기부에 꺾쇠는 없다.
생태 여름~가을 / 숲속이나 풀밭에 군생한다. 어릴 때는 식용 가능하다.
분포 한국, 일본, 중국, 유럽, 북아메리카 등 전 세계

목장말불버섯

Lycoperdon pratense Pers.
L. hiemale Bull. / Vacellum pratense (Pers.) Kreisel

형태 자실체의 지름은 1~2cm로 구형-편구형이고 무성 기부가 있는 경우에는 서양배 모양이다. 처음에는 백색에서 황갈색으로 된다. 외피에는 여러 가지 형태로 된 백색-연한 갈색의 짧은 털이 3~4개씩 집합되어 있거나 쌀겨 모양의 가루상 물질이 덮여 있는데 성숙하면 탈락한다. 내피는 얇고 밋밋한 종잇장 모양이며 광택이 난다. 꼭대기에는 작은 구멍이 생기고 점차 크게 찢어져 포자가 비산한다. 기본체는 올리브 갈색(황녹갈색) 또는 황갈색의 가루상 포자 덩어리로 된다. 포자의 지름은 4~6μm로 구형에 황색이고 표면에 미세한 사마귀 반점이 덮여 있으며 벽은 두껍고 기름 방울을 함유한다. 담자기의 크기는 8~18×5~7μm로 곤봉형이며 기부에 꺾쇠는 없다.

생태 여름~초가을 / 잔디밭, 풀밭, 숲속의 땅에 단생 · 군생한다.
분포 한국, 일본, 중국, 유럽, 북아메리카 등 전 세계

목장말불버섯(흰갈색털형)

Lycoperdon hiemale Bull.

형태 자실체의 지름은 1~2cm로 구형-편구형이고 무성 기부가 있는 경우에는 서양배 모양이다. 처음에 백색에서 황갈색으로 된다. 외피에는 여러 가지 형태로 된 백색-담갈색의 짧은 털이 3~4개씩 집합되어 있거나 쌀겨 모양의 가루상 물질이 덮여 있는데 성숙하면 탈락한다. 내피는 얇고 밋밋한 종잇장 모양이며 광택이 난다. 꼭대기에 작은 구멍이 생긴 후 점차 크게 찢어지며 포자가 비산한다. 기본체에는 올리브 갈색-황갈색의 가루상 포자 덩어리가 있다. 포자의 지름은 4~6㎛로 구형이며 표면에 미세한 사마귀 반점이 있다.
생태 여름~초가을 / 잔디밭, 풀밭, 숲속의 주변에 단생·군생한다.
분포 한국, 일본 등 전 세계

좀말불버섯

Lycoperdon pyriforme Schaeff.

형태 자실체의 높이는 2~4cm 정도로 전체는 거꾸로 된 난형-거의 구형이다. 머리 부분의 표면은 백색에서 회갈색으로 되고 거의 매끄럽거나 가는 알맹이를 가졌으며 꼭대기 끝에 작은 주둥이가 열려 있다. 내부의 기본체는 백색이고 나중에 황록색에서 녹갈색으로 된다. 포자의 지름은 3.5~4μm로 구형이며 표면은 매끄럽고 연한 황색-올리브 갈색이다. 포자벽은 두껍고 기름방울을 가진다. 담자기의 크기는 9~13×3~4.5μm로 곤봉형이고 기부에 꺾쇠는 없다.

생태 여름~가을 / 숲속의 썩은 나무 위에 군생한다. 어릴 때는 식용 가능하다.

분포 한국, 일본, 중국, 유럽, 북아메리카 등 전 세계

경단말불버섯

Lycoperdon radicatum Durieu & Mont.
Bovistella radicata (Durieu & Mont.) Pat.

형태 자실체의 크기는 3~10(14)*cm*로 구형-도란형이다. 소형-중형으로 아래쪽은 흔히 세로로 주름이 있고 기부에는 끈 모양의 균사속이 있다. 처음에는 백색이나 점차 쥐색-갈색이 된다. 외피막의 표면에는 가루상 또는 작은 사마귀 모양의 가루상 물질이 덮여 있는데 이는 후에 탈락해서 없어지고 내피가 드러난다. 내피는 밋밋하고 광택이 있으며 연한 갈색 또는 황갈색을 띤다. 기본체 내부는 육질이고 처음에는 흰색이지만 점차 갈색으로 된다. 위쪽에 구멍이 생겨 포자가 비산한다. 포자의 크기는 4.3~5.2×3.5~4.5*μm*로 광난형이며 표면은 매끈하다.

생태 여름~가을 / 숲속의 개활지에 난다.

분포 한국, 일본, 북아메리카

살색가시말불버섯

Lycoperdon subincarnatum Peck
Morganella subincarnata (Pk.) Kreisel & Dring

형태 자실체의 크기는 1~3cm로 둥근 산 모양-서양배 모양이다. 표면에는 계피 갈색-갈색 또는 자색-갈색의 점상 비늘 또는 작은 가시 모양의 물질이 덮여 있다. 성숙하면 점상 물질이 탈락해 얕은 구멍 모양이 남기도 한다. 기부에 백색의 균사속이 있는 것도 있다. 지역에 따라 색깔 차이가 있다. 기본체는 처음에는 백색이나 나중에 회백색 또는 백갈색이다가 포자가 성숙하면 자색의 갈색이 된다. 기부 부분까지 포자가 생기며 불염성인 부분이 거의 없다. 포자의 지름은 3.5~4㎛로 구형이며 표면에 미세한 반점 같은 가시가 있고 2중 막이며 끝이 약간 돌출한 것도 있다.

생태 여름~가을 / 침엽수의 썩은 나무, 침엽수림의 이끼류 사이에 군생한다.

분포 한국, 유럽, 북아메리카

너도말불버섯

Lycoperdon umbrinum Pers.

형태 자실체의 지름은 2.5~3cm, 높이는 3~4cm로 편평한 구형이며 자루가 있고 전체가 서양배 모양이다. 표면은 백색 또는 연한 갈색이나 나중에 황갈색 또는 갈색으로 되며 작은 알맹이와 가시가 섞여 있는데 일부가 벗겨져서 매끈하게 된다. 기본체는 엷은 올리브색이나 나중에 올리브 갈색 또는 자갈색으로 되며 분명한 주축이 있다. 성숙한 자실체는 꼭대기의 구멍을 통해 갈색의 포자를 방출한다. 포자가 생기지 않는 기부는 자루의 속을 채우며 빈방은 조금 크다. 포자의 지름은 3.5~4.5μm로 구형이며 기본체와 같은 색으로 표면에는 미세한 사마귀 반점과 짧은 돌기가 있어 소경자에 붙는다. 담자기의 크기는 10~15×4.5~7μm로 짧은 곤봉형이며 2-포자성이다. 기부에 꺾쇠는 없다.

생태 가을 / 숲속의 땅에 군생한다.

분포 한국, 일본, 중국, 유럽, 북아메리카

푸대말불버섯

Lycoperdon utriforme Bull.
Calvatia utriformis (Bull.) Jaap.

형태 자실체의 크기는 6~12*cm*로 처음 장방형에서 성숙하면 서양배 모양으로 되며 기부 쪽으로 약간 가늘다. 표면은 백색에서 연한 회갈색이며 나중에 흑갈색으로 되고 외벽은 비듬 또는 사마귀 반점으로 되지만 곧 갈라져서 육각형의 조각이 된다. 표피의 내벽은 부서지기 쉬운 조각이며 꼭대기에 불규칙한 조각으로 남는다. 기본체는 올리브 갈색으로 가루상이고 임성의 기부는 1/2 정도까지 두껍다. 포자의 지름은 4~5*μm*로 구형이며 올리브 갈색이다. 표면은 매끈하나 간혹 미세한 가시가 있는 것도 있으며 벽은 약간 두껍고 기름방울을 가진 것도 있다. 담자기의 크기는 9~20×5~7*μm*로 곤봉형이며 1 또는 4 포자성이다. 기부에 꺾쇠는 없다.

생태 여름~가을 / 보통 풀밭의 모래땅에 단생·군생한다. 드문 종이며 어릴 때는 식용 가능하다.

분포 한국, 중국, 유럽

각추말불버섯

Lycoperdon wrightii Berk. & M.A Curtis

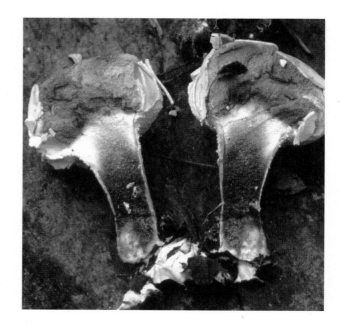

형태 자실체의 지름은 0.5~2.5cm, 높이는 0.5~2cm로 외피층은 백색의 가시 같은 인편이 빽빽이 나 있고 인편은 각추형이지만 쉽게 탈락한다. 내피층은 엷은 황색이나 노출되면 연한 색으로 된다. 기본체는 청황색이다. 포자의 지름은 3~4.5μm로 구형이며 엷은 황색으로 큰 기름방울을 함유한다.
생태 여름 / 썩은 고목이나 풀숲의 땅에 군생한다.
분포 한국, 중국

찻잔버섯

Crucibulum laeve (Huds.) Kambly
C. vulgare Tul. & C. Tul.

형태 자실체의 폭은 0.4~0.8cm, 높이는 0.5~1cm로 어릴 때 구형 또는 난형이다가 나중에 아래가 좁고 위가 넓은 찻잔 모양이 된 다. 어릴 때는 황색-황토색으로 쌓겨 모양의 털이 덮여 있으나 겉 껍질의 윗부분이 탈락하고 갈색-흑갈색으로 된다. 찻잔 내부는 밋밋하며 크림색-황토색을 띤다. 겉껍질은 내외 2층으로 자랄 때 는 찻잔을 덮고 있는데 자실체가 성숙하면 바깥층이 탈락해 백색 의 내층만 남게 되었다가 이것도 탈락하게 된다. 그 속에는 알과 같은 소피자가 들어 있는데 크림색이며 크기는 1~1.5mm로 알갱 이 모양이다. 소피자는 각각 끈과 같은 실에 연결되어 있다. 나중 에 소피자가 터지면서 포자가 비산한다. 포자의 크기는 7~10× 3.5~5μm로 타원형이며 표면은 매끈하고 투명하다.

생태 여름~가을 / 숲속, 오솔길 등에서 나뭇가지나 풀줄기 또는 썩은 고목 등에 줄지어 속생한다.

분포 한국, 일본, 대만, 유럽, 오스트레일리아, 북아메리카, 중앙 아메리카 등 전 세계

191

회색주름찻잔버섯

Cyathus olla (Batsch) Pers.

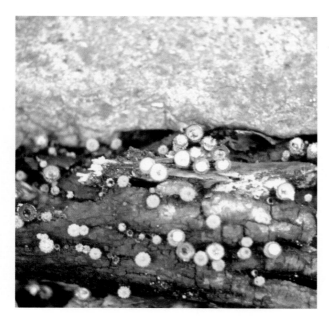

형태 자실체의 높이는 0.5~1cm로 어릴 때 난형-원통형에서 성숙하며 팽이 모양-깔때기형으로 된다. 어릴 때는 외피에 싸여 있으나 성숙하면서 윗부분이 평평해지고 백색의 막질이 드러나 찢어진다. 외피는 눌려 붙은 털로 덮이거나 거의 밋밋하며 황토 갈색-회갈색이다. 내부 표면은 회백색-회색(오래되면 거의 흑색)으로 밋밋하지만 가장자리 쪽으로 휘거나 굴곡이 있다. 각피는 3층으로 되어 있다. 소피자의 지름은 2~2.5mm로 회갈색의 렌즈 모양으로 찻잔 바닥에 약 10개 정도가 있다. 개개의 소피자는 내벽에 끈으로 부착되어 있고 내부에 포자가 들어 있다. 포자의 크기는 9~12×5.5~7μm로 타원형이며 표면은 매끈하고 투명하다. 어릴 때는 벽이 두껍다. 담자기의 크기는 40×7μm로 가는 곤봉형이며 2 또는 4 포자성으로 기부에는 꺾쇠가 있다.

생태 여름~가을 / 흔히 숲속의 토양에 나며 드물게 식물체의 유기물이나 목질에 단생 · 군생한다.

분포 한국, 유럽

좀주름찻잔버섯

Cyathus stercoreus (Schw.) De Toni

형태 자실체의 높이는 1cm, 지름은 0.5cm로 가늘고 긴 컵 모양이다. 외면은 황갈색에서 회갈색으로 되며 두꺼운 솜털이 밀생하나 나중에 벗겨져서 매끄럽게 되고 내면은 매끄러우며 검은색이고 맨바닥에 여러 개의 검은색 소외피자가 들어 있다. 소외피자의 지름은 1.5~2mm로 바둑알 모양이며 아래쪽 중앙에 가는 끈이 붙는다. 포자의 크기는 22~35×18~30㎛로 아구형-광난형이고 미세한 과립이 있으며 표면은 매끈하고 투명하며 포자벽이 두껍다. 담자기의 크기는 40~50×12~16㎛로 곤봉형이고 3개 이상의 포자성이다. 기부에 꺾쇠는 없다.

생태 여름~가을 / 부식질이 많은 땅에 군생한다.

분포 한국, 일본, 중국, 유럽, 북아메리카 등 전 세계

주름찻잔버섯

Cyatus striatus (Huds.) Willd.

형태 자실체의 높이는 0.8~1.3cm, 지름은 0.6~0.8cm로 거꾸로 된 원추형이고 컵 모양이다. 외면은 거칠고 털 조각으로 덮이며 갈색-어두운 갈색이다. 내면은 회색-회갈색으로 반짝이며 세로로 달리는 뚜렷한 줄무늬선이 있다. 컵의 입은 백색의 막으로 덮여 있으나 곧 터져 없어진다. 바둑알 모양의 작은 알맹이처럼 생긴 소피자는 지름이 1.5~2mm로 아랫면의 중앙에 붙는 가는 끈으로 외피 밑바닥에 연결된다. 회흑색에서 흑갈색으로 된다. 단단한 껍질로 싸이고 내부에 자실층이 발달하여 포자를 만든다. 포자의 크기는 16~20×8~9μm로 장타원형이며 표면은 매끄럽고 투명하며 포자막은 두껍다. 담자기의 크기는 40~45×8.5μm로 곤봉형이고 4-포자성으로 기부에 꺾쇠가 없다.

생태 여름~가을 / 썩은 낙엽이 쌓인 곳에 군생한다.

분포 한국, 일본, 유럽, 북아메리카 등 전 세계

새둥지버섯

Nidula niveotomentosa (Henn.) Lloyd
Cyathus niveotomentosa Henn.

형태 자실체의 폭은 0.4~0.8*cm*, 높이는 0.5~1*cm* 정도로 어릴 때 흰색의 털이 덮여 있고 아구형이다. 성숙하면 위쪽이 열리면서 소주잔 모양으로 바닥이 다소 좁은 형태가 된다. 각피는 3층이며 내측은 밋밋하고 연한 갈색으로 광택이 있다. 성숙하면 질기고 가죽질이다. 바깥 표면은 백색이며 털이 있고 가끔 매트 같거나 밋밋하며 담황색에서 연한 회색으로 된다. 안쪽의 층은 밋밋하고 그을린 오렌지 갈색이다. 소피자는 많으며 지름은 0.5~0.8*mm*로 작은 편이고 황갈색-적갈색의 바둑돌 모양이다. 보통 끈적한 젤 안에 파묻혀 있다. 냄새와 맛은 불분명하다. 포자의 크기는 6~9×4~6 *μm*로 광타원형이고 표면은 매끈하고 투명하다. 포자벽은 두껍다.
생태 여름~가을 / 썩는 나무껍질, 썩은 가지, 썩은 막대기 등에 산생·군생한다.
분포 한국, 일본, 중국 등 전 세계

흰새둥지버섯

Nidula candida (Peck) V.S. White
Nidularia candida Peck

형태 자실체의 높이는 0.8~1.5cm, 폭은 0.5~0.8cm로 항아리 모양이며 가장자리는 꼭대기가 너울형이다. 미성숙할 때 막질은 쉽게 탈락하는 회갈색의 털로 덮인다. 외피는 3층이며 질기고 가죽질이다. 바깥 표면은 회백색 바탕 위에 회갈색의 털 같은 것으로 된다. 노쇠하면 때때로 솜털상으로 되거나 매트처럼 된다. 내부의 표면은 밋밋하고 담황갈색에서 불에 탄 회색으로 된다. 소피자는 많은데 폭 1~2mm의 편평한 모양으로 맑은 회색에서 연한 갈색이며 미끈미끈한 젤 안에 파묻혀 있다. 냄새와 맛은 불분명하다. 포자의 크기는 6.5~10×4.5~6.5μm로 광타원형에서 아몬드형이며 표면은 매끈하고 투명하다.
생태 가을~겨울 / 나뭇가지, 등걸, 나무 부스러기 위에 속생한다.
분포 한국, 북아메리카

기형새둥지버섯

Nidularia deformis (Willd.) Fr.
Nidularia fracta (Roth) Fr.

형태 자실체의 크기는 0.3~1.5cm로 아구형이며 자루는 없다. 처음부터 얇은 황갈색 비듬의 막질로 덮인다. 파괴된 비듬들은 수많은 렌즈 모양으로 된다. 표면은 매끈하고 황토 갈색의 알갱이로 된다. 알갱이 각각의 지름은 0.5~2mm로 끈적 물질 속에 파묻힌다. 포자의 크기는 6~10×4~7μm로 광타원형이며 표면은 매끈하고 투명하다. 비아밀로드 반응을 보인다. 포자문은 백색이다.
생태 가을~겨울 / 썩은 나무, 활엽수림의 땅에 군생한다.
분포 한국, 유럽

196

전나무광대버섯

Amanita abietinum E.-J. Gilbert
A. pantherina var. abietinum (Gilb.) Ves.

형태 균모의 지름은 10~15cm 정도로 둥근 산 모양에서 평평해진다. 표면은 약간 끈적끈적하며 밋밋하고 광택이 난다. 진한 갈색이며 나중에 갈색의 붉은색으로 변한다. 작고 흰색의 무수히 많은 털 부스러기 같은 인편으로 덮여 있다가 탈락한다. 살은 두껍고 폭신하고 흰색이며 부드럽다. 냄새는 좋지 않거나 무 냄새가 난다. 가장자리는 오랫동안 고르고 약간 갈라지기도 한다. 주름살은 떨어진 주름살로 빽빽하며 폭은 넓고 흰색이며 얇다. 자루는 위로 갈수록 약간 가늘어진다. 턱받이는 얇고 연하며 그 아래쪽은 뱀 껍질처럼 약간 두둘두둘한 모양이다. 밋밋하고 속은 차 있으며 두껍고 단단하다. 기부는 부풀고 약간 테두리가 처져 있다. 턱받이는 넓고 어릴 때는 흰색이나 노후하면 균모와 같은 색깔로 변하며 영존성이다. 포자의 크기는 10~13×7~8.5μm로 타원형-구형이며 끝이 돌출하고 기름방울을 함유한다. 아밀로이드 반응을 보인다.
생태 초여름 / 침엽수림 특히 산림에 무리를 지어 발생한다. 향신경성의 독성을 가지고 있다.
분포 한국, 일본, 유럽

197

비탈광대버섯

Amanita abrupta Peck

형태 균모의 지름은 3~7cm로 어릴 때는 반구형이다가 나중에 둥근 산 모양에서 거의 편평하게 퍼진다. 표면은 백색이며 다소 연한 갈색을 띠는 것도 있다. 작은 알갱이 모양의 사마귀 반점이 다수 부착되어 있으나 탈락하기 쉽다. 어릴 때는 가장자리에 외피막의 파편 잔재물이 붙어 있기도 하다. 살은 백색이다. 주름살은 떨어진 주름살로 백색이고 폭이 넓으며 촘촘하다. 언저리 부분은 가루상이다. 자루의 길이는 8~14cm, 굵기 0.6~0.8cm로 백색이고 기부는 동그랗거나 구근상으로 심하게 돌출하고 팽대되어 있다. 포자의 크기는 7~8.5μm로 구형-아구형이며 표면은 매끈하다.

생태 여름~가을 / 참나무류가 섞인 혼효림의 땅에 발생한다. 독버섯이다.

분포 한국, 일본, 중국, 북아메리카

아교광대버섯

Amanita agglutinata (Berk. & M.A. Curtis) Llyod

형태 균모의 지름은 5~8cm로 편반구형에서 차차 편평하게 된다. 중앙은 들어가며 처음 오백색에서 황토색 또는 흑갈색으로 된다. 표면은 대형의 가루상 인편이 있고 가장자리는 습기가 있을 때 짧은 홈파진 줄무늬선이 있다. 살은 백색이다. 주름살은 떨어진 주름살로 백색이나 갈색으로 된다. 칼날 모양이며 길이가 다르고 언저리는 가루상이다. 자루의 길이는 5~11cm, 굵기 0.8~1cm로 원주형이며 가늘다. 표면은 미세한 가루상이고 기부는 부풀고 속은 차 있다. 대주머니는 없지만 주머니 비슷한 것이 있다. 균모와 같은 색이다. 포자의 크기는 8~12.7×6~8.8μm로 타원형 또는 난원형이고 무색이며 과립상의 알갱이를 함유한다. 아밀로이드 반응을 보인다.

생태 여름~가을 / 활엽수림의 땅에 산생 · 군생한다.

분포 한국, 일본, 중국 등 전 세계

흰광대버섯

Amanita albocreata (G.F. Atk.) E-J. Gilbert

형태 균모의 지름은 2.5~8cm로 둥근 산 모양에서 편평하게 되며 백색에서 연한 노란색이고 중앙은 연한 노란색이다. 표면은 습기가 있을 때는 끈적기가 있고 건조할 때는 밋밋하거나 미세한 반점들이 있는 것도 있다. 표피는 쉽게 갈라진 조각으로 되거나 백색의 대주머니 파편으로 된 사마귀 반점이 있는 것이 있다. 살은 얇다. 주름살은 끝붙은 주름살 또는 올린 주름살로 폭은 좁거나 비교적 넓으며 밀생하고 백색이다. 자루의 길이는 5~15cm, 굵기는 0.5~1.3cm로 꼭대기 쪽으로 가늘어지고 속은 약간 차 있다. 표면에 작은 인편의 조각들이 부착하며 턱받이는 없다. 기부는 부풀고 백색이다. 대주머니는 백색이고 자루에서 떨어진 주머니로 약간 털상이며 부서지기 쉽다. 조각으로 되어 기부에 부착하기도 한다. 포자의 크기는 7~9.5×6.5~8.5μm로 아구형 또는 타원형이다. 비아밀로이드 반응을 보인다. 포자문은 백색이다.

생태 봄~여름 / 숲속의 땅에 군생한다. 식용 불가능하다.

분포 한국, 일본, 중국, 유럽, 북아메리카

흰끈적광대버섯

Amanita alba Pers.

형태 균모의 지름은 5~15cm로 종 모양에서 둥근 산 모양으로 되며 백색이다. 표면은 약간 끈적기가 있으며 밋밋하거나 외피막 조각이 있다. 가장자리는 아래로 말리며 줄무늬선이 있고 심하게 갈라진다. 살은 백색이고 냄새와 맛은 온화하다. 주름살은 흰색이나 노후하면 핑크색이 되고 밀생한다. 언저리는 어릴 때 솜털상이다. 자루의 길이는 7~13cm, 굵기는 1~2.5cm로 위아래가 같은 굵기거나 위쪽으로 가늘다. 백색이고 가끔 담황색의 얼룩이 있다. 표면은 밋밋하거나 알갱이가 있다. 대주머니는 막질로 주머니 모양이고 백색 또는 녹슨 갈색의 얼룩이 있다. 자루의 속은 차 있다. 포자의 크기는 10~12×9~10µm로 장타원형이다. 비아밀로이드 반응을 보인다.

생태 여름~초가을 / 혼효림 또는 풀밭에 단생 · 군생한다. 식용 여부는 불분명하다.

분포 한국, 중국, 유럽, 북아메리카

200

백황색광대버섯

Amanita alboflavescens Hongo

형태 균모의 지름은 4~6.5*cm*로 둥근 산 모양에서 편평하게 펴진다. 표면은 가루상이고 거의 백색에서 나중에 연한 황색으로 되며 백색-황색의 반점들이 있거나 막질의 크고 작은 외피막 파편이 부착한다. 가장자리 끝에는 외피막의 일부가 붙어 있기도 하다. 살은 백색이며 상처를 받으면 강한 오렌지색으로 변한다. 주름살은 끝붙은 주름살로 백색이나 크림색이고 상처를 받으면 황색으로 변한다. 가장자리는 가루상이다. 자루의 길이는 5~7*cm*, 굵기는 0.8*cm*로 기부는 방추형 또는 도란형이며 표면은 균모와 같은 색이다. 반점 모양의 작은 인편이 덮여 있고 꼭지 부분은 가루상이다. 자루의 속은 차 있다. 턱받이는 막질인데 탈락하기 쉽다. 외피막은 대부분 자루의 팽대부에 부착한다. 포자의 크기는 8~12×4.5~6.5*μm*로 장타원형이며 표면은 매끈하다.

생태 여름~가을 / 참나무류 숲속의 땅에 단생한다.

분포 한국, 일본, 중국

큰고랑광대버섯

Amanita argentea Huijsman

형태 균모의 지름은 5~10cm로 처음 반구형에서 볼록한 형으로 되지만 중앙은 올라오지 않는다. 표면은 독특한 은색의 회색 또는 퇴색한 잿빛 회색이며 표피가 벗겨져 살이 노출되거나 너털너털한 하얀 외피막이 덮여 있다. 외피막의 잔존물과 줄무늬홈선이 있다. 살은 백색이고 연하며 특별한 맛과 냄새는 없다. 가장자리에 그물꼴의 줄무늬선이 있다. 주름살은 끝붙은 주름살로 백색이며 광택이 나는 회색이다. 자루의 길이는 8~12cm, 굵기는 1.5~2cm로 원통형이고 백색으로 단단하다. 자루의 위쪽에 줄무늬선과 섬유상 인편이 있으며 균모와 같은 색이다. 대주머니는 막질로 백색이며 크게 찢어져 벌어져 있고 때때로 둥근형이며 바탕에 조각들이 붙어 있다. 포자의 크기는 11~13.5×8~10.3μm로 광타원형이고 백색이다. 비아밀로이드 반응을 보인다.

생태 여름~가을 / 활엽수림의 땅에 군생한다.

분포 한국, 유럽

노란가루광대버섯

Amanita aureofarinosa D.H. Cho

형태 균모의 지름은 7.8cm로 중앙이 붉으며 전체적으로 노란색이다. 가장자리에는 줄무늬선이 있고 중앙은 약간 오목하며 적색이다. 표면에 황색 분말이 덮여 있다. 주름살은 떨어진 주름살로 약간 촘촘하고 폭은 7~8mm이다. 주름살은 백색이지만 언저리는 노랗고 가루가 부착되어 있다. 자루의 길이는 11cm, 굵기는 1.5cm로 기부가 굵다. 노란색의 인편과 가루가 있고 대주머니는 없다. 자루의 속은 비어 있고 백색이다. 마르면 버섯 전체가 연한 노란색을 띤다. 포자의 크기는 7.5~10×5~6μm로 광타원형-아구형이며 표면은 매끈하다.

생태 여름 / 숲속의 벌채를 위해 만든 도로의 모래땅 등에 단생한다. 식독이 불분명하다.

분포 한국

줄무늬광대버섯

Amanita battarrae (Boud.) Bon
A. umbrinolutea (Secr. ex Gillet) Bataille

형태 균모의 지름은 7~10(12)*cm*로 어릴 때는 원추형에서 둥근
산 모양을 거쳐 편평하게 되며 대부분 중앙에 둔한 돌출이 생기
지만 간혹 오목해지는 것도 있다. 표면은 밋밋하고 미세하게 방사
상의 눌려 붙은 섬유가 있고 황갈색, 회갈색-올리브 갈색이며 줄
무늬선이 균모의 1/3 정도까지 발달한다. 가장자리는 다소 연하
고 둔하다. 살은 백색이고 중앙은 두껍고 가장자리는 얇다. 주름
살은 떨어진 주름살로 유백색이며 폭이 넓고 촘촘하며 가장자리
는 갈색을 띤다. 자루의 길이는 10~13*cm*, 굵기는 1~1.2*cm*로 원주
형이고 기부 쪽으로 점차 굵어지며 부러지기 쉽고 어릴 때는 속
이 차 있다가 빈다. 표면은 연한 황토색 바탕에 회갈색-적갈색
의 얼룩진 반점이 덮여 있다. 꼭대기는 미세한 적갈색의 가루상
이고 기부는 그을린 백색의 막질 주머니가 있다. 포자의 크기는
9.6~15.3×9.4~14*μm*로 구형-아구형이며 표면은 매끈하고 투명
하다. 포자문은 백색이다.

생태 여름~가을 / 침엽수림 또는 활엽수림의 숲속의 땅에 단생
·군생한다.

분포 한국, 일본, 중국, 유럽, 북아메리카

담배색광대버섯

Amanita beckeri Huijsman

형태 균모의 지름은 6~12cm로 처음 반구형에서 중앙이 볼록한 편평형으로 된다. 표피는 흡수성이고 개암나무 황토색에서 담배 색으로 되거나 옅어진다. 때때로 쉽게 섬유상으로 되며 약간 백색이다. 가장자리는 예리하고 줄무늬홈선이 있다. 살은 약간 백색이고 냄새는 없고 어떤 것은 맛이 있다. 주름살은 끝붙은 주름살로 약간 백색이거나 살구색이고 섬유실로 두껍지 않으며 길이는 같지 않다. 자루의 길이는 10~18cm, 굵기는 1.5~2.5cm로 유원통형이나 위쪽으로 가늘고 백색이며 세로줄의 홈선이 있다. 턱받이는 어릴 때 있다가 탈락한다. 표면의 인편 알갱이는 갈색이고 불규칙하게 기부에 분포한다. 대주머니의 파편이 있다가 흔적만 남는다. 부서지기 쉽다. 포자의 지름은 9.5~11µm로 구형이고 아구형인 것의 크기는 10~12×9.5~11µm로 백색이다. 비아밀로이드 반응을 보인다.

생태 여름 / 숲속의 땅에 단생 · 군생한다.

분포 한국, 유럽

긴독우산광대버섯

Amanita bisporigera Atk.

형태 균모의 지름은 3~10*cm*로 둥근 산 모양에서 차차 편평한 모양-오목한 모양으로 된다. 색깔은 백색이며 때때로 중앙에 갈색이 있다. 표면은 밋밋하고 습기가 있을 때는 다소 끈적기가 있다. 살은 백색이다. 주름살은 끝붙은 주름살 또는 떨어진 주름살로 촘촘하다. 자루의 길이는 6~14*cm*, 굵기는 0.5~1.8*cm*로 위쪽으로 가늘고 길다. 속은 차 있다. 표면은 흔히 미세한 솜털이 있고 기부는 다소 부풀어 있거나 작은 공 모양으로 부풀어 있다. 자루의 꼭대기 가까이에 백색의 막질 턱받이가 늘어져 있거나 눌려 붙어 있다. 대주머니는 백색이다. 포자의 크기는 7.8~9.6×7~9*μm*로 아구형이며 표면은 매끈하고 투명하다. 아밀로이드 반응을 보인다. 포자문은 백색이다.

생태 여름~가을 / 활엽수림 또는 침엽수림의 땅에 단생한다. 때로는 균륜을 형성하기도 한다. 맹독버섯이다.

분포 한국, 일본, 북아메리카

흑갈색광대버섯

Amanita brunneofuliginea Z.L. Yang

형태 균모의 지름은 14cm 이상으로 대형이며 반구형에서 차차 편평해지나 중앙은 돌출한다. 표면은 밋밋하고 암갈색 또는 흑갈색이며 백색 또는 오백색의 별 같은 잔피막이 분포한다. 가장자리는 옅은 회갈색이며 줄무늬홈선이 있다. 살은 백색이다. 주름살은 떨어진 주름살로 백색이고 포크형이다. 자루의 길이는 22cm, 굵기는 1.7~2.7cm로 거의 원주형이며 백색이고 위쪽으로 가늘어지는 것도 있다. 기부는 팽대하지 않으며 턱받이는 자루(포대) 모양으로 높이는 6~7cm, 폭은 3.5cm로 막질이며 백색이나 황갈색의 반점이 분포한다. 포자의 크기는 10.5~13×9.5~12μm로 아구형 또는 타원형이며 드물게 구형이다. 비아밀로이드 반응을 보인다.
생태 여름 / 고산지대, 혼효림의 땅에 단생한다. 외생균근을 형성한다.
분포 한국, 중국

207

갈색점박이광대버섯

Amanita brunnescens G.F. Atk.

형태 균모의 지름은 3~10cm로 구형 혹은 거의 편평하며 가장자리에 줄무늬선은 없다. 표면은 회갈색이고 밋밋하며 광택이 나고 작은 인편이나 부서진 백색의 잔편이 있다. 살은 백색이다. 주름살은 떨어진 주름살로 백색이고 비교적 밀생한다. 자루의 길이는 6~15cm, 굵기는 0.8~2.2cm로 백색이며 작은 인편이 부착한다. 기부는 거의 구형으로 막질의 대주머니가 있다. 포자의 크기는 7.8~9.5×7.8~8.8μm로 아구형이며 포자벽은 막질이다. 담자기는 곤봉형이고 4-포자성이다.

생태 여름 / 혼효림의 땅에 군생한다.

분포 한국, 중국

민달걀버섯

Amanita caesarea (Scop.) Pers.

형태 균모는 지름이 7~13cm로 난형-종 모양에서 반구형이 되고 차차 편평하게 되며 중앙부는 조금 돌출한다. 표면은 습기가 있을 때 끈적기가 있으며 매끄럽고 균홍색 내지 균황색이고 중앙부는 색깔이 진하다. 가장자리에 방사상의 줄무늬홈선이 있다. 살은 얇고 균황색이며 표피 아래는 균홍색이고 맛은 유화하다. 주름살은 떨어진 주름살로 밀생하거나 성기며 폭이 넓고 균황색이다. 주름살 가장자리는 반반하거나 물결형이며 전연이다. 자루의 길이는 7~14cm, 굵기는 1~2cm로 원주형으로 위아래의 굵기가 같다. 기부는 조금 불룩하며 광택이 나고 균황색이며 속은 비었다. 턱받이는 상위이며 막질이고 아래로 처지는데 줄무늬홈선이 있고 균황색이다. 대주머니는 크고 주머니 모양이며 위쪽으로 열리고 백색이며 영존성이다. 포자의 크기는 8.5~10×6~6.5μm로 타원형이며 표면은 매끄럽고 투명하다. 포자문은 백색이다.

생태 여름~가을 / 활엽수림 또는 소나무, 활엽수 등의 혼효림의 땅에 군생한다. 신갈나무와 외생균근을 형성한다. 맛 좋은 식용 버섯이다.

분포 한국, 일본, 중국, 유럽, 북아메리카

모자광대버섯

Amanita calyptrata Peck

형태 균모의 지름은 7.5~26cm로 둥근 산 모양에서 편평한 둥근 산 모양을 거쳐 편평하게 된다. 표면은 습할 때는 끈적기가 있어서 미끈거리고 중앙은 갈색에서 오렌지 갈색으로 된다. 가장자리는 분명한 줄무늬선이 있고 오렌지색 또는 노란색으로 퇴색한다. 대주머니 파편은 보통 크게 한 조각으로 백색이며 두껍다. 중앙에 막질의 파편이 있고 드물게 부서져서 여러 개의 작은 파편 조각으로 된다. 살은 백색이다. 주름살은 바른 주름살에서 끝붙은 주름살로 밀생하고 백색에서 연한 노란색으로 되며 잘린 형이다. 자루의 길이는 10~24cm, 굵기는 8~3cm로 원통형이나 꼭대기 쪽으로 가늘다. 표면은 매끈하고 섬유실로 이루어지고 백색에서 연한 노란색으로 되며 상처 부위는 검게 된다. 기부는 부풀지 않고 턱받이는 대형에서 거의 중형이며 영존성이다. 약간 막질이며 백색에서 연한 노란색으로 되며 흔히 노후하면 탈락한다. 대주머니는 백색으로 크고 두꺼우며 폭은 넓고 막질로 영존성이다. 포자의 크기는 9.1~14.6×5.9~7.9㎛로 타원형이며 투명하고 벽은 얇다. 비아밀로이드 반응을 보인다. 포자문은 백색이다.

생태 여름~가을 / 숲속의 땅에 단생·군생한다.

분포 한국, 북아메리카

흰오뚜기광대버섯

Amanita castanopsidis Hongo

형태 균모의 지름은 3.5~7.5cm로 처음에 둥근 산 모양에서 차차 편평하게 펴진다. 표면은 백색으로 원추형-각추형의 알갱이 모양의 사마귀 반점이 밀집되어 덮인다. 가장자리 끝에는 외피막의 잔재물이 붙기도 한다. 사마귀는 균모의 중심부근에서는 대부분 크고 가장자리에서는 작다. 사마귀는 백색이며 다소 회색-갈색이다. 살은 백색이다. 주름살은 떨어진 주름살이지만 주름살의 안쪽 끝은 내린 주름살로 백색이다. 폭이 넓고 다소 촘촘하다. 자루의 길이는 7~8cm, 굵기는 1~1.5cm로 백색이다. 표면은 반점 모양 또는 가루상의 회색-갈색의 물질이 덮여 있다. 자루의 속은 차 있다. 기부는 방추형으로 현저히 굵다. 포자의 크기는 8.5~12× 5.5~7㎛로 장타원형이고 표면은 매끈하고 투명하다.
생태 여름~가을 / 참나무류 등 활엽수림의 땅에 군생한다. 식독이 불분명하다.
분포 한국, 일본

점박이광대버섯

Amanita ceciliae (Berk. & Br.) Bas

형태 균모의 지름은 5~15cm로 처음 반구형에서 차차 둥근 산 모양을 거쳐 편평하게 펴진다. 표면은 황갈색-암갈색이고 가장자리는 연한 색이며 약간 끈적기가 있다. 회백색-회흑색의 솜털 같은 외피막의 파편이 다수 부착된다. 가장자리에 방사상의 줄무늬선이 있다. 살은 연한 회색이고 무르다. 주름살은 떨어진 주름살로 흰색이며 폭이 넓고 가장자리는 가루상이고 가장자리 부근은 회색의 가루상이며 다소 촘촘하다. 자루의 길이는 9~15cm, 굵기는 1~2cm로 약간 가늘고 길며 위쪽이 가늘다. 표면은 회색 점상의 반점 또는 섬유상의 작은 인편이 촘촘하게 덮여 있다. 자루의 속은 비어 있다. 포자의 크기는 10~14.1×9.7~14μm로 구형이며 표면은 매끈하고 투명하다. 포자문은 백색이다.

생태 여름~가을 / 참나무류 등 활엽수림의 땅에 군생한다.

분포 한국, 일본, 중국, 유럽, 북아메리카, 북반구 온대

212

큰우산버섯

Amanita cheelii P.M. Kirk
A. vaginata var. punctata (Cleland & Cheel) Gilb.

형태 균모의 지름은 3~7cm로 종 모양에서 둥근 산 모양을 거쳐 편평하게 된다. 표면은 습할 때 끈적기가 있고 짙은 회색 또는 회청색이며 중앙부의 색깔은 더 진하다. 가장자리는 방사상의 줄무늬홈선이 있고 때로는 위로 뒤집혀 감긴다. 살은 희고 얇으며 맛은 유화하다. 자루의 살은 육질이다. 주름살은 끝붙은 주름살로 밀생한다. 주름살의 가장자리가 암회색인 것이 뚜렷한 특징이다. 자루의 길이는 8~13cm, 굵기는 0.6~3cm로 점차 위로 가늘어진다. 표면은 백색, 또는 회백색이고 가루 조각으로 덮여 얼룩무늬를 띤다. 대주머니는 백색의 자루 모양인데 땅속 깊이 묻혀 있어서 땅 위로 전혀 나타나지 않는다. 자루의 속은 비었고 턱받이는 없다. 포자의 지름은 10~12μm로 구형이며 표면은 매끄럽고 투명하다.

생태 여름~가을 / 낙엽수림의 땅에 군생한다.

분포 한국, 중국, 일본, 유럽, 북아메리카 등 전 세계

파편광대버섯

Amanita chepangiana Tulloss & Bhandary

형태 균모의 지름은 8~15cm로 편반구형에서 차차 편평해지며 백색에서 오백색으로 된다. 중앙은 우윳빛 황갈색이다. 표면은 밋밋하고 습할 때 끈적기가 있으며 백색의 턱받이 파편이 있다. 가장자리에 줄무늬홈선이 있다. 살은 백색 또는 오백색이고 중앙은 두껍다. 주름살은 떨어진 주름살로 백색 또는 연한 우윳빛 백색이며 밀생한다. 자루의 길이는 9~16cm, 굵기는 0.9~2cm로 원주형이며 백색이고 밋밋하고 작은 인편이 있다. 기부는 부푼다. 대주머니는 백색이고 막질이다. 턱받이는 자루의 위쪽에 부착하며 백색으로 두껍고 자루 모양이다. 포자의 크기는 9~15.5×8~11.5㎛로 타원형이며 거의 무색이다. 표면은 매끈하고 투명하며 광택이 난다.

생태 여름~가을 / 혼효림에 땅에 산생·단생한다. 외생균근을 형성한다.

분포 한국, 중국

밀광대버섯

Amanita dryophila Consiglio & Contu

형태 균모의 지름은 5~15cm로 종 모양에서 넓은 둥근 산 모양의 중앙이 볼록한 모양으로 된다. 색깔은 놋쇠색-노란색, 적색-개암색에서 오렌지 갈색이다. 가장자리에 줄무늬홈선이 있고 보통 밋밋하며 백색의 외피막 파편이 몇 개 있다. 주름살은 백색에서 크림색이다. 언저리는 때때로 연한 오렌지 갈색이다. 자루는 가늘어서 호리호리하지만 질기다. 백색에서 연한 개암색-오렌지색이며 털은 광택의 띠 또는 밴드로 된다. 대주머니는 꽉 조이는 형이나 쉽게 부러지거나 부서진다. 포자의 크기는 10.6~14×8.8~11㎛로 광타원형에서 타원형이다. 담자기의 기부에 꺾쇠는 없다.

생태 여름~가을 / 활엽수림의 땅에 단생한다. 희귀종이다.

분포 한국, 유럽

애광대버섯

Amanita citrina Pers.
A. citrina var. alba (Gill.) Rea / A. citrina var. grisea (Hongo) Hongo

형태 균모의 지름은 4~7cm로 반구형에서 차차 편평하게 된다. 표면은 습기가 있을 때 끈적기가 있으며 연한 황록색, 연한 유황색 또는 레몬 황색 등으로 색이 점차 연해진다. 가끔 유황색 외피막의 잔편이 있으며 탈락하기 쉽다. 가장자리는 반반하다. 살은 얇고 백색이며 표피 아래는 연한 색이고 맛은 온화하나 냄새는 고약하다. 주름살은 떨어진 주름살로 밀생하며 폭은 넓고 백색이다. 자루의 길이는 7~15cm, 굵기는 0.5~0.7cm로 위아래 굵기가 같거나 위로 가늘어지며 백색, 백황색, 유황색의 가는 인편으로 덮인다. 자루의 속은 차 있다가 노후하면 빈다. 턱받이는 상위이고 다소 넓으며 유황색이고 윗면은 반반하고 아랫면에는 가는 솜털이 있다. 대주머니는 반구형의 기부를 둘러싸고 백색 또는 회백색이고 윗부분이 떨어져 있으며 쉽사리 탈락한다. 포자의 지름은 4.5~7μm로 구형이며 표면은 투명하고 매끄럽다. 포자문은 백색이다.

생태 여름~가을 / 분비나무 숲, 가문비나무 숲, 침엽수림과 활엽수림의 혼효림, 신갈나무 숲의 땅에 산생·단생한다. 가문비나무, 분비나무, 소나무, 신갈나무 등과 외생균근을 형성한다.

분포 한국, 일본, 중국, 유럽, 북아메리카

215

애광대버섯(백색형)

Amanita citrina var. **alba** (Gill.) Rea

형태 균모의 지름은 5~8㎝로 어릴 때 반구형에서 차차 둥근 산 모양을 거쳐 편평하게 된다. 표면은 밋밋하고 백색이며 불규칙한 모양의 백색 막편이 분포한다. 주름살은 떨어진 주름살로 백색이고 폭이 넓으며 밀생한다. 자루의 길이는 5~12㎝, 굵기는 0.8~1.5 ㎝로 백색이고 위쪽으로 가늘다. 자루의 위쪽에는 백색 막질의 턱받이가 있다. 기부에는 탁한 백색의 외피막이 부착되어 있고 공 모양의 구근상이다. 포자의 크기는 7.5~9.7×6.6~9㎛로 아구형이며 표면은 매끈하고 투명하다. 포자문은 백색이다.

생태 여름~가을 / 숲속의 땅에 군생한다.

분포 한국, 일본, 유럽, 북아메리카, 북반구 온대, 오스트레일리아

애광대버섯(회색형)

Amanita citrina var. **grisea** (Hongo) Hongo

형태 균모의 지름은 4~5cm로 표면은 섬유상이며 유황색의 회색-회갈색으로 중앙부는 암색이다. 주름살은 끝붙은 주름살로 백색에서 약간 황색이다. 자루의 길이는 5~10cm, 굵기는 0.5~0.7cm로 백색이며 턱받이는 연한 황색이고 막질이다. 대주머니는 두껍고 백색이며 오렌지 갈색을 띤다. 포자는 지름이 7.5~9.5μm인 구형이 있고 크기가 7.5~10×7~8μm인 아구형인 것이 있다. 아밀로이드 반응을 보인다.
생태 여름~가을 / 소나무 숲의 땅에 군생한다.
분포 한국, 일본

솜광대버섯

Amanita cokeri E.-J. Gilbert & Kühner ex E.-J. Gilbert

형태 균모의 지름은 7~15cm로 편평한 둥근 산 모양으로 광택이 나고 백색이다. 표면은 습할 때 약간 끈적기가 있다. 백색에서 대 주머니 파편의 갈색이고 사마귀 반점은 가장자리 쪽으로 솜 같이 된다. 살은 백색이며 냄새가 약간 난다. 외피막의 파편이 가장 자리에 매달린다. 주름살은 끝붙은 주름살로 촘촘하고 폭이 넓으며 백색에서 연한 크림색으로 된다. 자루의 길이는 11~19.5cm, 굵기는 1~2cm로 꼭대기 쪽으로 가늘다. 표면은 백색이고 미세한 비단결 털로 되었다가 기부 쪽으로 인편이 된다. 턱받이는 백색의 막질로 자루 위쪽에 있으며 가장자리는 두껍다. 자루의 속은 차 있다. 기부는 크고 방추형의 뿌리 같은 구형으로 백색 또는 연한 갈색의 피라미드형 사마귀 반점이 있다. 뒤집힌 대주머니의 인편이 있으며 꼭대기에 원 모양으로 배열한다. 포자의 크기는 10.1~12.6×6.3~7.3μm로 타원형이다. 아밀로이드 반응을 보인다. 포자문은 백색이다.

생태 여름~가을 / 혼효림 또는 낙엽수림의 땅에 단생·산생한다. 특히 소나무와 참나무류의 숲에 많이 난다.

분포 한국, 북아메리카

황변광대버섯

Amanita contui Bon & Courtec
A. flavescens (E.-J. Gilb. & Lundell) Contu / A. vaginata var. flavescens (E.-J. Gilb. & Lund.) E.-J. Gilbert

형태 균모의 지름은 4~8cm로 처음 종 모양에서 둥근 산 모양으로 된다. 표면은 황색의 오렌지색에서 황색으로 된다. 가장자리는 강하게 아래로 말린다. 살은 백색이고 부서지기 쉽다. 주름살은 끝붙은 주름살로 백색이다. 자루의 길이는 11~15.5cm, 굵기는 0.95~1.85cm로 가늘고 위아래가 같은 굵기이며 오래되면 위쪽은 약간 백색으로 된다. 대주머니는 백색이고 조각 같은 막질이다. 포자의 지름은 9~12μm로 구형이며 표면은 매끈하고 투명하다.
생태 여름~가을 / 숲속의 땅에 단생·군생한다. 드문 종이다.
분포 한국, 중국

곤봉광대버섯

Amanita coryli Neville & Poumarat

형태 균모의 지름은 3.5~7cm로 종 모양에서 둥근 산 모양으로 되며 중앙이 약간 볼록하게 된다. 색깔은 회베이지색, 개암색-황갈색 등이며 오래되면 회색으로 되지만 중앙은 진하다. 대주머니의 파편은 없으며 가장자리에 줄무늬홈선이 있다. 주름살은 백색에서 연한 크림색이며 건조하면 밝은 연어색-핑크색이 된다. 자루는 가늘고 백색이 지그재그 형태로 분포하며 개암색-황갈색의 외피막이 길이의 대부분을 차지한다. 대주머니는 주머니형으로 주먹을 꽉 쥔 모양이고 자루의 기부 쪽으로 꽉 붙는다. 흔히 백색이 연한 황토색의 반점으로 물든다. 연한 베이지색이다. 포자의 크기는 8.5~13×9.5~11㎛로 아구형이다. 담자기의 기부에 꺾쇠는 없다.

생태 여름 / 혼효림의 땅에 군생한다.

분포 한국, 유럽

크림색광대버섯

Amanita crenulata Peck

형태 균모의 지름은 2.5~5.5cm로 둥근 산 모양에서 편평한 둥근 산 모양으로 되었다가 거의 편평하게 된다. 가장자리에 줄무늬선이 있다. 표면은 백색 또는 연한 회색으로 가끔 노란색이며 끈적기가 있고 매끈하다. 대주머니 파편은 얇고 백색이며 섬유상의 사마귀 반점 또는 파편이 있다. 주름살은 끝붙은 주름살 또는 자루에 바짝 부착한 형태이며 백색으로 밀생하고 잘린 형이다. 자루의 길이는 2.5~7cm, 굵기는 0.4~1.1cm로 꼭대기 쪽으로 약간 가늘어지며 백색이고 스펀지 모양이다. 자루의 속은 비었다. 섬유상 가루가 꼭대기에 분포하며 기부 쪽으로는 덜하다. 기부는 부풀어서 구형에서 난형이며 백색에서 퇴색한다. 턱받이는 어릴 때는 흔히 볼 수 있지만 쉽게 탈락한다. 대주머니 파편은 부푼 기부 위에 약간 섬유상의 가루로 존재한다. 포자의 크기는 7.9~12.6×6.3~11.7μm로 구형에서 광타원형이며 벽은 얇고 투명하다. 비아밀로이드 반응을 보인다. 포자문은 백색이다.

생태 여름 / 참나무류 식물과 활엽수의 혼효림의 땅에 발생한다. 식용 여부는 불분명하다.

분포 한국, 북아메리카

황색주머니광대버섯

Amanita crocea (Quél.) Sing.

형태 균모의 지름은 4~10cm로 어릴 때 원추형에서 둥근 산 모양
을 거쳐 차차 편평하게 되지만 중앙은 오목하다. 표면은 오렌지
황색-오렌지 황토색으로 중앙이 다소 진하다. 가장자리에 미세한
줄무늬홈선이 생긴다. 살은 흰색이며 표피 아래는 약간 오렌지색
이다. 자루의 길이는 10~15cm, 굵기는 1~2cm로 균모와 같은 색이
거나 다소 연하며 거친 모양의 미세한 털이 많이 생긴다. 기부는
굵어지지 않고 균모의 색깔을 약간 띤 흰색의 큰 대주머니막에
싸여 있다. 포자의 지름은 9~12μm로 구형이고 표면은 매끄럽다.
포자문은 유백색이다.
생태 여름~가을 / 자작나무 등 활엽수의 땅에 단생 · 군생한다.
분포 한국, 중국, 일본, 유럽

당근광대버섯

Amanita daucipes (Sacc.) Lloyd

형태 균모의 지름은 6~30cm로 둥근 산 모양에서 거의 편평하게 되며 때로는 중앙이 매우 넓게 볼록하다. 표면은 건조성이며 광택이 나고 연한 크림색에서 연한 핑크 오렌지색으로 되며 연한 핑크 오렌지색의 원추형의 사마귀 반점이 있다. 가장자리에 줄무늬선은 없고 부속물이 있다. 살은 두껍고 백색이다. 맛은 달고 고기 냄새가 나는 등 다양하여 특징을 지을 수 없다. 주름살은 끝붙은 주름살로 폭은 좁고 밀생하며 백색에서 크림색으로 된다. 자루의 길이는 8~21cm, 굵기는 1~3cm로 백색에서 연한 핑크 오렌지색으로 된다. 기부는 부풀고 흔히 갈라져서 세로줄로 되며 건조성이고 속은 차 있다. 턱받이는 대형이며 쉽게 탈락한다. 기부의 부푼 곳에 원추형의 사마귀 반점이 있다. 포자의 크기는 8.5~12×5~7μm로 타원형이며 표면은 매끈하고 투명하다. 아밀로이드 반응을 보인다.

생태 여름~가을 / 참나무류 식물과 활엽수림의 혼효림의 땅에 단생·산생 또는 작은 집단으로 발생한다. 흔한 종이다. 식용 여부는 불분명하다.

분포 한국, 북아메리카

가시머리광대버섯

Amanita echinocephala (Vittad.) Quél.

형태 균모의 지름은 6~20cm로 반구형에서 둥근 산 모양으로 된다. 표면은 백색의 녹적색이거나 아이보리색에서 연한 갈색으로 된다. 그 위는 크림색의 사마귀 반점으로 덮이는데 오래되면 사라진다. 살은 백색이고 가끔 녹색이 섞인다. 상처를 받으면 자루는 노란색으로 되고 냄새는 좋지 않다. 주름살은 끝붙은 주름살 또는 내린 주름살로 톱니상이며 백색 또는 녹황색이다. 자루의 길이는 8~16cm, 굵기는 2~3cm로 위쪽은 백색이고 아래쪽의 절반이 대주머니의 파편으로 덮인다. 자루는 차차 부풀고 기부에 깊게 파묻힌다. 포자의 크기는 9.5~11.5×6.5~8μm로 타원형이다. 아밀로이드 반응을 보인다. 포자문은 백색 또는 녹황색이다.

생태 가을 / 석회질의 땅에 단생한다. 드문 종이며 식용이 불가능하다.

분포 한국, 유럽

224

붉은껍질광대버섯

Amanita eijii Zhu L. Yang
A. cokeri f. roseotincta Nagas. & Hongo

형태 균모의 지름은 4~8*cm*로 처음 둥근 산 모양에서 거의 편평
하게 펴진다. 표면은 각추형의 사마귀가 다수 흩어져 덮여 있다.
어릴 때는 백색이다가 나중에 중앙부 쪽으로 연한 갈색으로 된
다. 사마귀는 균모의 중앙부에서는 크고 주변은 작다. 약간 영존
성이며 살은 백색인데 단단하다. 주름살은 떨어진 주름살이고 백
색-연한 크림색으로 폭이 넓으며 촘촘하다. 언저리는 가루상이
다. 자루의 길이는 11~15*cm*, 굵기는 1~1.3*cm*로 연한 갈색이다. 기
부는 방추형으로 부풀어 있다. 자루의 속은 차 있다. 자루의 아래
쪽에는 위로 치켜진 거친 모양의 돌기가 다수 돌출한다. 턱받이는
백색에서 갈색으로 된다. 꼭대기 부근은 두꺼운 막질로 되며 영존
성이다. 포자의 크기는 8~12×6~8*μm*로 타원형-광난형이고 표면
은 매끈하고 투명하다.
생태 여름~가을 / 소나무, 참나무류, 모밀잣밤나무 등의 침엽수
림과 활엽수림의 땅에 단생·군생한다. 식독이 불분명하다.
분포 한국, 일본, 중국

젖무덤광대버섯

Amanita eliae Quél.

형태 균모의 지름은 4~8cm로 처음에 둥근 산 모양을 거쳐 편평하게 된다. 표면은 어릴 때 백색의 외피막으로 덮이나 곧 찢어져서 사마귀 반점으로 되며 쉽게 탈락한다. 균모가 완전히 펴지면 밋밋하고 중앙은 황토색에서 약간 연한 황갈색이다. 가장자리는 백색이며 예리하고 보통 줄무늬선이 있다. 살은 백색이고 표피 밑은 노란색으로 얇다. 냄새는 없고 맛은 온화하다. 주름살은 끝붙은 주름살로 백색이며 폭은 넓고 언저리는 미세한 섬유상이다. 자루의 길이는 8~12cm, 굵기는 1~2cm로 원통형이며 위쪽으로 가늘다. 어릴 때는 속이 차지만 노후하면 빈다. 턱받이 위쪽의 표면은 백색 얼룩이 있다. 턱받이 아래는 세로줄의 백색 섬유실이 갈색 바탕 위에 있다. 기부는 부풀고 땅에 깊이 파묻힌다. 흔히 부서지기 쉬운 대주머니의 잔존물을 가진다. 턱받이는 백색으로 축 늘어지고 막질로 쉽게 탈락한다. 포자는 9.5~13.2×6.1~7.9μm로 광타원형이며 매끈하고 투명하다. 담자기는 35~50×12~14μm로 곤봉형이며 4-포자성으로 기부에 꺾쇠는 없다.
생태 여름~가을 / 활엽수림의 땅에 단생 · 군생한다. 드문 종이다.
분포 한국, 일본, 중국, 유럽, 북아메리카

맛광대버섯

Amanita esculenta Hongo

형태 균모의 지름은 4~12cm로 둥근 산 모양에서 거의 평평하게 펴진다. 표면은 밋밋하며 회갈색-암갈색이고 때때로 대형 백색의 막편(외피막의 파편)이 부착한다. 주변으로 방사상의 줄무늬선이 있다. 살은 백색이다. 주름살은 떨어진 주름살로 백색이며 폭이 넓고 약간 촘촘하다. 가장자리는 회색의 가루상이다. 자루의 길이는 6~12cm, 굵기는 0.6~1.5cm로 연한 회색이다. 표면은 회색 섬유상의 작은 인편이 촘촘하게 덮여 다소 얼룩덜룩한 느낌이 있다. 자루의 위쪽에는 회색 막질의 턱받이가 있다. 대주머니는 탁한 백색이고 기부에 밀착해 있거나 자루 모양이다. 포자의 크기는 10.5~14×7~8.5μm로 광타원형이며 표면은 매끈하고 투명하다.

생태 여름~가을 / 숲속의 땅에 군생한다. 식용이다.

분포 한국, 일본

방추광대버섯

Amanita excelsa (Fr.) Bertill.
A. spissa (Fr.) P. Kumm. / A. excelsa var. spissa (Fr.) Neville & Poumarat

형태 균모의 지름은 5~10cm로 둥근 산 모양에서 거의 평평하게 펴진다. 표면은 회갈색-갈색이고 회백색의 많은 외피막의 파편들이 반점 모양 또는 가루상으로 산포한다. 습기가 있을 때는 끈적기가 있다. 살은 백색이다. 주름살은 떨어진 주름살로 흰색이며 폭이 넓고 촘촘하다. 자루의 길이는 5~12cm, 굵기는 1.5~2.5cm로 위쪽으로 가늘며 기부는 방추형으로 굵어진 경우가 많고 포크형이다. 흰색 바탕에 회갈색의 가는 인편이 밀포하거나 다소 얼룩덜룩한 모양으로 덮인다. 상부에는 흰색의 막질 턱받이가 있고 부풀어 오른 기부에는 솜찌꺼기상의 외피막 파편이 부착되어 있다. 포자의 크기는 7.9~11.2×5.8~8.4μm로 광타원형이며 표면은 매끈하고 투명하다. 포자문은 백색이다.

생태 여름~가을 / 침엽수 또는 침엽수와 활엽수의 혼효림의 땅에 군생한다.

분포 한국, 일본, 중국, 유럽, 북아메리카, 북반구 온대 이북

방추광대버섯(가루형)

Amanita excelsa var. **spissa** (Fr.) Neville & Poumarat

형태 균모의 지름은 5~14cm로 반구형에서 삿갓 모양을 거쳐 차차 편평하게 된다. 표면은 회색 또는 진한 회색도 있으며 덮인 가루와 인편은 탈락하기 쉽다. 습기가 있을 때는 약간 끈적기가 있다. 가장자리에 줄무늬홈선은 없다. 살은 백색이다. 주름살은 떨어진 주름살로 백색이며 약간 밀생하고 포크형이다. 자루의 길이는 7~13cm, 굵기는 0.7~2.5cm로 오백색이며 턱받이 아래에는 회색 인편이 있고 기부는 팽대한다. 대주머니의 지름은 1~3cm로 회색의 턱받이 띠를 형성하나 쉽게 소실한다. 포자의 크기는 9~11×6~8μm로 타원형이며 표면은 매끄럽고 투명하며 광택이 난다. 아밀로이드 반응을 보인다. 연낭상체는 무색이고 포대 모양이다.
생태 여름~가을 / 활엽수림과 침엽수림의 땅에 산생·군생한다. 외생균근을 형성한다.
분포 한국, 일본, 중국

애우산광대버섯

Amanita farinosa Schw.

형태 균모의 지름은 3~6cm로 처음에는 거의 구형이지만 둥근 산모양을 거쳐 거의 평평하게 펴지나 중앙이 다소 오목해진다. 표면은 끈적기가 없고 회색-갈회색 바탕에 같은 색의 가루상 물질이 덮여 있다. 중앙은 진하고 가장자리로는 방사상의 줄무늬선이 있다. 주름살은 떨어진 주름살로 백색이며 약간 성기다. 자루의 길이는 5~8cm, 굵기는 0.4~0.6cm로 원통형이고 속은 비었다. 표면은 거의 백색이고 미세한 회백색의 가루상 물질이 덮여 있다. 포자의 크기는 6.5~8×4.5~6.5μm로 아구형 또는 광타원형이며 표면은 매끈하고 투명하다.

생태 여름~가을 / 소나무, 참나무류 등의 나무 밑 점토질 토양에 발생한다.

분포 한국, 일본, 중국, 파푸아뉴기니, 뉴질랜드, 북아메리카

노란대광대버섯

Amanita flavipes Imai

형태 균모의 지름은 3~6cm로 처음에는 거의 구형이나 둥근 산 모양을 거쳐 거의 편평하게 펴진다. 표면은 습할 때는 다소 끈적기가 있으며 황색의 갈색-황갈색이다. 가장자리는 황색인데 유황색-황색의 분질 외피막 파편이 산포한다. 주름살은 떨어진 주름살로 백색-연한 황색이며 약간 밀생한다. 언저리는 가루상이다. 자루의 길이는 6~11cm, 굵기는 0.7~1cm로 원통형이며 속은 비었다. 표면은 연한 황색이고 상부는 거의 백색이나 턱받이의 아래쪽은 황색의 분질물이 밀포한다. 턱받이는 연한 황색이며 막질이고 미세한 줄무늬선이 있다. 기부는 약간 구근상으로 선황색이고 분질물이 구근부를 감싸고 있다. 때에 따라서는 불완전한 테두리 모양을 만든다. 포자의 크기는 8~9×6~7μm로 광타원형이고 표면은 매끈하고 투명하다.

생태 여름~가을 / 활엽수림의 땅에 군생한다. 식독이 불분명하다.

분포 한국, 일본

황색원추광대버섯

Amanita flavoconia G.F. Atk.

형태 균모의 지름은 3~9cm로 둥근 산 모양에서 편평하게 된다. 표면은 노란색이나 오렌지색이 섞여 있다. 특히 중심부가 진하다. 표면은 밋밋하고 건조성에서 끈적기로 된다. 가장자리는 밝은 노란색에서 오렌지색으로 되며 섬유상의 사마귀 반점이 있다. 살은 백색이고 냄새는 분명치 않다. 주름살은 끝붙은 주름살로 백색이고 비교적 밀생하며 꽤 폭이 넓다. 자루의 길이는 5~12cm, 굵기는 0.7~1.4cm로 백색이고 꼭대기 쪽으로 가늘어진다. 노란색의 섬유상으로 덮이는데 특히 기부 근처가 심하다. 속은 스펀지 모양으로 차 있다. 턱받이는 크고 백색에서 노란색으로 되며 막질이고 얇다. 대주머니는 구형으로 작으며 난형인 것도 있다. 기부에 흔히 밝은 노란색의 사마귀 반점이 있다. 포자의 크기는 7.8~8.6× 5.4~8.6μm로 타원형이고 표면은 매끈하고 투명하며 벽은 얇다. 아밀로이드 반응을 보인다. 포자문은 백색이다.

생태 여름~가을 / 활엽수림 또는 혼효림의 땅에 산생 · 군생한다. 보통종이다. 식용 여부는 불분명하다.

분포 한국, 유럽, 북아메리카

황적색광대버섯

Amanita flavorubescens G.F. Atk.

형태 균모의 지름은 4~11cm로 둥근 산 모양에서 거의 편평하게
된다. 표면은 밋밋하고 습할 때는 끈적기가 있다. 황금 노란색에
서 갈색 노란색으로 되며 전형적으로 노란색의 사마귀 반점과 파
편을 가진다. 가장자리에 줄무늬선은 없다. 살은 백색이며 상처를
받으면 서서히 적색으로 물든다. 냄새와 맛은 분명치 않다. 주름
살은 끝붙은 주름살로 촘촘하며 크림색의 백색이다. 외피막은 백
색에서 노란색으로 된다. 자루의 길이는 5~14cm, 굵기는 1~2cm
로 곤봉형의 구형이며 아래쪽으로 가늘다. 백색에서 노란색이며
기부 근처는 적색으로 물든다. 표면은 거의 밋밋하다. 자루의 살
은 노란색이나 노출되면서 점차 적색으로 물든다. 턱받이는 노란
색이고 대형으로 얇고 막질이다. 대주머니는 약간 난형이고 때로
는 노란색의 파편으로 쌓인다. 포자문은 백색이다. 포자의 크기는
8~10×5.5~7μm로 타원형이며 표면은 매끈하고 투명하다. 아밀로
이드 반응을 보인다.
생태 여름~가을 / 혼효림의 땅, 특히 참나무류의 숲에 단생·산
생한다. 때때로 집단으로 발생한다. 식용 여부는 불분명하다.
분포 한국, 유럽, 북아메리카

233

누더기광대버섯

Amanita franchetii (Boud.) Fayod
A. aspera var. franchetii Boud.

형태 균모의 지름은 2.5~8cm로 처음에는 구형이나 점차 둥근 산 모양을 거쳐 편평하게 된다. 표면은 광택이 나며 밋밋하고 회갈색 또는 올리브 회색이나 중앙은 어두운색이다. 황갈색의 다각형 반점이 있고 부정형의 가루상 또는 솜털상의 사마귀 반점들이 있으며 중앙에 많이 밀집한다. 표피는 벗겨지기 쉽고 가장자리는 얇다. 살은 백색이나 표피 아래는 연한 갈색이며 얇고 치밀하다. 맛과 냄새는 약간 좋지 않다. 주름살은 끝붙은 주름살로 백색이며 폭이 넓고 밀생한다. 자루의 길이는 4~8cm, 굵기는 0.3~1cm로 위쪽이 가늘고 백갈색의 솜털이 있다. 꼭대기에 가는 줄무늬선이 있고 속은 차 있다가 빈다. 턱받이는 자루의 위쪽에 있으며 백갈색의 막질이고 위에는 줄무늬홈선이 있다. 포자의 크기는 7.5~11× 7~9.5μm로 장난형이고 표면이 매끄럽다. 아밀로이드 반응을 보인다. 포자문은 백색이다.

생태 가을 / 낙엽수와 침엽수의 혼효림의 땅에 군생한다. 독버섯이다.

분포 한국, 일본, 중국, 유럽, 북아메리카 등 전 세계

찢긴광대버섯

Amanita friabilis (P. Karst.) Bas

형태 균모의 지름은 3~6cm로 넓은 둥근 산 모양이나 중앙이 약간 들어가며 한가운데에 약간 볼록한 돌기가 있고 차차 편평하게 된다. 표면은 회갈색이며 매끈하다. 살은 얇다. 가루 같은 섬유상과 회백색의 대주머니 파편이 있다. 주름살은 떨어진 주름살로 백색에서 크림색으로 된다. 자루의 길이는 4.8cm, 굵기는 0.6cm로 가늘지만 기부는 부풀고 백색이며 가루로 덮여 있다. 자루의 속은 비었고 대주머니는 작으며 매우 부서지기 쉬운 주머니 또는 가방 모양이다. 포자의 크기는 10~12×8.5~10μm로 아구형에서 광타원형이다. 비아밀로이드 반응을 보인다. 담자기는 4-포자성이며 기부에 꺾쇠가 있다.

생태 여름 / 혼효림의 땅에 단생·군생한다.

분포 한국, 유럽

회흑색광대버섯

Amanita fuligenia Hongo

형태 균모의 지름은 3~5cm로 처음에 난형에서 둥근 산 모양을 거쳐 거의 평평하게 펴진다. 표면은 섬유상으로 암회색이며 중앙부는 거의 흑색이다. 가장자리가 위로 치켜 올라간다. 주름살은 떨어진 주름살로 흰색이며 촘촘하다. 자루의 길이는 6~9cm, 굵기는 0.4~0.8cm로 균모보다 연한 색이며 섬유상의 작은 인편이 덮여 있다. 기부는 흰색의 주머니 모양의 외피막이 감싸고 있으며 고리 모양이 있는 것도 있다. 자루의 위쪽에 막질의 턱받이가 있으며 회색을 띤다. 포자의 지름은 7.5~9μm로 구형이며 표면은 매끄럽다. 아밀로이드 반응을 보인다.

생태 여름~가을 / 메밀잣밤나무, 가시나무의 숲속에 군생한다. 맹독버섯이다.

분포 한국, 일본, 중국

고동색우산버섯

Amanita fulva Fr.
A. vaginata var. fulva (Fr.) Gillet

형태 균모의 지름은 4~10㎝로 종 모양에서 차차 편평해지며 중앙부는 돌출한다. 표면은 습기가 있을 때는 끈적기가 있고 매끄럽다. 전체적으로 홍갈색이며 중앙은 암색이다. 가장자리에 줄무늬 홈선이 있다. 살은 백색으로 맛은 온화하다. 주름살은 떨어진 주름살로 백색이며 밀생하고 폭은 넓다. 가장자리는 톱니상이다. 자루의 높이는 7~16㎝, 굵기는 0.6~1㎝로 아래로 가늘어진다. 균모와 같은 색이며 연한 색의 가는 가루 모양의 인편으로 덮이고 속은 비었다. 턱받이는 없다. 대주머니는 자루(주머니) 모양으로 높이는 4~5㎝로 영존성이며 균모와 같은 색이거나 희미하고 황토색의 반점이 있다. 포자의 지름은 10~14㎛로 구형이며 표면은 매끄럽다. 포자문은 백색이다.

생태 여름~가을 / 숲속의 땅에 산생한다. 식용하나 중독 증상이 나타나기도 한다.

분포 한국, 중국, 일본, 유럽, 북아메리카 등 전 세계

새싹광대버섯

Amanita gemmata (Fr.) Bertil.

형태 균모의 지름은 4~7cm로 어릴 때 반구형에서 둥근 산 모양을 거쳐 차차 편평하게 되지만 중앙은 약간 둥글고 볼록하다. 표면은 밋밋하고 습기가 있을 때는 약간 미끄럽고 광택이 나며 건조하면 비단결 같고 레몬색-황색이다. 어릴 때는 불규칙한 백색의 사마귀 반점으로 덮여 있다. 살은 백색이고 표피 아래는 황색이며 얇고 냄새는 없으며 맛은 온화하다. 가장자리는 예리하고 줄무늬선이 있다. 주름살은 끝붙은 주름살로 백색이며 폭이 넓고 가장자리는 전연이다. 자루의 길이는 6~10cm, 굵기는 0.6~1cm로 원통형이고 기부 쪽으로 부풀어 있다. 어릴 때 속은 차 있다가 오래되면 빈다. 표면은 백색이고 밋밋하며 턱받이는 막질로 쉽게 탈락한다. 턱받이 위쪽은 연한 황색이며 세로줄의 섬유상에서 약간 솜털상으로 되며 아래쪽은 백색이다. 포자의 크기는 8.9~10.8×6.8~8.7μm로 아구형-광타원형이며 표면은 매끄럽고 투명하다. 담자기의 크기는 42~48×12~15μm로 곤봉형이며 기부에 꺾쇠는 없다.

생태 늦봄~가을 / 혼효림의 땅에 단생·군생한다. 드문 종이다.

분포 한국, 중국, 일본, 유럽, 북아메리카

가는광대버섯

Amanita gracilior Bas & Honrubia

형태 균모의 지름은 4~5cm로 처음 반구형에서 둥근 산 모양을 거쳐 차차 편평하게 된다. 표피는 건조성이며 흰색에서 바랜 흰색으로 된다. 표면은 흰색의 원추형 사마귀 반점으로 덮여 있다. 가장자리는 일반적으로 부드럽고 부속물이 드물게 있으며 약간 줄무늬선이 있고 표피가 매달린다. 살은 백색이며 변하지 않고 냄새와 맛은 좋다. 주름살은 끝붙은 주름살로 두껍지 않고 주름살 사이가 넓으며 흰색-크림색이다. 자루의 길이는 8~12cm, 굵기는 1~3cm로 길고 약간 원통형 또는 배불뚝이형이며 기부는 부풀고 방추형이다. 표면에 깊은 줄무늬홈선이 있고 균모와 같은 색이다. 턱받이는 막질로 약간 줄무늬선이 있으며 찢기고 쉽게 탈락한다. 대주머니는 백색으로 부서지기 쉽고 두꺼우며 얇은 인편이 부착한다. 기부는 부풀고 골이 있다. 포자의 크기는 10~12×5.5~6.5µm로 원통형-타원형 또는 원주형이며 백색이다. 아밀로이드 반응을 보인다.

생태 여름~늦가을 / 숲속의 땅에 단생·군생한다.

분포 한국, 유럽

잿빛가루광대버섯

Amanita griseofarinosa Hongo

형태 균모의 지름은 3~6.5cm로 처음에 둥근 산 모양에서 거의 평
평하게 펴진다. 표면에는 연한 회색 바탕에 회색-암회갈색의 분
질물이 있고 솜 모양의 외피막 파편이 촘촘하게 덮여 있다. 흔히
각추상의 사마귀 반점도 생기지만 소실되기 쉽다. 주름살은 떨어
진 주름살로 백색이며 약간 밀생하거나 성기다. 언저리는 가루상
이다. 자루의 길이는 7~12(20)cm, 굵기는 0.3~0.8cm로 기부는 다
소 굵은데 때에 따라서는 끝이 약간 뿌리 모양으로 길어지기도
한다. 표면은 회색이며 가루상의 솜찌꺼기상이고 속이 차 있다.
턱받이는 회색으로 가루질-면질인데 소실되기 쉽다. 포자의 크기
는 9.5~11.5×7.5~9.5㎛로 타원형-아구형이며 표면은 매끈하고
투명하다.

생태 여름~가을 / 참나무 등의 활엽수림의 땅에 발생한다. 식독
이 불분명하다.

분포 한국, 일본

구근광대버섯

Amanita gymnopus Corner & Bas

형태 균모의 지름은 8~15㎝로 어릴 때 큰 둥근 기부 위에 반구형의 작은 균모가 생긴다. 성숙하면 둥근 산 모양에서 편평하게 펴지고 결국에는 중앙부가 약간 오목해진다. 표면은 끈적기가 없고 크림색에서 황토색으로 된다. 연한 황색-연한 갈색의 얇은 막질의 외피막 파편이 다수 부착된다. 가장자리 끝에는 외피막의 찌꺼기가 늘어진다. 살은 황백색이며 상처를 받으면 연한 적갈색으로 변하고 강한 냄새가 있다. 주름살은 끝붙은 주름살로 황토색이고 상처를 받으면 약간 적갈색으로 변한다. 약간 밀생하거나 성기고 언저리는 가루상이다. 자루의 길이는 8~13㎝, 굵기는 1~2㎝로 크림색이며 기부는 둥글고 크게 부풀어 있는데 지름은 3~4.5㎝에 달한다. 턱받이는 황백색의 막질로 자루의 상부에 있거나 없다. 포자의 크기는 5.5~7.5×5~6.5㎛로 아구형-광타원형이며 표면은 매끈하다.

생태 여름~가을 / 참나무류 등의 활엽수림의 땅에 발생한다.

분포 한국, 일본, 말레이시아, 멕시코, 오스트레일리아

달걀버섯

Amanita hemibapha (Berk. & Broome) Sacc.
A. hemibapha subsp. hemibapha (Berk. & Br.) Sacc. / A. hemibapha subsp. similis Corner & Bas

형태 균모의 지름은 5.5~18cm로 둥근 산 모양에서 차차 편평하게 되는 데 중앙부가 돌출한다. 표면은 오렌지 적색으로 매끄럽고 습기가 있을 때는 끈적기가 조금 있고 광택이 나며 밋밋하다. 가장자리는 방사상의 줄무늬홈선이 있다. 살은 연한 황색이고 중앙은 두껍다. 주름살은 끝붙은 주름살로 황색이며 밀생하고 포크형이다. 자루의 높이는 10~17cm, 굵기는 0.6~2cm로 표면은 오렌지색, 황색, 황갈색 등이며 보통 황적색의 얼룩무늬가 띠 모양 또는 나선형의 띠를 이루고 상부에 황갈색 막질의 큰 턱받이가 있다. 자루의 속은 차 있다가 빈다. 대주머니는 백색 막질로 두껍고 포대 모양이다. 포자의 크기는 7.5~10×6.5~7.5㎛로 광타원형-아구형이며 표면은 매끄럽고 투명하며 광택이 난다. 비아밀로이드 반응을 보인다.

생태 여름~가을 / 활엽수, 침엽수림 위의 땅에 군생한다. 드문 종이다. 식용으로 구우면 구수한 냄새가 난다.

분포 한국, 중국, 일본, 러시아, 스리랑카, 북아메리카

달걀버섯(회색형)

Amanita hemibapha subsp. **similis** Corner & Bas

형태 균모의 지름은 5.5~18cm로 어릴 때는 계란 모양이다가 둥근 산 모양에서 평평한 형이 되지만 간혹 가운데가 둥글게 돌출되기도 한다. 표면은 아름다운 적색-오렌지 적색이고 밋밋하며 다소 끈적기가 있다. 가장자리는 방사상으로 명료한 줄무늬선이 있다. 살은 연한 황색이다. 주름살은 떨어진 주름살이고 연한 황색-황색이며 약간 촘촘하다. 자루의 길이는 10~17cm, 굵기는 0.6~2cm로 위쪽이 약간 가늘며 표면은 오렌지색-황색으로 흔히 적황색의 반문이 얼룩덜룩한 띠 모양을 이룬다. 자루의 속은 차 있다. 위쪽에 적황색 막질의 턱받이가 있고 기부에는 백색이고 두꺼운 막질의 자루 모양 외피막이 있다. 포자의 크기는 7.5~10×6.5~7.5μm로 광타원형-아구형이며 표면은 매끈하고 투명하다.
생태 여름~가을 / 참나무류 등 활엽수의 땅에 발생한다. 식용하나 유사한 버섯 중에서 독버섯이 있으므로 피하는 것이 좋다.
분포 한국, 일본, 유럽

흰돌기광대버섯

Amanita hongoi Bas

형태 균모의 지름은 5~17cm의 중형-대형으로 처음에 반구형에서 둥근 산 모양을 거쳐 평평하게 펴지며 중앙부가 약간 볼록하다. 표면은 유백색에서 연한 황갈색-연한 갈색으로 되고 다수의 끝이 추 모양의 뾰족한 사마귀 반점(외피막의 파편, 높이는 2~3mm)이 덮여 있다. 주름살은 떨어진 주름살로 흰색-크림색이고 폭이 넓으며 밀생한다. 언저리는 가루상이다. 자루의 길이는 10~15cm이고 상부의 굵기는 2~3cm이고 아래쪽은 4~4.5cm 정도의 곤봉형으로 굵어지며 약간 갈색을 띤다. 표면에는 많은 작은 사마귀 반점들이 나란히 부착되어 있다. 자루의 속은 차 있다. 턱받이는 두꺼운 막질로 자루의 위쪽에 늘어져 있으며 크림색이고 윗면에는 줄무늬선이 있다. 포자의 지름은 11~20μm로 난형의 아구형이며 표면은 매끄럽고 투명하다.

생태 여름~가을 / 졸참나무 등 활엽수림의 땅에 단생한다.

분포 한국, 일본, 중국

흰사마귀광대버섯

Amanita ibotengutake T. Oda, C. Tanaka & Tsuda

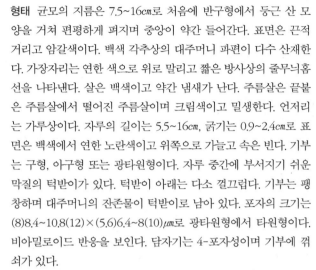

형태 균모의 지름은 7.5~16cm로 처음에 반구형에서 둥근 산 모양을 거쳐 편평하게 퍼지며 중앙이 약간 들어간다. 표면은 끈적거리고 암갈색이다. 백색 각추상의 대주머니 파편이 다수 산재한다. 가장자리는 연한 색으로 위로 말리고 짧은 방사상의 줄무늬홈선을 나타낸다. 살은 백색이고 약간 냄새가 난다. 주름살은 끝붙은 주름살에서 떨어진 주름살이며 크림색이고 밀생한다. 언저리는 가루상이다. 자루의 길이는 5.5~16cm, 굵기는 0.9~2.4cm로 표면은 백색에서 연한 노란색이고 위쪽으로 가늘고 속은 빈다. 기부는 구형, 아구형 또는 광타원형이다. 자루 중간에 부서지기 쉬운 막질의 턱받이가 있다. 턱받이 아래는 다소 껄끄럽다. 기부는 팽창하며 대주머니의 잔존물이 턱받이로 남아 있다. 포자의 크기는 (8)8.4~10.8(12)×(5.6)6.4~8(10)μm로 광타원형에서 타원형이다. 비아밀로이드 반응을 보인다. 담자기는 4-포자성이며 기부에 꺾쇠가 있다.

생태 초여름~가을 / 적송의 침엽수나 활엽수림의 땅에 군생한다.

분포 한국, 일본

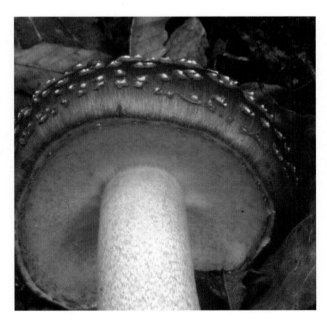

흰큰주머니광대버섯

Amanita imazekii T. Oda, C. Tanaka & Tsuda

형태 균모의 지름은 6~15cm로 처음에 난형에서 종 모양을 거쳐 둥근 산 모양이 되었다가 성숙하면 편평하게 된다. 표면은 밋밋하며 습할 시 끈적기가 있고 회갈색-갈색으로 중앙은 진한 갈색이다. 가장자리에 방사상의 줄무늬홈선이 있다. 주름살은 끝붙은 주름살로 백색이며 밀생한다. 자루의 길이는 14~25cm, 굵기는 0.8~3.4cm로 백색이며 속은 비고 얼룩덜룩한 모양의 부스러기 인편을 부착한다. 턱받이의 위에 백색 막질이 있고 아래는 약간 섬유상이다. 기부는 백색-연한 백색으로 두꺼운 대형의 막질의 대주머니가 있다. 포자의 크기는 8~11×8~11μm로 구형-아구형이다.
생태 여름~가을 / 혼효림에 단생한다. 식독이 불분명하다.
분포 한국, 일본

246

일본광대버섯

Amanita japonica Hongo ex Bas

형태 균모의 지름은 5.5~8㎝로 어릴 때는 구형이다가 둥근 산 모양에서 편평하게 되며 가장자리 끝에는 외피막의 파편이 늘어져 있다. 표면은 암회색-연한 회갈색인데 각추형으로 양탄자 털-면질의 영존성 물질이 덮여 있다. 나중에 균모 중심의 표피가 약간 거북껍질 모양으로 균열하면서 흰 바탕색이 드러난다. 그 결과 생장한 개체의 균모에 피복체가 산재해 있는 것을 볼 수 있다. 살은 백색이며 변색하지 않는다. 주름살은 떨어진 주름살이며 백색이고 폭이 두꺼우며 촘촘하거나 약간 성기다. 가장자리의 일부는 가루상이다. 자루의 길이는 8~17㎝, 굵기는 0.7~2.3㎝로 위쪽이 약간 가늘며 기부는 긴 방추형-곤봉형이다. 표면은 백색 바탕이고 아래쪽은 면질이며 회색의 피복물이 몇 개의 불완전한 띠 모양으로 남아 있다. 위쪽은 면질-섬유질의 회색 피복물이 연하게 덮여 있다. 포자의 크기는 9~10.5×5.5~6.5㎛로 타원형이고 표면은 매끈하고 투명하다.
생태 여름~가을 / 주로 소나무와 졸참나무의 혼효림에 발생한다. 식독이 불분명하다.
분포 한국, 일본

자바달걀버섯(노란달걀버섯)

Amanita javanica (Corner & Bas) T. Oda, C. Tanaka & Tsuda
A. hemibapha subsp. javanica Corner & Bas

형태 균모의 지름은 5.5~18cm 정도로 둥근 산 모양에서 편평하게 되며 황색 또는 오렌지 황색이나 중앙은 황토색이다. 가장자리는 방사상의 줄무늬홈선이 있다. 살은 연한 황색이고 중앙은 두껍다. 주름살은 끝붙은 주름살로 황색이며 밀생하고 포크형이다. 자루의 길이는 10~17cm, 굵기는 0.6~2cm로 표면은 오렌지색, 황색, 황갈색 등이며 보통 황적색의 얼룩무늬가 있고 턱받이는 황갈색의 막질이다. 자루의 속은 차 있다가 빈다. 대주머니는 백색 막질로 두껍고 포대 모양이다. 포자의 크기는 7~9×5~7㎛로 구형이며 표면은 매끄럽고 투명하며 광택이 난다.

생태 여름~가을 / 활엽수림, 침엽수림의 땅에 군생한다. 흔한 종이다.

분포 한국, 중국, 일본, 러시아, 스리랑카, 북아메리카

종광대버섯

Amanita lactea Malençon, Romagn & D.A. Reid

형태 자실체 전체가 백색이다. 균모의 지름은 4~13cm로 둥근 산 모양이며 중앙은 둔하게 볼록한 형태이나 차차 넓게 펴진다. 보통 외피막의 큰 막편으로 덮인다. 가장자리에 줄무늬선이 있다. 냄새와 맛은 분명치 않다. 주름살은 끝붙은 주름살이며 밀생하고 촘촘하다. 처음 백색에서 연한 크림색으로 되고 노후하면 연한 황토 백색으로 된다. 가끔 균모의 밑에서 보면 투명한 핑크색으로 짧게 잘린 모양인데 흔하지 않다. 자루의 길이는 5~12cm, 굵기는 1~3cm로 기부에 크고 펄럭이는 대주머니가 있다. 매우 부서지기 쉬운 턱받이가 있지만 성숙하면 탈락한다. 포자의 크기는 (10.1)11~15.5(21)×(6.5)7.8~10.3(15.2)μm로 광타원형-타원형이다. 비아밀로이드 반응을 보인다. 담자기의 기부에 꺾쇠는 없다.

생태 여름 / 참나무, 자작나무, 소나무 숲의 땅에 발생한다. 드문 종이다.

분포 한국, 유럽

새광대버섯

Amanita novinupta Tulloss & J. Lindgr

형태 균모의 지름은 5~14cm로 반구형에서 편평한 둥근 산 모양 또는 편평한 모양이 된다. 노후하면 중앙이 들어가고 가장자리는 안쪽으로 굽었다가 아래로 굽는다. 습할 시 끈적거리고 매끈하며 백색에서 핑크색으로 된다. 중앙이 검으며 붉은 얼룩이 산재하고 섬유상으로 덮인다. 백색에서 연한 핑크색-황색의 외피막 파편 또는 섬유상 인편이 피라미드처럼 되며 영존성의 사마귀 반점으로 된다. 후에 그물눈처럼 되고 붉은 얼룩으로 덮인다. 살은 백색이고 붉은 얼룩이 있으며 냄새와 맛은 불분명하다. 주름살은 올린 주름살로 폭이 넓고 백색에서 핑크 백색으로 된다. 노후하면 붉은 반점의 얼룩이 된다. 자루의 길이는 6~12cm, 굵기는 1.5~3.5cm로 곤봉형이며 아래로 부풀고 드물게 둥글기도 한다. 기부는 타원형 또는 뿌리형이며 속은 비었다. 건조성이며 턱받이는 백색이고 상처를 받으면 핑크색 얼룩이 되며 영존성이다. 포자는 8~10.5×5.5~7μm로 타원형이며 매끈하고 투명하다.

생태 겨울~초봄 / 혼효림의 땅에 단생·산생하며 식용버섯이다.

분포 한국, 북아메리카

보라광대버섯

Amanita lavendula (Coker) Tulloss, K.W Hughes. Rodring. Cayc. & Kudzma

형태 균모의 지름은 2.5~8cm로 둥근 산 모양에서 차차 편평하게 된다. 표면은 끈적기가 있고 밋밋하다. 연한 녹황색에서 거의 백색으로 퇴색하거나 갈색으로 물든다. 자색의 잔존물이 있으며 사마귀 반점이 있다. 이것들은 성숙하면 때때로 없어지기도 한다. 살은 백색이며 상처를 받아도 변색하지 않으며 냄새는 불분명하며 약간 감자 냄새가 난다. 가장자리는 어릴 때는 줄무늬선이 없으나 성숙하면 약간 줄무늬선이 생긴다. 주름살은 끝붙은 주름살로 밀생하거나 촘촘하며 크림색에서 황색으로 된다. 자루의 길이는 4~9cm, 굵기는 0.5~1cm로 거의 위아래가 같은 굵기다. 표면은 밋밋하고 백색의 미세한 털이 있으며 가끔 자색에서 갈색으로 변한다. 턱받이는 백색 또는 연한 노란색이다. 기부는 둥글게 부풀고 가끔 긴 줄의 끝(조각칼) 모양으로 갈라지며 영존성으로 치마 모양이다. 백색의 대주머니가 단단하게 붙어 있다. 포자의 지름은 6.5~9μm로 구형이며 표면은 매끈하고 투명하다. 아밀로이드 반응을 보인다. 포자문은 백색이다. 담자기는 4-포자성이며 기부에 꺾쇠는 없다.

생태 여름~가을 / 활엽수림 또는 참나무류의 숲에 단생·군생한다. 외생균근을 형성한다.

분포 한국, 북아메리카

바랜청색광대버섯

Amanita lividopallescens (Secr. ex Boud.) Kühner & Romagn.

형태 균모의 지름은 7~16cm로 둥근 산 모양에서 넓은 종 모양을 거쳐 편평하게 된다. 표면에는 불규칙한 외피막의 파편 조각이 몇 개 있으며 색은 황토색의 노란색, 회색, 회크림색, 연한 황토색, 회황토색, 연한 베이지색 등으로 다양하다. 가장자리가 심하게 갈라지고 줄무늬선의 고랑이 있다. 살은 흰색이며 특별한 냄새나 맛은 없다. 주름살은 끝붙은 주름살로 백색이고 상당히 빽빽하고 폭이 좁다. 언저리는 섬유상이다. 자루의 길이는 12~20cm, 굵기는 0.8~1.5cm로 백색이고 가늘다. 때때로 구부러지며 위쪽으로 갈수록 더 가늘어진다. 표면은 백색의 섬유질이고 기부는 두껍지 않으며 연한 외피막의 황토색 섬유 파편들이 지그재그형으로 밴드를 형성한다. 턱받이는 곧 소실된다. 대주머니는 주머니형이고 막질이며 부서지기 쉽고 연한 크림 황토색이다. 때로는 백색에서 크림 황토색으로 물든다. 포자의 크기는 10~12×8~11μm로 아구형이다. 담자기의 기부에 꺾쇠는 없다.

생태 여름~초가을 / 활엽수림의 풀밭에 군생한다. 식용이다.

분포 한국, 유럽, 북아메리카

긴자루광대버섯

Amanita longipes Bas ex Tulloss & D.T. Jenkins

형태 균모의 지름은 2.4~8.1cm로 처음에 반구형에서 넓은 둥근 산 모양이며 때때로 중앙이 약간 들어간다. 백색에서 노후하면 퇴색한 회갈색, 또는 회색-연한 황갈색이 된다. 표면은 광택이 나고 표피는 벗겨지기 쉬우며 외피막 조각이 밀집한다. 미세하게 가루상의 섬유상이고 노후하면 때때로 탈락한다. 가장자리는 아래로 굽었고 줄무늬선은 없다. 살은 백색이고 두께는 중앙에서 3~10mm이다. 주름살은 좁은 바른 주름살에서 바른 주름살이며 때때로 내린 주름살이다. 밀생하며 폭은 좁고 백색이나 건조하면 회크림색이 된다. 언저리는 백색이며 섬유상 파편이 있다. 자루의 길이는 2.5~14.2cm, 굵기는 0.5~2cm로 백색이며 위쪽으로 약간 가늘어지고 섬유상이다. 속은 비거나 단단한 스펀지형이며 백색이다. 기부는 부푼 뿌리형으로 드물게 좁은 장방형 또는 약간 곤봉형으로 벽돌색이다. 포자의 크기는 8.4~17.5×4.2~7μm로 타원형이며 표면은 매끈하고 투명하며 벽은 두껍다. 아밀로이드 반응을 보인다. 포자문은 백색이다. 담자기의 크기는 45~60×9.5~14μm로 4-포자성이다. 벽은 얇고 기부에 꺾쇠는 없다.

생태 여름 / 낙엽수림과 침엽수림의 땅에 단생 · 군생한다.

분포 한국, 중국, 북아메리카

긴뿌리광대버섯

Amanita longistipitata D.H. Cho

형태 균모의 지름은 8cm 정도이며 반구형이다. 표면은 거북등처럼 갈라지며 백색 또는 회백색이다. 거북등 모양은 가운데가 크고 가장자리로 갈수록 작아지며 회흑색이다. 살은 백색이며 약간 질기다. 주름살은 떨어진 주름살로 백색 또는 회백색이며 가루 같은 것이 있다. 턱받이는 잘 떨어지고 백색이다. 자루 전체의 길이는 18cm, 굵기는 0.8cm이다. 근부가 땅속 깊이 묻혀 있으며 지상부의 길이는 7.5cm, 굵기는 0.8cm이고 부풀어 있으며 백색이다. 불완전한 바퀴 모양의 윤문이 있고 균모와 색이 같으며 가루 같은 것이 붙어 있다. 땅속 근부의 길이는 10.5cm, 굵기는 0.7cm 정도이며 아래쪽으로 갈수록 가늘어 지면서 굽어 있고 백색이다. 자루의 속은 비어 있다. 포자의 크기는 9~12×6.5~10μm로 타원형이며 아밀로이드 반응을 보인다.

생태 가을 / 혼효림의 모래가 섞인 땅에 단생한다. 식독이 불분명하다.

분포 한국(서울의 남산)

긴골광대버섯아재비

Amanita longistriata Imai

형태 균모의 지름은 2~6cm로 난형에서 종 모양으로 되고 차차 둥근 산 모양으로 되었다가 편평해진다. 표면은 밋밋하고 습기가 있을 때는 약간 끈적기가 있다. 회갈색이며 가장자리는 방사상의 줄무늬홈선이 있다. 살은 얇고 거의 백색이며 표피 아래는 약간 회색을 나타낸다. 주름살은 끝붙은 주름살로 연한 홍색이고 반점이 있다. 자루의 길이는 4~9cm, 굵기는 0.4~0.8cm로 위아래가 같은 굵기이나 아래로 가늘어지는 것도 있다. 표면은 백색이다. 턱받이 아래는 밋밋하고 약간 섬유상이며 자루의 속은 수(髓)를 가지거나 빈다. 턱받이는 막질로 백색 또는 회색이다. 대주머니는 백색의 막질로 컵 모양이다. 포자의 크기는 10~14×7.5~9.5㎛로 난형이다. 포자문은 백색이다.

생태 여름~가을 / 활엽수림, 침엽수와 활엽수의 혼효림의 땅에 군생한다. 식독이 불분명하다.

분포 한국, 일본, 중국

254

큰사마귀광대버섯

Amanita magniverrucata Thiers & Ammirati

형태 균모의 지름은 4~13cm로 둥근 산 모양에서 차차 편평하게 된다. 표면은 약간 끈적거리고 손으로 만지면 검은색으로 된다. 큰 피라미드형의 대주머니 파편과 백색에서 연한 갈색의 사마귀 반점이 있는데 가장자리에서는 작고 거의 파편 또는 섬유상 파편이다. 가장자리는 강하게 안으로 말리나 노후하면 차차 펴져서 편평하게 된다. 주름살은 끝붙은 주름살에서 올린 주름살로 백색에서 연한 노란색 또는 아이보리색이고 빽빽하다. 자루의 길이는 7~11.5cm, 굵기는 1~2.5cm로 원통형에서 꼭대기 쪽으로 가늘어진다. 턱받이 위쪽은 매끄럽고 줄무늬선이 있으며 아래는 섬유상에서 곧추선 인편이 있다. 자루의 속은 차고 표면은 손으로 만지면 갈색의 백색이 노란색으로 물든다. 기부는 둥글고 뿌리형이다. 턱받이는 작고 연약하며 찢어진다. 큰 대주머니는 파편으로 둥글고 섬유상의 불규칙한 테두리가 있다. 포자의 크기는 8.1~12.7× 5.5~8.3μm로 타원형에서 장타원형이며 포자벽은 얇고 투명하다. 아밀로이드 반응을 보인다.

생태 여름 / 소나무와 참나무류의 혼효림의 땅에 군생한다.

분포 한국, 북아메리카

납색광대버섯

Amanita malleata (Piane ex Bon) Contu

형태 균모의 지름은 6~12cm로 반구형이나 중앙은 약간 원추형 또는 종 모양이다. 가장자리에 내피막의 잔존물이 있고 오백색이 다. 표면에 줄무늬선이 있고 회베이지색에서 납색으로 되며 노쇠 하면 살은 백색이 된다. 자르거나 상처를 받아도 변색하지 않으 며 주름살 위쪽의 살은 얇다. 대주머니의 막편은 퇴색한 오백색으 로 된다. 대주머니 막편은 크게 사마귀 반점 또는 막편으로 분포 하며 처음은 연하고 노후하면 다음에 노란색, 연한 황토색 또는 오백색으로 된다. 주름살은 끝붙은 주름살로 크림 백색에서 황토 크림색 그리고 건조하면 약간 핑크색으로 되며 배불뚝이형이다. 언저리는 미세한 털상 또는 반점상이다. 자루의 길이는 10~12cm, 굵기는 1~2cm로 원통형이고 백색이며 위로 가늘다. 표면은 밋밋 하고 점차 뱀 무늬 꼴로 되며 아래쪽으로 갈수록 회색이다. 턱받 이는 없다. 살은 백색이며 자루의 속은 처음에 차 있다가 빨리 빈 다. 대주머니는 둥글고 부서지기 쉬우며 부서지면 섬유 막편이나 조각으로 되며 백색 또는 황토색 얼룩을 가진다. 포자의 크기는 10.5~13.5×8~11㎛로 아구형에서 광타원형이다. 비아밀로이드 반응을 보인다. 담자기나 균사에 꺾쇠는 없다.

생태 여름~가을 / 혼효림의 땅, 길가 등에 단생한다.

분포 한국, 유럽, 북아메리카

광택광대버섯

Amanita manginiana Har. & Pat.

형태 균모의 지름은 5~14cm로 처음 난형에서 차차 편평해진다. 중앙은 돌출하고 계피색의 갈색 또는 회갈색, 홍갈색이며 광택이 나고 진한 색의 털이 있다. 가장자리는 밋밋하고 줄무늬선은 없고 덮개막의 잔편이 있다. 살은 백색이며 비교적 두껍다. 주름살은 떨어진 주름살로 백색이고 밀생하며 길이가 다르고 언저리는 톱니상이다. 자루의 길이는 10~17cm, 굵기는 1~4.5cm로 원주형이고 백색이다. 자루의 살은 단단하고 속은 비었다. 표면에는 백색의 털 같은 인편이 있고 기부는 거칠다. 턱받이는 백색으로 막질이며 아래로 늘어지거나 윗면은 가는 선이 있고 쉽게 없어진다. 대주머니는 백색이며 주머니 모양 또는 술잔 모양으로 비교적 대형이며 위쪽에 가장자리 파편을 부착하거나 흔적이 있다. 포자문은 백색이다. 포자의 크기는 7.5~10×5.5~6.3μm로 구형 또는 난원형으로 알갱이를 함유하며 광택이 나고 표면은 매끈하다. 아밀로이드 반응을 보인다.

생태 여름~가을 / 침엽수와 활엽수의 혼효림에 단생·산생한다. 외생균근을 형성한다. 식용이다.

분포 한국, 중국

파리버섯

Amanita melleiceps Hongo

형태 균모의 지름은 3~6cm로 둥근 산 모양에서 차차 평평한 모양으로 되며 중앙은 오목해진다. 표면은 황갈색 또는 황토색이며 가장자리는 연한 색이고 줄무늬홈선이 있다. 백색 또는 연한 황색 가루 같은 사마귀 반점이 산재한다. 살은 연한 회백색이다. 주름살은 끝붙은 주름살로 백색이며 폭이 넓고 성기다. 자루의 길이는 3~5cm 굵기는 0.4~0.7cm로 위쪽으로 갈수록 가늘어지고 기부는 부풀어 있다. 표면에 백색 또는 연한 황색의 가루 같은 것이 부착하고 속은 비었다. 대주머니는 백색의 가루 같은 것이 붙어 있다. 포자의 크기는 8.5~12.5×6~8.5μm로 광타원형이며 표면은 매끈하고 투명하다. 비아밀로이드 반응을 보인다.

생태 여름~가을 / 소나무, 곰솔, 참나무류 등의 나무 밑 모래땅과 점토질이 섞인 곳에 잘 발생한다. 매우 흔한 종이다. 독버섯이다.

분포 한국, 일본, 중국, 유럽, 북아메리카

260

비듬마귀광대버섯

Amanita multisquamosa Peck
A. pantherina var. multisquamosa (Pk.) Jenkins

형태 균모의 지름은 8~10cm로 둥근 산 모양에서 차차 편평해지
며 가운데가 오목해지기도 한다. 표면은 백색-유백색이며 중앙은
진한 황백색이다. 백색의 각추상이 분포하며 과립상의 막편이 부
착되어 있으나 쉽게 탈락한다. 가장자리는 인편상이고 줄무늬홈
선이 있다. 살은 백색이다. 주름살은 올린 주름살로 백색이고 촘
촘하며 포크형이다. 자루의 길이는 3.5~13cm, 굵기는 0.4~1.2cm로
아래쪽으로 약간 굵어지며 기부는 팽대하고 속은 비었다. 표면에
백색의 미세한 인편이 있다. 턱받이는 막질이며 두껍고 상부에 있
으나 곧 탈락한다. 포자의 크기는 8~10×5.5~8μm로 아구형이다.
표면은 매끄럽고 광택이 나며 백색이다.
생태 여름~가을 / 혼효림의 땅에 군생한다. 독버섯이다.
분포 한국, 일본, 중국, 유럽, 북아메리카

광대버섯

Amanita muscaria (L.) Lam.
A. muscaria var. formosa Pers. / A. muscaria (L.) Lam. var. muscaria / A. muscaria subsp. flavivolvata Sing.

형태 균모의 지름은 6~20cm로 구형이나 반구형에서 둥근 산 모양을 거쳐 편평한 모양으로 된다. 표면은 끈적기가 있고 밝은 주홍색이며 오래되면 오렌지 황색으로 다소 퇴색한다. 흰색의 사마귀(외피막의 파편)가 전체에 산재한다. 가장자리 끝에 줄무늬선이 있다. 살은 흰색이며 표피의 바로 아래는 연한 황색이다. 주름살은 떨어진 주름살로 백색이며 폭이 넓고 촘촘하다. 자루의 길이는 8~20cm, 굵기는 1~3cm로 흰색이고 자루의 위쪽에는 막질의 흰색 턱받이가 있다. 턱받이의 아래쪽은 약간 거스름 모양을 띤다. 기부는 둥글게 부풀어 있고 위쪽은 외피막의 잔재물이 테 모양으로 부착한다. 포자의 크기는 9.2~11.6×6.4~9.5μm로 아구형-광타원형이며 표면은 매끈하고 투명하다. 포자문은 백색이다.
생태 여름~가을 / 침엽수와 활엽수의 혼효림, 자작나무 숲 등에 군생한다. 매우 드물다.
분포 한국, 일본, 중국 등 북반구 온대 이북, 뉴질랜드, 오스트레일리아
참고 황색형 광대버섯

광대버섯(예쁜형)

Amanita muscaria var. **formosa** Pers.

형태 균모의 지름은 4.5~16cm이고 둥근 산 모양에서 차차 편평해지며 약간의 희미한 줄무늬선이 가장자리까지 있다. 표면은 바랜 황색에서 오렌지 황색으로 되었다가 가장자리 쪽으로 밝은색이 된다. 표면은 밋밋하고 습기가 있을 때는 약간 끈적기가 있으며 백색의 큰 막편으로 된 인편이 점점이 분포한다. 살은 백색이고 표피 아래는 황색이다. 주름살은 끝붙은 주름살로 밀생하며 폭은 넓은 것과 좁은 것이 있으며 바랜 크림색이다. 자루의 길이는 4~15cm, 굵기는 0.7~3cm로 백색에서 크림 또는 바랜 황색으로 되며 미세한 털과 인편이 있다. 자루의 속은 차 있다. 턱받이는 자루의 위쪽에 부착하고 탈락하기 쉽다. 포자의 크기는 8.7~12.9×6.3~7.9μm로 광타원형이며 비아밀로이드 반응을 보인다. 포자문은 백색이다.

생태 여름 / 숲속의 땅에 단생·군생하며 가끔 균륜을 형성한다. 독버섯이다.

분포 한국, 일본, 중국, 유럽, 북아메리카

광대버섯(황색대주머니형)

Amanita muscaria subsp. **flavivolvata** Sing.

형태 균모의 지름은 5~20cm로 처음에 둥근 산 모양에서 넓은 둥근 산 모양을 거쳐 편평하게 되며 중앙은 약간 들어간다. 표면은 약간 끈적거리고 매끈하며 노쇠하면 위로 올라가거나 물결형이 된다. 색깔은 오렌지 적색이며 외피막은 황갈색의 노란색이다. 가장자리는 약간 털 뭉치 모양이다. 냄새는 불분명하며 맛은 온화하고 달콤하다. 주름살은 끝붙은 주름살로 백색에서 연한 크림색으로 되며 촘촘하다. 자루의 길이는 7~20cm, 굵기는 1.5~4cm로 원통형이며 꼭대기 쪽으로 가늘고 백색에서 황갈색으로 되며 상처를 받으면 연한 황색으로 된다. 실 같은 인편이 있으며 기부는 부풀고 난형이다. 턱받이는 크고 약간 막질이며 크림색으로 쉽게 사라진다. 자루의 속은 비었다. 대주머니는 노란색에서 황갈색의 고리 무늬가 있으며 사마귀 반점과 가루상이다. 포자의 크기는 9~13×6.5~8.5μm로 광타원형-장타원형이다. 포자문은 백색이다.
생태 여름 / 소나무, 관목림의 땅에 단생 · 군생한다.
분포 한국, 뉴질랜드, 북아메리카

변이광대버섯

Amanita mutabilis Beardslee

형태 균모의 지름은 0.6~1.1cm로 둥근 산 모양에서 편평한 모양-둥근 산 모양으로 되었다가 편평하게 된다. 약간 부속물이 부착하며 백색에서 크림색을 거쳐 그을린 크림색으로 된다. 표면은 습할 때 약간 끈적기가 있어서 미끈거린다. 살은 백색이나 상처를 받으면 빠르게 핑크색으로 변하며 기름 냄새가 난다. 주름살은 끝붙은 주름살의 좁은 바른 주름살이며 밀생하고 백색에서 연한 크림색으로 된다. 자루의 길이는 5~16cm, 굵기는 1~2.2cm로 위쪽으로 가늘고 백색인데 그을린 섬유가 있다. 표면에 세로줄이 있고 상처를 받으면 핑크색으로 변한다. 턱받이는 백색에서 연한 노란색으로 되며 막질로 늘어진다. 자루의 속은 차 있다. 기부는 백색이고 구형에서 난형이다. 대주머니는 막질이고 대주머니의 파편은 얇다. 포자의 크기는 10~14.5×5.5~9μm로 타원형에서 원통형이며 표면은 매끈하고 벽은 얇고 투명하다. 아밀로이드 반응을 보인다. 포자문은 백색이다. 담자기는 50~75×4~14μm로 4-포자성이며 드물게 2-포자성도 있다. 기부에 꺾쇠는 없다.

생태 여름 / 소나무와 참나무류가 있는 땅 또는 모래땅에 단생한다.

분포 한국, 북아메리카

노란막광대버섯

Amanita neoovoidea Hongo

형태 균모의 지름은 7.5~10cm로 처음에 반구형에서 둥근 산 모양을 거쳐 편평형이 되고 중앙부가 약간 오목하게 된다. 표면은 습기가 있을 때는 끈적기가 있고 흰색이며 가루상의 물질이 덮여 있고 때로는 연한 황토색 막 모양의 외피막 파편이 넓게 붙어 있기도 하다. 가장자리 끝에 흰색의 외피막 잔재물이 너덜너덜하게 붙어 있다. 살은 흰색이고 공기에 닿아도 변하지 않는다. 주름살은 떨어진 주름살로 흰색-연한 크림색이고 폭이 넓으며 촘촘하고 가장자리는 가루상이다. 자루의 길이는 11~13cm, 굵기는 1.2~1.5cm로 가루상-솜찌꺼기상이고 흰색이다. 기부는 곤봉형 또는 방추상으로 부풀어 있다. 포자의 크기는 7~9×5.5~6μm로 타원형이며 표면은 매끈하고 투명하다.

생태 여름~가을 / 혼효림의 땅에 군생하며 때로는 절개지에서도 발생한다.

분포 한국, 일본, 중국

흰꼭지광대버섯

Amanita nivalis Grev.

형태 균모의 지름은 2.5~5cm로 난형에서 종 모양을 거쳐서 둥근 산 모양으로 되며 중앙은 둔하게 돌출한다. 표면은 밋밋하며 건조하면 광택이 나고 습기가 있을 때는 미끈거리며 눌려 압축된 납작한 표피 조각으로 덮인다. 색깔은 처음에 백색에서 회백색 또는 크림색-회베이지색으로 되지만 불규칙한 백색도 있다. 가장자리는 오랫동안 아래로 말리고 예리하며 줄무늬선이 있다. 살은 백색이고 얇으며 냄새는 없고 맛은 온화하다. 주름살은 끝붙은 주름살로 백색에서 크림색-백색으로 되며 폭은 넓다. 가장자리는 미세한 솜털상이다. 자루의 길이는 4~7cm, 굵기는 0.7~1.5cm로 원통형이며 꼭대기 쪽으로 약간 굵다. 자루의 속은 차 있다가 빈다. 표면은 백색에서 유백색이고 거의 밋밋하며 꼭대기는 때때로 가루상이며 기부는 부풀지 않는다. 대주머니는 막질로 싸여 있고 백색으로 부서지기 쉽다. 포자의 크기는 7.5~11.5×7~11㎛로 구형 또는 아구형이며 표면은 매끈하고 투명하다. 담자기의 크기는 40~45×11~15㎛로 곤봉형이며 4-포자성이고 기부에 꺾쇠는 없다.

생태 여름 / 숲속 또는 석회질의 땅에 단생 · 군생한다.

분포 한국, 중국, 유럽

꼬투리광대버섯

Amanita ocreata Peck

형태 균모의 지름은 5~15cm로 둥근 산 모양에서 편평하게 되며 가끔 노후하면 가운데가 들어간다. 표면은 백색으로 흔히 노란색 또는 갈색의 얼룩이 있고 보통 밋밋하며 얇은 외피막 조각이 있다. 냄새와 맛은 불분명하다. 가장자리에 줄무늬선이 없다. 주름살은 올린 주름살에서 끝붙은 주름살로 밀생하고 백색이다. 자루의 길이는 6~12cm, 굵기는 1~3cm로 백색이며 다소 원통형으로 기부는 부푼다. 턱받이는 백색이며 얇고 부서지기 쉬워 탈락한다. 대주머니는 포대자루 같고 백색으로 막질이다. 포자의 크기는 7~8.6×9.4~11.7μm로 타원형이며 표면은 매끈하고 투명하다. 아밀로이드 반응을 보인다.

생태 봄 / 참나무류, 과실나무가 있는 숲속의 땅에 단생·산생한다. 맹독버섯이다.

분포 한국, 북아메리카

올리브광대버섯

Amanita olivaceogrisea Kalamees

형태 균모의 지름은 3~6cm로 둥근 산 모양에서 편평한 모양-볼록한 모양으로 된다. 표면은 연약하고 부서지기 쉽다. 올리브색-회색에서 황토 회색을 거쳐 회갈색으로 되며 회색의 외피막 사마귀 반점을 가진다. 사마귀 반점은 영존성으로 처음에 솜 같은 백색에서 회색으로 되었다가 황토 회색으로 된다. 가장자리에 줄무늬홈선이 있다. 주름살은 끝붙은 주름살로 밀생하며 백색이고 부서지기 쉽다. 자루의 길이는 5~9cm, 굵기는 0.5~1cm로 가늘고 섬유상의 표피가 있으며 백색에서 보통 짙은 회색을 거쳐 올리브 회색으로 된다. 턱받이의 흔적이 있다. 막질의 대주머니는 처음은 주머니 모양이나 커다란 막편으로 부서져 자루의 아래에 분포하며 가장자리 위쪽부터 회색이 된다. 포자의 크기는 9~13×8.5~12μm로 아구형에서 광타원형이다. 비아밀로이드 반응을 보인다. 담자기에 꺾쇠는 보이지 않는다.

생태 여름 / 숲속의 젖은 땅에 발생한다.

분포 한국, 영국, 에스토니아, 유럽

회색귀신광대버섯

Amanita onusta (Howe) Sacc.

형태 균모의 지름은 2.5~10cm로 둥근 산 모양에서 편평하게 되며 중앙이 약간 들어간다. 때때로 중앙은 낮게 볼록해지기도 한다. 표면은 건조하고 그을린 백색에서 연한 회색이며 원추형의 피라미드 회색 사마귀 반점으로 완전히 덮인다. 가장자리는 회색의 섬유상으로 줄무늬선은 없다. 살은 백색에서 연한 회색이며 냄새는 분명치 않고 희다. 주름살은 끝붙은 주름살로 밀생하고 비교적 폭이 넓으며 백색에서 크림 노란색으로 된다. 외피막의 파편은 백색에서 연한 회색이고 섬유상이며 보통 균모의 가장자리에 잔존물이 있다. 자루의 길이는 3.5~15cm, 굵기는 0.6~1.5cm로 꼭대기 쪽으로 가늘고 꼭대기는 백색, 아래는 회색의 섬유상이다. 기부는 섬유상의 회색 사마귀 반점 또는 인편으로 덮인다. 턱받이는 섬유상이고 백색 또는 회색이다. 대주머니는 방추형이며 약간 방사상의 뿌리형을 가진다. 포자문은 백색이다. 포자는 $8{\sim}12{\times}5{\sim}8.5\mu m$로 광타원형이다. 표면은 매끈하고 투명하며 벽은 얇다. 아밀로이드 반응을 보인다.

생태 여름 / 활엽수림의 땅에 단생·산생하며 간혹 집단으로 발생한다. 식용 여부는 불분명하다.

분포 한국, 일본, 중국, 유럽, 북아메리카

산광대버섯

Amanita oreina (J. Favre) R. Heim ex Bon

형태 균모의 지름은 2.5~6cm로 둥근 산 모양에서 차차 편평해지며 중앙이 들어가지만 돌출하지는 않는다. 가장자리에는 매우 강한 줄무늬선이 있다. 표면은 습기가 있을 때에는 광택이 나며 백색에서 회색으로 되었다가 베이지색으로 되며 맑은 개암나무색이다. 외피막의 조각들은 백색의 잔존물로 된다. 살은 백색으로 냄새와 맛은 없다. 주름살은 끝붙은 주름살로 백색이며 성기고 섬유상의 실 모양으로 두껍지 않다. 자루의 길이는 3~6cm, 굵기는 0.5~1cm로 약간 원통형이며 기부가 약간 굵지만 부풀지 않고 때때로 위가 부푼다. 표면에 가루가 있고 백색에서 회색으로 된다. 턱받이의 흔적이 있다. 포자의 크기는 10~12.5×9.5~12.5μm로 구형 또는 아구형으로 백색이다. 비아밀로이드 반응을 보인다.
생태 여름 / 높은 산의 흙에 단생 · 군생한다.
분포 한국, 유럽

난포자광대버섯

Amanita ovalispora Boedijn

형태 균모의 지름은 4~7cm로 어릴 때 반구형에서 차차 편평해지며 중앙은 약간 볼록하고 회색 또는 암회색이다. 표면은 밋밋하고 백색이며 외피막의 잔편이 있다. 가장자리에 긴 줄무늬홈선이 있다. 주름살은 떨어진 주름살로 백색이며 빽빽하다. 자루의 길이는 6~10cm, 굵기는 0.6~1.5cm로 거의 원주형이며 백색-엷은 회색이다. 표피에 백색 가루상의 인편이 있고 기부는 불규칙하게 팽대한다. 턱받이는 없으며 대주머니 외측은 백색이고 내측은 백색-회색으로 술잔 모양의 막질이다. 포자의 크기는 8.5~12×7~9.5μm로 타원형이지만 간혹 아구형인 것도 있다. 비아밀로이드 반응을 보인다.

생태 여름 / 활엽수림 또는 침엽수림의 땅에 단생한다. 외생균근을 형성한다.

분포 한국, 중국

난형광대버섯

Amanita ovoidea (Bull.) Link

형태 균모의 지름은 10~20cm로 둥근 산 모양이나 중앙은 볼록하지 않다. 표면은 밋밋하고 광택이 나며 백색에서 크림색 또는 아이보리색으로 된다. 백색 외피막의 파편 조각이 분포한다. 가장자리에 줄무늬선은 없다. 주름살은 떨어진 주름살로 밀생하며 폭이 넓고 크림색이다. 자루의 길이는 9~15cm, 굵기는 0.8~1.3cm로 단단하며 기부로 부푼다. 백색의 섬유상이 있고 표면은 톱니상이다. 대주머니는 주머니형으로 백색이고 막질로 윗면은 엽편 모양이다. 노후하면 황토색에서 연한 갈색으로 된다. 포자의 크기는 10~12×7~8μm로 타원형이다. 균사에 꺾쇠는 없다.

생태 숲속의 땅에 단생·군생한다. 비교적 드문 종이다.

분포 한국, 일본, 중국, 유럽

껍질광대버섯

Amanita pachycolea D.E. Stuntz

형태 균모의 지름은 7~12*cm*로 둥근 산 모양에서 종 모양을 거쳐 편평형으로 되며 중앙은 볼록하다. 이후 편평형에서 위로 올라가 거나 물결형이며 동시에 줄무늬선이 있다. 표면은 끈적기가 있고 미끈거리며 중앙은 흑갈색이다. 가장자리 쪽으로 밝은 갈색 또는 회갈색이며 때때로 검은 띠가 있으며 말리지 않는다. 대주머니 파편은 백색이다. 주름살은 끝붙은 주름살이지만 점차 바른 주름살에서 내린 주름살로 된다. 백색이며 약간 성기거나 밀생한다. 언저리는 검은 갈색이다. 자루의 길이는 11~24*cm*, 굵기는 0.9~1.7*cm*로 원통형이며 위쪽으로 가늘다. 압착된 섬유상 인편이 있고 백색에서 올리브색-연한 황갈색을 거쳐 오렌지 갈색으로 된다. 자루의 속은 스펀지 모양에서 빈다. 턱받이의 흔적이 있다. 대주머니는 막질이고 백색으로 녹슨 색에서 황갈색으로 물든다. 펠트상이고 영존성이다. 포자의 크기는 11.4~14.4×10.4~12.4*μm*로 구형에서 광타원형이다. 표면은 매끈하고 투명하며 벽은 얇다. 비아밀로이드 반응을 보인다. 포자문은 백색이다. 담자기는 곤봉형이고 4-포자성이며 벽은 얇다.

생태 여름 / 참나무 숲의 땅에 흔히 발생하며 혼효림에서도 발견된다.

분포 한국, 북아메리카

마귀광대버섯

Amanita pantherina (DC.) Krombh.
A. pantherina var. pantherinoides (Murill) D.T. Jenkins

형태 균모의 지름은 5~10cm로 반구형에서 차차 편평해지며 중앙부가 조금 오목하다. 표면은 습기가 있을 때는 조금 끈적기가 있고 마르면 다소 광택이 나며 솜 같은 각추형의 인편이 있다. 색깔은 연한 회갈색 또는 암갈색이고 중앙부는 암색이나 가장자리 쪽으로 연해진다. 가장자리에는 줄무늬홈선이 있다. 살은 백색이고 얇다. 주름살은 떨어진 주름살로 밀생하며 백색이다. 자루의 길이는 7~18cm, 굵기는 0.7~1.6cm로 원주형이며 위아래의 굵기가 같거나 기부가 구경상으로 부풀며 백색이다. 턱받이 아래는 섬유털의 고리 무늬가 있으며 부서지기 쉽다. 자루의 속은 비어 있다. 턱받이는 중간쯤에 존재하고 백색의 막질이다. 대주머니는 4~5개의 테 모양이다. 포자의 크기는 9~10.5×7~8μm로 광타원형이며 표면은 매끄럽다. 비아밀로이드 반응을 보인다.
생태 여름~가을 / 잣나무, 가문비나무, 분비나무 숲 또는 활엽수림, 혼효림의 땅에 군생한다. 분비나무, 전나무, 소나무, 신갈나무 또는 피나무 등과 외생균근을 형성한다. 독버섯이다.
분포 한국, 일본, 중국, 유럽, 북아메리카 등 전 세계

노란마귀광대버섯

Amanita pantherina var. lutea Chiu

형태 균모의 지름은 3.5~7.5cm로 반구형 또는 편반구형에서 둥근 산 모양으로 되었다가 편평해진다. 표면은 연한 황색 또는 황갈색이고 각추상의 백색 인편이 있다. 가장자리에 줄무늬홈선이 있다. 살은 백색이다. 주름살은 떨어진 주름살로 백색이고 밀생하며 포크형이다. 자루의 길이는 6.5~9.5cm, 굵기는 0.8~1cm로 원주형이고 백색 또는 오백색이며 턱받이는 막질로 하향하며 탈락하기 쉽다. 기부는 팽대하고 대주머니에는 1~3개의 고리 모양의 무늬가 있다. 포자의 크기는 8.5~10×6~7μm로 아구형 또는 난원형이며 표면은 매끄럽고 투명하며 광택이 난다.

생태 여름~가을 / 활엽수림에 군생한다. 독버섯으로 추측된다.

분포 한국, 중국

피라밀광대버섯

Amanita polypyramis (Berk. & M.A. Curtis) Sacc.

형태 균모의 지름은 7.5~21cm로 편평한 둥근 산 모양에서 편평한 모양으로 된다. 표면에는 부속물이 있으며 백색이고 건조성인데 습할 때는 때때로 약간의 끈적기가 있다. 대주머니 파편은 가루상의 섬유상으로 흔히 부서져서 작게 되고 중앙에 원추형의 사마귀 반점으로 된다. 가장자리 쪽으로 섬유상 또는 둥근 파편으로 된다. 주름살은 끝붙은 주름살이고 밀생하고 백색에서 크림색-백색이다. 자루의 길이는 8~20cm, 굵기는 1~3.5cm로 위쪽으로 가늘어진다. 백색이고 보통 미끈거리며 어릴 때 밝은 섬유를 가진다. 속은 차고 기부는 부풀어 넓은 곤봉이다. 턱받이는 쉽게 탈락하며 부분적으로 균모의 가장자리에 부착한다. 대주머니 잔존물은 섬유상이며 불규칙한 사마귀 반점 또는 파편으로 백색이다. 포자는 9.2~13.6×5.5~9.5μm로 광타원형에서 장타원형으로 되며 세포벽은 얇고 표면은 투명하다. 담자기는 45~60×4~14μm이다.
생태 여름~가을 / 참나무류의 혼효림과 낙엽수림에 군생한다.
분포 한국, 북아메리카

쇠마귀광대버섯

Amanita parvipantherina Zhu L. Yang, M. Weiss & Oberw.

형태 균모의 지름은 3.5~6cm로 둥근 산 모양에서 편평하게 되지만 가끔 중앙이 들어간다. 표면은 회색에서 황토색으로 중앙은 갈색이다. 습기가 있을 때는 끈적기가 있다. 표면의 사마귀 잔편은 오백색 또는 회색이나 후에 황색으로 되며 중앙에 밀집한다. 상처를 받아도 변색하지 않는다. 가장자리에 결절의 줄무늬선이 있다. 살은 백색이며 냄새는 불분명하다. 주름살은 끝붙은 주름살이고 백색이며 밀생한다. 언저리에는 미세한 털과 인편이 있다. 자루의 길이는 4~9cm, 굵기는 0.5~1cm로 유원주형이나 위쪽으로 가늘어지며 오백색에서 황색 또는 회색의 대주머니 잔편이 있다. 턱받이는 위쪽에 있고 백색이며 얇은 막질이고 과립으로 덮인다. 자루의 꼭대기는 백색이고 섬유상에서 매끈해진다. 속은 비게 된다. 기부는 아구형으로 부풀고 백색에서 퇴색한다. 대주머니는 둥근 모양이며 잔편은 과립으로 되며 높이 2mm 정도의 작은 사마귀 반점이 있다. 포자는 8.5~11.5×6.5~8.5μm로 광타원형이나 아구형인 것도 있으며 매끈, 투명하다.
생태 여름 / 혼효림의 땅에 단생 · 속생한다.
분포 한국, 중국, 유럽

사마귀광대버섯

Amanita perpasta Corner & Bas

형태 균모의 지름은 5~12cm로 원추형에서 차차 편평해지며 연한 황갈색에서 연한 갈색으로 된다. 사마귀 반점의 크기는 0.2~0.3cm 정도이고 뾰족하며 갈색이다. 턱받이의 일부가 표면에 산재하고 가장자리에는 조그만 인편이 붙어 있다. 살은 백색에서 황색으로 된다. 주름살은 끝붙은 주름살로 크림색이며 폭은 0.5~1cm 정도이다. 언저리에는 가루가 있다. 자루의 길이는 8~10cm, 굵기는 1~2cm로 기부는 방망이 모양 또는 방추형이다. 기부는 부풀어 있고 지름은 4~5cm 정도이다. 줄무늬선이 나란히 있으며 균모와 같은 색깔인데 나중에 적갈색으로 된다. 표면은 조그만 갈색의 인편이 바퀴처럼 환상의 무늬를 이룬다. 자루의 속은 살로 차 있다. 포자의 크기는 7~9.5×6~7.5μm로 구형 또는 아구형이며 표면에 미세한 반점이 있는 것도 있다. 아밀로이드 반응을 보인다.

생태 여름~가을 / 숲속의 땅에 군생한다.

분포 한국, 일본, 말레이시아, 싱가포르

알광대버섯

Amanita phalloides (Vaill. ex Fr.) Link
A. phalloides var. striatula Peck

형태 균모의 지름은 4~9cm로 종 모양에서 편평해지고 중앙부는 볼록하거나 조금 돌출한다. 표면은 습기가 있을 때는 끈적기가 있고 마르면 비단 실처럼 광택이 나며 방사상으로 암색 줄무늬홈선이 있으며 회록색, 올리브 갈색, 연한 녹황색 또는 회색 등으로 다양하며 중앙부는 암색이다. 가장자리는 밋밋하고 표피는 벗겨지기 쉽다. 살은 다소 두꺼우며 백색이고 부서지기 쉽다. 맛은 온화하나 냄새가 고약하다. 주름살은 떨어진 주름살로 밀생하며 폭은 넓고 백색이다. 언저리는 반반하거나 물결형이다. 자루의 길이는 7~15cm, 굵기는 0.8~1.2cm로 위쪽으로 가늘어지며 기부는 구경상으로 불룩하고 속은 비었다. 턱받이 위쪽은 백색이고 아래쪽은 균모보다 연한 색이며 표면은 매끄럽고 비단 실 같은 인편으로 덮여 있다. 턱받이는 백색의 막질로 영존성이다. 대주머니는 백색으로 근부를 둘러싸며 위쪽은 3~4개의 조각으로 찢어지고 쉽게 탈락하지 않는다. 포자의 지름은 7.5~9μm로 구형이며 표면은 매끄럽다.

생태 여름~가을 / 가문비나무 숲, 전나무 숲, 분비나무 숲, 소나무 숲 또는 침엽수와 활엽수의 혼효림의 땅에 산생·군생한다. 외생균근을 형성한다. 맹독버섯이다.

분포 한국, 일본, 중국, 유럽, 북아메리카 등 전 세계

알광대버섯(줄무늬형)

Amanita phalloides var. **striatula** Pk.

형태 균모의 지름은 5~12(15)*cm*로 어릴 때 반구형에서 둥근 산 모양을 거쳐 편평형으로 된다. 표면은 털이 없고 밋밋하며 습기가 있을 때는 약간 끈적기가 있고 건조하면 광택이 있다. 일반적으로 녹회색, 암올리브 갈색, 연한 녹황색 또는 회색으로 다양하고 중앙부가 진하다. 불명료한 방사상의 섬유상 무늬가 있으며 껍질은 벗겨지기 쉽다. 살은 흰색이다. 주름살은 떨어진 주름살로 흰색이며 폭이 넓고 촘촘하다. 자루의 길이는 5~15(20)*cm*, 굵기는 1~2(3)*cm*로 흰색이다. 표면은 거친 모양이며 표피가 찢어져 살이 드러나며 때로는 밋밋한 것도 있다. 기부는 공 모양으로 크고 굵으며 흰색 주머니의 외피막이 싸고 있다. 턱받이는 흰색이고 막 모양으로 자루의 위쪽에 있다. 속은 차 있으나 오래된 것은 비기도 한다. 포자의 크기는 7.7~10.1×6.7~8.5*μm*로 아구형-광타원형이고 표면은 매끄럽고 투명하다. 포자문은 백색이다.

생태 여름~가을 / 참나무류의 혼효림 땅에 군생한다.

분포 한국, 일본, 중국, 유럽, 북아메리카, 아프리카

암회색광대버섯

Amanita porphyria Alb. & Schwein.

형태 균모의 지름은 4~9cm로 종 모양에서 편평해진다. 표면은 습기가 있을 때는 끈적기가 있고 마르면 압착된 섬유털이 있다. 회갈색, 암회색, 갈색, 백색, 회갈색의 여러 색깔을 가지고 있고 외피막의 잔편이 붙어 있다. 가장자리는 아래로 감기고 반반하며 얇다. 살은 백색으로 강인하며 고약한 냄새를 내뿜는다. 주름살은 떨어진 주름살로 밀생하며 백색이고 유연하다. 자루의 높이는 7~14cm, 굵기는 0.5~1.5cm로 위아래의 굵기가 같은 원주형이다. 기부는 굵으며 백색에서 회갈색으로 되고 턱받이의 위쪽은 비단 같은 부드러운 털이 있다. 턱받이는 하위이며 막질로 늘어지고 얇으며 백색 또는 암회색으로 영존성이다. 자루의 속은 차 있다가 빈다. 대주머니는 백색 또는 회색이고 주머니 모양이나 나중에 찢어진다. 포자의 지름은 6.5~9μm로 구형이며 표면은 매끄럽고 아밀로이드 반응을 보인다. 포자문은 백색이다.

생태 여름~가을 / 잣나무, 가문비나무, 전나무, 분비나무 숲의 땅에 산생·군생한다. 가문비나무, 전나무, 분비나무, 소나무 등과 외생균근을 형성한다. 독버섯이다.

분포 한국, 일본, 중국, 유럽, 북아메리카 등 전 세계

악취광대버섯

Amanita praegraveolens (Murrill) Sing.

형태 균모의 지름은 6~13cm로 반구형에서 거의 편평한 형으로 된다. 표면은 백색 혹은 연한 분황색이며 백색 털상의 인편이 있다. 가장자리는 고르고 줄무늬선은 없다. 살은 백색이다. 주름살은 떨어진 주름살로 백색 또는 분홍색이다. 자루의 길이는 9~15cm, 굵기는 0.8~2cm로 백색이다. 표면에 털 또는 털상의 인편이 있다. 자루의 속은 차 있다. 기부는 급격히 팽대한다. 포자의 크기는 6.8~9.5×6.5~9.2μm로 구형의 광타원형이고 무색이다. 표면은 매끈하고 광택이 나며 투명하다. 담자기는 4-포자성이다.

생태 여름~가을 / 숲속의 땅에 단생·산생한다.

분포 한국, 중국

큰광대버섯

Amanita proxima Dumee

형태 균모의 지름은 5~10cm로 처음 반구형에서 둥근 산 모양으로 되며 나중에 편평해진다. 중앙이 약간 들어가는 것도 있다. 표피는 갈색에서 회색이며 외피막은 아이보리색이고 부드러운 매트와 비슷하다. 살은 약간 핑크색이며 냄새는 불분명하다. 가장자리에 부착물이 매달리기도 한다. 주름살은 끝붙은 주름살로 흰색-크림색이다. 턱받이는 크고 영존성이고 막질이며 줄무늬선이 있다. 자루의 길이는 6~10cm 굵기는 1~2cm로 원통형이며 단단하고 붉은색이 있는 백색의 크림색이다. 기부는 둥글다. 대주머니는 황토 오렌지색에 붉은색이 가미된다. 자루의 살은 백색이고 상처를 받으면 약간 색이 변한다. 포자의 크기는 8~12×5~9μm로 타원형 또는 유원주형이며 백색이다. 아밀로이드 반응을 보인다.

생태 가을 / 참나무류와 침엽수림의 땅에 단생·군생한다. 독버섯으로 알려졌다.

분포 한국, 유럽, 북아메리카

헛새싹광대버섯

Amanita pseudogemmata Hongo

형태 균모의 지름은 7㎝ 정도로 처음은 난형에서 둥근 산 모양으로 되나 시간이 흐르면 차차 편평하게 되며 중앙은 들어간다. 표면은 건조성이고 겨자색의 노란색이지만 중앙은 약간 더 검은색이다. 표면 전체가 가루로 덮이며 올리브색-황토색의 가루상-섬유상의 파편 조각이 있고 미끈거린다. 버섯 냄새가 난다. 살은 백색이며 균모의 표피 아래는 노란색이고 얇다. 가장자리에 약간 줄무늬홈선이 있다. 주름살은 끝붙은 주름살로 약간 밀생하며 잘린형으로 크림 백색이며 폭은 비교적 넓다. 언저리는 미세한 털상이다. 자루의 길이는 7~9㎝, 굵기는 0.5~0.8㎝로 원통형이고 섬유상의 실로 되며 연한 노란색이다. 기부는 둥글고 부푼 근처는 짙은 색깔이다. 위쪽에 턱받이가 있으며 영존성이다. 자루의 속은 차 있다. 포자의 크기는 7.5~10×6~8.5㎛로 광타원형-유구형이다. 비아밀로이드 반응을 보인다. 포자문은 흰색이다.

생태 여름~가을 / 참나무 숲의 땅에 단생한다.

분포 한국, 일본

암회색광대버섯아재비

Amanita pseudoporphyria Hongo

형태 균모의 지름은 3~11cm로 반구형에서 둥근 산 모양을 거쳐 차차 편평하게 되며 중앙부가 약간 오목하다. 표면은 끈적기가 약간 있고 회색-회갈색인데 중앙은 진하다. 외피막의 잔편이 표면이나 가장자리 끝에 매달리나 곧 소실한다. 살은 희다. 주름살은 끝붙은 주름살이며 백색이고 밀생한다. 가장자리는 가루상-솜털상이다. 자루의 높이는 5~12cm, 굵기는 0.6~1.8cm로 하부는 부풀고 근부는 백색의 뿌리 모양이다. 턱받이 하부는 인편이 다소 덮이고 속은 차 있다. 턱받이는 자루의 상부에 있고 백색의 막질이며 대주머니는 칼집 모양으로 백색의 막질이다. 포자의 크기는 7.5~8.5×4.5~5.5μm로 난형-타원형이고 표면은 매끄럽다. 아밀로이드 반응을 보인다.

생태 여름~가을 / 활엽수림, 침엽수림의 땅과 혼효림의 땅에 군생한다. 독버섯이다.

분포 한국, 일본, 중국, 유럽, 북아메리카 등 전 세계

우산광대버섯아재비

Amanita pseudovaginata Hongo

형태 균모의 지름은 4~6.5cm로 반구형에서 둥근 산 모양을 거쳐 차차 편평해지며 회갈색이다. 중앙은 거의 흑색이며 줄무늬홈선이 가장자리에서 거의 중앙까지 발달한다. 가장자리에는 크고 작은 대주머니의 막질 파편이 매달린다. 살은 백색 또는 유백색이고 표피 아래와 자루의 기부는 회색이다. 냄새는 없고 맛은 온화하다. 주름살은 끝붙은 주름살로 백색이며 약간 성기고 포크형이며 폭은 4~6mm이다. 가장자리는 암색이고 고운 가루상이다. 자루의 길이는 5~8.5cm, 굵기는 0.8~1.5cm로 원주형이며 꼭대기는 굵고 회색이며 미세한 가루상이다. 턱받이의 위는 백색, 아래는 회색으로 섬유상의 인편이 부착한다. 기부는 둥글고 부푼다. 자루의 속은 차 있다가 빈다. 포자의 크기는 8.5~12.5×8~10μm로 광타원형이고 표면은 매끄럽고 광택이 나며 투명하다. 담자기의 크기는 40~58×12~15μm로 4-포자성이다.

생태 여름~가을 / 침엽수림과 낙엽수림의 혼효림의 땅에 단생 · 군생한다. 식용이다.

분포 한국, 일본, 중국

광대버섯아재비

Amanita regalis (Fr.) Mich.
A. muscaria var. regalis (Fr.) Sacc.

형태 균모의 지름은 6~12cm로 구형에서 반구형을 거쳐 둥근 산
모양으로 되었다가 편평하게 된다. 표면은 검은색의 적갈색-암적
갈색으로 끈적기가 있으며 황색 또는 크림 황색의 막질의 파편이
테 무늬 비슷하게 분포되어 있다. 가장자리에 줄무늬선이 있다.
살은 흰색이며 표피 바로 아래는 황색을 띤다. 주름살은 떨어진
주름살로 흰색이고 폭은 0.7~1.2cm 정도로 넓고 촘촘하다. 자루
의 길이는 8~15cm, 굵기는 1~2cm로 백색-크림색이며 위쪽으로
가늘다. 턱받이는 위쪽에 있으며 막질이고 아래쪽은 섬유상-털상
이다. 기부는 구근상이고 외피막의 잔재물이 광대버섯과 같은 형
태의 테 모양으로 부착되어 있다. 포자의 크기는 9~12×6~9μm로
난형이다.

생태 여름 / 침엽수림의 양치식물이 자라는 곳에 단생한다. 매우
드물다.

분포 한국, 일본, 중국, 유럽, 북아메리카

286

붉은점박이광대버섯

Amanita rubescens Pers.
A. rubescers var. annulosulphurea Gillet

형태 균모의 지름은 6~15cm로 둥근 산 모양에서 차차 편평하게
되며 중앙이 들어가는 것도 있다. 가장자리는 물결형이며 위로 뒤
집힌다. 표면은 적갈색에서 회백색-연한 갈색으로 되고 가루상의
외피막 파편이 붙는다. 살은 백색이며 상처를 받으면 적갈색으로
변한다. 주름살은 끝붙은 주름살로 백색이고 밀생하며 적갈색의
얼룩이 생긴다. 자루의 높이는 8~15cm, 굵기는 0.6~2cm로 연한
적갈색이고 위쪽에 백색 막질의 턱받이가 있고 근부는 부풀며 대
주머니의 파편이 고리 모양으로 붙어있다가 차츰 없어진다. 포자
의 크기는 8~9.5×6~7.5μm로 타원형-난형이며 표면은 매끄럽고
투명하다. 아밀로이드 반응을 보인다.

생태 여름~가을 / 침엽수림, 활엽수림의 땅에 군생 · 산생한다.

분포 한국, 중국, 일본, 유럽, 북아메리카, 남아메리카, 북반구 온
대 이북, 오스트레일리아

붉은점박이광대버섯(노란턱받이형)

Amanita rubescers var. **annulosulphurea** Gillet

형태 균모의 지름은 6~15cm로 둥근 산 모양에서 차차 편평하게 되며 중앙이 들어가는 것도 있다. 가장자리는 물결형이며 위로 뒤집힌다. 표면은 엷은 적갈색에서 엷은 회백색-연한 갈색으로 되고 가루상의 외피막 파편이 붙는다. 살은 백색이고 상처를 입으면 적갈색으로 변한다. 주름살은 끝붙은 주름살로 백색이고 밀생하며 적갈색의 얼룩이 생긴다. 자루의 높이는 8~15cm, 굵기는 0.6~2cm로 연한 유황색이고 위쪽에 백색 막질의 턱받이는 유황색 또는 노란색이다. 근부는 부풀며 대주머니의 파편이 고리 모양으로 붙어 있다가 차츰 없어진다. 포자의 크기는 8~9.5×6~7.5㎛로 타원형-난형이고 표면은 매끄럽고 투명하다. 아밀로이드 반응을 보인다.

생태 여름~가을 / 숲과 풀밭에 단생한다. 드문 종이며 식용 가능하다.

분포 한국, 중국, 유럽, 북아메리카

붉은주머니광대버섯

Amanita rubrovolvata Imai

형태 균모의 지름은 2.5~3.5cm이고 둥근 산 모양에서 편평한 모양으로 되며 가운데가 조금 오목하다. 표면은 적색이나 중앙은 황색이고 방사상의 줄무늬홈선이 있다. 가장자리는 표면과 같은 색의 가루 같은 외피막 파편이 있다. 살은 백색 또는 연한 황색이다. 주름살은 자루에 끝붙은 주름살로 연한 황백색이다. 자루의 길이는 4.5~11cm, 굵기는 0.4~0.6cm로 붉은 황색인데 가루상 인편이 덮여 있고 가운데에 막질의 턱받이가 있다. 기부는 부풀어 있고 적황색 가루상의 대주머니가 있다. 표면에 큰 인편이 있는 데 불완전한 윤문이 있다. 포자의 크기는 7~8.5×6~7μm로 아구형이고 비아밀로이드 반응을 보인다.

생태 여름~가을 / 참나무류나 낙엽송 등의 침엽수림, 활엽수림의 땅에 단생 · 군생한다. 외생균근을 형성한다.

분포 한국, 일본, 말레이시아

암적색광대버섯

Amanita rufoferruginea Hongo

형태 균모의 지름은 4~8cm이고 둥근 산 모양 또는 볼록한 모양에서 차차 편평한 둥근 산 모양으로 된다. 표면은 적갈색 또는 엷은 적갈색이다. 어떤 것은 밝은 갈색을 띠는 오렌지색 또는 살구색이며 과립의 인편이 가장자리에 부착한다. 가장자리에 줄무늬선이 있다. 살은 백색이다. 주름살은 자루에 끝붙은 주름살로 좁고 밀생하며 백색이다. 자루의 길이는 6~12cm, 굵기는 0.5~1cm로 위쪽으로 뒤틀린다. 표면은 갈색이 도는 오렌지색 또는 황토색의 갈색이며 조그만 갈색 비늘이 있고 가루가 분포한다. 자루의 위쪽에는 줄무늬선이 있는 막질의 턱받이가 있고 밑에는 대주머니의 인편이 있다. 포자의 크기는 7.5~9×6~8.2μm이며 타원형 또는 구형으로 표면은 매끈하고 투명하다. 포자문은 백색이다. 비아밀로이드 반응을 보인다.

생태 여름 / 활엽수림 또는 침엽수림의 땅에 단생 · 산생한다. 외생균근을 형성한다.

분포 한국, 일본

방패광대버섯

Amanita sculpta Corner & Bas

형태 균모의 지름은 8~15.5cm로 반구형에서 편평해진다. 표면은 자갈색이며 중앙에 종려나무 갈색, 자갈색 또는 암갈색의 큰 인편이 있다. 가장자리에는 자회색의 백색 파편이 있다. 살은 연한 자갈색이며 두껍고 맛은 없으며 치밀하다. 주름살은 자루에 떨어진 주름살로 아주 촘촘하고 길이가 다르며 폭은 1cm 정도이다. 주름살은 칼 모양이며 백색에서 회백색 또는 연한 회갈색이며 나중에 갈색으로 된다. 언저리는 가루상이다. 자루의 길이는 16~18.5cm, 굵기는 2~2.4cm로 원주형이고 균모와 같은 색으로 위쪽은 회백색이며 털이 있다. 턱받이는 막질로 탈락하기 쉬우며 아래는 자갈색 인편이 있다. 자루의 속은 차 있고 송진과 비슷하다. 기부는 팽대하고 구형이다. 대주머니에는 대형의 인편이 부착한다. 포자의 크기는 10.4~12.4×8.5~11μm로 아구형이고 연한 황색이며 알갱이를 함유한다. 아밀로이드 반응을 보인다.

생태 여름 / 상록 활엽수림의 땅에 군생한다.

분포 한국, 중국

담황색광대버섯

Amanita silvicola Kauffman

형태 균모의 지름은 5~12cm로 둥근 산 모양에서 편평한 둥근 산 모양으로 되며 백색으로 잔존물이 있다. 대주머니 파편이 섬유상처럼 부서져서 불규칙한 파편으로 되어 펠트상으로 분포한다. 백색에서 그을린 색으로 된다. 가장자리에 줄무늬선이 없으며 아래로 말린다. 주름살은 자루에 끝붙은 주름살로 백색이며 밀생한다. 자루의 길이는 6~10cm, 굵기는 1~2.5cm로 거의 원통형이며 위쪽으로 가늘어진다. 표면은 백색이 갈색으로 물들며 아래는 섬유상이다. 턱받이는 대형으로 백색이며 턱받이가 탈락한 흔적이 있다. 자루의 속은 차 있다. 기부는 부풀고 둥근형에서 가는 곤봉형으로 되며 드물게 뿌리형이다. 대주머니 파편이 가장자리에 펠트상의 섬유상으로 된다. 포자의 크기는 8.3~11.2×4.5~6.2㎛로 타원형에서 장타원형으로 된다. 표면은 매끈하고 투명하며 벽은 얇다. 아밀로이드 반응을 보인다.

생태 여름~가을 / 숲속의 땅에 단생 · 군생하며 때로는 속생한다.

분포 한국, 일본, 중국, 유럽, 북아메리카

닮은광대버섯

Amanita simulans Contu

형태 균모의 지름은 5~12cm로 둥근 산 모양에서 차차 편평해지나 중앙은 볼록하지 않다. 표면은 광택이 나고 어두운 회색에서 은빛 회색이며 햇빛에 노출되면 연한 색으로 된다. 보통 백색-황토색의 외피막 파편이 있다. 가장자리는 줄무늬홈선이 있다. 주름살은 끝붙은 주름살로 백색에서 홍조의 희미한 회색이다. 자루는 강하고 백색이다. 보통 섬유상이고 표면은 회색이다. 대주머니는 백색에서 분명한 회색이며 황토색으로 물들고 연약하여 부서지기 쉽고 거의 둥근 구형이다. 드물게 필라멘트 균사를 가진 것도 있다. 포자의 크기는 8~11(14)×8~11㎛로 아구형이다. 담자기 기부에 꺾쇠는 없다.

생태 여름~가을 / 혼효림의 석회석 땅에 단생한다.

분포 한국, 유럽

중국광대버섯

Amanita sinensis Zhu L. Yang

형태 균모의 지름은 7~12cm로 둥근 산 모양에서 차차 편평하게 된다. 표면은 백색에서 회색으로 되며 중앙은 회색에서 흑회색으로 된다. 원추형의 사마귀 반점이 약간 있는데 폭은 2~4mm, 높이는 3mm이다. 살은 백색이다. 가장자리에 짧은 줄무늬선이 있다. 주름살은 끝붙은 주름살로 밀생하며 백색에서 크림색으로 된다. 짧은 주름살로 잘린 형이고 길이가 다르다. 자루의 길이는 10~15cm, 굵기는 1~2.5cm로 유원통형으로 위로 가늘다. 표면은 오백색에서 회색으로 되며 흑색의 가루상 인편이 덮여 있다. 자루의 기부는 부풀고 둘레는 2~3.5cm로 배불뚝이형에서 거의 곤봉형이다. 턱받이는 거의 예리하고 위쪽은 백색이고 아래쪽은 회색이며 가끔 균모에서 펴지는 동안 자루로부터 찢어진다. 포자의 크기는 (8)9.5~12.5(13.5)×7×8.5(9.5)μm로 광타원형에서 타원형이다. 비아밀로이드 반응을 보인다. 담자기의 기부에 꺾쇠가 있다.

생태 여름~가을 / 활엽수와 참나무과 식물의 혼효림에 발생한다.

분포 한국, 일본, 중국, 네팔

황색줄광대버섯

Amanita sinicoflava Tulloss

형태 균모의 지름은 2.5~6.5cm로 종 모양에서 넓은 둥근 산 모양
이며 중앙은 뚜렷하게 볼록하다. 표면은 황갈색에서 갈색으로 되
며 올리브 색조를 가진다. 중앙은 어둡고 보통 밋밋하며 건조 상
태에서 사마귀 반점은 떨어진다. 가장자리에 줄무늬선이 있다. 살
은 얇고 백색이며 냄새는 불분명하다. 주름살은 끝붙은 주름살 또
는 약간 올린 주름살로 밀생하고 가늘며 백색에서 크림색 또는 연
한 오렌지색으로 된다. 자루의 길이는 7~14cm, 굵기는 0.7~1.3cm
로 위로 갈수록 가늘다. 자루의 속은 비었고 턱받이는 없다. 표면
은 백색에서 회색으로 되며 상처를 받으면 어두운색으로 변하고
미세한 섬유상이다. 대주머니는 막질이고 부서지기 쉽다. 자루의
속은 연한 회색이며 적갈색으로 물들었다가 보통 사라진다. 포자
문은 백색이다. 포자의 크기는 9~12×8~11.5μm로 아구형이다. 표
면은 매끈하고 투명하며 벽은 얇다. 비아밀로이드 반응을 보인다.
생태 여름~가을 / 혼효림의 땅에 산생·군생한다. 독버섯으로
추정된다.
분포 한국, 중국, 북아메리카

양파광대버섯

Amanita sphaerobulbosa Hongo

형태 균모의 지름은 3~7cm이며, 처음에 반구형에서 둥근 산 모양으로 되며 나중에는 거의 편평하게 된다. 표면은 백색에서 연한 갈색으로 되며 각추상의 작은 사마귀 반점이 다수 부착하지만 탈락하기 쉽다. 자실체는 어릴 때 가장자리에 턱받이의 파편이 부착하고 늘어지기도 한다. 살은 백색이고 냄새는 거의 없다. 주름살은 끝붙은 주름살로 말단이 선으로 되어 자루의 위에 늘어진다. 폭은 약 7mm이며 백색이고 밀생한다. 언저리는 가루상이다. 자루의 길이는 8~14cm, 굵기는 0.6~0.8cm로 백색이며 기부는 주머니 모양 또는 둥근 모양이다. 표면은 면모상-섬유상의 작은 인편으로 덮여 있다. 턱받이는 백색이고 막질로 윗면에 줄무늬선이 있으며 영존성이고 자루의 상부에 있다. 대주머니는 자루의 팽대부에서는 불분명하다. 포자는 구형인 것은 지름이 7~8.5μm이고 아구형인 것은 크기는 7~9.5×6.5~8.5μm이다. 아밀로이드 반응을 보인다. 담자기가 4-포자성이다. 연낭상체는 곤봉형이다.

생태 여름~가을 / 숲속의 땅에 단생 · 군생한다.

분포 한국, 일본

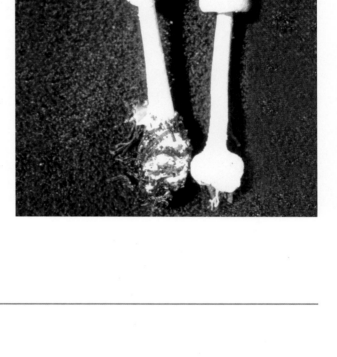

가루배꼽광대버섯

Amanita valens (E.-J. Gilbert) Bertault

형태 균모의 지름은 3~6cm로 둥근 산 모양에서 차차 편평해진다. 표면은 노란 가죽색이며 밋밋하나 드물게 대주머니 막편이 붙어 있는 것도 있으며 흔히 줄무늬선이 가장자리까지 발달한다. 주름살은 끝붙은 주름살로 유백색에서 누른빛으로 되며 폭은 좁다. 언저리는 예리하고 끈적기가 조금 있다. 살은 백색이고 냄새와 맛은 없다. 자루의 길이는 5~7cm, 굵기는 0.1cm로 양모 같은 털로 덮여 있으나 이것들이 비늘로 되었다가 탈락하여 밋밋하게 되는 것도 있다. 표면은 뚜렷한 노란 가죽색이며 오래되면 파지는 것도 있다. 턱받이는 보통 없으나 있는 것은 쉽게 탈락한다. 대주머니는 갈라진다. 포자의 크기는 12~17×6~9μm이며 원통형 또는 난상으로 장방형이다.

생태 여름 / 혼효림의 땅에 군생한다. 식용이다.

분포 한국, 중국

뱀껍질광대버섯

Amanita spissacea Imai

형태 균모의 지름은 4~12.5cm로 반구형에서 둥근 산 모양을 거쳐 차차 접시 모양으로 되며 중앙이 오목해지는 것도 있다. 표면은 회갈색이고 약간 섬유상인 암갈색 각추형의 가루상과 사마귀가 중앙에 밀집하고 그 외는 산재한다. 표면이 균열되어 얼룩덜룩해지고 비를 맞거나 하면 쉽게 탈락한다. 살은 백색이다. 주름살은 끝붙은 주름살 또는 내린 주름살로 백색이고 밀생하며 변두리는 가루상이다. 자루의 높이는 5~15cm, 굵기는 0.5~1.5cm로 회색 또는 회갈색이고 섬유상의 가는 비늘 조각으로 덮인다. 위쪽으로 가늘며 얼룩무늬가 있고 아래는 둥글게 부푼다. 자루의 속은 차 있다. 턱받이는 회백색이고 윗면에 가는 선이 있다. 대주머니는 기부에 4~7열로 환상의 가루 또는 솜털상을 이룬다. 포자의 크기는 8~10.5×7~7.5μm로 타원형-아구형이며 표면은 매끄럽고 아밀로이드 반응을 보인다.

생태 여름~가을 / 활엽수림과 침엽수림의 땅에 군생한다. 독버섯이다.

분포 한국, 중국, 일본

296

턱받이광대버섯

Amanita spreta (Peck) Sacc.
A. spreta (Peck) Sacc. var. spreta

형태 균모의 지름은 2~6cm로 어릴 때는 난형-종 모양이나 나중에 둥근 산 모양-평평한 모양이 되고 중앙부가 약간 오목해져서 접시 모양을 이룬다. 표면은 밋밋하고 습기가 있을 때는 약간 끈적기가 있으며 회갈색-쥐색 또는 갈색이다. 가장자리에 방사상의 줄무늬선이 있다. 살은 얇고 거의 백색이며 균모 바로 아래는 약간 회색이다. 주름살은 떨어진 주름살로 백색-황백색이며 약간 촘촘하다. 자루의 길이는 4~9cm, 굵기는 0.4~0.8cm로 위아래 굵기가 같거나 위쪽이 가늘다. 표면은 거의 백색이며 턱받이 아래쪽은 약간 섬유상이다. 자루의 속은 비어 있다. 턱받이는 백색의 막질이다. 포자의 크기는 10.5~14×7.5~9.5μm로 광난형이며 표면은 매끈하고 투명하다.

생태 여름~가을 / 참나무류, 구실잣밤나무류 등 활엽수림의 땅에 발생한다. 아마톡신류와 용혈성 단백질을 함유하고 있는 맹독성 버섯이다.

분포 한국, 일본, 중국, 러시아 연해주, 유럽, 북아메리카

뿌리광대버섯

Amanita strobiliformis (Paulet ex Vittad.) Bert.

형태 균모의 지름은 10~15cm로 반구형에서 곧 둥근 산 모양을 거쳐 편평하게 된다. 중앙은 때때로 톱니상이며 표면은 백색에서 회백색으로 되나 불규칙하다. 때로는 검은색이 압착되고 연하며 부서지기 쉬운 파편으로 덮여 있다. 가장자리는 예리하고 백색이며 크림 같은 표피의 파편이 매달린다. 살은 백색이다. 부서지기 쉬우나 두껍고 냄새는 약간 좋고 맛은 온화하다. 주름살은 올린 주름살에서 끝붙은 주름살로 되며 백색에서 크림색이고 폭은 넓다. 언저리는 밋밋한 상태에서 미세한 섬유상으로 된다. 자루의 길이는 12~20cm, 굵기는 2~3cm로 원통형이고 기부로 약간 굵다. 표면은 백색 또는 크림색이며 연하다. 섬유실의 인편으로 덮이며 이것들은 단단하고 가늘게 된다. 어릴 때는 백색의 턱받이 윗면에 줄무늬가 있다. 자루의 속은 차 있고 단단하다. 포자의 크기는 10~12.5×7.5~9μm로 광타원형이며 표면은 매끈하고 투명하다. 담자기의 크기는 55~60×11~14μm로 가는 막대형이며 4-포자성이고 기부에 꺾쇠는 없다.

생태 여름~가을 / 숲속의 땅에 단생 · 군생한다.

분포 한국, 일본, 중국, 유럽, 북아메리카

구형광대버섯아재비

Amanita subglobosa Zhu L. Yang

형태 균모의 지름은 5~10cm로 처음에 거의 구형에서 둥근 산 모양을 거쳐 편평하게 된다. 처음에는 백색의 외피막이 자실체 전체를 덮고 있으며 차차 자라면서 균모와 자루가 분리되면서 막편은 큼직하게 균모와 자루에 남는다. 표면은 처음 황갈색이나 노후하면 적갈색으로 되고 중앙은 암갈색이며 표면에 황백색 인편이 있다. 가장자리는 불분명한 줄무늬홈선이 있다. 주름살은 올린 주름살로 백색이고 밀생하며 폭은 넓다. 자루의 길이는 5~15cm이고 굵기는 1~1.8cm로 원통형이나 기부로 굵어지며 백색이다. 기부는 팽대하며 여러 개의 고리 모양의 테로 된 불완전한 대주머니가 있다. 턱받이는 백색이고 막질이며 솜털상의 인편이 있다. 포자의 크기는 6.5~7.5×7~8.5㎛로 아구형이다.

생태 여름~가을 / 2500m 이상의 고산지대에 군생(백두산 측후소 근처에서 채집)한다.

분포 한국, 중국

알광대버섯아재비(개나리광대버섯)

Amanita subjunquillea Imai
A. subjunquilla var. alba Zhu L. Yang

형태 균모의 지름은 3~7㎝로 어릴 때는 원추형이나 둥근 산 모양을 거쳐 거의 편평형으로 된다. 표면의 중앙부는 칙칙한 오렌지황색-황토색이고 가장자리는 황색이다. 다소 방사상의 섬유 무늬가 있고 습기가 있을 때는 약간 끈적기가 생기며 때에 따라서 흰색의 외피막 파편이 부착하기도 한다. 살은 흰색이고 표피 바로 밑은 황색이다. 주름살은 떨어진 주름살로 흰색이며 폭이 넓고 약간 밀생한다. 자루의 길이는 6~11㎝, 굵기는 0.6~1㎝로 위쪽이약간 가늘고 흰색-연한 황색 바탕에 황색 또는 갈색 섬유상의 작은 인편이 부착되어 있다. 기부는 부풀어 있고 백색 또는 갈색을띠는 흰색 막질의 외피막에 쌓여 있다. 포자의 지름은 6.5~9㎛로구형-아구형이며 표면은 매끄럽고 투명하다.
생태 여름~가을 / 침엽수나 참나무류 등의 활엽수림의 땅에 발생한다. 독버섯이다.
분포 한국, 중국, 일본, 러시아 연해주

막질광대버섯

Amanita submemranacea (Bon) Gröger

형태 균모의 지름은 4~6cm로 난형-종 모양에서 둥근 산 모양을 거쳐 편평하게 되며 중앙은 둔한 둥근형으로 되고 약간 끈끈럽다. 표면은 밋밋하고 매끄럽다. 중앙은 분리 또는 응집된 회백색 표피의 껍질 조각이 있으며 줄무늬홈선이 중앙까지 발달한다. 색깔은 올리브 갈색에서 회올리브색이거나 노란색에서 적갈색이다. 가장자리는 예리하고 줄무늬선이 있다. 살은 백색이다. 균모 중앙은 두껍고 가장자리 쪽으로 얇으며 냄새는 없고 맛은 온화하다. 주름살은 끝붙은 주름살로 백색에서 크림색으로 되며 폭은 넓다. 주름살의 변두리는 솜털상이다. 자루의 길이는 5~9cm, 굵기는 0.9~1.2cm로 원통형이고 기부 쪽으로 약간 굵고 꼭대기는 넓다. 자루의 속은 비고 부서지기 쉽다. 표면은 백색으로 세로줄의 백색 섬유실이 있다. 기부는 백색에서 회색으로 되며 솜털상이고 갈색 바탕에 얼룩 반점이 있다. 대주머니는 막질이고 찢어진다. 포자의 크기는 9~14.5×9~14μm로 구형 또는 아구형이며 표면은 매끈하고 투명하다. 담자기의 크기는 50~57×13~19μm로 막대형이며 2-4 포자성으로 기부에 꺾쇠가 있다.

생태 여름~가을 / 숲속의 유기질이 풍부한 곳에 단생한다.

분포 한국, 중국, 유럽

구슬광대버섯

Amanita sychnopyramis Corner & Bas
A. sychnopyramis f. subannulata Hongo

형태 균모의 지름은 3~9cm로 어릴 때 반구형에서 둥근 산 모양을 거쳐 거의 편평형으로 되고 중앙이 다소 오목해진다. 표면은 습기가 있을 때는 약간 끈적기가 있고 회갈색 또는 암갈색이다. 작은 각추형의 흰색-연한 회갈색의 외피막 파편이 다수 반점 모양으로 산재한다. 가장자리는 방사상의 줄무늬홈선이 나타난다. 살은 흰색으로 얇고 맛은 없다. 주름살은 끝붙은 주름살이고 흰색이며 폭이 넓고 촘촘하다. 자루의 길이는 3.5~12cm, 굵기는 0.4~1cm로 거의 백색이며 기부는 구슬 모양의 둥근 형태 또는 도란형으로 된다. 표면에는 소형의 외피막 파편이 다수 테두리 모양으로 부착한다. 턱받이는 흰색이고 극히 얇고 회색의 테가 있으며 영존성 또는 쉽게 소실하는 것도 있다. 포자의 크기는 6.5~9×6~7.5μm로 구형-아구형이며 표면은 매끄럽고 투명하다. 비아밀로이드 반응을 보인다.
생태 여름~가을 / 참나무 숲의 땅이나 부근 풀밭에 발생한다.
분포 한국, 일본, 중국, 싱가포르

우산광대버섯

Amanita vaginata (Bull.) Lam.
A. vaginata var. alba (De Seynes) Gill. / A. vaginata var. vaginata (Bull.) Lam.

형태 균모의 지름은 2~6cm로 종 모양에서 둥근 산 모양을 거쳐 편평하게 된다. 표면은 습기가 있을 때는 끈적기가 있고 쥐회색, 회갈색 또는 회청색이며 중앙부의 색깔은 더 진하다. 가장자리에는 방사상의 줄무늬홈선이 있고 때로는 위로 뒤집혀 감긴다. 살은 희고 얇으며 맛은 유화하고 자루의 살은 육질이다. 주름살은 떨어진 주름살로 밀생하며 폭이 좁고 희다. 자루의 길이는 7~12cm, 굵기는 0.4~2cm로 위로 점차 가늘어진다. 표면은 밋밋하거나 짙은 색깔의 가루 모양 인편으로 덮이고 백색 또는 회백색이다. 자루의 속은 비어 있고 턱받이는 없다. 대주머니는 백색의 자루 모양이다. 포자의 지름은 9~11.2μm로 구형이며 표면은 매끄럽다. 포자문은 백색이다.

생태 여름~가을 / 숲속의 땅에 산생 · 단생한다. 잎갈나무, 가문비나무, 분비나무, 전나무, 소나무, 사시나무, 신갈나무 등과 외생균근을 형성한다. 식용이다.

분포 한국, 일본, 중국 등 전 세계

우산광대버섯(흰색형)

Amanita vaginata var. **alba** Gill.

형태 균모의 지름은 2~6cm로 종 모양에서 둥근 산 모양을 거쳐 편평하게 된다. 표면은 습기가 있을 때는 끈적기가 있고 백색이다. 가장자리는 방사상의 줄무늬홈선이 있다. 살은 희고 얇으며 맛이 유화하고 자루의 살은 육질이다. 주름살은 떨어진 주름살로 밀생하며 폭이 좁고 희다. 자루의 길이는 7~12cm, 굵기는 0.4~2cm로 위쪽으로 점차 가늘어진다. 표면은 백색이고 밋밋하며 가루상의 인편으로 덮이고 백색이다. 자루의 속은 비어 있고 턱받이는 없다. 대주머니는 백색의 자루 모양이다. 포자의 지름은 11~13μm로 구형이며 표면은 매끄럽다. 비아밀로이드 반응을 보인다. 포자문은 백색이다.

생태 여름~가을 / 참나무류나 소나무 숲의 땅에 군생한다. 드물며 식용이다.

분포 한국, 일본, 중국

마귀광대버섯아재비

Amanita velatipes G.F. Atk.
A. pantherina var. velatipes (Atk.) Jenkins

형태 균모의 지름은 7~18cm로 둥근 산 모양에서 차차 편평해지
나 가장자리는 줄무늬선이 있다. 표면은 밋밋하고 크림색에서 황
백색으로 되나 가운데가 진하며 습기가 있을 때는 끈적기가 있
다. 살은 얇다. 주름살은 끝붙은 주름살로 밀생하며 백색이다. 자
루의 길이는 8~20cm, 굵기는 0.8~2cm로 위쪽으로 가늘고 백색이
다. 자루의 속은 비었고 표면은 밋밋하다. 위쪽으로 미세한 털이
있고 기부 쪽으로 뻣뻣한 털과 인편이 있다. 턱받이는 불규칙하고
중간에 있다. 두껍고 백색이며 소실되기 쉽다. 기부는 난형의 막
질로 부풀고 털상이고 백색의 얼룩이 있다. 대주머니는 칼집 모양
이고 자루의 기부가 되며 백색의 솜털상의 사마귀 반점 같은 알
갱이가 있다. 포자의 크기는 7.9~13.2×6.3~7.9μm로 광타원형이
다. 비아밀로이드 반응을 보인다. 포자문은 백색이다.

생태 여름 / 혼효림, 낙엽활엽수림의 땅에 단생 · 군생한다. 흔한
종이며 독버섯이다.

분포 한국, 일본, 중국, 유럽, 북아메리카

흰알광대버섯

Amanita verna (Bull.) Lam.
A. phalloides var. verna (Bull.) Lanzi

형태 균모의 지름은 3~9cm로 반구형에서 차차 편평하게 되며 중앙부는 조금 오목하다. 표면은 습기가 있을 때는 끈적기가 있고 마르면 매끄럽다. 순백색이고 중앙부는 연한 황색이다. 살은 얇고 백색이며 맛은 온화하며 고약한 냄새가 난다. 가장자리는 반반하다. 주름살은 떨어진 주름살로 밀생하며 백색이다. 자루의 높이는 6~8cm, 굵기는 0.6~0.7cm로 위아래의 굵기가 같거나 원주형이며 표면은 매끄럽고 백색이다. 자루의 속은 차 있다가 비며 기부는 불룩하다. 턱받이는 상위이고 막질로 백색이며 윗면에 줄무늬홈선이 있다. 대주머니는 백색의 자루 모양이다. 포자의 지름은 8~8.5×8μm로 구형 또는 아구형이며 표면은 매끄럽고 투명하다. 아밀로이드 반응을 보인다. 포자문은 백색이다.

생태 여름~가을 / 숲속의 땅에 산생·군생한다. 맹독버섯이다. 소나무와 외생균근을 형성한다.

분포 한국, 일본, 중국, 유럽, 북아메리카 등 전 세계

기와광대버섯

Amanita virella Sing.
A. virescens Beeli

형태 균모의 지름은 5~6cm로 처음 둥근 산 모양에서 편평한 둥근 산 모양으로 된다. 처음에 검은색에서 녹색을 거쳐 암색으로 된다. 중앙에 대주머니의 파편이 분포하며 이는 피라미드 같고 폭이 좁다. 살은 두껍고 단단하고 백색 또는 크림색이며 나중에 진한 녹색으로 된다. 자루 위의 살은 녹색으로 냄새는 강하고 쓴맛이다. 가장자리에 희미한 줄무늬선이 있다. 주름살은 자루에 끝붙은 주름살로 황백색에서 연한 유황 노란색 또는 연한 녹색으로 되며 폭은 0.4~0.5cm이다. 자루의 길이는 9~12cm, 굵기는 0.5~1.2cm로 원통형이며 퇴색한 올리브색에서 회색으로 되며 속은 차 있다. 표면은 밋밋하다. 기부는 부풀고 아구형에서 타원형이다. 턱받이는 자루의 위쪽에 부착하며 막질로 영존성이고 스커트 모양이며 퇴색한 백색이다. 대주머니는 부서지기 쉬우며 기부에 연한 갈색 원형으로 존재한다. 포자의 크기는 9.1~11.4×6~8㎛로 광타원형 또는 타원형이다. 아밀로이드 반응을 보인다.

생태 여름 / 혼효림의 땅에 단생·군생한다.

분포 한국, 유럽, 북아메리카

흰가시광대버섯

Amanita virgineoides Bas

형태 균모의 지름은 9~20cm로 어릴 때는 구형이다가 나중에 둥근 산 모양-거의 평평한 모양이 된다. 표면은 1~3mm 정도의 침모양-피라미드 모양의 사마귀 반점으로 덮이며 이는 탈락하기 쉽다. 유백색-크림색이며 가장자리 끝에는 너덜너덜하게 외피막 잔편이 붙어 있기도 하다. 살은 백색이다. 주름살은 떨어진 주름살로 백색-크림색이고 폭이 넓으며 촘촘하다. 언저리 부분은 가루상이다. 자루의 길이는 12~22cm, 굵기는 1.5~2.5cm로 백색이고 표면은 솜털상의 가는 인편이 밀포한다. 기부 쪽은 곤봉형으로 부풀며 지름은 3~5cm 정도이다. 기부에는 대주머니가 없고 솜털상의 가는 인편이 여러 개의 테 모양으로 밀포한다. 자루의 속은 차 있다. 턱받이는 대형이고 연한 막질인데 하면에는 원추상의 사마귀 반점이 붙어 있다. 균모가 펴지면 쉽게 탈락한다. 포자의 크기는 8~10.5×6~7.5μm로 타원형이며 표면은 매끈하고 투명하다.
생태 여름~가을 / 참나무 숲이나 소나무와 참나무 혼효림의 땅에 단생·군생한다. 독버섯이다.
분포 한국, 일본

독우산광대버섯

Amanita virosa Bertillon
A. virosa var. rubescens D.H. Cho

형태 균모의 지름은 6~13*cm*로 원추형 또는 종 모양에서 차차 편평하게 되며 중앙은 조금 돌출한다. 표면은 습기가 있을 때는 끈적기가 있고 마르면 광택이 나며 순백색이고 중앙부는 황토색을 띤다. 가장자리는 홈선이 없이 매끈하다. 살은 조금 두꺼우며 백색이고 고약한 냄새가 난다. 주름살은 떨어진 주름살로 밀생하고 폭은 좁고 얇으며 백색이다. 자루의 길이는 9~16*cm*, 굵기는 1.5~3*cm*로 원주형이고 백색이다. 기부는 둥글게 부풀고 턱받이 아래는 융털로 덮이며 속은 차 있다. 턱받이는 상위에 있고 막질로 아래로 드리우며 백색이다. 상면에 홈선이 있으며 하면은 솜털상이고 가끔 갈라지며 영존성이다. 대주머니는 막질로 크고 윗면은 찢어진다. 포자의 지름은 8~10*μm*로 구형이며 표면은 매끄럽다. 포자문은 백색이다.

생태 여름~가을 / 활엽수림과 침엽수림의 혼효림, 잣나무 또는 사스래나무 숲속의 땅에 산생 · 군생한다. 맹독버섯이다. 소나무와 외생균근을 형성한다.

분포 한국, 중국, 일본, 유럽, 북아메리카 등 전 세계

독우산광대버섯(적변형)

Amanita virosa var. **rubescens** D.H. Cho

형태 균모의 지름은 5~8cm로 원추형이며 표면은 순백색이고 중앙부는 원추형으로 돌출한다. 중앙 부위의 색깔은 붉은색의 적색으로 뚜렷한 적색이다. 가장자리는 위로 뒤집혀서 갈라지기도 한다. 고약한 냄새가 난다. 주름살은 떨어진 주름살로 밀생하고 폭은 좁고 얇으며 백색이다. 자루의 길이는 7~10cm, 굵기는 1.5~3cm로 순백색이고 표면은 약간 매끈한 편이다. 기부는 둥글게 부푼다. 막질의 턱받이가 있다. 대주머니는 막질로 크고 윗면은 찢어진다. 포자의 지름은 8~10μm이고 구형이며 표면은 매끄럽다. 포자문은 백색이다. 독우산광대버섯과 비슷하나 균모의 중앙이 오래되면 붉은 적색으로 되는데 거의 가장자리까지 붉게 된다. 적변현상은 보통 12시간 정도가 걸리며 밤에만 나타나며 낮에는 나타나지 않는다.

생태 봄~여름 / 활엽수림의 땅에 군생한다.

분포 한국(서울 근교의 서오릉)

310

큰주머니광대버섯

Amanita volvata (Peck) Llyod

형태 균모의 지름은 5~8cm로 어릴 때 종 모양-반구형에서 둥근 산 모양이 되었다가 거의 평평한 모양이 된다. 표면은 백색-연한 갈색이다. 백색 또는 연한 홍갈색의 가루상 또는 점상의 작은 인편이 부착되거나 큰 외피막의 파편이 부착되기도 한다. 살은 백색이고 상처를 받으면 연한 홍색으로 된다. 주름살은 자루에 떨어진 주름살로 처음에는 백색이나 나중에 연한 홍갈색으로 되며 폭이 넓으며 촘촘하다. 자루의 길이는 6~14cm, 굵기 0.5~1cm로 백색이며 턱받이가 없다. 기부 쪽으로 굵어지며 표면은 백색인데 균모와 같은 모양의 인편이 덮여 있다. 기부에는 두꺼운 막질인 외피막이 대형으로 덮여 있다. 포자의 크기는 7.5~12.5×5~7μm로 타원형-장타원형이며 표면은 매끈하고 투명하다.

생태 여름~가을 / 숲속의 땅에 단생 · 군생한다. 매우 흔하다. 독버섯이다.

분포 한국, 일본, 중국, 러시아 연해주, 북아메리카 등 전 세계

311

노란주름광대버섯

Amanita wellsii (Murill) Murill

형태 균모의 지름은 3~10cm로 둥근 산 모양에서 편평한 둥근 산 모양으로 되었다가 편평하게 된다. 처음에는 가장자리에 줄무늬 선이 없으나 오래되면 생긴다. 습기가 있을 때는 건조성에서 약간 끈적성으로 된다. 대주머니 파편이 섬유상 털로 남거나 부서져서 사마귀 반점 또는 인편이 된다. 표피 아래 살은 노란색이다. 가장자리는 노란색-오렌지색에서 핑크 오렌지색으로 되며 대주머니는 섬유상으로 부착하고 균모의 색보다는 약간 밝다. 주름살은 끝붙은 주름살에서 올린 주름살로 밀생하며 백색에서 연한 크림색으로 된다. 자루의 길이는 7~16cm, 굵기는 0.5~2cm로 위쪽으로 가늘어지고 연한 노란색이다. 속은 차 있다가 빈다. 턱받이의 위는 비듬이 있고 아래는 털이 없다. 미세한 섬유상의 털이 있고 기부는 약간 구형에서 난형이다. 턱받이는 크고 너털거리며 탈락하기 쉽고 노란색이다. 대주머니는 보통 섬유상의 조각으로 되어 떨어지며 노란색이다. 포자는 11~14.1×6.3~8.3μm로 타원형에서 거의 원주형이며 매끈하고 투명하며 벽은 얇다. 담자기는 45~65×4~11μm로 4-포자성이고 드물게 기부에 꺾쇠가 있다.

생태 여름 / 낙엽수림과 혼효림의 땅에 군생한다.

분포 한국, 북아메리카

운남광대버섯

Amanita yuaniana Zhu L. Yang

형태 균모의 지름은 5~14cm로 편반구형에서 차차 편평해진다. 회백색에서 황갈색으로 되며 광택이 나고 밋밋하나 끈적기가 있다. 가장자리는 밋밋하고 노쇠하면 불명료한 줄무늬홈선이 있다. 살은 백색이며 두껍다. 주름살은 자루에 떨어진 주름살로 백색이고 밀생하며 길이가 다르다. 자루의 길이는 7~14cm, 굵기는 1~2.5cm로 원주형이며 백색이다. 기부는 털이 있다. 턱받이는 자루의 상부에 있고 위쪽은 줄무늬가 있고 아래는 백색 털의 인편이 있다. 포자의 크기는 9.2~12.5×6~8.5μm로 구형 또는 타원형이며 무색으로 광택이 나고 표면은 매끈하다. 아밀로이드 반응을 보인다. 낭상체는 없으며 포자문은 백색이다.

생태 여름 / 숲속의 땅에 산생 · 단생한다. 식용이며 균근을 형성한다.

분포 한국, 중국

톱날광대버섯

Amanita vittadini (Moretti) Vittad

형태 균모의 지름은 4~9*cm*로 둥근 산 모양에서 차차 편평형으로 되며 백색이나 간혹 황색이다. 표면은 건조성이고 각추상의 인편이 뒤덮었다고 할 만큼 많지만 쉽게 탈락한다. 가장자리에 줄무늬선은 없다. 살은 백색이다. 주름살은 떨어진 주름살로 비교적 밀생하며 길이는 다르다. 가장자리는 고르고 밋밋하거나 혹은 미세한 톱니상이다. 자루는 길이는 8~12*cm*, 굵기는 1~2.5*cm*로 백색이고 거칠며 턱받이 같은 인편이 겹겹이 있다. 기부는 부풀어 있다. 포자의 크기는 8.6~16×6~9*μm*로 타원형 또는 광타원형으로 무색이며 광택이 나고 표면은 매끈하고 투명하다. 아밀로이드 반응을 보인다.

생태 봄~가을 / 숲속의 땅에 단생·군생한다.

분포 한국, 중국, 유럽

점박이창버섯

Aspidella hesleri (Bas) Vizzini & Contu
Amanita hesleri Bas

형태 균모의 지름은 7~11.5*cm*로 둥근 산 모양에서 거의 편평하게 되며 중앙은 낮고 넓게 볼록하고 그 가운데가 약간 들어간다. 표면은 건조성이나 약간 끈적기를 가지며 섬유실로 백색에서 그을린 백색으로 된다. 갈색에서 회갈색으로 되는 피라미드 사마귀 점과 인편을 가진다. 가장자리에는 줄무늬선이 없고 부속물이 붙어 있다. 살은 비교적 두껍고 백색이며 냄새와 맛은 분명치 않다. 주름살은 자루에 홈파진 주름살로 폭은 넓고 밀생하며 백색 또는 가끔 핑크색을 가진다. 언저리는 고르다. 자루의 길이는 6.5~14 *cm*, 굵기는 0.7~1.6*cm*로 아래쪽으로 부풀어서 가는 곤봉형이다. 기부는 인편, 또는 사마귀 반점을 만들며 방추형이다. 표면은 섬유상에서 섬유실로 되며 백색이고 속은 차 있다. 턱받이는 없다. 포자문은 백색이다. 포자의 크기는 10~13×5~8*μm*로 타원형 또는 장타원형이고 표면은 매끈하고 투명하다. 아밀로이드 반응을 보인다.

생태 봄~가을 / 참나무과 식물과 활엽수림의 혼효림의 땅에 단생·산생 또는 집단으로 발생한다. 식용 여부는 불분명하다.

분포 한국, 북아메리카

회색가시창버섯

Aspidella solitaria (Bull.) E.-J. Gilbert
Amanita solitaria (Bull.) Fr.

형태 균모의 지름은 7~10cm로 어릴 때 구형에서 둥근 산 모양-평평한 모양이 된다. 표면은 회백색-백갈색이고 흔히 중앙 쪽이 진하다. 습할 때는 약간 끈적기가 있고 같은 색의 피라미드 모양의 사마귀 반점이 밀포한다. 비를 맞거나 오래되면 사마귀 반점이 소실되기도 한다. 살은 크림색이며 때때로 녹색을 띠기도 한다. 주름살은 바른 주름살로 크림색이거나 녹색으로 오래되면 황색이 된다. 폭이 넓고 촘촘하다. 자루의 길이는 7~10cm, 굵기는 0.6~2cm로 원주형이며 흔히 기부 쪽으로 굵어지고 때때로 구근상이 된다. 간혹 기부가 뿌리 모양으로 가늘어지기도 한다. 표면은 회갈색의 크림색이며 손으로 만지면 약간 갈색으로 변한다. 위쪽에 불완전한 턱받이가 있으며 턱받이 윗면은 밋밋하고 아랫면은 가루상-면모상이다. 포자의 크기는 8.4~11.3×6.4~8.2μm로 광타원형이며 표면은 매끈하고 투명하다. 포자문은 진한 크림색이다.
생태 여름~가을 / 활엽수림의 땅, 토사가 씻겨 흘러내린 곳 등에 단생·산생한다. 독버섯이다.
분포 한국, 유럽

적포도노을버섯

Limacella delicata (Fr.) Earl ex Konr. & Maubl.
L. delicata var. vinosorubescens (Fyrrer-Ziogas) Gminder / L. vinosorubescens Furrer-Ziogas /
L. glioderma (Fr.) Maire

형태 균모의 지름은 2.6~6cm로 처음에 약간 종 모양에서 둥근 산 모양을 거쳐 편평하게 된다. 표면은 습기가 있을 때는 끈적기가 있고 포도색-적색이다. 가장자리는 아래로 말린다. 살은 백색으로 연하고 맛은 온화하고 밀가루 냄새가 난다. 상처를 받으면 벽돌색-적색으로 물든다. 주름살은 거의 끝붙은 주름살로 밀생하며 백색의 크림색이고 핑크색 얼룩이 있다. 자루의 길이는 4~8cm, 굵기는 0.5cm 정도로 원통형이며 약간 분홍색이다. 표면은 털같은 인편이 있고 비단결 비슷하며 위쪽부터 아래로 턱받이 같은 테가 2~3개 있다. 자루의 살은 약간 핑크색이다. 대주머니는 없다. 포자의 크기는 4~5×3.5~4.5μm로 아구형 또는 광타원형이며 표면은 매끈하고 투명하다. 포자문은 백색이다.

생태 여름~가을 / 활엽수림의 땅에 군생한다. 드문 종이다.

분포 한국, 중국

노을버섯(살구색)

Limacella glioderma (Fr.) Maire

형태 균모의 지름은 3~9cm로 반구형에서 둥근 산 모양으로 되었다가 편평하게 되나 중앙이 돌출한다. 표면은 끈적기가 있고 적갈색 또는 연한 살구색의 갈색이며 표피는 갈라지기 쉽다. 살은 거의 백색으로 부드럽고 강한 냄새가 난다. 주름살은 끝붙은 주름살로 백색이며 약간 밀생한다. 자루의 길이는 4~9cm, 굵기는 0.7~1.2cm로 원통형이며 끈적기는 없다. 턱받이 위쪽은 거의 백색이며 아래쪽은 적갈색으로 섬유상이고 비단 모양이다. 자루의 속은 차 있으며 턱받이는 완전하지 않다. 내피막은 비단결이며 펠트상 또는 거미집막으로 파괴되기 쉽다. 포자의 지름은 3.5~4.5μm로 거의 구형이다.

생태 여름~가을 / 숲속의 땅에 발생한다. 식용이다.

분포 한국, 중국, 일본, 유럽, 북아메리카

얼룩노을버섯

Limacella guttata (Pers.) Konrad & Maubl.

형태 균모의 지름은 6.5~10*cm*로 반구형이 차차 원추형이 되었다가 편평한 원추형으로 되며 오래되면 둔하게 볼록해진다. 표면은 습할시 끈적기가 있으며 광택이 나고 건조하면 비단결이고 밋밋하다. 진한 크림색에서 밝은 황토색으로 중앙은 검은 베이지색에서 황토 갈색이며 벌집 같은 주름이 있다. 가장자리는 예리하다. 살은 백색으로 두껍고 절단하면 밀가루의 냄새와 맛이 나고 온화하다. 주름살은 끝붙은 주름살로 백색이며 폭은 좁다. 언저리는 밋밋하다. 자루의 길이는 10~17*cm*, 굵기는 1~1.5*cm*로 원통형이며 기부는 부풀고 속은 차고 단단하나 부서지기 쉽다. 표면에 세로줄무늬가 있고 턱받이 위쪽은 백색 섬유실이, 아래는 백색 섬유상의 실이 있다. 턱받이는 막질이며 습할 때 물방울이 있고 갈색의 점들이 있기도 하다. 포자는 4.9~6.4×3.6~4.8μm로 광타원형 또는 아구형으로 표면은 매끈하고 투명하다. 담자기는 25~28×6~8μm로 원통형에서 곤봉형이고 4-포자성이며 기부에 꺾쇠가 있다. 낭상체는 없다.

생태 늦여름~가을 / 숲속의 땅에 단생·군생 또는 집단으로 발생한다.

분포 한국, 유럽

노을버섯

Limacella illinita (Fr.) Maire

형태 균모의 지름은 2~8cm로 처음 반구형에서 차차 편평해지나 중앙부는 볼록하다. 표면은 밋밋하고 백색 또는 오백색이나 중앙 부근은 약간 황색이다. 습기가 있을 때는 끈적기가 있다. 가장 자리는 전연이고 줄무늬선은 없다. 살은 백색이며 중앙부는 약간 두껍다. 주름살은 끝붙은 주름살로 백색이고 밀생하며 포크형이다. 자루의 길이는 4~9cm, 굵기는 0.4~0.8cm로 원주형이나 약간 구부러진다. 턱받이는 털상이나 곧 없어진다. 표면은 백색이며 끈적액이 있고 기부에 얼룩의 반점이 있다. 포자의 크기는 5~6.5× 4.5~5.5μm로 아구형 또는 타원형이며 표면은 매끈하고 광택이 있다. 포자문은 백색이다.

생태 여름~가을 / 활엽수림 또는 침엽수림의 땅에 단생·군생·산생한다. 식용이다.

분포 한국, 중국, 유럽

319

고슴도치버섯

Cystoagaricus strobilomyces (Murr.) Sing.

형태 균모의 지름은 1.2~3cm로 처음에 반구형에서 둥근 산 모양으로 되며 나중에는 거의 평평한 모양이 된다. 표면은 암회색 바탕에 거의 같은 색의 끝이 날카로운 가시를 다수 부착한다. 어린 개체는 내피막의 파편이 아래로 늘어지지만 곧 소실된다. 주름살은 떨어진 주름살이지만 바른 주름살, 올린 주름살도 있다. 회색에서 연한 홍색으로 된다. 언저리 부분은 가루상이며 폭이 넓고 촘촘하다. 자루의 길이는 1.5~4cm, 굵기는 0.2~0.35cm로 위아래가 같은 굵기이고 갈색을 띤 회색이다. 위쪽은 연하고 크림색이며 표면은 균모와 마찬가지로 암색 가시가 덮여 있지만 위쪽은 가루상이다. 자루의 속은 비어 있으며 약간 연골질이다. 포자의 크기는 5.5~7×4.7~6×4~4.5μm로 콩팥형이며 회갈색이다.
생태 여름~가을 / 대나무, 참나무류의 썩은 나무에 단생·군생한다.
분포 한국, 일본, 보르네오 섬, 파푸아뉴기니, 뉴질랜드, 남아메리카, 북아메리카

방울무리눈물버섯

Coprinellus angulatus (Peck) Redhead, Vilgalys & Moncalvo
Coprinus angulatus Peck

형태 균모의 높이는 0.5~2cm로 어릴 때 원통형이며 후에 종 모양에서 편평해진다. 표면은 밋밋하고 외피막이 없으며 중앙까지 줄무늬홈선이 있다. 약간 흡수성이며 베이지색-회베이지색의 황토갈색에서 연한 밤갈색으로 되며 보통 중앙이 검고 서서히 액화한다. 가장자리는 물결형이고 가끔 갈라진다. 살은 갈색이며 얇고 냄새는 없으며 맛은 온화하다. 주름살은 올린 주름살로 어릴 때 크림색에서 회색을 거쳐 흑색으로 되며 폭은 넓다. 언저리는 백색의 섬유상이다. 자루의 길이는 1.5~5cm, 굵기는 0.1~0.3cm로 원통형이며 속은 비고 부서지기 쉽다. 표면은 백색에서 연한 크림색이고 어릴 때 미세한 백색의 섬유실이 있다. 포자는 8.5~11×6.5~8.5μm로 주교의 모자 모양이고 표면에는 매끈하며 넓게 잘린 모양으로 발아공이 있다. 담자기의 크기는 17~32×7~10μm로 곤봉형이고 4-포자성이며 기부에 꺾쇠는 없다.

생태 봄~가을 / 불탄 땅에 묻힌 나무에서 단생 또는 작은 집단으로 발생한다. 흔한 종은 아니다.

분포 한국, 유럽

하루무리눈물버섯

Coprinellus ephemerus (Bull.) Redhead, Vilgalys & Moncalvo
Coprinus ephemerus (Bull.) Fr.

형태 균모의 지름은 0.5~1.5cm, 높이는 0.5~1.5cm로 난형의 원통형이다. 나중에 원추형에서 종 모양으로 차차 펴지고 노쇠하면 가장자리가 위로 말린다. 표면은 줄무늬가 중앙 쪽으로 있다. 외피막은 없고 어릴 때 황토색-노란색에서 가장자리 쪽부터 회색으로 된다. 중앙은 갈색이며 액화하고 가장자리는 물결형으로 되어 갈라진다. 살은 백색이며 막질이고 무미건조하다. 주름살은 끝붙은 주름살로 어릴 때 백색이며 회색에서 흑색으로 변하고 폭은 넓다. 언저리는 밋밋하다. 자루의 길이는 4~7cm, 굵기는 0.1~0.2cm로 원통형이며 때때로 기부 쪽으로 부풀며 부서지기 쉽다. 표면은 투명하며 백색에서 회갈색으로 된다. 어릴 때 미세한 백색의 가루로 덮이나 오래되면 매끈하다. 포자는 11.3~15.8×6.4~8.6μm로 타원형이며 표면은 매끈하고 검은 담배색-갈색으로 발아공은 한쪽에 치우친다. 담자기의 크기는 21~30×8~10μm로 곤봉형이며 4-포자성이나 드물게 2-포자성도 있으며 기부에 꺾쇠는 없다.

생태 여름~가을 / 짚을 쌓은 짚더미나 거름이 있는 곳에 군생한다.

분포 한국, 유럽

끝말림무리눈물버섯

Coprinellus aokii (Hongo) Vilgalys, Hopple & Jacq. Johnson
Coprinus aokii Hongo

형태 균모의 지름은 2~3cm로 처음에 원주상의 계란 모양에서 종
모양으로 되며 나중에 편평한 모양으로 된다. 색깔은 처음에는 갈
색이나 나중에 연한 황갈색이 되며 성숙하면 회갈색이 되는데 흔
히 중앙에 연한 담갈색이 남아 있다. 표면에 미세한 털이 밀생하
고 오래되면 균모의 가장자리 일부가 녹아서 오므라든다. 가장자
리 끝은 위로 말린다. 주름살은 떨어진 주름살로 처음에는 백색이
나 나중에 암회갈색 또는 흑색이 되며 촘촘하다. 자루의 길이는
4~10cm, 굵기는 0.15~0.25cm로 가늘고 길며 백색이고 속이 비어
있다. 자루의 살은 갈색이고 파손되기 쉽다. 표면은 미세한 털이
덮여 있다. 포자의 크기는 10~13.5×6~7.5μm로 타원형이나 선단
돌기가 편도형이다. 표면은 매끈하며 발아공이 있다. 포자문은 흑
색이다.
생태 봄~가을 / 썩은 풀이나 짚, 떨어진 나뭇가지 등에 단생 · 군
생한다. 식용 여부는 모른다.
분포 한국, 일본

두포자무리눈물버섯

Coprinellus bisporus (Lange) Vilgalys Hopple & Jacq. Johnson
Coprinus bisporus J.E. Lange

형태 균모의 지름은 1~3*cm*, 높이는 10~18*cm*로 원통형에서 난형으로 되었다가 종 모양을 거쳐 편평하게 되지만 중앙은 볼록하다. 표면은 습기가 있을 때는 광택이 나며 어릴 때는 베이지 황토색이다. 희미한 줄무늬선이 있고 중앙은 황토 갈색의 진한 회색이다. 줄무늬홈선이 중앙까지 발달하고 미세한 털이 직립한다. 살은 칙칙한 베이지 황토색이고 균모의 중앙은 두껍고 가장자리 쪽으로 얇으며 예리하다. 약간 풀 냄새가 나고 맛은 온화하다. 주름살은 좁은 바른 주름살로 백색에서 자갈색으로 되었다가 거의 흑색으로 변하며 폭은 넓다. 언저리는 밋밋하고 백색이다. 자루의 길이는 2.5~8*cm*, 굵기는 0.15~0.3*cm*이며 원통형으로 속은 비었고 탄력성이 있다. 표면은 백색이고 기부 쪽으로 황토색이며 세로로 백색 가루상의 줄무늬가 있다. 포자의 크기는 10.4~14.6×6.8~8.3*μm*로 타원형이고 적갈색이며 발아공이 있고 표면은 매끈하다. 담자기는 20~28×7.5~9*μm*로 곤봉형이며 기부에 꺾쇠는 없다. 연낭상체는 23~40×16~25*μm*로 배불뚝이형이다.
생태 봄~가을 / 풀밭, 짚더미, 동물의 변 등의 분비물에 군생·속생한다.
분포 한국, 일본, 중국, 유럽, 북아메리카

다발무리눈물버섯

Coprinellus congregatus (Bull.) P. Karst.
Coprinus congregatus (Bull.) Fr.

형태 균모의 높이는 0.5~2cm로 처음 원추형에서 원통형-타원형으로 펴져서 넓은 둥근 산 모양으로 된다. 백색에서 크림색이 되었다가 회색을 거쳐 베이지색으로 된다. 약간 황토색-연한 황색으로 중앙은 더 진하고 가장자리부터 안쪽으로 회색이 된다. 자루의 길이는 2~8cm, 굵기는 0.1~0.4cm로 백색이고 가끔 뿌리 형태이다. 턱받이는 중간쯤에 있다. 자루는 균모의 지름보다 훨씬 길다. 냄새가 약간 나고 맛은 좋다. 주름살은 바른 주름살로 크림색에서 갈색-자색으로 되었다가 검은색으로 된다. 포자의 크기는 12~14×6~7μm로 타원형이다. 포자문은 자색에서 흑색이다. 낭상체의 크기는 48~106×7.5~17μm로 벽은 얇고 아원통형이며 기부는 부풀어서 플라스크 모양이다. 균사에 꺾쇠가 있다.

생태 여름 / 숲속의 땅, 퇴비 또는 썩은 짚더미, 동물의 변에 속생한다. 드문 종이며 식용 여부는 모른다.

분포 한국, 유럽, 북아메리카

고깔무리눈물버섯

Coprinellus disseminatus (Pers.) J.E. Lange
Coprinus disseminatus (Pers.) S.F. Gray

형태 균모의 지름은 0.8~1.7㎝로 난형에서 종 모양을 거쳐 편평하게 된다. 표면은 처음에 백색에서 회색 또는 회갈색으로 되고 중앙부는 황색이다. 줄무늬홈선이 있는 능선이 부채 모양을 이룬다. 살은 아주 얇고 백색이다. 주름살은 떨어진 주름살로 성기며 폭이 넓고 백색에서 회색을 거쳐 흑색으로 되나 액화하지 않는다. 자루의 길이는 2~4㎝, 굵기는 0.1~0.2㎝로 위아래 굵기가 같거나 위로 가늘어진다. 기부에 백색의 융털이 있고 구부정하며 백색으로 투명하고 속이 비어 있다. 포자의 크기는 6~8×4~5㎛로 타원형이고 흑갈색이며 표면은 매끄럽다. 포자문은 흑갈색이다.
생태 여름~가을 / 숲속의 고목, 그루터기, 살아 있는 나무의 껍질에 군생 · 속생한다.
분포 한국, 중국, 일본, 유럽, 북아메리카 등 전 세계

받침대무리눈물버섯

Coprinellus domesticus (Bolton) Vilgalys, Hopple & J. Johnson
Coprinus domesticus (Bolton) Gray

형태 균모의 지름은 2~3cm 정도로 처음에는 난형이나 종 모양 또는 둥근 산 모양으로 된다. 표면은 황갈색이지만 가운데가 진하고 어릴 때는 흰 가루상 또는 황갈색의 분질물(외피막 잔존물)이 거의 전면을 덮다가 점차 소실된다. 가장자리에는 안쪽으로 다소 깊은 줄무늬홈선이 파인다. 주름살은 떨어진 주름살로 처음에는 백색이지만 곧 자갈색-흑색으로 되며 촘촘하다. 균모는 액화되지 않는다. 자루의 길이는 4~15cm, 굵기는 0.2~1cm이고 백색이나 기부 쪽으로 약간 황갈색이다. 기부는 다소 굵다. 자루의 아래쪽은 붉은색의 오렌지색-녹슨 색의 매트 모양의 균사 덩어리가 있다. 자루의 살은 백색이다. 포자의 크기는 7.5~10×4~5μm로 원주상의 타원형이며 표면은 매끈하고 투명하다. 포자문은 암갈색이다.
생태 늦봄~여름 / 활엽수의 그루터기, 죽은 나무 등에 군생한다. 식용이다.
분포 한국, 유럽, 동아프리카

풀잎무리눈물버섯

Coprinellus impatiens (Fr.) J.E. Lange
Coprinus impatiens (Fr.) Quél.

형태 균모의 지름은 1.5~4㎝이고 어릴 때 원통형에서 난형을 거쳐 원추형-종 모양으로 되고 노쇠하면 넓은 원추형으로 된다. 표면에는 깊은 방사상의 줄무늬홈선이 중앙의 2/3까지 도달해 있다. 중앙은 밋밋하고 흡수성이며 습할 때는 황토색-오렌지 갈색이고 건조하면 베이지색에서 회베이지색으로 된다. 줄무늬홈선은 회색이고 중앙은 오렌지색에서 적갈색이다. 가장자리는 예리하고 균모는 액화하지 않는다. 살은 백색이며 얇고 냄새는 약간 좋지 않으며 맛은 온화하다. 주름살은 넓은 바른 주름살이고 크림색-베이지색에서 회갈색을 거쳐 검은 자갈색으로 되며 폭은 넓다. 언저리는 백색의 섬유상이다. 자루의 길이는 6~8.5㎝, 굵기는 0.2~0.4㎝로 원통형이며 속은 비었고 부서지기 쉽다. 표면은 밋밋하며 매끄럽고 백색이나 미세한 백색의 세로줄 섬유실을 가지며 꼭대기는 백색의 가루상이다. 기부에는 가끔 백색의 털이 있다. 포자는 9.5~11.5×5.3~6.6㎛이고 타원형이며 표면은 매끈하고 밤갈색이며 발아공이 있다. 담자기는 15~23×8~11㎛로 곤봉형이며 4-포자성이고 기부에 꺾쇠가 있다.

생태 늦여름~가을 / 숲속의 나뭇잎에 단생 · 군생한다.

분포 한국, 유럽

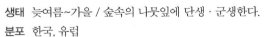

327

갈색무리눈물버섯

Coprinellus micaceus (Bull.) Vilgalys, Hopple & Jacq. Johnson
Coprinus micaceus (Bull.) Fr.

형태 균모의 지름은 1~4cm이고 난형에서 종 모양 또는 원추형으로 된 다음에 차차 편평한 모양으로 되며 가장자리는 위로 말린다. 연한 황갈색이고 미세한 운모 같은 것이 분포하다가 탈락한다. 가장자리에는 줄무늬홈선이 있다. 주름살은 올린 주름살로 밀생하며 처음에는 백색이나 나중에는 흑색으로 변한다. 균모는 액화되어 먹물처럼 흘러 내려서 거의 없어지고 자루만 남는다. 자루의 길이는 3~8cm, 굵기는 0.2~0.4cm이고 원통형이며 백색이다. 자루의 속은 비어 있다. 포자의 크기는 7~10×4~5.5μm로 타원형이며 발아공이 있다.

생태 여름~가을 / 활엽수의 그루터기나 땅에 묻힌 목재에 속생한다.

분포 한국(북한), 일본, 중국, 유럽, 북아메리카 등 전 세계

바랜고깔무리눈물버섯

Coprinellus pallidissimus (Romagn.) P. Roux, Guy Garcia & S. Roux
Coprinus pallidissimus Romagn.

형태 균모의 높이는 5.5cm로 표면은 운모상이며 연한 갈색이다. 백색에서 갈색의 외피막 알갱이로 덮인다. 주름살은 액화하기 쉽고 자루는 작은 털이 많이 있다. 포자의 크기는 6.5~10.5×5.5~7 μm로 비교적 연한 색이다. 전면에서 보면 타원형, 난형이며 측면에서 보면 약간 편평하고 중앙에 발아공이 있다. 담자기는 4-포자성이며 연낭상체는 길이가 110μm이고 둥근형의 타원형이다. 측낭상체의 길이는 120×40μm로 아원통형 또는 타원형이다.
생태 여름 / 땅과 죽은 나무에 군생 · 속생한다.
분포 한국, 일본, 유럽

방사무리눈물버섯

Coprinellus radians (Fr.) Vilgalys, Hopple & Jacq. Johnson
Coprinus radians Fr.

형태 균모의 지름은 2~3cm로 난형에서 종 모양 또는 원추형을 거쳐 편평하게 되며 가장자리는 위로 말린다. 표면은 황갈색이고 솜털상 또는 껍질 모양의 인편으로 덮여 있다. 가장자리는 방사상의 줄무늬홈선이 나타난다. 주름살은 올린 주름살 또는 끝붙은 주름살로 백색에서 흑자색으로 된다. 자루의 길이는 2~5cm, 굵기는 0.3~0.4cm이고 백색이다. 자루 밑에는 황갈색의 균사 덩어리가 있다. 포자의 크기는 6.5~8.5×3.5~4.5μm로 콩팥 모양의 타원형이며 발아공이 있다.

생태 여름~가을 / 나무의 이끼류, 활엽수의 썩은 나무에 군생 · 속생한다. 식용이다.

분포 한국(북한), 일본, 중국 등 북반구 일대

참고 북한명은 작은반들먹물버섯이다.

330

숲무리눈물버섯

Coprinellus silvaticus (Peck) Gminder
Coprinus silvaticus Peck

형태 균모의 지름은 1~4.5cm, 높이는 1~2.5cm로 난형에서 원통형이며 나중에 종 모양에서 원추 종 모양으로 된다. 확대경으로 보면 미세한 가루상이며 방사상의 줄무늬홈선이 중앙까지 발달한다. 흡수성이며 어릴 때와 습할 때는 황토색-갈색이고 나중에 그을린 회갈색에서 회베이지색이 된다. 중앙은 황토색-갈색이고 건조하면 베이지색에서 밝은 황토색으로 된다. 가장자리는 검은색이고 노후하면 갈라지며 가장자리 안쪽부터 액화한다. 살은 백색이며 표피 밑은 갈색이고 얇으며 냄새는 없고 맛은 온화하다. 주름살은 끝붙은 주름살로 어릴 때는 백색이고 성숙하면 적색에서 회갈색으로 되며 나중에 검게 되고 폭은 넓으며 언저리는 밋밋하다. 자루의 길이는 3~10cm, 굵기는 0.3~0.5cm로 원통형이며 위쪽으로 약간 가늘다. 속은 비었고 부서지기 쉽다. 백색이고 전체는 미세한 백색의 가루상이며 노후하면 갈색이고 매끄럽다. 포자는 12~15.6×6.8~10µm이고 난형이며 사마귀 반점으로 덮인다. 투명한 벽이 있고 흑적갈색이며 발아공이 있다. 담자기는 25~50×9~11µm로 곤봉형이며 4-포자성이고 기부에 꺽쇠가 있다.
생태 여름~가을 / 숲속의 땅 또는 퇴비가 쌓인 곳에 군생한다.
분포 한국, 유럽, 북아메리카

노란무리눈물버섯

Coprinellus xanthothrix (Romagn.) Vilgalys, Hopple & Jacq.Johnson
Coprinus xanthothrix Romagn.

형태 균모의 지름은 1~2.5cm로 어릴 때는 타원형-난형이며 나중에 둥근 산 모양에서 편평하게 되며 중앙이 볼록하다. 어릴 때 표면은 크림색-백색의 섬유상으로 덮여 있으며 부분적으로 갈색의 알갱이 외피막으로 덮인다. 노후하면 회색 줄무늬홈선이 있으며 중앙은 황토 갈색이다. 가장자리는 흔히 갈라지고 차차 위로 말리며 액화한다. 살은 백색으로 얇고 냄새는 없으며 맛은 온화하다. 주름살은 좁은 바른 주름살로 어릴 때는 백색이나 노후하면 흑갈색 또는 갈색이다. 언저리는 밋밋하다. 자루의 길이는 4~7cm, 굵기는 0.2~0.3cm로 원통형이며 기부는 약간 부풀고 속은 비고 부서지기 쉽다. 표면은 매끄럽고 백색이고 세로줄무늬가 있다. 포자는 7.6~10.1×4.7~5.7μm 또는 7.6~10.1×5.6~6.4μm로 타원형-난형이고 발아공이 있으며 표면은 매끈하고 검은 회갈색이다. 담자기는 17~26×8~10μm로 곤봉형이며 4-포자성이고 기부에 꺾쇠는 없다.
생태 여름~가을 / 숲속, 숲속의 가장자리, 나뭇가지, 땅에 묻힌 나무, 나뭇잎 더미 등에 단생하거나 2~3개가 모여 군생한다.
분포 한국, 유럽

작은무리눈물버섯

Coprinellus marculentus (Britzelm.) Redhead, Vilgalys & Moncalvo
Coprinus marculentus Britzelm.

형태 균모의 지름은 0.5~2*cm*로 어릴 때는 원통형-원추형이며 나중에 종 모양에서 편평하게 되고 가장자리가 위로 올라간다. 표면은 밋밋하고 미세하게 투명한 줄무늬홈선이 있다. 어릴 때는 갈색이고 미세한 백색의 털로 덮여 있다가 퇴색하여 밝은 회색으로 된다. 가장자리는 황토색-갈색이며 미세한 운모 같은 비듬이 있고 액화한다. 살은 막질로 밝은 회색이며 냄새는 없고 맛은 온화하다. 주름살은 좁은 주름살 또는 넓은 바른 주름살로 어릴 때는 백색이며 폭은 넓고 언저리부터 차차 흑색으로 액화한다. 언저리는 밋밋하다. 자루의 길이는 4~6*cm*, 굵기는 0.05~0.25*cm*로 원통형이며 부서지기 쉽고 속은 비었다. 표면은 백색에서 연한 크림색이며 밋밋하고 백색의 가루가 있다. 포자는 8.8~13.8×6~7.8×7.3~9.3μm로 전면에서 보면 6개의 각, 측면에서 보면 타원형이며 표면은 매끈하고 흑갈색이며 발아공이 있다. 포자문은 흑색이다. 담자기는 20~36×11~14μm로 곤봉형이고 4-포자성이며 기부에 꺾쇠는 없다.
생태 여름~가을 / 소나 말의 변이 쌓인 곳에 속생한다.
분포 한국, 유럽, 북아메리카

첨탑가루눈물버섯

Coprinopsis acuminata (Romagn.) Redhead, Vilglalys & Moncalvo
Coprinus acuminatus (Romagn.) P.D. Orton

형태 균모의 지름은 1~3*cm*로 넓은 둥근 산 모양에서 편평하게 되며 중앙은 볼록하고 비단결이다. 가장자리는 고르게 갈라진다. 맛과 냄새는 불분명하거나 약간 좋은 느낌이다. 자루의 길이 2~6*cm*로 다소 위아래가 같은 굵기지만 간혹 위로 가늘다. 기부는 가끔 약간 부푼다. 턱받이는 흔적만 있다. 주름살은 끝붙은 주름살로 백색이나 시간이 지나면 핑크색을 거쳐 흑갈색으로 된다. 포자의 크기는 8~10×4~5μm로 타원형에서 아몬드 모양이고 표면은 매끈하고 발아공이 있다. 담자기는 4-포자성이며 기부에 꺾쇠가 있다. 측낭상체는 곤봉형이고 연낭상체는 자루형의 원통형이다. 포자문은 흑갈색이다.
생태 가을 / 썩거나 땅에 묻힌 고목, 보통 젖은 땅에 단생 또는 작은 집단으로 발생한다.
분포 한국, 유럽

두엄가루눈물버섯

Coprinopsis atramentaria (Bull.) Redhead, Vilglalys & Moncalvo
Coprinus atramentarius (Bull.) Fr.

형태 균모는 지름은 4~6cm로 난형에서 종 모양 또는 원추형으로 되며 중앙은 조금 돌출한다. 표면은 백색의 미세한 인편이 있다가 없어진다. 방사상의 줄무늬홈선이 나타나며 백색 또는 회백색이다. 중앙부는 연한 갈색이다. 가장자리는 아래로 감기며 가끔 갈라지고 주름살이 액화되면 위로 들린다. 살은 약간 두꺼우며 부서지기 쉽고 회백색으로 맛은 온화하다. 주름살은 떨어진 주름살로 밀생하며 폭이 넓고 백색에서 회백색을 거쳐 흑색으로 되어 검게 녹아 버린다. 주름살의 가장자리는 솜털상이다. 자루의 높이는 8~13cm, 굵기는 0.8~1cm로 상부는 가늘어지며 매끄럽고 백색이다. 하부는 갈색을 띠고 기부에 흰 가루가 있으며 섬유질이고 속은 비어 있다. 턱받이는 하위이며 테 모양이고 탈락하기 쉬우며 탈락한 흔적을 남긴다. 포자는 7~10×5~6μm로 타원형이고 흑갈색이며 발아공이 있고 표면은 매끄럽다. 포자문은 흑색이다. 낭상체는 100~160×20~30μm로 원주형이다.
생태 봄~가을 / 당버들, 버드나무 뿌리 부근의 땅에 군생한다. 식용 가능하다. 술과 함께 먹으면 중독된다.
분포 한국, 일본, 중국, 유럽, 북아메리카 등 전 세계

재가루눈물버섯

Coprinopsis cinerea (Schaeff.) Redhead, Vilg. & Monc.
Coprinus cinereus (Fr.) S.F. Gray

형태 균모의 지름은 2~5cm 정도로 처음에는 난형-장난형에서 종 모양을 거쳐 둥근 산 모양으로 되며 가장자리의 끝은 위쪽으로 치켜 올라가게 된다. 어린 버섯의 표면은 흰색 바탕에 흰색-갈색의 솜털상의 피막에 덮여 있지만 생장하면서 탈락하고 회갈색-회색의 바탕색이 드러난다. 균모의 중앙부근에서 가장자리까지 방사상의 흰색 줄무늬홈선이 있다. 주름살은 떨어진 주름살로 빽빽하고 매우 얇으며 회갈색에서 흑색으로 되면서 액화가 시작된다. 자루의 길이는 4~12cm, 굵기는 0.3~0.6cm로 흰색이며 위쪽이 약간 가늘다. 기부는 약간 부풀었다가 가는 뿌리처럼 길게 뻗어져 기주 속으로 들어간다. 포자의 크기는 9.5~11×6.5~7.6μm로 타원형이며 암자갈색이고 표면은 밋밋하며 발아공이 있다. 포자문은 흑색이다.

생태 여름~가을 / 쌓여 있는 짚, 소똥, 말똥 등에 군생한다. 어릴 때는 식용한다.

분포 한국, 일본, 중국, 유럽, 북아메리카 등 전 세계

재솜털가루눈물버섯

Coprinopsis cinereofloccosa (P.D. Orton) Redhead, Vilgalys & Moncalvo
Coprinus cinereofloccosus P.D. Orton

형태 균모의 지름은 1~2(3)cm, 높이는 1~2cm로 난형에서 원통형이며 후에 종 모양으로 된다. 노후하면 가장자리가 뒤집힌다. 표면은 맑은 회색이고 어릴 때 섬유상의 알갱이 외피막이 있으나 나중에 매끈해지고 방사상의 줄무늬홈선이 있다. 가장자리 안쪽부터 거메지며 갈라지고 뒤집힌다. 살은 백색이고 막질로 냄새가 없고 맛은 온화하다. 주름살은 바른 주름살로 백색에서 회갈색으로 변하고 이어서 검은색으로 되며 액화한다. 폭은 넓고 언저리는 백색의 섬유상이다. 자루의 길이는 5.5~8cm, 굵기는 0.2~0.4cm로 원통형으로 속은 비고 전체가 맑은 회색 바탕의 백색 가루로 덮인다. 포자는 11.1~15×5.6~7μm로 좁은 타원형이며 매끈하고 검은 적갈색으로 주변에 막이 있고 발아공이 있다. 담자기는 22~28×8~10.5μm로 곤봉형에서 배불뚝이형이다. 연낭상체의 크기는 35~80×22~55μm로 주머니 모양이다. 측낭상체는 80~110×30~55μm로 원통형-배불뚝이형에서 곤봉형이다.

생태 여름~가을 / 숲속, 젖은 풀밭 속, 맨땅에 단생·군생한다. 드문 종이다.

분포 한국, 유럽

갈색점박이가루눈물버섯

Coprinopsis cortinata (J.E. Lange) Gminder
Coprinus cortinatus J.E. Lange

형태 균모의 지름은 0.4~1cm, 높이는 0.4~0.8cm로 어릴 때는 난형
이다가 다음에 둥근 산 모양에서 편평하게 된다. 중앙은 노란색-
황토색이며 줄무늬홈선이 거의 중앙까지 발달한다. 외피막은 작
고 알갱이가 있으며 밝은 노란색 섬유상이 드문드문 균모 위에 분
포한다. 가장자리는 톱니상, 더부룩한 술타래 모양이며 액화하지
는 않는다. 살은 막질로 백색이고 냄새는 없다. 주름살은 끝붙은 주
름살로 어릴 때는 백색이며 노후하면 흑갈색으로 되며 폭이 넓다.
언저리는 밋밋하다. 자루의 길이는 3~6cm, 굵기는 0.05~0.1cm로 원
통형이며 꼭대기로 가늘다. 자루의 속은 비고 부서지기 쉽다. 표면
전체가 어릴 때 백색의 외피막의 털 같은 가루로 덮였다가 투명하
고 매끈하게 된다. 턱받이 흔적이 있다. 포자의 크기는 9.7~11.3×
6.3~7.5μm로 타원형이다. 표면은 매끈하고 적갈색이며 중앙에 발
아공이 있다. 담자기의 크기는 16~22×9~12μm로 원통형-곤봉형
이고 4-포자성이며 기부에 꺾쇠는 없다.

생태 여름~가을 / 젖은 땅 위에 단생·군생한다. 드문 종이다.

분포 한국, 유럽

반장화가루눈물버섯

Coprinopsis cothurnata (Godey) Redhead, Vilgalys & Moncalvo
Coprinus cothurnatus Godey

형태 균모의 지름은 0.7~2cm이며 타원형 또는 다소 원추형에서 편평하게 펴진다. 표면은 중앙이 약간 볼록하며 갈라지고 가장자리 쪽으로 줄무늬홈선이 있다. 처음에 백색의 털로 덮이고 다음에 회색으로 되며 가끔 연한 황색의 인편이 중앙에 있다. 자루의 길이는 5~10cm, 굵기는 0.3~0.5cm로 원통형 또는 위쪽으로 약간 가늘다. 처음 백색의 털이 있지만 이후에 밋밋해지고 가끔 기부 쪽으로 핑크색이다. 주름살은 바른 주름살로 백색이다가 흑색이 된다. 맛과 냄새는 불분명하다. 포자의 크기는 11~15×6.5~9.5μm로 타원형에서 렌즈 모양이고 표면은 매끈하고 발아공이 있다. 포자문은 흑색이다. 연낭상체는 길어지고 꼭대기는 가끔 돌기를 가진다. 측낭상체는 관찰이 안 되거나 아주 드물게 관찰된다.
생태 여름~가을 / 소나 말의 변과 짚 등이 혼합된 곳에 단생한다. 때때로 작은 집단 또는 뭉쳐진 집단으로 발생한다.
분포 한국, 유럽

애기말똥가루눈물버섯

Coprinopsis ephemeroides (DC.) G. Moreno
Coprinus ephemeroides (DC.) Fr.

형태 균모의 지름은 5~8cm로 처음에는 난형이나 종 모양으로 되었다가 결국에는 거의 편평하게 펴진다. 가장자리에는 깊게 주름이 잡힌다. 표면은 흰색-회백색인데 전면에 흰색-연한 황토색의 분질물이 덮여 있고 생장하면서 가장자리에 홈선이 나타나고 회백색으로 보인다. 흔히 방사상으로 찢어진다. 주름살은 떨어진 주름살로 유백색에서 흑색으로 되고 성기다. 자루의 길이는 2~3cm, 굵기는 0.05cm로 매우 가늘고 길다. 반투명하고 밋밋하며 기부는 둥글게 부풀어 있다. 자루의 속은 빈다. 자루의 2/3쯤 되는 곳에 흔히 턱받이의 흔적이 있다. 포자의 크기는 11.3~15.8×6.4~8.6 μm로 타원형-편도형이며 표면은 매끈하고 암황갈색이며 발아공이 있다. 포자문은 흑색이다.

생태 봄~가을 / 소똥이나 말똥 또는 야외에 버린 멍석 등에 군생한다.

분포 한국, 일본, 유럽, 북아메리카

339

빗자루가루눈물버섯

Coprinopsis episcopalis (P.D. Otron) Redhead, Vilgalys & Moncalvo
Coprinus episcopalis P.D. Otron

형태 균모의 지름은 2~3cm, 높이는 1~2cm이며 원통형에서 종 모양으로 되었다가 편평해진다. 어릴 때는 표면에 섬유상의 외피막이 있으나 나중에 갈라져서 거친 하얀 인편으로 되며 중앙은 적갈색으로 된다. 가장자리는 갈라지고 뒤집힌다. 살은 백색에서 베이지색으로 얇고 쌀 냄새, 빵 냄새가 나며 맛은 온화하다. 주름살은 거의 끝붙은 주름살로 어릴 때는 백색이며 언저리는 밋밋하다. 나중에 검은 적갈색에서 흑색으로 되고 폭은 넓다. 자루의 길이는 6~9cm, 굵기는 0.3~0.6cm로 원통형이며 폭이 넓은 편이고 기부 쪽으로 부푼다. 자루의 속은 비었다. 표면은 밋밋하고 백색으로 약간 세로줄의 섬유실로 된다. 포자는 8.2~10.3×5.3~6.4×6.7~8.3μm로 전면에서 보면 주교의 모양이며 발아공이 있고 표면은 매끈하고 검은 적갈색이다. 담자기는 12~30×8~10μm로 곤봉형에서 구형이며 4-포자성으로 기부에 꺾쇠는 없다.

생태 가을 / 활엽수림의 떨어진 나무에 단생하거나 썩는 너도밤 등걸, 석회석 땅에 군생한다. 드문 종이다.

분포 한국, 유럽

꼬마가루눈물버섯

Coprinopsis friesii (Quél.) Karst.
Coprinus friesii Quél.

형태 균모의 지름은 0.5~1cm 정도로 처음에 난형의 공 모양에서 종 모양을 거쳐 거의 평평하게 퍼진다. 표면에는 미세한 털이 있고 흰색이며 중앙부는 약간 살색이나 나중에 회색을 띤다. 가장자리에 줄무늬홈선이 있다. 살은 매우 얇고 백색이다. 주름살은 떨어진 주름살로 유백색에서 흑색으로 되며 성기다. 자루의 길이는 1~2cm, 굵기는 0.1cm로 매우 가늘고 짧으며 흰색이고 기부는 약간 굵어진다. 방사상의 줄무늬선이 있고 흰털이 분포한다. 포자의 크기는 7~9×6~7×7~8µm로 타원상의 난형-아구형이며 발아공이 있고 표면은 매끈하다. 연낭상체의 크기는 22~58×8~16µm로 곤봉형-유원주형이며 측낭상체의 크기는 37~75×11.5~13.5µm이다. 포자문은 암밤갈색이다.

생태 여름~가을 / 특히 장마 후 벼과 식물이나 오래된 초본류의 줄기, 짚, 새끼 썩은 곳 등에 군생한다. 흔한 종이다. 발생 후 곧 사그라들어서 자루만 앙상하게 마른다.

분포 한국, 일본, 중국, 유럽, 북아메리카 등 전 세계

341

흰가루눈물버섯

Coprinopsis jonesii (Peck) Redhead, Vil. & Monc.
Coprinus jonesii Peck

형태 균모의 지름은 1.5~5.5cm로 처음 원추형에서 둥근 산 모양을 거쳐 차차 편평하게 펴진다. 처음은 털 같은 백색의 인편이 덮여 있으며 시간이 지나면 약간 밋밋해진다. 가장자리는 찢어지고 곱슬 모양이다. 살의 맛과 냄새는 불분명하다. 주름살은 떨어진 주름살로 백색에서 흑색으로 된다. 자루의 길이는 3~11cm, 굵기는 0.4~0.6cm로 원통형이며 위쪽으로 가늘어진다. 약간 백색의 털 섬유로 덮인 다음 부분적으로 밋밋해진다. 포자문은 흑보라색이다. 포자의 크기는 6~9×5~7㎛로 타원형-렌즈 모양이며 표면은 매끈하며 발아공이 있다.

생태 가을 / 땅 위, 불탄 나무 등에 군생한다.

분포 한국, 중국, 유럽

고약가루눈물버섯

Coprinopsis kimurae (Hongo & Aoki) Redhead, Vilgalys & Moncalvo
Coprinus kimurae Hongo & Aoki

형태 균모의 지름은 1.5~2.5cm, 높이는 2~3cm로 처음에는 난형-원통 모양이나 나중에 종 모양이 된다. 어릴 때는 백색이며 솜 찌꺼기상의 외피막이 덮여 있지만 나중에 찢어져서 크고 작은 인편이 되어 탈락한다. 인편 아래의 색은 처음에 거의 백색이지만 점차 회갈색-회흑색으로 된다. 방사상으로 줄무늬가 있다. 가장자리는 불규칙하게 찢어지고 동시에 위로 말린다. 주름살은 떨어진 주름살로 처음에는 백색이나 성숙하면 흑색이 되고 급속히 액화된다. 폭은 좁고 촘촘하다. 자루의 길이는 5~16cm, 굵기는 0.15~0.7cm로 기부는 약간 부풀어 있거나 방추형이다. 표면은 연한 회색의 섬유상이다. 자루의 속은 비었다. 포자의 크기는 11~12.5×9.5~11μm로 아구형 또는 광난형이며 표면은 매끈하고 뚜렷한 큰 발아공이 있다.

생태 봄~가을 / 썩은 짚 위에 군생 · 소수가 다발로 군생한다. 식독이 불분명하다.

분포 한국, 일본

회색가루눈물버섯

Coprinopsis laanii (Kits van Wav.) Redhead, Vilg. & Monc.
Coprinus laanii Kits van Wav.

형태 균모의 지름은 0.7~1.5cm, 높이는 0.5~1.5cm로 어릴 때는 긴 난형에서 종 모양을 거쳐 편평하게 된다. 미세한 백색에서 밝은 회색의 가루가 밀집하여 덮여 있고 중앙은 검다. 노후하면 방사상으로 홈파진 줄무늬의 회갈색 이랑이 중앙으로 있다. 가장자리는 오랫동안 안으로 말리나 노쇠하면 위로 올려지고 가끔 찢어진다. 살은 회백색이며 얇고 냄새는 없으며 맛은 온화하다. 주름살은 올린 주름살로 어릴 때 백색에서 핑크 갈색을 거쳐 흑색으로 되고 폭이 넓다. 언저리는 밋밋하다. 자루의 길이는 1~4cm, 굵기는 0.1~0.3cm로 원통형이며 부서지기 쉬우며 속은 비어 있다. 어릴 때 백색의 가루에서 연한 회색의 투명한 크림색으로 되며 거의 매끄럽다. 기부 쪽으로 부푼다. 포자는 8.3~10.9×5.4~6.8μm로 타원형이며 매끈하고 회갈색이며 밝은 갈색의 세포벽을 가지며 발아공이 있다. 담자기는 13~30×8~10μm로 곤봉형이며 4-포자성이고 기부에 꺾쇠는 없다.

생태 여름~가을 / 숲속의 이끼류가 있는 그늘진 곳, 등걸, 떨어진 나뭇가지 등에 군생한다. 드문 종이다.

분포 한국, 유럽

솜털가루눈물버섯

Coprinopsis lagopides (Karst.) Redhead, Vilg. & Monc.
Coprinus lagopides Karst.

형태 균모의 지름은 2~5cm 정도로 처음에 원통형-원추형에서 둥근 산 모양을 거쳐 차차 평평하게 펴지면서 보통 가장자리가 위로 말린다. 처음에는 흰색이나 회갈색 바탕에 유백색 또는 회색의 섬유상 피막의 잔존물이 덮여 있다가 일부 탈락한다. 가장자리는 방사상으로 얕은 줄무늬홈선이 생긴다. 주름살은 바른 주름살로 백색에서 암자갈색으로 되었다가 흑색으로 되며 폭이 넓다. 가장자리는 백색의 솜털상이다. 자루의 길이는 3~11cm, 굵기는 0.3~1.2cm로 흰색이다. 표면은 처음에는 흰색의 미세한 털이 있으나 곧 일부가 밋밋해진다. 포자의 크기는 7.8~9.6×5.5~6.3μm로 광타원형이며 표면은 매끈하며 암회 적갈색이고 발아공이 있다.
생태 여름~ 늦가을 / 숲속의 불탄 자리나 쓰레기 더미에 군생한다.
분포 한국, 일본, 중국, 유럽, 북아메리카

소녀가루눈물버섯

Coprinopsis lagopus (Fr.) Redhead, Vilg. & Monc.
Coprinus lagopus (Fr.) Fr.

형태 균모는 지름은 2.5~4.5㎝로 원추형 또는 종 모양에서 차차 편평형으로 된다. 처음에 표면에는 백색 또는 갈색의 융털이 있으나 나중에 점점 없어져 회색으로 되고 중앙부는 황색이다. 방사상의 줄무늬홈선이 가장자리에서 균모 꼭대기에까지 이른다. 가장자리는 나중에 약간 뒤집혀 감긴다. 살은 막질이고 백색이다. 주름살은 떨어진 주름살로 조금 빽빽하며 폭이 좁고 처음 백색에서 회백색을 거쳐 흑색으로 된다. 자루의 높이는 4.5~10㎝, 굵기는 0.3~0.5㎝로 위아래의 굵기가 같거나 위로 가늘어진다. 백색이며 탈락하기 쉬운 백색의 융모상 인편으로 덮이고 부서지기 쉽다. 자루의 속은 비어 있다. 포자의 크기는 8~13×5~6.5㎛로 타원형이며 흑적갈색이다. 표면은 매끄러우며 발아공이 있다. 포자문은 흑색이다. 담자기의 크기는 16~30×8~10㎛로 곤봉형이고 4-포자이다. 낭상체는 자루(포대) 모양이며 지름은 14~21㎛이다.
생태 여름~가을 / 숲속의 땅에 군생한다.
분포 한국, 일본, 중국, 유럽, 북아메리카

큰모자가루눈물버섯

Coprinopsis macrocephala (Berk.) Redhead, Vil. & Monc.
Coprinus macrocephalus (Berk.) Berk.

형태 균모의 지름은 1~3cm, 높이는 0.5~1.5cm로 원통형에서 난형을 거쳐 종 모양이 되었다가 편평하게 된다. 오래되면 오목 렌즈 모양으로 된다. 어릴 때는 표면이 밝은 회갈색이며 백색의 표피로 덮여 있다. 성숙하면 연한 회색에서 흑회색으로 되고 줄무늬홈선이 중앙까지 발달한다. 표피는 갈라져서 섬유상의 인편으로 되며 오래되면 매끄럽다. 가장자리는 톱니형이다. 살은 백색이며 얇고 냄새는 좋지 않고 맛은 온화하다. 주름살은 좁은 바른 주름살로 백색에서 회색을 거쳐 흑색으로 되고 폭은 넓다. 가장자리는 밋밋하다. 자루의 길이는 4~12cm, 굵기는 0.3~1.2cm로 원통형이며 꼭대기 쪽으로 가늘어진다. 기부는 뿌리형으로 속은 차 있고 빳빳하다. 표면은 백색의 섬유상이나 탈락하여 백색으로 되고 밋밋하며 위쪽으로 백색의 가루가 있다. 포자는 11.2~14.9×7~8.8μm이고 타원형이며 암적갈색이다. 표면은 매끈하고 발아공이 있다. 담자기는 25~29×10~12μm로 곤봉형이며 기부에 꺾쇠가 있다. 연낭상체는 40~70×26~42μm로 배불뚝이형 또는 곤봉형이다.
생태 봄~가을 / 유기물이 풍부한 곳, 동물의 변에 단생·군생한다.
분포 한국, 일본, 중국, 유럽, 아시아

346

시든가루눈물버섯

Coprinopsis marcescibilis (Britzelm.) Örstadius & E. Larss.
Psathyrella marcescibilis (Britzelm.) Singer

형태 균모의 지름은 1~2.5(3)cm이고 어릴 때는 반구형에서 원추형-종 모양이나 둔하게 볼록해진다. 표면은 밋밋하고 흡수성이 있고 회갈색이며 습할 때는 투명한 줄무늬선이 중앙의 반까지 있다. 건조하면 크림색에서 핑크색으로 된다. 가장자리는 밋밋하며 어릴 때 백색의 외피막 섬유실이 매달린다. 살은 회갈색에서 크림색이며 얇고 냄새가 없고 맛은 온화하나 분명치 않다. 주름살은 홈파진 주름살 또는 좁은 바른 주름살로 어릴 때 백색이나 나중에 회갈색에서 그을린 검은 자갈색이 되며 폭이 넓다. 언저리에는 미세한 백색의 섬모실이 있고 밋밋하며 노후하면 흑갈색으로 된다. 자루의 길이는 3~6cm, 굵기는 0.15~0.3cm로 원통형이며 기부쪽으로 부풀고 부서지기 쉽다. 백색의 섬유상-섬유실이 백색의 투명한 바탕색 위에 있다. 꼭대기는 백색의 가루상이다. 속은 비었다. 포자는 9.9~13.8×6.1~7.3μm로 타원형이며 매끈하고 검은 적갈색 발아공이 있다. 담자기는 18~26×12~14μm로 곤봉형이고 4-포자성으로 때때로 기부에 꺾쇠가 있다.

생태 여름~가을 / 숲속의 땅, 길가, 풀숲의 기름진 곳에 단생·군생한다.

분포 한국, 유럽

갈색비듬가루눈물버섯

Coprinopsis narcotica (Batsch) Redhead, Vilgalys & Moncalvo
Coprinus narcoticus (Batsch.) Fr.

형태 균모의 지름은 2~3.5(4)*cm* 정도로 처음에는 난형에서 종 모양으로 되고 나중에 거의 편평한 모양으로 찢어지기도 한다. 표면은 백색 또는 연한 회색의 가루상 외피막으로 덮여 있는데 연한 회갈색이 된다. 흔히 균모 표면에 비듬 같은 막질의 외피막 이 잔존물로 남게 된다. 가장자리는 위쪽으로 감기며 방사상의 줄무늬홈선이 나타난다. 살은 얇고 강한 콜타르 냄새가 난다. 주름살은 떨어진 주름살로 백색이나 곧 암적갈색-흑색으로 된다. 자루의 길이는 2~6*cm*, 굵기는 0.2~0.4*cm*로 백색-연한 회색이며 표면은 가루상-미모상이다. 포자의 크기는 11~13.5×5.5~7*μm*로 타원형-아몬드 모양이고 표면은 매끈하고 투명하다. 포자문은 흑색이다.

생태 봄~가을 / 동물의 변, 비옥한 땅, 썩은 짚 등에 군생한다.

분포 한국, 일본, 유럽, 북아메리카

348

새소녀가루눈물버섯

Coprinopsis neolagopus (Hongo & Sagara) Redhead, Vilgalys & Moncalvo
Coprinus neolagopus Hongo & Sagara

형태 균모의 지름은 2~3.5㎝, 높이는 1~2㎝로 어릴 때 난형에서 종 모양으로 된다. 처음에는 표면에 백색으로 섬유상의 거스러미 같은 외피막이 밀집하여 덮인다. 노후하면 외피막이 탈락하고 회색의 바탕색이 드러난다. 가장자리에는 방사상의 이랑 같은 줄무늬선이 있으며 위로 올려진다. 주름살은 끝붙은 주름살로 폭이 좁고 밀생하며 백색에서 흑색으로 되고 액화한다. 자루의 길이는 5~9㎝, 굵기는 0.2~0.35㎝이고 전체 면이 섬유상 털로 덮인다. 기부는 가늘게 되지 않는다. 포자의 크기는 6.5~7.5×4~5㎛로 타원형-난형이며 발아공은 돌출한다. 측낭상체의 크기는 45~67×22~26㎛로 자루가 있고 타원형-방추형이다. 연낭상체의 크기는 30~44×20~33㎛로 구형 또는 서양배 모양이다.
생태 여름 / 동물의 사체가 썩는 숲속, 사람의 소변 등의 암모니아가 있는 땅에 군생한다.
분포 한국, 일본

원뿔가루눈물버섯

Coprinopsis nivea (Pers.) Redhead, Vilg. & Monc.
Coprinus latisporus P.D. Orton / Coprinus niveus (Pers.) Fr.

형태 균모의 지름은 1.5~3cm 정도로 소형이며 처음에는 난형에서 원추형으로 되며 펴지면 종 모양이 된다. 어릴 때는 표면이 흰색이고 나중에 연한 회색 바탕에 분필 가루와 같은 흰 가루상의 물질이 덮여 있어서 흰 눈 같은 느낌을 준다. 오래되면 중앙 쪽이 연한 가죽색을 띤다. 가장자리는 찢어져 균열되고 끝이 약간 위로 치켜 올라간다. 주름살은 떨어진 주름살로 흰색이나 곧 흑색으로 되며 폭이 매우 좁고 촘촘하다. 자루의 길이는 1.5~6.5cm, 굵기는 0.2~0.4cm로 흰색이고 표면이 가루상이며 기부는 부풀어 있다. 자루의 속은 비어 있다. 포자의 크기는 15~19.3×8.5~11×11.2~13.9μm로 타원형~서양배 모양이고 흑갈색이다. 표면은 매끈하고 발아공이 있다. 포자문은 흑색이다.

생태 가을 / 동물의 변, 비옥한 땅 등에 군생한다.

분포 한국, 중국, 일본, 아시아, 유럽, 오스트레일리아, 북아메리카

원뿔가루눈물버섯(광포자형)

Coprinus latisporus P.D. Orton

형태 균모의 지름은 0.5~1.5cm로 어릴 때 난형, 종 모양에서 둥근 산 모양으로 되었다가 편평해진다. 어릴 때 표면은 백색의 가루상-섬유상이고 섬유는 씻겨 나간다. 표면은 매끄럽고 노후하면 투명하고 회색이 되며 이는 특히 가장자리 쪽으로 집중된다. 가장자리는 약간 줄무늬선이 있으며 흔히 뒤집힌다. 살은 막질이며 냄새는 없고 맛은 온화하나 분명치 않다. 주름살은 올린 주름살이고 어릴 때 백색에서 회색으로 되며 노후하면 흑색으로 되고 폭이 넓다. 언저리는 백색이고 섬유상이다. 자루의 길이는 15~30cm, 굵기는 0.2~0.3cm로 원통형이며 위쪽으로 가늘다. 자루는 부서지기 쉽고 속이 비었다. 기부는 백색의 바탕 위에 부풀고 털이 있으며 자루 전체가 백색의 가루상-섬유상이다. 노후하면 매끈해진다. 포자는 12.5~16.6×7~10×9.1~13.6㎛로 앞면에서는 아구형-타원형이고 측면에서는 타원형-살구 모양이며 표면은 매끈하고 흑갈색이며 발아공이 있다. 담자기는 21~28×13~17㎛로 곤봉형에서 배불뚝이형이고 4-포자성이며 기부에 꺾쇠가 있다.

생태 여름~가을 / 여러 동물의 변 위에 단생 · 군생한다. 특히 소와 말의 변에 많이 난다.

분포 한국, 아시아, 오스트레일리아

소똥가루눈물버섯

Coprinopsis patouillardii (Quél.) Gminder
Coprinus patouillardii (Quél.) G. Moreno

형태 균모의 지름은 1~2.5cm, 높이는 0.8~1cm로 어릴 때는 구형-난형이나 둥근 산 모양에서 종 모양을 거쳐 편평하게 된다. 어릴 때 표면은 백색이나 나중에 회백색으로 되며 투명한 줄무늬 홈선이 중앙까지 발달한다. 가루상이고 중앙은 연한 크림색, 갈색이고 인편 같은 외피막이 덮인다. 가장자리는 물결형이며 노후하면 가끔 위로 들어 올려지고 액화하지 않는다. 살은 회백색으로 얇고 냄새는 없으며 맛은 온화하다. 주름살은 끝붙은 주름살로 어릴 때는 백색에서 밝은 회색이며 언저리는 흑색이고 밋밋하다. 자루의 길이는 3~4.5cm, 굵기는 0.05~0.15cm로 원통형으로 잘 휘어진다. 표면은 밋밋하며 비단결로 백색에서 밝은 황토 갈색이고 어릴 때는 드물게 백색의 섬유실이 있다. 가끔 턱받이 흔적이 보이며 자루의 속은 비어 있다. 기부는 가끔 부푼다. 포자의 크기는 8.6~10.8×5.4~7×8.1~9.2μm로 타원형이며 매끈하고 검은 적갈색이며 발아공이 있다. 담자기의 크기는 15~33×8.5~11μm로 곤봉형이며 4-포자성으로 기부에 꺾쇠는 없다.

생태 봄~가을 / 동물의 변 또는 식물 쓰레기 더미에 집단으로 발생한다.

분포 한국, 유럽, 아시아, 북아메리카

작은우산가루눈물버섯

Coprinus phlyctidiospora (Romagn.) Redhead, Vilg. & Monc.
Coprinus phlyctidiosporus Romagn.

형태 균모의 지름은 1~3cm 정도의 극소형-소형으로 살이 매우 얇고 처음에는 난형-종 모양에서 편평한 모양-접시 모양으로 되고 결국에는 가장자리 끝이 위로 말린다. 표면은 처음은 거의 흰색이고 섬유상의 거친 모양의 외피막에 촘촘히 덮이게 된다. 점차 탈락해서 연한 회색의 바탕이 나타나며 약간 반투명하게 보인다. 주름살은 떨어진 주름살로 흰색이나 곧 암회색-회흑색으로 되어 액화되며 폭이 매우 좁고 약간 촘촘하다. 자루의 길이는 3~7cm이고 굵기는 0.1~0.3cm로 매우 가늘고 길며 위아래 굵기가 같고 간혹 위쪽이 약간 가늘어지는 것도 있다. 표면은 미세한 흰색의 가루상이고 자루의 속은 비어 있다. 포자의 크기는 8~9×6~7.5μm로 타원형-난형이며 표면에 작은 사마귀 반점들이 덮여 있다.

생태 봄~가을 / 퇴비장, 묘목에 퇴비를 준 곳, 동물 사체가 썩은 숲속 등에 군생한다.

분포 한국, 일본, 유럽

까치가루눈버섯

Coprinopsis picacea (Bull.) Redhead, Vilg. & Monc.
Coprinus picaceus (Bull.) Gray

형태 균모의 지름은 4~8cm, 높이는 4~6cm로 난형에서 원통형이 되고 이후 종 모양을 거쳐 편평하게 된다. 표면에는 미세한 방사상의 줄무늬홈선이 있고 광택이 난다. 갈색에서 흑갈색으로 되며 백색의 섬유상 막질로 덮여 있다. 가장자리에 줄무늬홈선이 있는데 어릴 때 아래로 말린다. 살은 회갈색이며 얇고 냄새가 난다. 맛은 온화하지만 좋지 않다. 주름살은 끝붙은 주름살이고 백색에서 핑크색으로 되었다가 흑색으로 되며 폭이 넓다. 가장자리는 밋밋하다. 자루의 길이는 12~15cm, 굵기는 1~1.5cm로 원통형이고 위쪽으로 가늘고 속은 비었으며 빳빳하고 부러지기 쉽다. 자루의 위쪽은 백색이며 세로줄의 섬유상으로 된다. 기부 쪽으로 섬유상의 띠가 있으며 기부는 부푼다. 포자의 크기는 13.7~18.2×9.7~11.8μm이고 타원형으로 흑갈색이며 매끈하며 발아공이 있다. 담자기의 크기는 35~40×12~14μm로 곤봉형이며 기부에 꺾쇠는 없다.

생태 여름~가을 / 숲속의 유기물이 풍부한 곳에 단생 · 군생한다. 드문 종이다.

분포 한국, 일본, 중국, 유럽, 아시아, 북아메리카

동굴가루눈물버섯

Coprinopsis spelaiophila (Bas & Uljé) Redhead, Vilgalys & Moncalvo
Coprinus spelaiophilus Bas & Uljé

형태 균모의 지름은 1.5~2.5cm로 원추형-원주형에서 이후에 둥근 산 모양의 편평한 형태가 된다. 처음에는 작은 반점의 인편을 가지며 연한 황색-황토색의 꼭대기를 가진다. 줄무늬선이 있고 중앙은 밋밋하다. 가장자리에 줄무늬선이 있으며 위로 말린다. 맛과 냄새는 불분명하다. 주름살은 올린 주름살-끝붙은 주름살로 백색이며 비교적 촘촘하고 시간이 지나며 회색에서 흑색으로 되어 액화한다. 자루의 길이는 3.5~5.5cm로 위아래 굵기가 같고 간혹 위쪽으로 가늘어지고 꼭대기는 가루상이다. 표면은 처음 섬유실의 인편에서 밋밋하게 된다. 기부는 부풀고 털상이다. 포자의 크기는 8~10×6.5~7.5μm로 광방추형에서 타원형이며 표면은 매끈하고 투명하며 발아공이 있다. 포자문은 흑색이다. 연낭상체는 타원형에서 방추형 등 다양하다.

생태 여름~가을 / 썩는 고목에 단생 또는 작은 집단으로 군생한다.

분포 한국, 유럽

방사가루눈물버섯

Coprinopsis radiata (Bolton) Redhead, Vilgalys & Moncalvo
Coprinus radiatus (Bolton) Gray

형태 균모의 지름은 2~3cm 정도로 처음에는 난형이나 종 모양-
둥근 산 모양이 되었다가 거의 평평하게 펴진다. 표면은 갈색의
황색인데 크림색의 솜찌꺼기상-비듬 모양의 탈락성 인편(외피막
잔존물)이 덮인다. 가장자리에 방사상의 줄무늬홈선이 나타난다.
주름살은 올린 주름살에서 끝붙은 주름살이고 처음에는 백색이
지만 자주색을 띤 흑색으로 된다. 자루의 길이는 2~5cm, 굵기는
0.3~0.4cm이고 백색이며 기부는 다소 굵다. 기부는 황갈색의 매트
모양 균사 위에 발생하며 이 매트 모양 균사는 드러나기도 하나
흔히 땅속에 있어서 보이지 않는 경우도 있다. 자루의 살은 백색
이다. 포자의 크기는 6.5~8.5×3.5~4.5μm로 타원형-콩팥형이다.
표면은 매끈하고 투명하며 벽은 두껍다.
생태 여름~가을 / 활엽수의 그루터기, 죽은 나무 등에 군생한다.
어릴 때 식용한다.
분포 한국, 일본 등 북반구 일대

째진가루눈물버섯

Coprinopsis sacaromyces (P.D. Orton) P. Roux & Garcia
Coprinus sacaromyces P.D. Orton

형태 균모의 지름은 0.5~1.2*cm*, 높이는 0.4~0.8*cm*로 어릴 때 난형에서 차차 펴진다. 표면은 밝은 회색이며 어릴 때 가루상-알갱이의 외피막으로 덮인다. 노후하면 연한 회갈색으로 되며 갈라진다. 가장자리는 약간 물결형이며 아래로 말리지만 오래되면 뒤집힌다. 살은 회백색이며 얇고 냄새와 맛은 온화하다. 주름살은 좁은 바른 주름살로 어릴 때 백색이나 나중에 회색에서 회흑색으로 되며 서서히 퇴색한다. 폭은 넓다. 언저리는 미세한 백색의 섬모상이다. 자루의 길이는 2.5~6.5*cm*, 굵기는 0.1~0.25*cm*로 원통형으로 부서지기 쉽다. 표면은 무딘 것이 매끄럽게 되고 어릴 때 전체가 백색의 섬유실로 되고 노후하면 매끈하고 투명한 백색이다. 자루의 속은 비었고 기부는 때때로 부푼다. 포자는 14.8~20×7.9~10.2*μm*로 타원형이고 흑갈색이며 매끈하고 분명한 포자의 주변막이 있으며 발아공이 있다. 담자기는 22~30×9~12*μm*로 곤봉형이며 2-포자성으로 기부에 꺾쇠가 있다.
생태 가을 / 풀밭의 뿌리 근처, 젖은 갈대밭 초원의 맨땅에 집단으로 속생하나 드물게 단생한다. 드문 종이다.
분포 한국, 유럽

반가루눈물버섯

Coprinopsis semitalis (P.D. Orton) Redhead, Vilg. & Monc.
Coprinus semitalis P.D. Orton

형태 균모의 지름은 1~2cm, 높이는 0.5~2cm로 난형에서 원통형으로 되었다가 종 모양을 거쳐 편평하게 된다. 표면에는 백색에서 밝은 회색 털로 된 과립의 인편이 있다. 나중에 방사선의 홈파진 줄무늬선이 생기고 가장자리부터 흑색으로 된다. 가장자리는 쉽게 찢어지고 위로 올라간다. 살은 백색의 막질로 냄새는 없고 맛은 부드럽다. 주름살은 좁은 바른 주름살로 어릴 때 백색에서 회갈색으로 되었다가 나중에 검은색으로 된다. 가장자리는 백색의 솜털상이다. 자루의 길이는 5~7cm, 굵기는 0.2~0.4cm이고 원통형으로 부서지기 쉽고 백색의 가루가 분포하며 속은 비었다. 포자의 크기는 10.5~13.5×5~6.5μm로 협타원형이고 흑적갈색이다. 발아공이 있으며 주위에 덧막이 있다. 담자기의 크기는 15~32×8~11μm로 막대형이고 기부에 꺾쇠가 없으며 4-포자성이나 2-포자성인 것도 간혹 있다. 연낭상체의 크기는 40~80×35~40μm로 배불뚝이형이고 측낭상체의 크기는 65~120×25~40μm로 곤봉형 또는 원통형이며 간혹 기부에 꺾쇠가 있는 것도 있다.

생태 여름~가을 / 숲속의 땅에 군생한다.

분포 한국, 중국, 유럽

균핵가루눈물버섯

Coprinopsis stercorea (Fr.) Redhead, Vilgalys & Moncalvo
Coprinus stercoraius Sacc.

형태 균모의 지름은 0.2~0.5cm, 높이는 0.3~0.6cm로 난형이다. 어릴 때 가장자리에 자루가 부착하고 나중에 종 모양을 거쳐 편평하게 된다. 가장자리는 뒤집히고 오래되면 갈라진다. 표면은 백색이고 어릴 때 완전히 작은 구형의 외피막 파편이 있으며 밝은 회색의 바탕 위에 덮였다가 나중에 매끈해진다. 살은 회색이고 막질로 냄새는 없고 맛은 온화하나 분명치 않다. 주름살은 약간 올린 주름살로 어릴 때 백색이며 이후 갈색에서 흑색으로 되고 폭이 넓다. 언저리는 밋밋하다. 자루의 길이는 1~4cm, 굵기는 0.05~0.1cm로 원통형이며 부서지기 쉽고 속은 비었다. 표면은 어릴 때 전체가 백색의 가루상-털로 덮여 있다가 오래되면 투명한 백색으로 된다. 포자의 크기는 7.5~9.3×4.2~5μm로 좁은 타원형이며 표면은 매끈하고 검은 적갈색으로 중앙에 발아공이 있다. 담자기의 크기는 12~19×6~7.5μm로 곤봉형이고 4-포자성으로 기부에 꺾쇠가 없다.

생태 여름~가을 / 사슴, 양, 말 등의 변에 군생한다.

분포 한국, 유럽, 북아메리카, 아시아

혹가루눈물버섯

Coprinopsis tuberosus (Quél.) Doveri, Granito & Lunghini
Coprinus tuberosus Quél.

형태 균모의 지름은 0.5~2(3)cm로 어릴 때는 난형에서 종 모양으로 된다. 표면은 백색이나 투명해 보인다. 처음에는 연한 회색의 가루상 외피막이 덮여 있지만 나중에 소실되고 일부만 중앙부에 잔존한다. 가장자리에는 줄무늬선이 있으며 흔히 방사상으로 찢어지며 성숙하면 대부분 가장자리가 위로 말린다. 주름살은 올린 주름살이며 성기고 백색에서 흑색으로 되면서 액화한다. 자루의 길이는 4~10cm, 굵기는 0.1~0.3cm로 백색이며 가늘고 길다. 처음에는 가루상이나 나중에 밋밋해진다. 기부는 다소 굵어졌다가 그 아랫부분은 실뿌리처럼 길게 가늘어지며 흑색의 균핵이 붙어 있다. 포자의 크기는 9.9~11.6×5.6~6.6μm로 타원형이고 표면은 매끈하고 암자갈색이며 발아공이 있다. 포자문은 흑색이다.

생태 봄~가을 / 동물의 분뇨 위나 시비한 토양, 쓰레기 버린 곳 등에 군생한다. 식용이다.

분포 한국 등 북반구 일대, 오스트레일리아

회갈색쌍둥이버섯

Homophron cernuum (Vahl) Örstadius & E. Larss.
Psathyrella cernua (Vahl) G. Hirsch

형태 균모의 지름은 1.5~3.5*cm*로 반구형에서 편평형으로 되지
만 가끔 불규칙한 모양이 되기도 하며 중앙은 볼록하다. 표면은
강한 흡수성이고 밋밋하고 적색이 가미된 흑회갈색이다. 습기가
있을 때는 투명한 줄무늬선이 균모의 반절까지 발달하며 건조하
면 밝은 크림색이 거의 백색으로 된다. 어릴 때 가장자리는 밋밋
하고 오래되면 물결형이다. 살은 백색에서 회갈색으로 되며 얇고
버섯 냄새가 나고 맛은 온화하다. 주름살은 넓은 바른 주름살 또
는 약간 톱니상의 내린 주름살로 백색에서 회갈색의 검은 적갈색
으로 되며 폭은 넓다. 주름살의 언저리는 미세한 백색-갈색의 섬
유가 있다. 자루의 길이는 2.5~7*cm*, 굵기는 0.2~0.5*cm*로 원통형
이며 굽었다. 어릴 때 속 차 있다가 비며 단단하고 부서지기 쉽
다. 표면은 밋밋하고 매끈하며 칙칙한 황색의 바탕에 미세한 세
로줄의 백색의 섬유가 있고 꼭대기는 가루상이다. 포자의 크기는
6.8~8.1×3.8~5*μm*로 타원형이며 표면은 매끈하고 적갈색이며 발
아공이 있다. 담자기의 크기는 15~20×6~8*μm*로 곤봉형-배불뚝
이형이며 4-포자성으로 기부에 꺾쇠가 있다.
생태 가을 / 숲속의 땅, 등걸에 군생·속생한다. 드문 종이다.
분포 한국, 일본, 중국, 유럽, 북아메리카

적갈색쌍둥이버섯

Homophron spadiceum (P. Kumm.) Örstadius & E. Lares
Psathyrella spadicea (P. Kumm.) Sing.

형태 균모의 지름은 2~6cm로 둥근 산 모양에서 편평하게 되지만 물결형으로 중앙은 둔하게 볼록해진다. 밋밋하고 흡수성이며 검은 베이지색의 갈색이다. 습할 때 적갈색, 밝은 황토 갈색을 띠다가 건조하면 베이지 갈색으로 되며 중앙은 검게 된다. 가장자리는 습할 때 희미한 줄무늬선이 있으며 노후하면 들어 올려지기도 한다. 살은 백색이며 표피 밑에서는 그을린 백색의 회갈색으로 얇고 단단하며 냄새와 맛은 온화하나 분명치 않다. 주름살은 올린 주름살 또는 좁은 바른 주름살로 어릴 때 밝은 갈색이나 나중에 적갈색이 되며 폭은 넓다. 언저리는 크림 백색의 섬유상이다. 자루의 길이는 4~6cm, 굵기는 0.5~1cm로 원통형이다. 단단하고 속은 비었다. 표면은 크림색-백색에서 차차 밝은 갈색으로 된다. 기부에 세로줄의 섬유실이 있고 꼭대기에 연한 섬유상-가루상이 있으며 갈라져서 세로줄의 섬유실이 된다. 기부는 대부분 가늘다. 포자는 7.7~9.9×4.3~5.4μm로 타원형이며 매끈하고 투명하며 연한 갈색이고 발아공은 없다. 담자기는 22~30×6.5~9μm로 곤봉형이고 4-포자성이다. 포자문은 적갈색이다.

생태 가을 / 숲속, 공원, 길가, 등걸, 뿌리, 살아있는 활엽수의 기부에 속생한다.

분포 한국, 유럽, 북아메리카, 아시아

큰눈물버섯

Lacrymaria lacrymabunda (Bull.) Pat.
Psatyhrella velutina (Pers.) Sing.

형태 균모의 지름은 3~10cm로 종 모양이지만 가운데가 편평하다. 표면은 다갈색 또는 황갈색이며 섬유상의 인편으로 덮여 있다. 가장자리에는 내피막의 흔적인 섬유상의 털이 붙어 있다. 주름살은 올린 주름살로 검은 자갈색이며 검은 반점이 생기고 가장자리에는 백색의 가루 같은 것이 부착한다. 자루의 길이는 3~10cm, 굵기는 0.3~1cm로 표면은 균모와 같은 색의 섬유로 덮여 있다. 자루 위쪽에는 백색의 가루 같은 것이 있다. 턱받이는 불완전하고 솜털상 또는 섬유상인데 포자가 붙어 있어 검은색으로 보인다. 포자의 크기는 9~11.5×6~7.5μm로 레몬형이며 표면은 사마귀 반점으로 빽빽이 덮여 있으며 발아공이 있다.

생태 여름~가을 / 숲속의 땅, 길가, 아파트의 풀밭에 군생한다. 식용이다.

분포 한국(북한), 일본, 중국, 시베리아, 북반구 일대

황금양산버섯

Parasola auricoma (Pat.) Redhead, Vilgalys & Hopple
Coprinus auricomus Pat.

형태 균모의 지름은 1.5~4.5cm, 높이는 1~2.5cm로 난형이나 나중에 종 모양에서 편평하게 된다. 외피막은 없다. 표면은 건조할 때는 둔하고 습하면 광택이 나며 중앙으로 줄무늬홈선이 발달한다. 처음에는 녹슨 갈색이나 나중에 회갈색에서 흑갈색으로 되며 미세한 직립의 털로 덮인다. 중앙은 흑색의 적갈색이고 밋밋하다. 가장자리는 톱니상이나 노후하면 사라진다. 살은 회갈색으로 얇고 막질이며 냄새는 분명치 않고 맛은 온화하다. 주름살은 올린 주름살에서 끝붙은 주름살로 백색에서 회베이지색이다. 노후하면 흑갈색이 되며 폭은 넓다. 언저리는 밋밋하고 백색이다. 자루의 길이는 5~11cm, 굵기는 0.2~0.45cm로 원통형이며 위로 가늘고 속은 비고 부서지기 쉽다. 표면은 밋밋하고 백색이며 미세한 세로줄의 섬유상이 있다. 기부에 때때로 백색의 털이 있다. 포자의 크기는 12.9~16.3×6.9~9.1μm로 타원형이며 매끈하고 그을린 황토 갈색이며 발아공이 있다. 포자문은 흑갈색이다. 담자기의 크기는 12~38×12~13μm로 곤봉형이며 4-포자성이다. 기부에 꺾쇠는 없다.

생태 초여름~가을 / 숲속, 정원, 공원의 땅 또는 땅에 묻힌 나무에 단생 · 군생한다.

분포 한국, 유럽, 북아메리카

원뿔양산버섯

Parasola conopilus (Fr.) Örstadius & Larss.
Psathyrella subatrata (Batsch) Quél.

형태 균모의 지름은 2~3.5㎝로 원추형-종 모양을 일생 동안 가진다. 표면은 습할 때는 밋밋하고 둔하며 적갈색으로 흡수성이다. 중앙은 황토색이며 투명한 줄무늬선이 가장자리에서 중앙까지 발달한다. 건조하면 칙칙한 베이지색에서 회베이지색으로 되며 압착된 털상이다. 가장자리는 예리하다. 살은 크림색으로 표피 밑은 갈색이고 얇다. 거의 냄새가 없으며 맛은 온화하다. 주름살은 좁은 바른 주름살로 어릴 때 밝은 갈색에서 흑갈색을 거쳐 자색이 되며 폭은 넓다. 언저리는 백색의 섬모가 있다가 탈락하여 밋밋하게 된다. 자루의 길이는 9~14㎝, 굵기는 0.25~0.4㎝로 원통형이며 약간 막대형이고 꼭대기로 가늘며 기부는 흔히 굽었다. 자루의 속은 비고 부서지기 쉽다. 표면은 밋밋하고 매끄러우며 백색이다. 꼭대기는 백색의 가루상이며 기부는 보통 백색의 털상이다. 포자의 크기는 12~18×6.5~9㎛로 타원형이며 표면은 매끈하고 흑적갈색이며 발아공이 있다. 담자기의 크기는 23~33×12~14㎛로 곤봉형이고 4-포자성이다. 기부에 꺾쇠는 없다.
생태 여름~가을 / 숲속의 낙엽이 있는 곳에 단생 · 군생한다.
분포 한국, 중국, 유럽, 북아메리카, 아시아

붉은양산버섯

Parasola hemerobia (Fr.) Redhead, Vilgalys & Hopple
Coprinus hemerobius Fr.

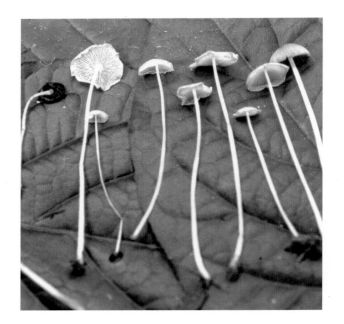

형태 균모의 지름은 1~2.5㎝, 높이는 1㎝로 어릴 때 난형에서 원통형으로 되며 노후하면 편평해진다. 표면은 둔하고 부챗살 모양이 중앙까지 발달한다. 어릴 때 황토색에서 적갈색으로 되며 차차 회갈색이 회색으로 되고 중앙은 갈색이다. 가장자리는 가끔 톱니상이며 갈라지고 뒤집힌다. 살은 막질로 냄새는 없고 맛은 온화하나 분명치 않다. 주름살은 끝붙은 주름살로 어릴 때는 백색이다가 나중에 회흑색에서 흑색으로 되며 폭은 넓다. 언저리는 밋밋하다. 자루의 길이는 3~5㎝, 굵기는 0.01~0.02㎝로 원통형이며 부서지기 쉽고 속은 비었다. 표면은 둔하고 회백색이며 자루 전체가 백색의 가루상이다. 포자의 크기는 10~13×6.5~7.5㎛로 타원형이며 표면은 매끈하고 흑갈색의 적색을 나타내며 중앙에 발아공이 있다. 담자기의 크기는 23~32×8~10㎛로 곤봉형이며 4-포자성이다. 기부에 꺾쇠는 없다. 연낭상체의 크기는 27~35×6~11㎛로 곤봉형에서 배불뚝이형이며 측낭상체는 없다.

생태 여름~가을 / 숲의 외곽, 길가, 풀숲에 단생·군생한다.

분포 한국, 유럽

364

접은양산버섯

Parasola kuehneri (Ulje & Bas) Redhead, Vilgalys & Hopple
Coprinus kuehneri Ulje & Bas / Coprinus plicatilis f. microsporus (Kühner & Joss.) Hongo & Aoki

형태 균모의 지름은 0.8~2.2cm, 높이는 0.8~1.5cm로 어릴 때 난형에서 원통형이다가 나중에 둥근 산 모양에서 차차 펴진다. 표면은 외피막이 없고 둔하며 줄무늬홈선이 중앙까지 발달한다. 어릴 때는 짙은 적색에서 대추야자 갈색이나 가장자리가 아래로 말린 곳에서부터 회갈색에서 회색으로 된다. 편평한 곳은 갈색이 남아 있으며 이는 사라지지 않는다. 가장자리는 물결형이고 연한 색에서 백색이다. 살은 균모의 중앙에서는 회갈색, 가장자리에서는 적갈색을 띠며 노후하면 흑색이 된다. 주름살은 끝붙은 주름살로 폭이 넓으며 언저리는 밋밋하고 백색이다. 자루의 길이는 5~7cm, 굵기는 0.1~0.2cm로 원통형이고 부서지기 쉬우며 속은 차 있다. 표면은 백색에서 그을린 베이지색으로 되며 비단결 같고 밋밋하며 희미한 백색의 섬유실이 있다. 기부 쪽으로 부풀며 작은 구형이다. 포자의 크기는 8.6~10.3×5.1~6.2×7~8.3μm로 정면에서 보면 렌즈 모양, 측면에서는 타원형이며 매끈하고 검은 적갈색으로 편재된 발아공이 있다. 담자기의 크기는 15~35×10~12.5μm로 곤봉형이며 4-포자성이다. 기부에 꺾쇠는 없다.

생태 여름~가을 / 숲의 외곽, 길가, 습한 땅, 드물게 이끼류에 단생 · 군생한다.

분포 한국, 유럽

대머리양산버섯

Parasola leiocephala (P.D. Orton) Redhead, Vilgalys & Hopple
Coprinus leiocephalus P.D. Orton

형태 균모의 지름은 1~2(3)㎝로 난형-원주형에서 종 모양-둥근 산 모양으로 되고 나중에 편평하게 펴진다. 중앙은 원반 모양으로 편평하거나 오목하게 들어간다. 표면은 처음에 황갈색-밤갈색에서 회색으로 되고 중심부가 진하다. 주변은 방사상으로 부챗살 모양이고 줄무늬홈선이 있다. 주름살은 떨어진 주름살로 처음에는 크림색이지만 나중에 연한 갈색-거의 흑색이 된다. 약간 성기고 폭이 매우 좁다. 자루의 길이는 5~9㎝, 굵기는 0.1~0.2㎝로 원주형이고 위아래가 같은 굵기이며 가늘고 길다. 표면은 밋밋하며 백색이며 아래쪽으로 연한 갈색이다. 속은 비었다. 기부는 약간 굵다. 포자의 크기는 8~9.5×6.5~7.5×4.5~5.5㎛로 한쪽이 약간 편평한 광난형이다. 표면은 매끈하고 투명하며 발아공이 있다.
생태 봄~가을 / 숲속, 정원 등의 습한 땅에 단생·군생한다.
분포 한국, 일본, 유럽, 터키, 뉴질랜드, 오스트레일리아

좀밀양산버섯

Parasola plicatilis (Curtis) Redhead, Vilgalys & Hopple
Coprinus plicatilis (Curtis) Fr.

형태 균모의 지름은 0.5~1.5㎝로 처음에는 원통형의 난형에서 평평하게 되며 중앙부만 약간 눌린 모양이 된다. 표면은 처음에 둘레가 많은 벽으로 분할되는데 연한 황갈색이나 나중에 연한 회색에 황색 또는 갈색으로 된다. 특히 중앙의 약간 들어간 곳은 갈색이다. 중앙부에서 가장자리까지 부챗살 모양의 벽이 생긴다. 간혹 펴지지 않은 채 균모가 액화되기도 한다. 주름살은 떨어진 주름살로 회색에서 흑색으로 된다. 폭이 좁고 성기며 액화된다. 자루의 길이 4~7㎝, 굵기는 0.1~0.2㎝로 매우 가늘고 길며 위아래가 같은 굵기지만 위쪽이 약간 가늘다. 표면은 밋밋하고 위쪽은 백색, 아래쪽은 갈색이다. 기부에는 다소 융털이 있다. 자루의 속은 비었다. 포자의 크기는 9.6~13.3×5.9~8.4×8.5~10.3㎛로 전면에서 보면 도토리-렌즈 모양, 측면에서 보면 타원형이다. 표면은 매끈하고 투명하며 측면에 발아공이 있다. 포자문은 흑색이다.
생태 봄~늦가을 / 잔디밭, 길가 풀밭, 퇴비장 등에 단생한다.
분포 한국, 일본, 중국, 유럽, 북아메리카, 오스트레일리아, 아프리카

실자루양산버섯

Parasola misera (P. Karst.) Redhead, Vilgalys & Hopple
Coprinus miser P. Karst.

형태 균모의 지름은 0.25~0.5cm로 난형이며 둥근 산 모양을 거쳐 차차 편평해진다. 표면은 밋밋하고 주름진 줄무늬선이 점차 생기며 균모가 펴지기 전에 오렌지 갈색에서 회색으로 된다. 맛과 냄새는 불분명하다. 자루의 길이는 0.5~4cm, 굵기는 0.05~0.1cm로 원통형이며 매우 가늘지만 결국 실처럼 가늘어진다. 표면은 밋밋하다. 주름살은 올린 주름살-바른 주름살이며 연한 회색이고 이후에 검은색으로 되나 액화하지 않으며 약간 밀생한다. 포자의 크기는 7~10×6.5~10㎛로 렌즈 모양이며 표면은 매끈하고 한쪽에 치우친 발아공이 있다. 낭상체는 서양배 모양이다. 포자문은 흑색이다.

생태 봄~가을 / 오래된 동물의 변, 낙엽 등에 단생 또는 작은 집단이나 뭉쳐서 발생한다.

분포 한국, 유럽

흰기둥눈물버섯

Psathyrella caputmedusae (Fr.) Konard & Maubl.

형태 균모는 지름은 2~3cm로 처음에 원추형에서 넓은 둥근형으로 된다. 표면은 약간 털상의 인편으로 덮이고 중앙은 약간 밋밋하다. 가장자리는 아래로 말리고 이후 점차 펴진다. 주름살은 넓은 바른 주름살-올린 주름살로 회색에서 흑갈색으로 되며 밀생한다. 언저리는 백색이다. 자루의 길이는 4.5~12cm, 굵기는 0.5~1cm로 약간 원통형이거나 위쪽으로 살짝 가늘다. 표면은 위쪽으로 약간 밋밋하고 거칠고 뒤집힌 인편으로 덮이며 약간의 2중성 턱받이가 있다. 살은 질기고 백황색이다. 맛은 불분명하고 냄새는 강하고 달콤하다. 포자문은 흑갈색이다. 포자의 크기는 9~11.5×4~5.5㎛로 좁은 타원형이며 표면은 매끈하고 발아공은 희미하거나 없다. 낭상체는 넓은 병 모양이다.

생태 여름~가을 / 썩은 고목, 소나무 관목의 그루터기, 덤불에 군생·속생한다.

분포 한국, 중국, 유럽 등

운모눈물버섯

Psathyrella armeniaca Pegler

형태 균모의 지름은 2~4.5cm로 원추형에서 둥근 산 모양으로 되며 중앙은 돌출한다. 녹슨 갈색 혹은 옅은 색이며 중앙의 색은 진하다. 표면은 작은 인편 또는 운모상의 광택이 나는 인편이 있고 막질이다. 가장자리의 색은 연하고 가는 줄무늬선이 있다. 살은 옅은 갈색이고 얇다. 주름살은 바른 주름살로 배불뚝이형이고 검은 연기색이다. 자루의 길이는 5~6cm, 굵기는 0.2~0.25cm로 위아래 굵기가 같고 백색이며 가늘고 약하며 막질이다. 포자의 크기는 8~10×6.5~7.5µm로 난형에서 타원형이며 약간 잘린 형이고 발아공이 있다. 표면은 암갈색으로 매끈하고 투명하며 광택이 난다. 담자기의 크기는 13~16×6~8µm로 곤봉형이며 4-포자성이다.
생태 여름~가을 / 활엽수림의 땅에 산생 · 군생한다.
분포 한국, 중국

369

비듬눈물버섯

Psathyrella artemisiae (Pass.) Konrad & Maubl.

형태 균모의 지름은 2.5~3.5cm로 처음은 난형, 원추형이나 차차 편평한 종 모양으로 된다. 습기가 있을 때는 황토 갈색이 되고 가장자리 쪽으로는 백색이다. 표면은 비단 섬유실로 덮인다. 건조하면 황토색-크림색, 노후하면 그을린 갈색으로 된다. 주름살은 바른 주름살로 백색에서 황토색-갈색으로 되며 마침내 자갈색으로 된다. 자루의 길이는 3.5~5cm, 굵기는 0.3~0.5cm로 백색이고 막편의 조각이 있다. 자루의 속은 비었다. 포자의 크기는 8.5~9.5×4.5~5㎛로 타원형이고 발아공이 있다. 포자문은 자갈색이며 연낭상체와 측낭상체는 곤봉형으로 두껍다. KOH 용액에서 노란색으로 염색된다.

생태 여름 / 너도밤나무 숲에 군생한다. 흔한 종이며 식용 여부는 불분명하다.

분포 한국, 유럽, 북아메리카

껍질눈물버섯

Psathyrella bipellis (Quél.) A.H. Smith

형태 균모의 지름은 2~3cm로 처음에 둔한 원추형에서 둥근 산
모양으로 되었다가 차차 편평하게 펴지며 가운데가 돌출한다. 흡
수성이고 습기가 있을 때는 포도주색의 적갈색-자갈색-암홍색
이다가 건조하면 연한 홍갈색-베이지 회색으로 된다. 표면은 방
사상으로 주름이 잡혀 있다. 가장자리 부근과 끝에는 솜찌꺼기상
의 작은 인편이 부착하나 소실되기 쉽다. 주름살은 바른 주름살로
암홍갈색에서 흑갈색으로 되고 가장자리는 백색의 가루상이며
약간 성기다. 자루의 길이는 4.5~8cm, 굵기는 0.3~0.4cm로 다소
굴곡지며 속은 빈다. 표면은 비단결의 섬유상으로 위쪽은 흰색이
고 아래쪽은 홍갈색-암홍갈색이다. 포자의 크기는 12~15×6~7
μm로 타원형이며 표면은 매끈하고 암자갈색이다. 포자문은 흑색
이다.
생태 봄~여름 / 숲속, 정원의 땅 또는 그루터기 등에 군생한다.
분포 한국, 일본, 중국, 인도, 유럽, 아프리카, 북아메리카 등

족제비눈물버섯

Psathyrella candolleana (Fr.) Maire

형태 균모의 지름은 3~6cm로 반막질이고 종 모양에서 차차 편평하게 되며 중앙은 약간 돌출한다. 표면은 처음에 밀황색 또는 갈색에서 희게 되며 중앙부는 홍황색이다. 털이 없거나 미세한 알갱이로 덮이며 마르면 매끄럽거나 주름이 생긴다. 처음 가장자리에는 피막의 잔편이 붙어 있고 균모가 펴지면 가장자리는 위로 들리며 째진다. 살은 얇고 백색이며 맛은 온화하다. 주름살은 바른 주름살로 밀생하며 폭이 좁고 처음 회백색에서 회자색을 거쳐 암자갈색으로 된다. 처음 가장자리에는 가는 털이 있다. 자루의 높이는 3.5~6.5cm, 굵기는 0.2~0.5cm로 원주형이며 세로로 째지고 백색이다. 섬유털이 있고 속은 비었다. 포자의 크기는 6.5~8×3.5~4.5μm로 타원형이며 발아공이 있다. 포자문은 자갈색이다. 연낭상체의 크기는 25~50×9~16μm로 원주형이며 꼭대기는 둔하다.

생태 여름~가을 / 고목 및 그 부근의 땅에서 군생 · 속생한다. 식용이다.

분포 한국, 일본, 중국, 유럽, 아시아, 북아메리카 등 전 세계

눈물버섯

Psathyrella corrugis (Pers.) Konrad & Maubl.
P. gracilis (Fr.) Quél. / P. caudata (Fr.) Quél.

형태 균모의 지름은 1~3.5cm로 원추형-종 모양에서 둔한 산 모양으로 된다. 표면은 무디고 미세한 방사상의 주름이 있으며 흡수성을 가진다. 습할 때는 투명한 줄무늬선이 거의 중간까지 발달하며 대추 야자색에서 황토 갈색으로 되지만 적색 또는 회색기가 있으며 건조하면 크림색이다. 가장자리는 핑크색이며 백색이고 표피의 섬유실이 부착한다. 오래되면 물결형으로 예리하게 된다. 살은 크림색에서 회갈색이며 얇고 냄새는 좋지 않다. 주름살은 올린 주름살-넓은 바른 주름살로 크림 베이지색에서 회색을 거쳐 자갈색으로 되며 폭은 넓다. 언저리는 백색의 섬모실이다. 자루의 길이는 5~15cm, 굵기는 0.1~0.35cm로 원통형이며 부서지기 쉽고 속은 비었다. 매끈하고 광택이 나며 백색에서 연한 크림색으로 꼭대기는 백색의 가루상이다. 기부는 백색의 섬유실이 있고 뿌리형이다. 포자는 10.5~14×6~7.5μm로 타원형이고 매끈하며 검은 회갈색으로 발아공이 있다. 담자기는 25~35×10~13μm로 곤봉형이며 4-포자성으로 기부에 꺾쇠가 있다.

생태 여름~가을 / 숲속의 낙엽 사이나 떨어진 나뭇가지에 군생한다.

분포 한국, 일본, 중국, 유럽

솜털눈물버섯

Psathyrella hirta Peck

형태 균모의 지름은 0.5~1.5cm로 처음의 종 모양-원추형을 내내 유지한다. 표면은 밋밋하고 흡수성으로 어두운 올리브 갈색이다. 투명한 줄무늬선이 습할 때 중앙까지 발달한다. 어릴 때 백색의 외피막 섬유가 덮이며 크림색-베이지색으로 중앙은 황토색이고 건조하면 줄무늬는 없어진다. 가장자리는 예리하고 연한 띠가 있으며 어릴 때 백색 외피막 섬유실로 된다. 살은 크림색으로 얇고 냄새가 없고 맛은 온화하나 분명치 않다. 주름살은 넓은 바른 주름살로 어릴 때는 베이지색-갈색이나 노후하면 검은 올리브색에서 흑갈색으로 되며 폭은 넓다. 자루의 길이는 1.5~3cm, 굵기는 0.1~0.15cm로 원통형이며 기부는 약간 부풀고 빳빳하며 부서지기 쉽고 속은 비었다. 표면은 백색에서 연한 갈색으로 된다. 어릴 때 밀집된 백색의 섬유상이 나중에 매끈해지고 백색의 섬유실로 되며 꼭대기는 백색의 가루상이다. 포자의 크기는 8.5~12×5~7μm로 타원형이며 표면은 매끈하고 투명하며 어두운 적갈색으로 발아공이 있다. 담자기의 크기는 17~26×10~12μm로 곤봉형이고 4-포자성으로 기부에 꺾쇠는 없다.

생태 여름~가을 / 풀밭, 비옥한 땅에 단생·군생한다. 드문 종이다.

분포 한국, 유럽

흰눈물버섯

Psathyrella leucotephra (Berk. & Br.) P.D. Orton

형태 균모의 지름은 3~7cm로 반구형에서 둥근 산 모양을 거쳐 차차 편평하게 되며 가운데가 볼록하다. 표면은 밋밋하고 흡수성으로 습기가 있을 때 황토 갈색, 건조하면 베이지색에서 크림색으로 된다. 가장자리는 예리하고 오랫동안 아래로 말리며 어릴 때 백색의 표피 섬유가 띠를 만든다. 살은 백색으로 얇고 약간 밀가루 냄새가 나며 맛은 온화하다. 주름살은 올린 주름살로 백색에서 회흑색으로 되거나 백색에서 자색의 라일락색이다. 가장자리는 백색의 섬유상이다. 자루의 길이는 0.7~1.1cm, 굵기는 0.6~1.1cm로 원통형이며 부서지기 쉽고 속은 비었다. 표면은 위쪽에 백색의 턱받이가 있고 줄무늬선이 있으며 표피 아래는 백색의 섬유상이다. 턱받이는 백색의 막질로 매달린다. 포자의 크기는 7.7~10.7×4.8~6μm로 난형이고 흑갈색이다. 표면은 매끈하고 발아공은 없다. 담자기의 크기는 25~30×8~10μm로 곤봉형이며 기부에 꺾쇠는 없다. 연낭상체의 크기는 27~41×8~11μm로 작은 주머니 모양이다.

생태 여름~가을 / 활엽수림의 땅에 속생한다.

분포 한국, 중국, 유럽

갈색눈물버섯

Psathyrella multissima (S. Imai) Hongo

형태 균모의 지름은 2~5cm, 높이는 1.5~3cm로 원추형에서 원추형의 종 모양이다. 표면은 흡수성이고 습하면 밤색, 건조하면 연한 붉은 황색이다. 가장자리에는 백색의 소실성 막편이 부착한다. 살은 얇고 균모와 같은 색이다. 주름살은 바른 주름살로 밀생하며 폭은 3~5mm이고 암자색으로 된다. 자루의 길이는 10~17cm, 굵기는 0.2~0.4cm로 위아래가 같은 굵기이며 때때로 굽는다. 단단하여 부러지기 쉽고 백색이며 광택이 나고 연한 색으로 된다. 위쪽은 털이 없으나 아래쪽은 백색의 부드러운 털이 있다. 포자의 크기는 7~9×3.5~5μm로 타원형이며 표면은 매끈하고 투명하다. 포자문은 암자갈색이다. 낭상체는 유방추형이며 머리 부분은 둔하다.

생태 여름~가을 / 썩은 고목에 속생한다.

분포 한국, 일본

진흙눈물버섯

Psathyrella lutensis (Romagn.) Bon

형태 균모의 지름은 1.5~3.5cm로 반구형의 둔한 원추형-종 모양이 되었다가 편평한 둥근 산 모양으로 된다. 노후하면 중앙이 둔하게 볼록해진다. 밋밋하고 약간 방사상으로 주름지고 흡수성이다. 검은 밤갈색이며 보통 투명한 줄무늬선이 있다. 건조하면 황토색-갈색으로 된다. 가장자리는 예리하고 어릴 때 백색 외피막의 섬유실이 오랫동안 매달린다. 살은 밝은색에서 검은 갈색이고 얇으며 냄새가 약간 있고 맛은 온화하다. 주름살은 올린 주름살 또는 넓은 바른 주름살로 오랫동안 회베이지색이며 나중에 검은색에서 자갈색으로 되며 폭은 넓다. 언저리는 백색이다. 자루의 길이는 3~6cm, 굵기는 0.2~0.6cm로 원통형이며 위쪽으로 가늘어지고 부서지기 쉽고 속은 비었다. 표면은 백색이며 핑크갈색의 비단결 바탕위에 세로줄의 섬유실 인편이 있다. 꼭대기는 백색의 가루상이다. 기부 쪽으로 약간 부푼다. 포자는 8~10.9×4.6~5.8μm로 타원형이다. 매끈하고 검은 적갈색으로 발아공이 있다. 담자기는 20~30×8~10μm로 곤봉형이며 4-포자성이다.

생태 여름 / 숲속, 젖은 곳, 길가, 묻혀있는 썩은 나무 등에 단생·군생하며 간혹 집단으로 발생한다.

분포 한국, 유럽

새발눈물버섯

Psathyrella multipedata (Peck) Sm.

형태 균모의 지름은 1~2.5cm로 어릴 때는 반구형에서 원추형-종 모양이며 나중에 둔한 원추형에서 종 모양으로 된다. 표면은 밋밋하고 비단결로 미세한 방사상이고 섬유상의 실이 고랑처럼 있다. 황토색-회갈색과 희미한 줄무늬선이 1/3까지 있으며 습할 때는 중앙까지 발달한다. 중앙은 약간 적갈색이며 건조하면 황토 갈색에서 베이지 갈색으로 된다. 가장자리는 예리하고 희미한 줄무늬선이 있다. 살은 습할 때 오렌지색-갈색, 건조할 때 베이지 갈색으로 되며 얇다. 냄새는 없고 맛은 온화하고 무미건조하다. 주름살은 올린 주름살로 어릴 때 밝은 회갈색이나 이후에 갈색에서 검은 자갈색으로 되며 폭은 넓다. 언저리는 미세한 백색의 섬모상이다. 자루의 길이는 3~10cm, 굵기는 0.15~0.4cm로 원통형이며 점차 기부 쪽으로 부풀고 노쇠하면 검고 미세한 세로줄이 기부 쪽으로 있다. 포자의 크기는 6.9~8.7×3.8~4.6μm로 타원형이며 표면은 매끈하고 적갈색이며 발아공이 있다. 담자기의 크기는 20~30×7~9μm로 곤봉형이며 4-포자성이다. 기부에 꺾쇠는 없다.

생태 늦여름~가을 / 숲속, 공원, 정원의 땅에 속생한다. 자루들은 다발로 유착하고 가균사의 뿌리처럼 된다.

분포 한국, 유럽

377

애기눈물버섯

Psathyrella obtusata (Pers.) A.H. Smith
P. obtusata (Pers.) A.H. Sm. var. obtusata

형태 균모의 지름은 (1)2~4㎝로 반구형-종 모양이다가 나중에 둥근 산 모양에서 평평하게 되며 중앙이 돌출한다. 어릴 때는 가장자리 끝에 백색의 가는 외피막 파편이 남아서 부착하지만 소실되기 쉽다. 표면은 암갈색-적갈색이나 건조하면 적색의 연한 황갈색으로 되고 중앙에 적갈색의 홍조가 남는다. 습할 때는 가장자리에 줄무늬가 생긴다. 살은 연한 갈색이고 얇다. 주름살은 바른 주름살 또는 약간 내린 주름살로 크림색에서 회갈색-암자회갈색이며 폭이 넓고 약간 성기다. 자루의 길이는 4~8㎝, 굵기는 0.2~0.35㎝로 위아래가 같은 굵기이다. 자루의 속은 비었다. 표면은 거의 백색이다. 포자의 크기는 7~8.9×4.3~5.9㎛로 타원형이며 표면은 매끈하고 암회갈색으로 발아공이 있다. 포자문은 흑색이다.
생태 봄~가을 / 숲속의 땅이나 묻힌 나무 위에 발생한다. 식용이다.
분포 한국 등 북반구 일대

황토눈물버섯

Psathyrella ochracea (Romagn.) Moser

형태 균모의 지름은 0.7~1.4cm로 어릴 때 반구형에서 종 모양-평평한 모양으로 된다. 표면은 흡습성이고 어릴 때나 습할 때는 암적갈색-밤갈색이고 건조하면 크림색-회갈색이나 중앙부는 황토색을 나타낸다. 가장자리는 톱니상이다. 살은 얇고 크림색이다. 주름살은 바른 주름살로 어릴 때는 회갈색, 오래되면 흑갈색으로 되며 폭이 넓고 다소 성기다. 자루의 길이는 4~7.5cm, 굵기는 0.1~0.2cm로 원주형이며 속은 비었고 부러지기 쉽다. 표면은 밋밋하고 광택이 나고 백색-연한 황색이며 미세하게 세로로 백색의 털이 있다. 포자의 크기는 10.3~15.3×6.2~7.6μm로 타원형이다. 표면은 매끈하고 암갈색으로 발아공이 있다. 포자문은 흑색이다.
생태 여름~가을 / 길가, 짚이나 나뭇가지를 버린 곳, 숲 내외 부식질 토양 등에 군생 · 산생한다.
분포 한국, 유럽

헛가는대눈물버섯

Psathyrella pseudogracilis (Romagn.) M.M. Moser

형태 균모의 지름은 1.2~2.5cm로 어릴 때 반구형-종 모양에서 원추상의 종 모양으로 된다. 표면은 밋밋하고 둔하며 흡수성이다. 습할 때 회갈색으로 되고 투명한 줄무늬선이 중앙의 2/3까지 있으며 중앙은 황토 갈색이나 가끔 올리브색이다. 건조하면 크림색-베이지색에서 백색-베이지색으로 되며 중앙은 노란색이고 줄무늬선은 없다. 가장자리는 핑크색이고 예리하다. 외피막의 섬유상의 실이 부착한다. 살은 물 같은 밝은 회색에서 백색이고 얇으며 약간 버섯 냄새가 나고 맛은 온화하다. 주름살의 길이는 4.5~8cm, 굵기는 0.1~0.25cm로 원통형이며 꼭대기로 가늘다. 자루의 속은 비고 유연하다. 표면은 밋밋하고 둔한 상태에서 매끄럽게 되고 백색이며 꼭대기는 백색의 가루상이고 기부는 백색이다. 포자의 크기는 10.9~15.2×5.8~7.7μm로 타원형이며 표면은 매끈하고 검은 적갈색으로 발아공이 있다. 담자기의 크기는 25~37×11~13μm로 곤봉형이고 4-포자성으로 기부에 꺾쇠는 없다.
생태 여름~가을 / 길가, 숲속의 변두리나 공원의 흙에 단생 · 군생한다.
분포 한국, 유럽

깃털눈물버섯

Psathyrella pennata (Fr.) Pears. & Dennis

형태 균모의 지름은 1.2~3.5*cm*로 반구형의 둥근 산 모양에서 편평한 둥근 산 모양으로 된다. 섬유상의 실이 있고 어릴 때는 백색 외피막이 분포하며 물결형이다. 표면은 습할 때 검은 자갈색이 된다. 가장자리부터 건조해진다. 연한 황토색에서 베이지색으로 되었다가 방사상으로 주름진다. 가장자리는 백색의 외피막 파편이 부착하며 나중에 매끄럽고 예리하게 된다. 살은 크림색에서 적갈색으로 되며 얇고 냄새가 나고 맛은 온화하다. 주름살은 넓은 바른 주름살로 어릴 때 밝은 회베이지색이며 나중에 검은 황토색에서 적갈색으로 되며 폭은 넓다. 언저리는 백색의 섬유상이다. 자루의 길이는 2~4*cm*, 굵기는 0.15~0.35*cm*로 원통형이며 대부분 굽었다. 어릴 때 속은 차 있으나 노후하면 비고 유연해 진다. 표면 전체는 백색의 인편 섬유로 되어있다. 어릴 때 백색의 바탕색을 갖게 되며 그 외는 세로줄의 섬유실로 되고 꼭대기는 백색의 가루상이다. 포자는 6.9~8.9×4.1~4.7*μm*로 타원형이며 매끈하고 커피색-갈색이며 발아공은 없다. 담자기는 곤봉형이며 18~23×7.5~11*μm*로 4-포자성이고 기부에 꺾쇠가 있다.

생태 봄~가을 / 불탄 자리에 단생 · 군생한다.

분포 한국, 유럽, 아시아, 북아메리카

균막눈물버섯

Psathyrella pervelata Kits van Wav.

형태 균모의 지름은 2~3.5cm로 어릴 때 반구형에서 원추형으로 되었다가 나중에 종 모양에서 둥근 산 모양으로 된다. 어릴 때 표면에 외피막의 섬유상이 있으나 나중에 매끈해진다. 표면은 밋밋하고 완전히 백색이며 중앙은 밝은 황토 갈색이다. 가장자리는 연한 백색이며 밋밋하고 예리하다. 살은 백색에서 밝은 갈색으로 얇다. 냄새는 없으며 맛은 온화하지만 분명치 않다. 주름살은 좁은 바른 주름살로 어릴 때 백색이고 노후하면 회베이지색, 검은 자회색-갈색이 되며 폭은 넓다. 언저리는 물결형이고 백색의 섬유상이다. 자루의 길이는 4~6cm, 굵기는 0.3~0.6cm로 원통형이며 어릴 때는 차 있고 노후하면 비고 유연하다. 표면은 백색의 섬유상으로 턱받이 위는 밋밋하고 아래는 약간 섬유상이다. 포자의 크기는 7.4~9.3×4.2~5.5μm로 타원형이며 표면은 매끈하고 그을린 적갈색으로 발아공이 있다. 담자기의 크기는 18~25×7.5~10μm로 곤봉형이고 4-포자성이며 기부에 꺾쇠가 있다. 연낭상체의 크기는 31~55×7~14μm로 주머니형에서 방추형이다. 측낭상체의 크기는 30~60×10~17μm로 연낭상체와 비슷하다.

생태 여름~가을 / 숲속의 땅, 썩은 나무 위에 군생·속생한다. 드문 종이다.

분포 한국, 유럽

다람쥐눈물버섯

Psathyrella piluiformis (Bull.) P.D. Orton
P. hydrophila (Bull.) Maire

형태 균모의 지름은 2~6cm로 반구형에서 둥근 산 모양을 거쳐 편평한 모양으로 되지만 중앙은 돌출한다. 표면은 흡수성으로 습기가 있을 때는 갈색 또는 암갈색이고 매끄럽다. 방사상의 요철 홈선이 있으며 마르면 연한 계피색 또는 황갈색이며 가루로 다소 덮이고 주름이 있다. 가장자리에 암색의 줄무늬홈선이 있고 탈락하기 쉬운 피막의 잔편이 붙어 있다. 나중에 가끔 물결형으로 되며 자주 갈라진다. 살은 얇고 균모와 같은 색이며 맛은 온화하다. 주름살은 바른 주름살로 밀생하며 폭은 약간 넓고 얇다. 처음 회갈색에서 암갈색으로 된다. 처음 언저리는 백색의 가는 융털이 있다. 자루의 길이는 3~6cm, 굵기는 0.3~0.5cm로 원주형이며 꼭대기는 가루로 덮이고 아래에 섬유상의 털이 있으며 광택이 나고 백색이다. 자루의 기부는 갈색을 띠고 부서지기 쉬우며 속이 비어 있다. 포자의 크기는 6~7×3.5~4.5㎛로 타원형이며 매끄럽고 연한 자갈색이다. 포자문은 자갈색이다. 낭상체의 크기는 30~35×10~11㎛로 방추형이다.

생태 봄~초겨울 / 썩은 고목 및 그 부근의 땅에서 군생 · 속생한다. 식용이다.

분포 한국, 일본, 중국, 유럽, 북아메리카

납작눈물버섯

Psathyrella prona (Fr.) Gillet

형태 균모의 지름은 1~1.5cm로 반구형-원추형에서 종 모양으로 되지만 펴지지 않는다. 표면은 밋밋하며 흡수성으로 검은 적갈색이다. 습할 때는 회갈색에서 흑갈색이며 투명한 줄무늬선이 거의 중앙까지 있다. 건조하면 황토 베이지색이 된다. 흰 외피막이 분포한다. 가장자리는 약간 톱니상이다. 살은 유백색에서 회갈색으로 얇고 냄새는 나쁘지 않으며 맛은 온화하나 불분명하다. 주름살은 넓은 바른 주름살로 조금 내린 톱니상이며 어릴 때는 크림 백색이나 나중에 점차 회갈색에서 검은 자갈색으로 되며 폭은 넓다. 언저리는 백색이고 섬유상의 털이 있으며 붉은색이다. 자루의 길이는 3~7cm, 굵기는 0.2~0.3cm로 원통형이며 기부는 약간 부풀고 속은 비었고 부서지기 쉽다. 표면은 크림 백색에서 연한 크림색이고 백색의 섬유실로 되어있다. 꼭대기는 백색의 가루상이며 기부 쪽으로 밝은 갈색이다. 기부는 거친 백색의 털상이다. 포자는 11.5~14×6.2~7.9μm로 타원형이며 매끈하고 투명하며 발아공이 있다. 담자기는 26~40×10~14μm로 곤봉형이다. 4-포자성이나 드물게 2-포자성도 있으며 기부에 꺾쇠가 있다.

생태 여름~가을 / 숲속의 땅에 단생·군생한다.

분포 한국, 유럽, 아시아, 북아메리카

회갈색눈물버섯

Psathyrella spadiceogrisea (Schaeff.) Maire

형태 균모의 지름은 2~7cm로 원추형 종 모양에서 둥근 산 모양
이 되며 나중에 평평하게 된다. 중앙은 돌출된다. 표면은 암갈색-
계피 갈색이며 약간 방사상의 주름이 있다. 마르면 연한 회색을
띤 연한 황갈색이 되고 중앙이 진하며 오래되면 회갈색이 된다.
가장자리는 습할 때는 줄무늬가 나타나며 어릴 때는 백색의 섬유
상 외피막이 덮여 있다. 살은 베이지 갈색이다. 주름살은 바른 주
름살로 백색에서 보라색의 암갈색으로 되며 폭이 매우 넓고 촘
촘하다. 자루의 길이는 4~9cm, 굵기는 0.4~0.7cm로 위아래 굵기
가 같고 속은 비었다. 표면은 백색이다. 포자의 크기는 7.3~9.5×
4.6~5.2μm로 타원형이다. 표면은 매끈하고 오렌지 갈색으로 발아
공이 있다. 포자문은 적갈색이다.
생태 봄~가을 / 특히 봄에 활엽수의 그루터기 및 그 부근에 군
생한다.
분포 한국, 일본 등 북반구 일대 및 아프리카

비늘눈물버섯

Psathyrella squamosa (P. Karst.) A.H. Sm.

형태 균모의 지름은 2.5~3.5cm로 난형에서 원추형으로 펴져서 종모양으로 된다. 백색에서 크림색으로 되며 다음에 회색을 거쳐 베이지색으로 된다. 습하면 황토 갈색이 되며 넓은 가장자리는 백색의 비단결로 덮인다. 건조하면 황토색-크림색, 노후하면 그을린 갈색이 된다. 맛과 냄새는 불분명하다. 주름살은 바른 주름살로 백색에서 황토 갈색으로 되었다가 자갈색으로 되며 촘촘하다. 언저리는 백색이다. 자루의 길이는 3.5~5cm, 굵기는 0.3~0.5cm로 백색이며 얇고 속은 비었다. 살은 입자형이고 부서지기 쉬우며 황토 갈색이다. 턱받이 흔적이 있다. 포자의 크기는 8.5~9.5×4.5~5 μm로 타원형이며 발아공이 있다. 포자문은 자갈색이다. 담자기는 4-포자성이며 기부에 꺾쇠가 있다. 낭상체는 방추형이며 벽이 약간 두껍고 노랗다.

생태 가을 / 자작나무 숲의 땅에 군생한다. 보통종이며 식용 여부는 불분명하다.

분포 한국, 일본

385

회색잎눈물버섯

Psathyrella tephrophylla (Romagn.) Bon

형태 균모의 지름은 2~5cm로 어릴 때 원추형-종 모양이 오래 유지되며 노후하면 편평하게 된다. 표면은 밋밋하고 무디고 흡수성이며 습할 때는 갈색이나 나중에 회갈색에서 황토 갈색이 되며 적갈색의 색조를 가진다. 중앙은 광택이 나고 줄무늬선이 중앙까지 있으며 노후하면 검은 회갈색이 된다. 중앙부터 퇴색하여 밝은 황토색이 회색-베이지색으로 된다. 가장자리는 회갈색이고 건조하면 균모는 밝은 황토 갈색이나 중앙은 갈색이다. 가장자리에 줄무늬선이 있고 예리하며 섬유상의 실이 매달리고 어릴 때 탈락하기 쉬운 외피막이 있다. 살은 습하면 흑갈색이며 건조하면 밝은 베이지색으로 된다. 얇고 냄새는 없고 맛은 온화하다. 주름살은 올린 주름살 또는 넓은 바른 주름살로 어릴 때 밝은 회색, 회갈색에서 흑갈색으로 되며 희미한 자색이다. 노후하면 거의 흑색이 된다. 폭이 넓고 언저리는 크림 백색으로 약간 섬유상이다. 자루의 길이는 5~9cm, 굵기는 0.3~0.5cm로 원통형이며 쉽게 부서진다. 표면은 백색이고 세로로 백색의 미세한 가루가 분포한다. 포자의 크기는 9.2~11×5.1~6.5µm로 타원형이며 표면은 매끈하고 투명하고 검은 적갈색으로 발아공이 있다. 포자문은 흑자색이다. 담자기의 크기는 16~20×8~109µm로 곤봉형이며 4-포자성이고 기부에 꺾쇠는 없다. 연낭체의 크기는 30~45×10~15µm로 포대 모양이다. 측낭상체의 크기는 50~75×12~17µm로 연낭상체와 유사하다.

생태 여름~가을 / 숲속의 땅에 단생 · 군생한다.

분포 한국, 유럽, 북아메리카

황포도눈물버섯

Psathyrella vinosfulva P.D. Orton
P. prona var. utriformis Kits van Wav.

형태 균모의 지름은 0.5~2cm로 어릴 때 반구형에서 종 모양으로 되었다가 둥근 산 모양을 거쳐 편평하게 되며 중앙은 둔하게 볼록해진다. 표면은 둔하고 흡수성이며 황토색에서 회색 또는 적갈색이다. 습할 때 투명한 줄무늬선이 중앙의 반까지 발달하며 건조하면 베이지색에서 회베이지색으로 희미한 핑크색을 가진다. 가장자리는 예리하고 밋밋하다. 살은 갈색이고 얇으며 냄새는 약하고 맛은 온화하고 무미건조하다. 주름살은 넓은 바른 주름살 또는 간혹 톱니상의 작은 내린 주름살로 밝은 베이지색이 나중에 회베이지색에서 핑크 회색으로 되며 폭은 넓다. 언저리는 약간 백색의 섬유상이다. 자루의 길이는 3~7cm, 굵기는 0.1~0.15cm로 원통형이며 부서지기 쉽고 속은 비었다. 표면은 밋밋하고 백색에서 밝은 회색으로 되며 백색의 섬유상이다. 기부 쪽으로 부풀고 백색의 털이 있다. 포자의 크기는 10.9~14.1×5.6~7.5µm로 타원형이며 표면은 매끈하고 검은 회갈색으로 발아공이 있다. 담자기의 크기는 21~28×10~13µm로 곤봉형이며 4-포자성이다. 기부에 꺾쇠는 없다.
생태 여름~가을 / 숲속, 길가, 석회석 땅, 모래땅 등에 군생하며 드물게 단생한다.
분포 한국, 유럽

바늘색시버섯

Arrhenia acerosa (Fr.) Kühner
Pleurotus acerosus (Fr.) Quél.

형태 균모의 지름은 0.8~2.5cm로 어릴 때는 혹(마디) 같고 이후
에 주걱 모양 또는 반원형-부채 모양이 깔때기형으로 된다. 표면
에 방사상의 섬유실이 있으며 어릴 때는 백색의 섬유실이나 나중
에 회갈색으로 되며 밝거나 어두운 부분이 생기고 백색 털-솜이
있다. 가장자리는 물결형이고 예리하다. 살은 물 같은 회갈색이며
얇고 막질로 되며 냄새는 없고 맛은 온화하나 분명치 않다. 주름살
은 올린 주름살로 회색에서 회갈색이며 폭이 넓다. 언저리는 약간
물결형이며 밋밋하다. 자루의 길이는 0.3~1cm, 굵기는 0.3~0.5cm로
발달하지 못한 자루로 측생한다. 표면은 백색의 털로 덮이고 속은
차 있다. 포자의 크기는 6.5~8.6×3.5~4.8μm로 타원형이며 표면은
매끈하고 투명하다. 담자기의 크기는 20~27×6~8μm로 원통-곤봉
형이며 4-포자성으로 기부에 꺾쇠가 있다. 낭상체는 없다.
생태 여름~가을 / 땅 위의 소달구지 길, 나무가 썩은 곳에 단생
· 군생한다. 로제터 모양 발생. 드문 종이다.
분포 한국, 유럽

요리색시버섯

Arrhenia epichysium (Pers.) Redh., Lutz., Monc. & Vilgalys
Omphalina epichysium (Pers.) Kumm. / Lepiota epicharis (Berk. et Br.) Sacc.

형태 균모의 지름은 1~4cm이고 둥근 산 모양에서 차차 편평한 모양으로 되며 중앙부는 들어간다. 표면은 거의 연한 노란색이고 가끔 회색 또는 회갈색이다. 마르면 백색이 된다. 중앙에 털이 있으나 오래되면 없어진다. 가장자리는 아래로 말리며 습할 때 줄무늬선이 나타나고 물결형이다. 살은 균모와 같은 색이고 얇고 연하며 냄새와 맛은 없다. 주름살은 내린 주름살이며 연한 노랑 또는 회백색으로 성기고 폭이 넓다. 자루의 길이는 1.5~3cm, 굵기는 0.4~0.5cm로 원통형이고 균모와 같은 색이며 속은 차 있다가 빈다. 기부에 백색의 균사가 있다. 포자는 7.5~8.5㎛로 광타원형이며 기름방울이 있기도 하다. 난아미로이드 반응을 보인다.

생태 여름~가을 / 숲속의 고목에 단생하기도 하나 대부분 군생한다.

분포 한국, 일본

요리색시버섯(껍질형)

Lepiota epicharis (Berk. et Br.) Sacc.

형태 균모의 지름은 2.5~3.5cm로 둥근 산 모양에서 편평하게 되지만 중앙부는 볼록하다. 표면은 황백색으로 흑갈색의 인편이 있다. 가장자리는 고르고 간혹 갈라지는 것도 있다. 살은 황백색이고 얇다. 주름살은 떨어진 주름살로 연한 황색에서 차차 희미한 황색으로 되며 포크형이다. 자루의 길이는 3.5~5cm, 굵기는 0.4~0.6cm로 원주형으로 황회색이며 흑갈색의 인편이 있고 표면에는 세로줄무늬가 있으며 자루의 속은 비었다. 턱받이는 자루의 위쪽에 있으며 탈락하기 쉽다. 포자의 크기는 5~7×4~5.5μm로 타원형이다. 표면은 매끄럽고 광택이 나며 황색이다. 연낭상체는 곤봉형-방추형이다.

생태 여름~가을 / 활엽수림의 땅에 단생 · 산생한다.

분포 한국, 일본, 중국

라일락색시버섯

Arrhenia liacinicolor (Bon) P.-A. Moreau & Courtec.
Omphalina galericolor (Romagn.) Bon

형태 균모의 지름은 0.5~2.5cm로 둥근 산 모양에서 차차 편평해지나 중앙은 약간 볼록하다. 성숙하면 거의 깔때기형으로 되며 습할 때는 줄무늬선이 중앙의 1/2 정도까지 발달한다. 건조할 때는 무디고 매트 같다. 살은 얇고 황토색이며 건조하면 퇴색한다. 맛과 냄새는 불분명하다. 주름살은 내린 주름살로 황토색이고 비교적 성기다. 자루의 길이는 0.5~2.5cm, 굵기는 0.1~0.25cm로 위아래 굵기가 같다. 표면은 밋밋하며 기부에는 미세한 털이 있다. 포자의 크기는 6.5~8.5×5~7μm로 반구형에서 광타원형이며 표면은 매끈하고 투명하다. 포자문은 백색이다.
생태 가을~겨울 / 이끼류가 있는 모래땅에 단생 또는 집단으로 발생한다.
분포 한국, 유럽

회색색시버섯

Arrhenia griseopallida (Desm.) Watling
Omphalina griseopallida (Desm.) Quél.

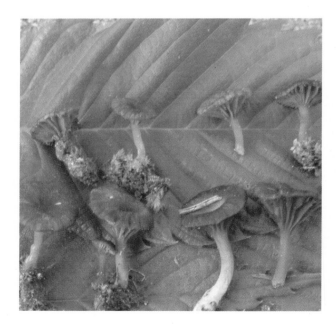

형태 균모의 지름은 0.6~1.5cm로 어릴 때는 가운데가 배꼽형으로 들어간 둥근 산 모양이다. 나중에 중앙이 오목하게 들어간 편평한 모양 또는 깔때기형이 된다. 표면은 흡수성을 가지고 습할 때는 암회갈색-암갈색, 건조할 때는 베이지 회색의 옅은 색이 된다. 오래되면 가장자리에 골이 지기도 한다. 주름살은 내린 주름살로 균모와 같은 색이고 폭은 약간 성기다. 자루의 길이는 1~2cm, 굵기는 0.1~0.3cm이며 아래쪽으로 다소 가늘어지고 균모와 같은 색이다. 기부에는 미세한 균사가 덮여 있다. 포자의 크기는 8~12×5~9μm로 광타원형이며 표면은 매끈하고 투명하다. 포자문은 백색이다.

생태 봄 / 풀밭, 숲속의 개활지, 이끼 사이 등에 군생한다. 식독이 불분명하다.

분포 한국, 유럽

주걱색시버섯

Arrhenia spathulata (Fr.) Redhead

형태 균모의 지름은 0.8~2cm로 홍합 모양, 주걱 모양, 부채꼴 등이며 표면에는 미세하게 방사상의 섬유실-털이 있다. 습할 때는 밴드가 있고 물결형이며 검은 회갈색이다. 건조하면 점차 연해지거나 회백색이다. 가장자리는 예리하고 물결형이다. 살은 막질이며 냄새는 없고 맛은 온화하다. 주름살은 맥상으로 뭉쳐지고 전체가 드물게 밋밋하며 회백색이다. 자루의 길이는 0.1~0.4cm로 측생하며 발달되지 않은 상태이다. 원추형으로 미세한 털상이 있으며 회백색이다. 포자의 크기는 6.5~9.2×4.1~5.2μm로 타원형이고 표면은 매끈하고 투명하다. 담자기의 크기는 30~35×4~6μm로 곤봉형이다. 4-포자성으로 기부에 꺾쇠는 없다. 낭상체는 없다.
생태 봄~가을 / 살아 있는 이끼류 위에 단생 또는 집단으로 발생한다.
분포 유럽, 북아메리카, 아시아

융단색시버섯

Arrhenia velutipes (P.D. Orton) Redhead, Lutzoni, Moncalvo & Vilgalys
Omphalina velutipes P.D. Orton

형태 균모의 지름은 0.5~1cm로 반구형에서 둥근 산 모양으로 되며 중앙은 배꼽형이다. 표면에는 압착된 섬유상의 실이 방사상으로 있다가 밋밋해진다. 습할 때 둔한 검은 갈색이 흑갈색으로 된다. 중앙까지 줄무늬선이 있으며 중앙에는 비듬이 있다. 건조하면 퇴색하여 황토색-갈색으로 된다. 가장자리는 톱니상이다. 살은 흑갈색이고 막질로 냄새가 나고 맛은 온화하다. 주름살은 낫 모양의 내린 주름살로 황토 갈색이고 폭은 넓으며 드물게 포크형이다. 언저리는 밋밋하며 검다. 자루의 길이는 1~2cm, 굵기는 0.07~0.15cm로 원통형이며 굽었고 때로는 기부 쪽으로 넓다. 미세한 세로줄의 섬유실이 있고 가루상이며 흑갈색에서 회갈색이다. 기부 쪽으로 검으나 희미한 녹색이 있다. 포자의 크기는 7.2~10.3×4.7~6.7μm로 광타원형이고 매끈하고 투명하다. 담자기의 크기는 27~35×7~9μm로 곤봉형이고 4-포자성이다. 기부에 꺾쇠가 있다.
생태 늦봄~여름 / 냇가의 뚝, 모래땅, 이끼류, 풀 등에 단생·군생한다.
분포 유럽, 한국

깔때기벽돌버섯

Bonomyces sinopicus (Fr.) Vizzini
Clitocybe sinopica (Fr.) P. Kumm.

형태 균모의 지름은 3~6(10)*cm*로 처음 둥근 산 모양에서 차차 편평해진다. 나중에는 중앙이 약간 들어가서 깔때기형이 된다. 표면은 밋밋하고 건조하며 오렌지색-갈색-벽돌색이다. 어릴 때는 가장자리가 안쪽으로 말린다. 살은 처음에는 백색이나 점차 갈색으로 되며 약간 질기다. 주름살은 내린 주름살로 약간 촘촘하며 백색이나 점차 연한 황토색으로 된다. 자루의 길이는 3~6*cm*, 굵기는 0.5~1.5*cm*로 균모와 같은 색이며 자루의 위쪽은 약간 미세한 솜털에 쌓여 있고 속은 차 있다. 기부는 가끔 뿌리 모양의 가근을 가진다. 포자의 크기는 6.7~8.9×4.2~6.2*μm*로 타원형이며 표면은 매끈하고 투명하다. 기름방울이 있다. 포자문은 백색이다.

생태 봄~가을 / 침엽수림의 관목림, 길가, 풀밭, 불탄 자리 등에 단생하며 소수가 군생한다. 드문 종이다.

분포 한국, 일본, 유럽

오목꿀버섯

Callistosporium luteo-olivaceum (Berk. & Curt.) Sing.

형태 균모의 지름은 1~2*cm*로 둥근 산 모양이다가 차차 편평하게 펴지고 중앙부가 약간 오목하게 들어간다. 표면은 밋밋하고 흡수성이며 꿀색-황토색인데 중앙부는 더 진한 색이다. 건조하면 옅은 색으로 되며 습할 때는 줄무늬가 약간 나타나기도 한다. 살은 얇고 표면과 같은 색이다. 주름살은 바른 주름살 또는 끝붙은 주름살로 황색이고 촘촘하다. 자루의 길이는 2~3*cm*, 굵기는 0.2~0.3*cm*로 가늘고 길다. 균모와 거의 같은 색이고 다소 섬유상이며 속이 비어 있다. 포자의 크기는 4.5~6.5×3~4.5*μm*로 타원형이며 표면은 매끈하고 투명하다.

생태 여름~가을 / 침엽수림의 부식토나 오래된 그루터기에 발생한다. 드문 종이다.

분포 한국, 일본, 유럽, 북아메리카

납작꾀꼬리술잔버섯

Cantharellula intermedia (Kauffman) Sing.
Clitocybe intermedia Kauffman

형태 균모의 지름은 1.5~4cm로 넓은 둥근 산 모양이며 가운데가 들어가 깔때기형으로 된다. 표면은 흡수성이고 밋밋하며 연한 황색에서 연한 황갈색으로 된다. 살은 얇고 부서지기 쉬우며 밀가루 냄새가 난다. 가장자리는 아래로 말리며 물결형이다. 주름살은 내린 주름살로 밀생하고 좁은 것 또는 약간 넓은 것이 있으며 연한 황색 또는 연한 핑크색-회색이다. 자루의 길이는 1~6.5cm, 굵기는 0.2~0.6cm로 속은 차 있다가 빈다. 표면은 가끔 주름지고 균모와 같은 색이며 밋밋하나 미세한 털이 있다. 가끔 백색의 균사체가 기부를 둘러싼다. 포자의 크기는 6.5~8.5×4~5μm로 타원형이고 표면은 매끈하며 아밀로이드 반응을 보인다. 포자문은 백색이다.
생태 가을 / 길가, 숲속의 길에 속생·산생한다. 식용은 불가능하다.
분포 한국, 일본, 중국, 유럽, 북아메리카, 북반구 온대

배꼽꾀꼬리술잔버섯

Cantharellula umbonata (J.F. Gmel.) Sing.
Clitocybe umbonata (J.F. Gmel.) Konrad

형태 균모의 지름은 2~5cm로 둥근 산 모양의 깔때기형으로 중앙이 작게 볼록하다. 회갈색에서 연기색 또는 자회색이며 건조하고 미세한 털이 있다. 자루의 길이는 2.5~8cm, 굵기는 0.3~0.7cm로 원통형이며 백색에서 회색으로 질기다. 표면은 비단결이다. 자루의 속은 엉성하게 차 있다. 살은 백색이고 상처가 나면 적색으로 변한다. 맛은 온화하며 향기가 난다. 주름살은 내린 주름살로 백색이고 촘촘하며 폭은 좁고 두껍다. 규칙적인 포크형이다. 상처가 나면 적색 또는 노란색으로 변한다. 포자의 크기는 8~11×3~4.5 μm로 장타원형의 방추형이며 표면은 매끄럽고 투명하다. 아밀로이드 반응을 보인다. 포자문은 백색이다.
생태 여름 / 혼효림의 이끼류에 군생한다. 식용 여부는 불분명하다.
분포 한국, 유럽, 북아메리카

턱받이전나무버섯

Catathelasma imperiale (Quél.) Sing.

형태 균모의 지름은 1.2~4cm로 둥근 산 모양에서 편평하게 되며 중앙은 오목하기도 하다. 표면은 오황갈색 또는 흑갈색에서 칙칙한 갈색이며 약간 끈적기가 있지만 건조하면 갈라진다. 살은 중앙이 두껍고 단단하고 백색이며 냄새가 나고 밀가루 맛이 난다. 가장자리는 얇으며 아래로 말리며 노후하면 갈라진다. 주름살은 내린 주름살로 밀생하며 폭은 좁다가 넓어지고 노란색에서 연한 녹회색이며 포크형이다. 자루의 길이는 12~18cm, 굵기는 5~8cm로 기부로 뒤틀리며 그을린 황갈색 또는 핑크 갈색의 막질의 초 같은 물질이 덮여 있다. 표피는 2중으로 자루 위에 2중의 턱받이가 있다. 꼭대기 층은 막질로 되며 줄무늬선이 있으며 기부는 끈적기가 있다. 포자의 크기는 11~14×4~5.5μm로 장타원형 또는 원주형으로 광택이 나고 표면은 매끈하다. 포자문은 백색이다.
생태 여름~가을 / 침엽수림의 땅에 단생 · 군생 · 산생한다.
분포 한국, 일본, 중국, 북아메리카

큰전나무버섯

Catathelasma ventricosum (Peck) Sing.

형태 균모의 지름은 8~20cm로 처음에는 반구형이다가 둥근 산 모양을 거쳐 편평하게 퍼진다. 나중에는 균모가 뒤집히기도 한다. 표면은 밋밋하고 습할 때는 다소 끈적기가 있으며 회백색-담회갈색이다. 어릴 때는 가장자리가 강하게 안쪽으로 말린다. 백색 천 조각(헝겊) 모양의 막질이 균모의 가장자리 끝에 붙어 있다. 살은 매우 두껍고 질기며 백색이다. 주름살은 긴 내린 주름살로 백색-황색이며 폭이 좁고 촘촘하다. 자루의 길이는 10~20cm, 굵기는 0.4~6cm로 매우 굵고 종종 가운데가 불룩하게 된다. 기부 쪽으로 심하게 가늘어진다. 자루에 붙은 외피막은 안쪽은 백색이며 바깥쪽은 균모와 같은 색이다. 포자의 크기는 8.5~11×4~6μm로 타원형 또는 장타원형이며 표면은 매끈하다. 포자문은 백색이다.
생태 여름~가을 / 소나무, 전나무 등의 침엽수림의 땅에 군생한다. 때에 따라서는 균류를 형성한다. 매우 드물며 식용이다.
분포 한국, 일본, 중국, 시베리아, 북아메리카

흰깔때기버섯

Clitocybe albirhiza Bigelow & Smith

형태 균모의 지름은 3~10cm로 둔한 둥근 산 모양에서 차차 편평하게 되며 가끔 깔때기형으로 되는 것도 있다. 표면은 밋밋하고 습기가 있을 때는 솜털이 나타나고 건조할 때는 줄무늬홈선이 나타난다. 살은 단단하고 가운데가 두꺼우며 연한 황색이다. 가장자리는 위로 말리는 것도 있으며 물결형이다. 살의 냄새는 좋지 않고 맛은 쓰다. 주름살은 바른 주름살에서 내린 주름살로 밀생하며 폭은 좁다가 넓어진다. 백색에서 연한 황색 또는 균모와 같은 색이다. 자루의 길이는 3~8cm, 굵기는 0.5~2cm로 속은 차고 나중이 되면 빈다. 기부는 백색의 가근으로 덮이고 균모와 같은 색이며 질기다. 표면은 습기가 있을 때는 밋밋하고 솜털이 있다가 미세한 털로 되며 건조할 때는 세로로 줄무늬홈선이 나타난다. 포자의 크기는 4.5~6×2.5~3.5μm로 타원형이며 표면은 매끈하고 투명하다. 비아밀로이드 반응을 보인다. 포자문은 백색이다.
생태 여름 / 활엽수림의 땅에 속생한다. 식용은 불가능하다.
분포 한국, 일본, 중국, 유럽, 북아메리카, 북반구 온대

미국깔때기버섯

Clitocybe americana H.E. Bigelow

형태 균모의 지름은 1~1.5cm로 처음 둥근 산 모양에서 편평한 모양이 되며 가운데가 들어가면서 다소 깔때기형으로 된다. 표면은 밋밋하고 희미한 핑크색의 붉은색이며 건조하면 연한 색으로 된다. 줄무늬선은 없다. 살은 얇고 백색이며 맛과 냄새가 약간은 좋은 편이다. 자루의 길이는 1~5cm, 굵기는 0.1~0.5cm로 원통형 또는 곤봉형으로 비교적 가늘고 위쪽으로 밋밋하다. 어릴 때에 매우 미세한 비단결의 섬유실이 있다. 주름살은 바른 주름살이나 다소 내린 주름살로 연한 황갈색의 회색이며 밀생한다. 포자의 크기는 4.5~5.5×3.5~4.5㎛로 타원형이며 표면은 매끈하고 투명하다. 포자문은 백색이다.

생태 여름 / 혼효림의 땅에 군생한다.

분포 한국, 유럽, 북아메리카

성긴주름깔때기버섯

Clitocybe barbularum (Romagn.) P.D. Orton
Omphalina barbularum (Romagn.) Bon

형태 균모의 지름은 1~2cm로 편평한 모양-둥근 산 모양에서 편평하게 되며 가운데가 들어가 깔때기형이 된다. 표면은 흡수성으로 끈적기 있을 때 투명한 줄무늬선이 생기며 회흑색-갈색이다. 건조하면 퇴색하며 밋밋하다가 매끄럽게 되고 때때로 표피가 벗겨진다. 주름살은 내린 주름살로 회갈색이다. 두께는 얇고 폭은 넓으며 밀생하거나 약간 성기다. 언저리는 고르고 회갈색이다. 자루의 길이는 1.4~2.4cm, 굵기는 0.2~0.3cm로 원통형이며 검은 회갈색에서 흑갈색이다. 살은 흡수성이고 균모와 자루는 같은 색이다. 밀가루 냄새와 맛이 난다. 포자문은 백색이다. 포자의 크기는 5~7×3~4μm로 유구형이고 표면은 매끈하다. 담자기의 크기는 22~31×5~7μm로 4-포자성이며 연낭상체는 없다.
생태 가을~봄 / 해안가 모래밭, 참나무류 숲의 땅, 이끼류 사이에 단생·군생한다.
분포 한국, 유럽

400

겨울깔때기버섯

Clitocybe brumalis (Fr.) Quél.

형태 균모의 지름은 1.5~4cm로 어릴 때 중앙에 배꼽형을 가진 종 모양에서 둥근 산 모양이 되었다가 펴지지만 배꼽형은 남는다. 표면은 흡수성이며 습할 때 갈색-베이지색이고 투명한 줄무늬선이 중앙까지 있다. 건조할 때는 크림색-베이지색이며 둔하고 미세한 털이 있다. 가장자리는 살구색이며 예리하고 고른 상태에서 물결형으로 되며 갈라진다. 살은 크림색이며 얇고 버섯 냄새가 나고 맛은 온화하다. 주름살은 넓은 바른 주름살에서 내린 주름살로 되며 백색에서 밝은 크림색이다. 폭은 넓으며 간혹 자루로 포크형인 경우도 있다. 언저리는 밋밋하다. 자루의 길이는 2~4cm, 굵기는 0.15~0.3cm로 원통형이며 흔히 굽었다. 표면은 밋밋하고 크림색-베이지색이며 어릴 때에는 꼭대기에 백색의 가루상이 있고 유연하다. 자루의 속은 차 있다. 포자의 크기는 4.5~7.1×2.5~4.2μm로 타원형이고 표면은 매끈하고 투명하며 크림색이다. 담자기의 크기는 17~20×5~6μm로 가는 곤봉형이며 4-포자성이다. 기부에 꺾쇠가 있다. 낭상체는 보이지 않는다.

생태 봄~가을 / 참나무과, 침엽수 잎의 더미, 나무 쓰레기가 섞인 땅에 단생·군생한다.

분포 한국, 유럽, 북아메리카

비단깔때기버섯

Clitocybe candida Bres.

형태 균모의 지름은 8~20cm로 넓은 둥근 산 모양에서 편평하게 되며 가장자리는 아래로 말린다. 중앙은 움푹 파여서 나중에 깔때기형으로 된다. 가장자리는 흔히 물결형, 아치형이며 가끔 가장자리에 줄무늬 골이 있고 백색 또는 연한 크림색이다. 오래되면 중앙이 부식하고 둔해지며 건조성으로 매우 미세한 매트 같은 털이 있다. 살은 백색이고 얇으며 중앙이 두껍다. 밀가루 냄새가 나고 맛은 온화하다. 주름살은 내린 주름살에서 짧은 내린 주름살로 노란색이다. 촘촘하고 폭이 좁으며 균모로부터 분리된다. 자루의 길이는 4~9cm, 굵기는 1.5~3.5cm로 가끔 부풀고 기부에서 굽었다. 백색에서 연한 황색이며 꼭대기에 미세한 털이 있다. 기부는 비듬과 털로 된다. 포자의 크기는 6~8.5×3~4.5μm로 타원형이며 표면은 매끈하다. 아밀로이드 반응을 보인다. 포자문은 백색이다.
생태 여름~가을 / 활엽수와 침엽수의 혼효림에 집단 또는 뭉쳐서 발생한다. 가끔 균륜을 형성한다. 식용은 불가능하다.
분포 한국, 일본, 북아메리카

접시깔때기버섯

Clitocybe catinus (Fr.) Quél.

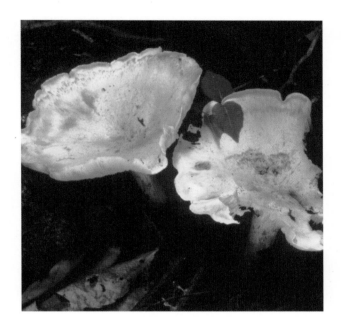

형태 균모의 지름은 3~8cm로 처음 둥근 산 모양에서 편평한 모양을 거쳐 가운데가 들어가면서 약간 깔때기형으로 된다. 표면은 백색에서 베이지색이며 군데군데에 희미한 핑크색의 얼룩이 있다. 살은 백색이고 얇으며 부드럽고 맛은 온화하다. 가장자리는 날카롭다. 주름살은 내린 주름살로 백색에서 약간 황색이고 폭은 넓으며 포크형이다. 가장자리는 매끈하다. 자루의 길이는 3.5~5 cm, 굵기는 0.5~0.2cm로 원통형이며 기부 쪽으로 부풀고 하얀 균사로 덮여 있으며 백색에서 밝은 베이지색이다. 자루의 속은 차 있다가 빈다. 표면에 세로줄의 섬유 무늬가 있다. 포자의 크기는 6~8×4.5~5μm로 광타원형이고 기름방울을 가진다. 담자기의 크기는 25~35×6~7.5μm로 가늘고 곤봉형이며 기부에 꺾쇠가 있다.
생태 여름~가을 / 숲속의 흙에 군생한다.
분포 한국, 일본, 중국, 유럽, 북아메리카, 북반구 온대

늑골깔때기버섯

Clitocybe costata Kühn. & Romagn.

형태 균모의 지름은 2.5~5cm로 어릴 때 중앙이 들어가고 아래로 말리며 나중에 다소 깔때기형으로 된다. 표면은 밋밋하고 광택이 없으며 확대경을 통해 보면 벨벳 같은 털이 확인된다. 약간의 흡수성이고 황토 갈색에서 베이지 갈색으로 되며 중앙은 어두운색이다. 가장자리는 보통 늑골 모양에서 물결형으로 된다. 살은 백색이고 얇으며 향료 냄새가 나고 아몬드의 성분으로 맛은 온화하다. 주름살은 내린 주름살로 백색에서 칙칙한 크림색으로 폭은 넓고 약간 포크형이다. 가장자리는 밋밋하다가 톱니형으로 된다. 자루의 길이는 3~4.5cm, 굵기는 0.4~0.8cm로 원통형이다. 밋밋하며 균모와 같은 색인 황토 갈색으로 미세한 세로무늬의 백색 섬유실로 덮이고 속은 차 있다가 빈다. 포자의 크기는 5~7×3.5~4.5μm로 씨앗 모양이다. 표면은 매끈하고 투명하며 기름방울을 함유한다. 담자기의 크기는 25~35×5~6.5μm로 가는 곤봉형이고 4-포자성이다. 기부에 꺾쇠가 있다. 낭상체는 없다.

생태 늦봄~가을 / 침엽수림의 땅에 군생한다.

분포 한국, 일본, 중국, 유럽

백황색깔때기버섯

Clitocybe dealbata (Sow.) P. Kummer

형태 균모의 지름은 2~4cm의 소형으로 깔때기형이며 중심부가 약간 오목하게 들어간다. 표면은 매끄럽고 칙칙한 흰색으로 분홍 갈색의 반점이 드문드문 생기기도 한다. 자루와 주름살은 흰색에서 나중에 연한 황토색으로 된다. 가장자리가 약간 안쪽으로 말려 있거나 펴지기도 한다. 살은 연한 갈색을 띠는 흰색이며 습기가 많고 부드러우며 가늘다. 주름살은 바른 주름살-내린 주름살로 어릴 때는 흰색 혹은 연한 황토색이다. 자루의 길이는 2~4cm, 굵기는 0.3~0.6cm로 어릴 때는 흰색을 띠고 섬유질이나 오래되면 연한 황토색-분홍 갈색을 띤다. 포자의 크기는 4~5.3×3~3.3μm로 타원형이며 표면은 매끈하고 투명하다. 포자문은 백색이다.
생태 여름~가을 / 관목 아래 낙엽이 쌓인 곳, 목장, 풀밭, 길가 등에 군생한다.
분포 한국, 일본, 중국, 유럽, 북아메리카, 북반구 온대

두발깔때기버섯

Clitocybe ditopoda (Fr.) Gillet

형태 균모의 지름은 1.5~4cm로 어릴 때 둥근 산 모양에서 차차 편평해지며 톱니상이다. 이후 깔때기형으로 되지만 중앙은 배꼽형이다. 표면은 밋밋하고 습할 때는 무딘 비단결로 흡수성을 가지며 회갈색이고 백색-은색 가루가 있다. 건조할 때는 회색-베이지색이다. 가장자리는 고르고 오래되면 아래로 말린다. 살은 회갈색이며 가장자리 쪽으로 얇다. 강한 밀가루 냄새가 나고 고약하며 맛은 온화하나 좋지 않다. 주름살은 넓은 바른 주름살에서 내린 주름살로 회갈색이며 폭은 넓고 간혹 포크형이다. 언저리는 밋밋하다. 자루의 길이는 2~5cm, 굵기는 0.3~0.6cm로 원통형이고 가끔 굽었다. 표면에는 회갈색 바탕 위에 백색의 세로줄 섬유실이 있고 부서지기 쉽다. 기부는 백색이고 털이 있으며 자루의 속은 차 있다가 빈다. 포자의 크기는 3~3.5×2.5~3㎛로 아구형-광타원형이고 표면은 매끈하고 투명하며 기름방울을 함유한다. 담자기의 크기는 20~26×3.5~5㎛로 원통형-곤봉형이며 2 또는 4 포자성이다. 기부에 꺾쇠가 있다. 낭상체는 없다.

생태 가을 / 참나무류의 숲, 침엽수, 관목림의 땅에 군생 · 속생한다. 때때로 집단으로 발생한다.

분포 한국, 유럽

흰삿갓깔때기버섯

Clitocybe fragrans (With.) Kummer

형태 균모의 지름은 2~3.5cm이며 편평하게 되지만 중앙부가 오목하다. 표면은 매끄럽고 습기가 있을 때는 가장자리에 줄무늬선이 있고 연한 황색이다. 건조하면 줄무늬선은 없어지고 백색으로 된다. 가장자리는 처음에 아래로 말린다. 살은 얇고 표면과 같은 색이다. 주름살은 바른 주름살-내린 주름살로 폭이 좁고 밀생한다. 자루의 길이는 3~4.5cm, 굵기는 0.4~0.8cm로 균모와 같은 색 또는 살색이고 광택이 나며 속은 비었다. 기부에 솜털상의 균사체가 있다. 포자의 크기는 6.5~7.5×3.5~4μm로 협타원형이고 연한 오렌지색의 크림색으로 표면은 매끄럽고 투명하다. 담자기의 크기는 25~33×6.5~7.5μm로 원통형의 곤봉형이다. 4-포자성으로 기부에 꺾쇠가 있다. 낭상체는 보이지 않는다.

생태 봄~가을 / 각종 숲속의 땅에 군생 · 속생한다.

분포 한국, 일본, 중국, 유럽, 북아메리카, 북반구 온대 이북

깔때기버섯

Clitocybe gibba (Pers.) Kummer

형태 균모는 얇으며 지름은 4~12cm로 반구형이다. 중앙부는 약간 돌출하는 듯 하나 곧 깔때기형으로 된다. 표면은 마르고 매끄럽거나 가는 융털이 있으며 연한 황색, 연한 분홍 살색 또는 살색이며 중앙부는 어두우나 노후하면 연해진다. 변두리는 초기에 아래로 감기나 나중 펴져서 물결형으로 된다. 살은 중앙부가 두껍고 밖으로 점차 얇아진다. 백색이고 유연하며 맛은 온화하다. 주름살은 내린 주름살이고 밀생하며 폭이 좁고 얇다. 백색 또는 연한 색깔이다. 자루의 길이는 4~9cm, 굵기는 0.4~1cm로 위아래의 굵기가 같거나 원주형으로 단단하며 탄력성이 있다. 자루의 속은 차 있으며 상부에는 털이 없다. 기부의 백색 균사는 기물과 이어진다. 포자의 크기는 6~9×3.5~4㎛로 타원형이며 표면은 매끄럽고 광택이 나며 무색이다. 포자문은 백색이다.

생태 여름~가을 / 분비나무 숲, 가문비나무 숲, 잎갈나무 숲, 잣나무 숲, 활엽수림, 혼효림 또는 사시나무 숲, 자작나무 숲속의 낙엽층에서 산생·군생한다. 식용이다.

분포 한국, 일본, 중국, 유럽, 북아메리카, 북반구 온대

긴자루깔때기버섯

Clitocybe houghtonii (W. Pillips) Dennis

형태 균모의 지름은 2~8cm로 처음에는 중앙이 오목한 둥근 산 모양에서 차차 편평해지고 나중에는 깊게 파인 깔때기형으로 된다. 연한 분홍색-황갈색의 백색이지만 오래되거나 마르면 거의 백색으로 된다. 살은 매우 얇고 백색이다. 주름살은 내린 주름살로 연한 핑크색의 크림색이며 촘촘하다. 자루의 길이는 3~8cm, 굵기는 0.3~0.8cm로 균모와 같은 색이며 중심생이고 속이 비어 있다. 기부에 백색의 균사가 있다. 포자의 크기는 7~8×3.5~4㎛로 타원형이고 표면은 매끈하고 투명하다. 포자문은 백색이다.
생태 여름~가을 / 자작나무 낙엽층 등 활엽수림의 땅에 군생한다. 식독이 불분명하다.
분포 한국, 유럽

물깔때기버섯

Clitocybe hydrogramma (Bull.) P. Kumm.

형태 균모의 지름은 2~5cm로 처음 둥근 산 모양에서 가운데가 들어가며 얕은 깔때기형으로 된다. 표면은 흡수성이고 건조할 때는 거의 백색 또는 회갈색이며 미세한 털이 있다. 살은 백색이며 냄새는 강하고 좋지 않으며 거의 악취를 풍긴다. 가장자리에 줄무늬선이 있다. 주름살은 심한 내린 주름살로 폭이 넓고 색깔은 퇴색한다. 자루의 길이는 5~8cm, 굵기는 0.3~0.6cm로 균모와 같은 색 또는 약간 연한 색이며 끈적기가 있다. 기부는 솜털상이다. 자루의 속은 비었다. 포자의 크기는 5×6.5×3~3.5μm로 광타원형이며 표면은 매끈하고 투명하다. 포자문은 백색이다.

생태 가을 / 활엽수림의 땅에 군생한다. 식용 여부는 불분명하다.

분포 한국, 유럽

풀색깔때기버섯

Clitocybe imaiana Sing.

형태 균모의 지름은 2.5~4cm로 중앙이 들어가거나 높지만 나중에는 거의 깔때기형으로 된다. 표면은 흡수성이고 풀다색이나 나중에 연한 색으로 된다. 가장자리는 밋밋하고 줄무늬선이 있으며 안으로 말린다. 살은 연한 색이고 매우 얇다. 주름살은 내린 주름살 또는 바른 주름살로 연한 색 또는 회색과 비슷하며 밀생하고 활모양이다. 자루의 길이는 2.5~4cm, 굵기는 0.2~0.4cm로 위아래 굵기가 같다. 균모와 같은 색이며 섬유상이나 분명하지 않은 그물꼴이 있다. 자루의 속은 비었다. 포자의 크기는 5×2.5㎛로 타원형이며 표면은 매끈하다. 포자문은 백색이다.

생태 가을 / 침엽수의 썩은 나무에 군생한다.

분포 한국, 일본

411

혹깔때기버섯

Clitocybe infundibuliformis (Schaeff.) Quél.

형태 균모의 지름은 4~8cm로 처음에는 중앙이 들어간 배꼽형으로 움푹 들어간 둥근 산 모양이다. 나중에 균모가 펴지면서 거의 깔때기형으로 된다. 표면은 살색이 아닌 연한 적갈색으로 노후하면 얼룩이 생긴다. 표면은 거의 밋밋하고 중앙 부근에 가느다란 인피를 가진다. 살은 백색이다. 주름살은 긴 내린 주름살로 백색이며 좁고 밀생한다. 자루의 길이는 4~8cm, 굵기는 0.4~0.8cm로 원통형이며 속은 차 있고 질기다. 표면은 균모보다 연한 색으로 기부에 흰색의 털이 있다. 포자의 크기는 5~7×3~5㎛로 배의 씨앗 모양이다.

생태 가을 / 숲속의 땅, 낙엽 위에 군생·속생한다.

분포 한국, 일본, 시베리아, 소아시아, 유럽, 북아메리카, 오스트레일리아

흑백깔때기버섯

Clitocybe leucodiatreta Bon

형태 균모의 지름은 3~7.5cm로 어릴 때 둥근 산 모양에서 차차 편평해지며 약간 깔때기형으로 된다. 표면은 밋밋하고 무디며 물 결형이고 흡수성이 강하다. 습할 때는 핑크색-갈색이며 건조할 때는 베이지색이다. 가장자리는 예리하다. 살은 백색의 회갈색에 서 크림 백색으로 되며 얇고 부서지기 쉽다. 냄새는 좋지 않으며 맛은 온화하다. 주름살은 넓은 바른 주름살에서 내린 주름살로 백 색에서 회백색으로 되며 폭은 넓다. 언저리는 밋밋하다. 자루의 길이는 4~5cm, 굵기는 0.5~1cm로 원주형에서 원추형이다. 간혹 편심생이고 가끔 꼭대기 쪽으로 부푼다. 표면은 황토색-핑크 갈 색으로 백색의 세로줄의 섬유실이 있고 속은 차 있다. 자루의 살 은 섬유상이고 핑크 갈색이다. 포자의 크기는 4.5~6.5×2.5~3.5μm 로 타원형이고 표면은 매끈하고 투명하며 기름방울을 함유한다. 담자기의 크기는 18~25×4~5.5μm로 가는 곤봉형이고 4-포자성 이다. 기부에 꺾쇠가 있다. 낭상체는 없다.

생태 여름~가을 /숲속의 모래땅에 속생한다. 드문 종이며 식용 이 불가능하다.

분포 한국, 중국

변색깔때기버섯

Clitocybe metachrora (Fr.) Kumm.

형태 균모의 지름은 3~6cm로 편평한 둥근 산 모양이고 어릴 때 가운데는 들어가 배꼽형이 된다. 표면은 밋밋하고 강한 흡수성이며 가운데는 갈색의 크림 백색이다. 건조하면 비단처럼 매끈하며 습기가 있을 때는 베이지 갈색이 된다. 가장자리에는 날카롭고 투명한 줄무늬선이 있다. 살은 백색으로 얇고 약간 버섯 냄새가 나며 맛은 부드럽다. 주름살은 내린 주름살로 칙칙한 크림색에서 회색으로 되었다가 베이지 갈색으로 된다. 가장자리는 밋밋하다. 자루의 길이는 3.5~6cm, 굵기는 0.3~0.7cm로 원통형이며 간혹 눌린 상태로 약간 굽었고 비틀어진 것도 있다. 표면에 세로줄의 홈선이 있고 백색의 섬유상이다. 자루의 위쪽은 백색의 크림색이고 기부 쪽으로 회갈색이며 단단하다. 자루의 속은 차 있다가 빈다. 포자의 크기는 5.5~7×3~4μm로 타원형이다. 표면은 매끈하고 기름방울이 있다. 담자기의 크기는 26~32×4.5~7μm로 가늘고 곤봉형이다. 기부에 꺾쇠가 있다.

생태 여름~가을 / 숲속의 땅에 군생한다.

분포 한국, 중국, 유럽

회색깔때기버섯

Clitocybe nebularis (Batsch) Kummer

형태 균모의 지름은 3~12cm로 원추형에서 차차 편평해지고 중앙부는 약간 오목하다. 표면은 습기가 있을 때에는 약간 끈적기가 있으나 곧 마르며 처음에는 가루상이나 나중에 매끄러워진다. 연한 회갈색 내지 회황색이고 중앙부는 색깔이 진하나 가장자리 쪽으로 점점 연해진다. 가장자리는 처음에 아래로 감기나 나중에 아래로 굽는다. 살은 두껍고 단단하며 백색이다. 맛은 온화하다. 주름살은 내린 주름살로 폭이 좁고 백색에서 회백색으로 되며 가장자리는 반반하다. 자루의 길이는 6~8cm, 굵기는 1~1.8cm로 원주형이며 위아래의 굵기가 같거나 기부가 약간 굵다. 표면은 백색 또는 회백색이고 백색의 융털이 있다. 자루의 속은 희고 섬유질이며 차 있다. 포자의 크기는 4~6×3~4μm로 타원형이며 표면은 매끄럽다. 포자문은 백색이다.

생태 가을 / 숲속의 땅에 군생한다. 식용이다.

분포 한국, 일본, 중국, 유럽, 북아메리카

민깔때기버섯

Clitocybe obsoleta (Batsch) Quél.

형태 균모의 지름은 2~5(8)*cm*로 어릴 때 둥근 산 모양에서 차차 편평해지고 중앙이 약간 오목해진다. 가장자리는 오랫동안 서서히 안쪽으로 굽는다. 습기가 있을 때는 줄무늬가 희미하게 나타나기도 한다. 표면은 흡수성이고 밋밋하며 습할 때는 베이지 회색-베이지 갈색이고 중앙 쪽으로 다소 진해지기도 한다. 건조할 때는 연한 크림색이다. 살은 크림 백색이고 얇다. 주름살은 약간 내린 주름살로 어릴 때는 크림 백색에서 그을린 크림색이고 폭이 넓고 촘촘하다. 언저리는 고르다. 자루의 길이는 3~7*cm*, 굵기는 0.5~0.8*cm*로 원주형이고 베이지 회색이다. 약간 크림 백색의 섬유상이 세로로 있으며 꼭대기는 부분적으로 가루상이다. 기부에 백색의 균사와 털이 있다. 자루의 속은 차 있다가 나중에 빈다. 포자의 크기는 6.6~8.5×3.6~4.2μm로 타원형이며 표면은 매끈하고 투명하다. 포자문은 연한 크림색이다.

생태 여름~가을 / 활엽수림 또는 혼효림의 땅에 단생·군생한다. 독버섯으로 알려져 있다.

분포 한국, 유럽

백색깔때기버섯

Clitocybe robusta Peck

형태 균모의 지름은 3~17*cm*로 넓은 둥근 산 모양이다. 가장자리가 안쪽으로 감겼다가 거의 편평한 모양이 되며 안쪽으로 굽어 있다. 중앙은 얕고 오목하게 들어간다. 표면은 크림색-연한 황토갈색으로 건조하며 미세한 털이 있거나 가루상이다. 습할 때는 다소 끈적하다. 살은 백색이고 중앙은 두꺼우며 건조하면 단단해 진다. 불쾌한 냄새가 난다. 주름살은 바른 주름살로 백색-진한 크림색이며 폭이 좁고 매우 촘촘하다. 자루의 길이는 4.5~10*cm*, 굵기는 1~3.5*cm*로 원통형이며 크림색이다. 자루의 꼭대기에 점상으로 미세한 털이나 비늘이 있다. 기부는 약간 팽대되어 있으며 백색의 미세한 솜털이 덮여 있다. 자루의 속은 차 있다가 나중에 빈다. 포자의 크기는 5.5~7.5×3~4.5μm로 타원형이며 표면은 매끈하다. 비아밀로이드 반응을 보인다. 포자문은 크림 황색이다.

생태 여름~가을 / 활엽수림 또는 침엽수림의 낙엽이 많이 쌓인 곳에 군생·속생한다.

분포 한국, 일본, 북아메리카

하늘색깔때기버섯

Clitocybe odora (Bull.) Kummer
Clitocybe odor var. alba J.E. Lange

형태 균모의 지름은 2~6cm로 처음에 편평한 둥근 산 모양에서 불규칙한 물결형으로 되고 가운데가 돌출하지만 깔때기형으로 되진 않는다. 표면은 백색으로 약간 비단 같은 털이 있고 흡수성은 아니다. 나중에 작은 적갈색의 돌출이 생기고 상처를 받으면 몇 분 후에 적갈색의 작은 반점이 생긴다. 표피 아래는 연한 녹색이고 암모니아 냄새가 강하게 난다. 가장자리는 날카롭고 오랫동안 아래로 말린다. 변두리는 초기에 안으로 감기나 나중에는 퍼지며 솜털이 있다. 살은 백색으로 얇고 냄새는 강하나 맛은 부드럽다. 주름살은 바른 주름살이나 드물게 내린 주름살이고 백색에서 크림색을 거쳐서 베이지색으로 되며 곳곳에 핑크색의 얼룩이 있다. 폭은 넓고 약간 포크형이다. 가장자리는 매끈하다. 자루의 길이는 3.5~4cm, 굵기는 0.3~0.6cm로 원통형이며 백색에서 크림색으로 되며 상처가 나면 갈색으로 변한다. 표면은 밋밋하고 세로줄의 섬유 무늬가 있다. 기부에 백색의 균사가 있다. 자루의 속은 차 있다가 비게 되고 부서지기 쉽다. 포자의 크기는 5.5~7×4~5μm로 광타원형이며 표면은 매끈하고 기름방울이 있다. 담자기의 크기는 25~33×6~8μm로 곤봉형이다. 기부에 꺾쇠가 있다. 포자문은 백색이다.

생태 여름~가을 / 활엽수림의 낙엽층에 단생 · 군생한다. 식용이다.

분포 한국, 일본, 중국, 유럽, 북반구 온대

나뭇잎깔때기버섯

Clitocybe phyllophila (Pers.) Kumm.
C. cerrussata (Fr.) P. Kumm. / C. dilatata P. Karst.

형태 균모의 지름은 3~7cm로 둥근 산 모양에서 차차 편평해지며 중앙부는 오목하다. 표면은 건조하고 백색이며 매끄럽다. 가장자리는 처음에 아래로 굽으며 은회색이다. 살은 얇고 백색이다. 주름살은 내린 주름살로 다소 성기며 폭은 좁고 백색이다. 자루의 길이는 2.5~4cm, 굵기는 0.3~1cm로 원주형이다. 다소 구부정하고 백색이며 섬유질이다. 자루의 속은 갯솜질이며 기부에 백색의 어린 털이 있다. 포자의 크기는 6~7×4~4.5μm로 타원형이며 표면은 매끄럽고 투명하다. 포자문은 백색이다. 담자기의 크기는 18~25×4.5~5.5μm로 곤봉형이고 4-포자성이다. 기부에 꺾쇠가 있다.

생태 여름~가을 / 분비나무, 가문비나무 숲의 땅에 군생한다. 독버섯이다.

분포 한국, 일본, 중국, 유럽, 북아메리카, 북반구 온대

나뭇잎깔때기버섯(풍선형)

Clitocybe dilatata P. Karst.

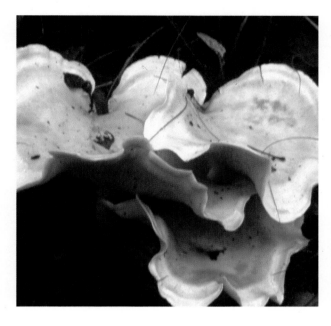

형태 균모의 지름은 3~15cm로 둥근 산 모양에서 편평하게 되나 중앙은 부풀어 볼록해진다. 표면은 회색에서 백색 또는 분필색이며 건조성으로 밋밋하고 솜털이 있다. 살은 단단하고 중앙이 두꺼우며 열은 회색에서 백색으로 된다. 냄새는 없고 맛은 좋다. 가장자리는 불규칙하게 아래로 말리거나 위로 뒤집히며 물결형이다. 주름살은 바른 주름살에서 내린 주름살로 백색에서 연한 황색으로 되며 밀생하고 폭은 좁다가 넓어진다. 자루의 길이는 5~12.5cm, 굵기는 0.5~2cm로 가끔 굽으며 기부 쪽으로 부푼다. 표면은 백색이고 상처가 나면 기부는 흑색으로 변한다. 미세한 펠트상과 줄무늬홈선이 있으며 미세한 인편이 기부 쪽으로 분포한다. 자루의 속은 차 있다가 나중에 빈다. 포자의 크기는 4.5~6.5×3~3.5μm로 타원형이며 표면은 매끈하다. 비아밀로이드 반응을 보인다. 포자문은 백색이다.

생태 봄~가을 / 모래 섞인 땅에 군생·속생하며 가끔 겹쳐서 중생한다. 독버섯이다.

분포 한국, 중국, 유럽, 북아메리카

술잔잎깔때기버섯

Clitocybe phyllophiloides Peck

형태 균모의 지름은 2~4.5*cm*로 어릴 때 편평한 둥근 산 모양에서 차차 편평하게 되고 이어서 깔때기형으로 된다. 가장자리는 보통 아래로 말리고 투명한 줄무늬선은 없고 균모와 같은 색이다. 표면은 습할 때면 적갈색 또는 살색의 갈색으로 되고 건조하면 퇴색하여 연한 핑크, 연한 황갈색이 되며 밋밋하고 매끈하다. 살은 흡수성이고 냄새는 불분명한데 약간 단 냄새가 나고 맛은 불분명하다. 주름살은 내린 주름살로 얇고 밀생하며 핑크색이다. 언저리는 고르다. 자루의 길이는 1.7~4.4*cm*, 굵기는 0.3~0.8*cm*로 원통형이며 흔히 압착되고 균모와 같은 색으로 거의 밋밋하다. 자루의 속은 차 있다. 포자의 크기는 3.5~5.×2.5~3.5*μm*로 타원형이다. 담자기의 크기는 18~31×4~6*μm*로 4-포자성이며 연낭상체는 없다. 꺾쇠는 격막에 존재한다. 포자문은 연한 오렌지색의 크림색이다.
생태 여름~가을 / 낙엽수림, 참나무과 식물, 이끼류 사이와 모래가 섞인 풀숲의 땅에 군생한다. 매우 드문 종이다.
분포 한국, 유럽

고랑깔때기버섯

Clitocybe rivulosa (Pers.) Kummer

형태 균모의 지름은 2~5cm로 둥근 산 모양에서 편평하게 되나 중앙은 들어간다. 가장자리는 약간 아래로 감긴다. 표면은 백색의 가루가 중앙에 고리 모양을 이루거나 희미한 살색의 흔적을 띤다. 살은 백색에서 연한 황색이며 냄새는 달콤하다. 주름살은 내린 주름살로 밀생하며 백색에서 연한 황색이다. 자루의 길이는 3~4cm, 굵기는 0.4~1cm로 균모와 같은 색이고 기부에 털이 있다. 포자문은 백색이다. 포자의 크기는 4~5.5×2.5~3.5μm로 난형의 타원형이다.

생태 늦여름~늦가을 / 풀 속의 모래땅에 군생하며 때때로 균륜을 형성한다. 흔한 종이며 맹독균이다.

분포 한국, 일본, 중국, 유럽, 북아메리카, 북반구 온대

비듬깔때기버섯

Clitocybe squamulosa (Pers.) Kummer
C. sinopicoides Peck

형태 균모의 지름은 1.5~5cm로 어릴 때 둥근 산 모양에서 차차 편평해지나 중앙이 들어가거나 심한 깔때기형으로 되며 중앙에 돌기는 없다. 표면은 회갈색 또는 적색의 황토색이며 중앙은 더 진하다. 미세한 털이 있고 중앙에 인편이 있으나 줄무늬선은 없다. 살은 백색이고 청산가리 냄새가 나고 맛은 불분명하다. 가장자리는 물결형이다. 주름살은 내린 주름살로 약간 성기고 오래되면 2분지 하며 폭은 3mm이다. 백색에서 퇴색한 연한 황색으로 되며 변두리는 균모와 같은 색이다. 자루의 길이는 2~3.5cm, 굵기는 0.3~0.7cm로 원통형에서 약간 막대형으로 매끄럽다. 균모와 같은 색이며 기부에 백색의 털이 있다. 포자문은 백색이다. 포자의 크기는 7~9.5×4~5μm로 표면은 매끄럽다. 담자기의 크기는 24~35×5~8μm로 4-포자성이며 기부에 꺾쇠가 있다. 연낭상체는 없다.

생태 여름~가을 / 침엽수림의 땅이나 간혹 낙엽활엽수림의 땅에 군생한다.

분포 한국, 일본, 중국, 유럽

422

균핵깔때기버섯아재비

Clitocybe subbulbipes Murrill

형태 균모의 지름은 0.7~1.7*cm*로 둥근 산 모양에서 편평한 산 모양을 거쳐 편평하게 되며 중앙이 약간 들어간다. 표면은 밋밋하고 줄무늬선은 없다. 황색의 연한 황갈색으로 건조하면 퇴색하여 백색으로 되며 미끈거린다. 살은 흡수성이고 표면과 같은 색이다. 약간 단 냄새가 나고 맛은 불분명하다. 주름살은 바른 주름살에서 약간 내린 주름살로 얇고 매우 밀생하며 폭은 3*mm* 정도이다. 균모보다 약간 연하거나 핑크색의 색조를 가진다. 언저리도 같은 색이다. 자루의 길이는 0.8~1.6*cm*, 굵기는 0.1~0.25*cm*로 위아래가 같은 굵기이나 아래로 부푼다. 자루의 속은 차 있고 단단하게 되며 균모와 같은 색이다. 표면은 미끈거리고 어릴 때 미세한 섬유실이 있다. 포자의 크기는 4.5~5.5×3.5~4.5*μm*로 타원형이고 표면은 매끈하고 투명하다. 담자기의 크기는 17~24×5~6*μm*로 4-포자성이다. 연낭상체는 없다. 포자문은 백색이다.

생태 여름 / 살아 있는 단풍나무 등의 껍질에 군생한다. 매우 드문 종이다.

분포 한국, 유럽

배꼽깔때기버섯

Clitocybe umbilicata P. Kumm.

형태 균모의 지름은 2~6*cm*로 중앙이 깊게 파이거나 배꼽형의 깔때기 모양이며 왁스처럼 미끄럽다. 표면은 갈색에서 회갈색으로 되며 밋밋하다. 살은 냄새와 맛이 없다. 주름살은 내린 주름살이며 가장자리는 안으로 말린다. 자루의 길이는 4~6*cm*, 굵기는 0.4~0.6*cm*로 원통형이고 회갈색으로 미세한 털이 있고 백색이다. 포자의 크기는 6~7×3~4*μm*로 타원형이며 표면은 매끈하고 투명하다.

생태 가을 / 숲속의 길가, 땅에 난다. 식용은 불가능하다.

분포 한국, 일본, 중국, 유럽

바랜황색깔때기버섯

Clitocybe truncicola (Pk.) Sacc.

형태 균모의 지름은 1~5cm로 넓은 둥근 산 모양에서 차차 편평해지고 넓게 가운데가 들어간다. 표면은 백색에서 연한 황색으로 되고 백색의 털이 밀집하여 두껍게 덮여 있다. 가장자리는 아래로 말리고 물결형이다. 주름살은 바른 주름살-짧은 내린 주름살로 밀생하며 폭은 좁고 백색에서 크림색을 거쳐 연한 황색으로 된다. 자루의 길이는 1~4cm, 굵기는 0.2~1cm로 원통형이며 속은 차 있다. 기부는 부풀고 굴곡이 있다. 표면은 백색에서 연한 크림색 또는 연한 핑크색-연한 황색으로 꼭대기는 부풀고 아래는 미세한 털이 밀집한다. 포자의 크기는 3.5~4.5×2.5~3.5μm로 아구형 또는 광타원형이며 표면은 매끈하고 투명하다. 비아밀로이드 반응을 보인다. 포자문은 백색이다.

생태 여름~가을 / 등걸에 산생·군생한다. 식용은 불가능하다.

분포 한국, 중국, 유럽

424

회갈색깔때기버섯

Clitocybe vibecina (Fr.) Quél.

형태 균모의 지름은 1.5~5*cm*로 둥근 산 모양에서 편평해지나 중앙은 약간 들어간다. 밝은 회갈색이며 습기가 있을 때 가장자리에 줄무늬선이 나타나고 건조하면 크림색이 된다. 살은 얇고 백색에서 연한 황색으로 되며 밀가루의 맛과 냄새가 난다. 주름살은 내린 주름살로 연한 회갈색이다. 자루의 길이는 3~5*cm*, 굵기는 0.3~0.8*cm*로 균모보다 연한 색이다. 어릴 때 기부 쪽으로 미세한 백색의 털이 덮인다. 포자의 크기는 5.5~7×3.5~4μm이며 타원형이다. 포자문은 백색이다.

생태 가을 / 침엽수림과 혼효림, 관목류 숲의 땅, 간혹 양치식물 사이에 군생한다. 식용이다.

분포 한국, 일본, 중국, 유럽

줄깔때기버섯

Clitocybe vittatipes S.Ito & Imai

형태 균모의 지름은 4~5cm로 깔때기형이며 표면은 올리브 회색이다. 다소 방사상의 섬유가 있고 중앙은 거의 흑색의 펠트상이다. 가장자리는 어릴 때 안쪽으로 말린다. 살은 얇다. 습할 때는 회색이 되며 맛과 냄새는 거의 없다. 주름살은 긴 내린 주름살로 올리브 갈색이나 전체적으로 백색이며 성기며 폭은 약 3mm이다. 자루의 길이는 4cm, 굵기는 0.5cm로 원통형이다. 균모와 같은 색으로 약간 연골질이고 속은 비었다. 기부는 백색의 펠트상이다. 포자의 지름은 4~5μm로 구형이며 표면은 매끈하고 투명하다.

생태 가을 / 숲속의 낙엽이 많은 땅과 돌밭에 군생한다.

분포 한국, 일본

백황색애기버섯

Collybia alboflavida (Peck) Kauffman
Melanoleuca alboflavida (Peck) Murrill

형태 균모의 지름은 3~10cm로 낮은 둥근 산 모양에서 차차 편평
해진다. 가끔 가운데가 들어가서 한가운데가 낮고 넓게 볼록해지
기도 한다. 가장자리는 처음에 안으로 말리며 황갈색에서 크림
색 또는 백색으로 된다. 표면은 볼록하고 검고 밋밋하며 건조성에
서 습기성으로 된다. 주름살은 홈파진 주름살로 촘촘하며 폭은 좁
고 백색이다. 자루의 길이는 3~10cm, 굵기는 0.4~1cm로 원통형이
며 백색으로 가늘다. 표면은 끈적기가 있고 세로줄의 선이 있으며
미세한 털이 있다. 기부는 부풀고 작은 구형이다. 포자의 크기는
7~9×4~5.5μm로 타원형에서 난형이며 표면에 작은 사마귀 반점
이 있다. 포자문은 백색이다.
생태 여름~가을 / 낙엽수림 또는 혼효림의 땅에 단생 · 군생한다.
분포 한국, 유럽, 북아메리카

427

비단애기버섯

Collybia candicans Velen

형태 균모의 지름은 2~3cm로 둥근 산 모양에서 차차 편평해지며 중앙이 약간 볼록하다. 표면은 밋밋하고 흡수성이며 약간 꿀색이다. 습할 때는 가장자리에 투명한 줄무늬선이 생기며 순백색이다. 건조하면 가장자리는 말리고 얇게 된다. 살은 얇고 막질이다. 주름살은 끝붙은 주름살로 매우 밀생한다. 폭은 좁고 두께는 얇으며 순백색이다. 손으로 만지면 녹색의 얼룩이 생긴다. 자루는 길이는 2.5~3.5cm, 굵기는 0.2~0.3cm로 원통형이고 밋밋하며 아래는 굴곡이 진다. 포자의 크기는 5.6~6.9×3.1~3.8μm로 타원형이며 표면은 매끈하고 투명하다. 포자벽은 얇다. 거짓 아밀로이드 반응을 나타내지는 않는다. 담자기의 크기는 22×6.9μm로 곤봉형이며 4-포자성이다. 꺾쇠는 모든 조직에 존재한다.

생태 봄~여름 / 참나무류 숲의 땅에 군생한다.

분포 한국, 유럽

흰무리애기버섯

Collybia cirrhata (Schum.) Quél.
C. amanitae (Batsch) Kreisel

형태 균모의 지름은 0.2~1.5cm로 처음에 반구형에서 둥근 산 모양을 거쳐 차차 편평해지며 가운데가 약간 들어가기도 한다. 표면에 미세한 털이 있으며 흰색이나 중심부는 연한 황토색-크림색을 띤다. 살은 흰색이고 습기가 있을 때는 회백색을 띤다. 주름살은 바른 주름살로 백색이며 촘촘하다. 자루의 길이는 1~2cm, 굵기는 0.03~0.1cm로 매우 가늘고 약간 황색의 크림색이며 기부는 백색의 균사가 있다. 포자의 크기는 3.7~5.5×2.3~3μm로 광타원형이며 표면은 매끈하고 투명하다. 포자문은 백색이다.

생태 여름~가을 / 썩은 무당버섯, 젖버섯이나 다른 주름버섯류의 위, 썩은 식물 위에 군생한다. 덧부치버섯속으로 오인하기도 한다. 식용은 불가능하다. 유럽에서는 흔한 종이다.

분포 한국, 중국, 유럽, 북아메리카

콩애기버섯

Collybia cookei (Bres.) J.D. Arnold

형태 균모의 지름은 0.4~0.9cm로 둥근 산 모양에서 차차 편평하게 되며 중앙은 약간 볼록하고 표면은 밋밋하며 거의 백색이다. 주름살은 바른 주름살로 백색이며 밀생한다. 자루 길이는 2~5cm, 굵기는 0.05cm로 물결형이며 굽어 있다. 황색-연한 갈색으로 근부는 가늘게 길며 털이 있고 균핵에 연결된다. 균핵은 연한 황갈색이며 구형-신장형이다. 다소 요철 모양인 것도 있다. 포자의 크기는 4~7×2.5~3.5μm로 타원형이다.

생태 여름~가을 / 숲속의 부식토나 부패한 버섯에 발생한다.

분포 한국, 일본, 중국, 북반구 온대 이북

깔때기애기버섯

Collybia maxima Velen

형태 균모의 지름은 1.2~2.2cm로 편평하나 거의 중앙이 들어가서 깔때기형이다. 표면은 끈적기가 없고 흡수성이며 회갈색으로 부드러우며 얇고 물결형이다. 살은 두껍고 백색이며 버섯 냄새가 난다. 가장자리는 줄무늬선이 있으나 투명하지 않고 오백색으로 아래로 구부러진다. 주름살은 약간 홈파진 주름살 또는 좁은 바른 주름살로 매우 촘촘하고 폭은 좁고 얇으며 연한 노란색이다. 자루의 길이는 짧고 굵기는 1~2cm로 약간 편심생이고 원통형이며 단단하다. 연한 황토색으로 약간 줄무늬선이 있다. 기부 쪽으로 폭이 넓다. 포자의 크기는 지름은 5~6μm로 구형이며 담자기는 관찰되지 않는다.

생태 여름 / 소나무 등의 침엽수림의 땅에 단생 또는 2~4개가 속생한다.

분포 한국, 유럽

암갈색애기버섯

Collybia neofusipes Hongo

형태 균모의 지름은 7~9(15)*cm*로 둥근 모양에서 차차 펴져서 거의 평평하게 되지만 중앙이 둥글고 볼록하게 솟아오르기도 한다. 표면은 밋밋하며 적갈색이다. 가장자리는 어릴 때 안쪽으로 감긴다. 살은 가운데 쪽이 상당히 두텁고 백색 또는 다소 갈색이며 약간 쓴맛이다. 주름살은 올린 주름살 또는 끝붙은 주름살로 백색이지만 적갈색의 얼룩이 생기고 폭은 6~9*mm*로 넓고 약간 촘촘하다. 자루의 길이는 6~8*cm*, 굵기는 1~1.5*cm*로 기부 쪽으로 약간 가늘다. 표면은 균모보다 다소 연한 색이고 세로로 줄무늬선이 있다. 자루의 속은 비어 있다. 포자의 크기는 4.5~7×2.5~3.5*μm*로 난형-종자형이며 표면은 매끈하고 투명하다. 포자문은 백색이다.
생태 여름~가을 / 주로 소나무의 그루터기, 고사한 뿌리 등에 발생한다. 식독이 불분명하다.
분포 한국, 일본, 북아메리카

민애기버섯아재비

Collybia subnuda (Ellis ex Peck) Gilliam

형태 균모의 지름은 1~4cm로 둥근 산 모양에서 거의 편평하게 되며 가끔 낮고 넓게 볼록하다. 표면은 건조하고 밋밋하며 납작한 섬유실로 덮인다. 주름지며 가운데가 들어가 있고 고랑이 가장자리를 따라 나 있다. 적황갈색에서 노쇠하면 황갈색으로 퇴색한다. 살은 얇고 백색이며 냄새는 분명치 않다. 맛은 쓰거나 맵지만 분명치 않은 것도 있다. 주름살은 올린 주름살, 홈파진 주름살 또는 거의 끝붙은 주름살로 약간 성기다. 백색에서 핑크색의 연한 황색이다. 자루는 길이는 2~7cm, 굵기는 0.1~0.4cm로 꼭대기는 전형적으로 불꽃형이며 그 외는 거의 원통형이다. 건조성으로 어릴 때 윗부분은 연한 황색에서 핑크색의 연한 황색으로 된다. 이어서 기부부터 갈색에서 흑갈색으로 되며 노후하면 기부는 흑갈색으로 된다. 꼭대기는 거의 밋밋하고 아래에는 백색에서 회색의 털이 있다. 포자의 크기는 8~11×3~5μm로 타원형이며 표면은 매끈하고 투명하다. 난아밀로이드 반응을 보인다. 포자문은 아이보리 백색이다.

생태 여름~가을 / 낙엽의 더미, 기름지고 썩는 등걸에 산생하거나 집단으로 발생한다. 균륜을 형성하며 식용 여부는 모른다.

분포 한국, 유럽, 북아메리카

433

혹애기버섯

Collybia tuberosa (Bull.) Kumm.

형태 균모의 지름은 0.5~1.5cm로 어릴 때는 둥근 산 모양이나 나중에 편평해지고 중앙이 약간 배꼽형으로 들어간다. 표면은 유백색이고 중앙은 다소 황색-갈색이며 밋밋하고 둔하다. 가장자리는 날카롭다. 살은 유백색으로 얇고 막질이다. 주름살은 홈파진 주름살로 유백색이며 폭이 좁고 다소 성기다. 자루의 길이는 3~5cm, 굵기는 0.05~0.1cm로 원주형이다. 표면은 유백색-연한 갈색이며 미세한 쌀겨 모양 같은 반점이 분포한다. 자루는 부러지기 쉽고 기부에 미세한 흰색 균사가 퍼져 있다. 백색의 균사체는 검은 갈색으로 되며 균핵에 연결된다. 포자의 크기는 3.5~5.3×2.2~2.9μm로 타원형이며 표면은 매끈하고 투명하다. 포자문은 백색이다.

생태 여름~가을 / 숲속, 목장, 숲의 외곽 등에 발생하는 썩은 무당버섯류나 젖버섯류에 군생한다. 덧붙이버섯으로 오인되기도 한다.

분포 한국, 일본, 중국, 유럽

알기둥굽다리버섯

Infundibulicybe trulliformis (Fr.) Gminder
Clitocybe trullaeformis (Fr.) Karst.

형태 균모의 지름은 1~5cm로 매우 넓은 둥근 산 모양에서 빨리 편평하게 되며 이후 넓은 깔때기형이 된다. 표면은 회색이고 중앙은 검은 회색이나 때때로 검은색이다. 노후하면 줄무늬선이 생긴다. 건조성이고 벨벳 같은 털이 있으며 중앙에 펠트상의 인편이 있다. 가장자리는 물결형이고 연하다. 주름살은 바른 주름살의 내린 주름살로 밀생하며 폭은 좁고 백색에서 크림 노란색으로 된다. 자루는 길이는 1~4.5cm, 굵기는 0.1~0.5cm로 엷은 황갈색 또는 연한 녹색-연한 황색이다. 표면은 밋밋하며 미세한 털상의 고랑이 있다. 포자의 크기는 5~6.5×3~4μm로 타원형이고 표면은 매끈하고 투명하다. 비아밀로이드 반응을 보인다. 포자문은 백색이다.

생태 여름~가을 / 낙엽 쓰레기, 낙엽수림 아래에 산생 또는 집단으로 발생한다. 드문 종이다. 식용 여부는 모른다.

분포 한국, 유럽, 북아메리카

깔때기굽다리버섯

Infundibulicybe geotropha (Bull.) Harmaja
Clitocybe geotropa (Bull.) Quél.

형태 균모의 지름은 5~15(30)cm로 처음에는 둥근 산 모양이다가 곧 편평해지고 나중에는 중앙이 약간 오목해져 깔때기형이 된다. 때로는 깔때기의 가운데가 약간 돌출하기도 한다. 표면은 밋밋하거나 눌려 붙은 미세한 털이 있고 흰색 또는 크림 백색-연한 베이지색에서 오래되면 다소 진해진다. 가장자리는 안쪽으로 말리고 나중에는 펴지기도 한다. 살은 백색이다. 주름살은 내린 주름살이고 백색-연한 크림색으로 촘촘하다. 자루의 길이는 6~15cm, 굵기는 1.5~3cm로 속은 차 있고 기부 쪽으로 약간 팽대하며 균모와 비슷한 색이다. 포자의 크기는 4.7~7.9×5.5~6.5μm로 아구형이며 표면은 매끈하고 투명하다. 기름방울이 있다. 포자문은 백색이다.

생태 여름~가을 / 숲속의 낙엽이 쌓인 곳, 양지 또는 초원에 군생·속생한다. 드문 종이다.

분포 한국 등 북반구 일대

검은껍질버섯

Dermoloma scotodes (Berk. & Broom) Pegler
Collybia scotodes (Berk. & Broom) Sacc.

형태 균모의 지름은 3.8㎝ 정도로 처음은 둥근 산 모양이며 중앙은 매우 둔하고 둥글게 돌출하며 회백색이다. 가장자리 쪽으로 연한 회백색이다. 줄무늬선은 없다. 주름살은 거의 끝붙은 주름살이며 백색이고 배불뚝이형이다. 자루의 길이는 2.5㎝, 굵기는 0.8㎝이다. 표면은 균모와 같은 색깔이다. 자루부터 균모의 돌출된 부분의 꼭대기까지 비어 있다. 섬유상의 실로 되며 백색이다. 자루는 뿌리형이다. 포자의 길이는 3.2㎛이다.

생태 여름~가을 / 숲속의 땅에 발생한다.

분포 한국, 유럽

줄흑노란버섯

Gamundia striatula (Kühner) Raithelh. Fayodia
Fayodia pseudocluslis Joss. & Konrad

형태 균모의 지름은 1~2.5cm로 둥근 산 모양에서 곧 편평해지며 중앙은 약간 배꼽형이다. 표면은 밋밋하고 둔한 비단결로 흡수성이며 습기가 있을 때 회갈색에서 꿀색의 갈색으로 되며 건조할 때는 회베이지색이다. 표피층은 끈적기가 있고 유연하며 막질로 벗겨지기 쉽다. 가장자리는 습기가 있을 때 투명한 줄무늬선이 나타나고 어릴 때 안으로 말리나 나중에는 굽으며 예리해진다. 살은 백색-크림색으로 얇으며 풀, 흙이나 약간의 가루 냄새가 나고 맛은 온화하며 약간 가루 맛이 난다. 주름살은 넓은 바른 주름살에서 약간 내린 주름살로 폭은 넓으며 백색-크림색이고 다소 포크형이다. 언저리는 밋밋하다. 자루의 길이는 2~3.5cm, 굵기는 0.2~0.4cm로 원통형이며 때때로 부풀거나 기부 쪽으로 가늘다. 표면은 연한 베이지색이며 회갈색 바탕에 백색의 세로줄무늬의 섬유실이 있다. 기부에는 백색의 털-섬유실이 있고 속은 차 있다. 포자의 크기는 4.5~6×2.5~3µm로 타원형이며 미세한 반점이 있고 투명하다. 담자기의 크기는 20~30×4.5~5.5µm로 가는 곤봉형이며 4-2 포자성으로 기부에 꺾쇠가 있다.

생태 여름 / 혼효림의 낙엽 또는 풀 속, 이끼류 속에 단생·군생한다. 드문 종이다.

분포 한국, 중국, 유럽

백청색자주방망이버섯

Lepista glaucocana (Bres.) Sing.

형태 균모의 지름은 5~10cm로 어릴 때 원추형-반구형에서 둥근 산 모양을 거쳐 차차 편평해진다. 표면은 밋밋하고 연한 보라색, 회청색-황토색이 섞인 유백색이다. 살은 두껍고 부드럽다. 가장 자리는 오랫동안 아래로 굽어 있고 나중에 예리해지며 물결형으로 굴곡된다. 주름살은 홈파진 주름살로 어릴 때 유백색에서 연한 분홍 자색-분홍 황토색이고 폭이 좁다. 가장자리는 밋밋하고 약간 밀생한다. 자루의 길이는 5~8cm, 굵기는 1~2.5cm로 원주형이며 가끔 기부가 굵어지거나 굽었다. 표면은 균모와 비슷한 색이고 섬유상의 세로줄이 있다. 자루의 속은 차 있다. 포자의 크기는 5.8~8.4×3.5~4.7μm로 타원형이며 표면에 미세한 사마귀 점이 있고 투명하다. 포자문은 베이지 분홍색이다.

생태 늦여름~가을 / 침엽수림과 활엽수림 내 땅이나 숲 가장자리, 풀숲 등에 군생한다. 열을 지어 발생하며 때로는 균륜을 형성한다.

분포 한국, 일본, 중국, 유럽, 북아메리카, 북반구 온대

악취자주방망이버섯

Lepista graveolens (Peck) Dermek

형태 균모의 지름은 3~8.5cm로 편평한 모양이나 중앙부는 들어 간다. 표면은 오백황색, 연한 회황색, 옅은 유백색이고 밋밋하다. 가장자리는 약간 아래로 말리고 줄무늬선이 있다. 살은 오백색이 며 맛이 좋고 향기가 있다. 주름살은 바른 주름살 또는 홈파진 주 름살로 살색의 분홍색 혹은 약간 회자색으로 밀생하며 포크형이 다. 자루의 길이는 5~7.5cm, 굵기는 0.5~1.2cm로 원주형이며 균모 보다 옅은 색이다. 표면은 밋밋하며 자루의 속은 차 있다. 포자의 크기는 6.9~9×5.2~6μm로 광타원형 또는 거의 난원형이다. 표면 은 매끈하며 미세한 알갱이가 있다.

생태 여름~가을 / 소나무 숲 또는 혼효림의 땅에 군생 · 산생한 다. 식용이다.

분포 한국, 중국

결합자주방망이버섯

Lepista subconnexa (Murrill) Harmaja
Clitocybe subconnexa Murrill

형태 균모의 지름은 3~9cm로 둥근 산 모양에서 편평한 둥근 산 모양으로 되거나 편평하게 된다. 표면은 밋밋하거나 비단 같은 백 색으로 광택이 난다. 건조성이고 백색에서 연한 황색으로 되며 때때로 노후하면 물방울의 얼룩이 있다. 살은 크림 백색이며 잘 라도 변색하지 않고 부서지기 쉽다. 냄새는 향기가 나지만 분명 치 않다. 맛은 온화하거나 약간 쓰다. 가장자리는 처음 아래로 말 리고 줄무늬선이 있으며 성숙하면 융기된다. 주름살은 넓은 올린 주름살로 촘촘하고 연한 황색이다. 자루의 길이는 2~8cm, 굵기는 1.5cm로 거의 위아래가 같은 굵기다. 표면은 밋밋하거나 비단 같 은 백색으로 광택이 나며 연한 황색에서 회색이고 손을 대면 물 같은 갈색으로 된다. 기부의 균사체는 백색이다. 포자는 4.5~6× 3~3.5μm로 타원형이며 미세한 사마귀 반점이 있다. 비아밀로이드 반응을 보인다. 포자문은 핑크색이지만 때때로 거의 백색인 것도 있다. 균사에 꺾쇠가 있다.

생태 여름~가을 / 썩은 낙엽 또는 참나무류의 썩은 더미에 산생한다.

분포 한국, 북아메리카

광릉자주방망이버섯

Lepista irina (Fr.) Bigelow
Tricholoma irinum (Fr.) P. Kumm. / Clitocybe irina (Fr.) H.E. Bigelow & A.H. Sm.

형태 균모의 지름은 4~8cm로 어릴 때 반구형-원추형에서 둥근 산 모양으로 되었다가 편평하게 된다. 표면은 밋밋하고 어릴 때는 백색이지만 차차 분홍색이 섞인 연한 베이지 갈색-연한 황토색으로 된다. 표피 바로 밑은 갈색을 띤다. 살은 백색 또는 옅은 분홍색으로 두껍고 냄새가 좋다. 가장자리는 유백색이고 오랫동안 아래로 말린다. 주름살은 올린주름살 또는 약간 홈파진 주름살로 어릴 때 크림색에서 회분홍색을 거쳐 적갈색으로 되고 다소 폭이 좁다. 자루의 길이는 6~10cm, 굵기는 1~2cm로 보통 원주형이고 때때로 약간 곤봉형인 것도 있으면 위쪽에는 가루가 있다. 표면은 흰색-연한 갈색으로 손으로 만지면 다소 갈색으로 되고 오래되면 기부 쪽은 갈색으로 변한다. 자루의 속은 처음에 차 있다가 오래되면 비기도 하며 부서지기 쉽다. 포자의 크기는 6.1~7× 3.4~4.6μm로 타원형이다. 표면에 미세한 사마귀 반점이 덮여 있고 투명하며 기름방울이 있다. 포자문은 크림 황색이다.

생태 여름~가을 / 활엽수림의 땅, 공원, 정원, 풀밭, 맨땅, 죽림 등에 다양하게 군생한다. 식용이다.

분포 한국, 일본, 유럽, 북아메리카, 북반구 온대

맛자주방망이버섯

Lepista luscina (Fr.) Sing.

형태 균모의 지름은 6~10cm로 반구형에서 차차 편평하게 되나 어떤 때는 중앙이 오목하다. 표면은 회백색으로 연한 종려나무색 이고 중앙은 연한 회흑색 또는 회갈색이다. 살은 회백색이고 가장 자리는 균모보다 연한 색이다. 종종 진한 색의 반점이 있고 광택 이 나며 밋밋하고 줄무늬선이 있다. 주름살은 바른 주름살 또는 떨어진 주름살로 백색 또는 살색이고 밀생하며 포크형이다. 자루 의 길이는 3~8cm, 굵기는 1.2~2cm로 균모와 비슷한 색이고 세로 줄의 홈선이 있으며 기부는 약간 팽대한다. 포자의 크기는 5~5.6 ×3.8~4μm로 타원형이며 가끔 광택이 나는 것도 있고 표면은 매 끈하거나 거친 반점이 있다. 포자문은 분홍색이다.
생태 여름~가을 / 풀밭에 군생 · 속생한다. 식용이다.
분포 한국, 일본, 중국, 유럽, 북아메리카, 북반구 온대

민자주방망이버섯

Lepista nuda (Bull.) Cooke

형태 균모의 지름은 3~6.5cm로 구형에서 편평하게 되며 때로는 중앙부가 오목하게 된다. 표면은 흡수성이고 털이 없고 매끄러우며 자줏빛이 퇴색하여 연한 어두운 홍갈색 또는 어두운 분홍색으로 된다. 가장자리는 처음에 아래로 감기나 나중에 물결형으로 된다. 살은 두껍고 부드러우며 자줏빛을 띠나 마르면 백색으로 된다. 맛은 온화하고 약간 밀가루 냄새가 난다. 주름살은 바른 주름살 또는 내린 주름살로 밀생하며 폭이 좁고 처음에 자줏빛이거나 균모와 같은 색이며 마르면 색깔이 연해진다. 가장자리는 톱니상이다. 자루의 길이는 3~5.5cm, 굵기는 0.7~1.2cm로 원주형이고 기부는 불룩하며 자줏빛 또는 균모와 같은 색으로 되거나 노후하면 색깔이 연해진다. 위쪽은 솜털상의 미세한 가루가 있고 아래쪽은 털이 없거나 세로줄의 홈선이 있으며 탄력성이 있다. 자루의 속은 차 있다. 포자의 크기는 6~8×3~5μm로 타원형이며 표면은 매끄럽거나 약간 껄껄하다. 포자문은 어두운 살색이다.

생태 가을 / 침엽수와 활엽수의 혼효림의 땅에 산생·군생한다. 소나무, 개암나무 또는 사시나무 등과 외생균근을 형성한다. 향기로우며 맛 좋은 식용균이다.

분포 한국, 일본, 중국, 유럽, 북아메리카, 북반구 온대

잔디자주방망이버섯

Lepista personata (Fr.) Cooke
L. saeva (Fr.) P.D. Orton / Tricholoma personatum (Fr.) Sacc.

형태 균모의 지름은 7~12cm로 반구형에서 편평해지나 중앙부가 둔하게 돌출하거나 약간 오목하다. 표면은 처음 자줏빛에서 어두운 백색으로 퇴색되며 노후하면 연한 갈색을 띤다. 습기가 있을 때는 반투명하며 마르면 가루상이나 나중에 매끄러워진다. 가장자리는 처음에 아래로 말리나 나중에 펴지고 가루상의 미세한 털 뭉치가 매달리며 가끔 물결형으로 된다. 살은 중앙부가 두껍고 가장자리 쪽으로 점차 엷어진다. 백색이며 가끔 자줏빛을 띠고 단단하나 나중에 갯솜질로 된다. 맛은 온화하고 밀가루 냄새가 난다. 주름살은 홈파진 주름살 또는 떨어진 주름살로 밀생하며 폭이 넓고 포크형이다. 자줏빛에서 연한 회자색 또는 연한 갈색으로 된다. 자루의 길이는 7~10cm, 굵기는 1~2.5cm로 원주형이며 기부가 다소 불룩하고 백색 바탕에 자줏빛에서 연한 색깔로 퇴색한다. 꼭대기에는 가루상, 아래는 세로줄의 줄무늬홈선이 있고 단단하다. 자루의 속은 차 있으나 나중에 빈다. 포자의 크기는 6~9×4.5~6μm로 타원형이며 표면에 미세한 반점이 있다. 포자문은 연한 살색이다.

생태 여름~가을 / 숲속의 땅, 낙엽에 군생·산생한다. 가끔 열을 지어 발생하여 버섯 울타리를 방불케 한다. 가문비나무, 분비나무, 소나무, 신갈나무 등과 외생균근을 형성한다. 향기와 맛이 좋다.

분포 한국, 일본, 중국, 유럽, 북아메리카, 북반구 온대

자주방망이버섯아재비

Lepista sordida (Schum.) Sing.
L. subnuda Hongo

형태 균모의 지름은 3~10cm로 둥근 산 모양에서 차차 편평하게
되며 때로는 중앙부가 오목하게 된다. 표면은 습기가 있을 때면
반투명하거나 흡수성이고 매끄러우며 처음 자주색에서 어두운
백색으로 된다. 가장자리는 아래로 말리나 나중에 펴지고 매끄러
우며 희미한 줄무늬홈선이 있고 물결형이다. 살은 얇고 부서지기
쉬우며 연한 자줏빛이다. 주름살은 바른 주름살 또는 홈파진 주름
살로 성기며 폭이 넓고 얇다. 길이는 같지 않고 자줏빛 또는 연한
자색이다. 자루의 길이는 5~8cm, 굵기는 0.4~1.5cm로 원주형이며
균모와 같은 색으로 질기고 섬유질이며 속이 차 있다. 포자의 크
기는 5.5~6×3.5~4μm로 타원형이고 표면은 매끄럽거나 거칠다.
포자문은 분홍색이다.
생태 여름~가을 / 숲 변두리의 부식토에 군생·속생한다. 맛과
향이 좋은 식용균이다.
분포 한국, 일본, 중국

참빗주름흰우단버섯

Leucopaxillus compactus (Karst.) Neuhoff

형태 균모의 지름은 0.8~1.5cm로 어릴 때는 반구형이지만 나중에 둥근 산 모양으로 된다. 표면은 무디게 펴지며 미세한 털이 있고 노란 황토색이며 어릴 때 엷은 녹색에서 황갈색 또는 적갈색으로 된다. 반점이 있고 갈라지며 곳곳에 털이 있다. 살은 백색으로 두껍고 단단하며 부서지기 쉽다. 냄새가 나고 맛은 온화하다. 가장자리는 아래로 말리며 오래되면 불규칙형으로 된다. 주름살은 바른 주름살 또는 약간 내린 주름살로 어릴 때 녹황색에서 노란 황토색으로 되며 곳곳에 적색의 반점이 있다. 폭은 넓고 포크형이고 언저리는 톱니형이다. 자루의 길이는 5~10cm, 굵기는 2~6cm로 혹 모양으로 둥글고 표면은 백색이다. 미세한 털과 황토색의 반점이 있고 속은 차 있다. 포자의 크기는 5.4~7.8×3.5~5.1μm로 광타원형이다. 표면에는 사마귀 반점이 있으며 매끈하고 기름방울을 가지고 있다. 담자기의 크기는 26~35×6.5~8μm로 곤봉형-원통형이며 기부에 꺾쇠가 있다.

생태 여름~가을 / 참나무류의 숲에 단생·군생한다. 드문 종이다.

분포 한국, 일본, 중국, 유럽, 북아메리카

흰우단버섯

Leucopaxillus giganteus (Sow.) Sing.
Clitocybe gigantea (Sowbery) Quél.

형태 균모의 지름은 7~25cm인데 어떤 것은 거의 40cm에 달하는 것도 있다. 처음 둥근 산 모양에서 차차 편평해지며 중앙이 들어가서 깔때기형인 것도 있다. 표면은 백색이며 약간 크림색을 띠기도 한다. 표면은 비단 같은 광택이 있고 밋밋하지만 나중에 미세한 부스럼으로 된다. 가장자리는 처음은 아래로 말리며 오래되면 찢어지는 것도 있다. 살은 백색이며 치밀하고 약간 냄새가 난다. 주름살은 내린 주름살로 폭은 좁고 크림색-백색으로 밀생하고 대부분이 자루에 접하는 부분에서 분지한다. 자루의 길이는 5~12cm, 굵기는 1.5~6.5cm로 속은 차 있고 표면은 균모와 같은 색이다. 포자의 크기는 5.5~7×3.5~4μm로 타원형 또는 난형이며 표면은 밋밋하다.

생태 여름~가을 / 숲속의 낙엽이 쌓인 땅에 군생 드물게 단생한다. 식용이다.

분포 한국, 일본, 중국, 북반구 온대 이북

녹색흰우단버섯

Leucopaxillus paradoxus (Costantin & L.M. Dufour) Boursir

형태 균모 지름은 3~8cm로 처음 둥근 산 모양에서 약간 편평해진다. 표면은 처음에 광택이 나며 매트형이고 이후에 갈라진다. 살은 두껍고 단단하며 백색이다. 맛은 온화하고 냄새는 불분명하다. 주름살은 내린 주름살로 백색에서 크림색을 거쳐 노란색-크림색으로 되며 밀생한다. 가끔 포크형 또는 그물꼴이다. 자루의 길이는 2~8cm, 굵기는 1~2cm로 원통형이지만 아래로 부푼다. 표면은 미세한 털 또는 섬유상이나 이후에 밋밋해지며 기부에는 백색의 털이 있다. 포자의 크기는 7~9×4~5.5μm로 광타원형 또는 난형이고 표면에 큰 사마귀 반점이 산재한다. 포자문은 백색이다.
생태 가을 / 풀밭 속의 땅에 군생한다. 매우 드문 종이다.
분포 한국, 중국

검은흰우단버섯

Leucopaxillus phaeopus (Favre & Poluzzi) Bon

형태 균모의 지름은 4~6cm로 편평한 넓은 둥근 산 모양에서 거의 편평형으로 되며 중앙이 들어간다. 연한 진흙 갈색에서 황토색으로 되거나 약간 분홍색에서 약간 흰색으로 된다. 가장자리는 약간 아래로 말린다. 살은 백색으로 부서지기 쉬우며 냄새가 나고 맛은 온화하다. 주름살은 내린 주름살로 밀생하며 크림 백색 또는 분홍색을 띤다. 자루의 길이는 3~4cm, 굵기는 1~1.5cm로 위아래가 같은 굵기이고 미세한 세로줄무늬선이 있다. 약간 밤색에서 검은 갈색이며 기부 쪽으로 벨벳 같은 털이 있다. 포자의 크기는 6~7×5~5.5μm로 난형이며 표면에 사마귀 반점이 있는데 이것들은 연결사로 연결된다.

생태 여름 / 숲속의 땅에 단생한다.

분포 한국, 중국

장식흰비늘버섯

Leucopholiota decorosa (Peck) O.K. Mill., T.J. Volk & Bessette

형태 균모의 지름은 2.5~6cm로 아주 어릴 때는 반구형이지만 점차 넓은 둥근 산 모양을 거쳐 성숙하면 편평하게 된다. 표면은 건조하며 수많은 녹슨 갈색의 점상이 있다. 표피는 뒤집혔으며 인편으로 덮인다. 가장자리는 아래로 말리고 보통 성숙해도 그대로 유지되며 전형적으로 고르지 않고 거친 녹슨 갈색의 섬유로 된다. 살은 백색으로 단단하고 비교적 두꺼우며 냄새는 불분명하고 맛은 온화하거나 약간 쓰다. 주름살은 올린 주름살로 백색이며 변두리는 미세하게 술장식을 이루고 밀생하며 비교적 폭이 넓다. 자루의 길이는 2.5~7cm, 굵기는 0.6~1.2cm로 속은 차 있다. 위아래의 굵기가 같거나 위로 가늘며 꼭대기는 백색이다. 식물의 엽초 같은 녹슨 갈색의 점상이 있고 뒤집힌 인편이 있다. 턱받이는 거친 섬유상이다. 포자의 크기는 5~6×3.5~4μm로 타원형이며 표면은 매끈하고 벽은 얇다. 아밀로이드 반응을 보인다. 담자기의 크기는 21~24×5.5~6μm로 4-포자성이다. 기부에 꺾쇠가 있다. 포자문은 백색이고 연낭상체의 크기는 19~24×3~5μm로 꼭대기는 둔한 곤봉형 또는 방추형이며 벽은 얇고 투명하다.

생태 여름 / 고목에 단생한다.

분포 한국, 중국, 유럽, 북아메리카

상아색다발송이버섯

Macrocybe gigantea (Masee) Pegler & Lodge
Tricholoma giganteum Mass.

형태 균모의 지름은 4(12)~20(30)*cm*로 대형이며 개개의 균모는 처음에 둥근 산 모양에서 차차 편평해지며 중앙이 약간 오목해진다. 표면은 거의 밋밋하고 베이지색~상아색이다. 성숙하면 각각의 개체는 물결형으로 크게 굴곡된다. 살은 흰색이고 치밀하다. 가장자리는 아래로 강하게 말린다. 주름살은 홈파진 주름살로 상아색이며 촘촘하고 어린 균은 폭이 좁으나 성장하면 1~2*cm* 정도로 넓어진다. 자루의 길이는 12~47*cm*, 굵기는 1~3.5*cm*로 아래쪽으로 굵어지고 기부는 여러 개가 서로 유착되어 집단을 이룬다. 표면은 섬유상이고 균모와 같은 색이며 속은 차 있다. 포자의 크기는 4~7.5×3.5~5*μm*로 난형~광타원형이고 표면은 매끈하며 기름방울이 1개 들어 있다. 포자문은 백색이다.

생태 여름~가을 / 유기질이 풍부한 토양이나 길가에 집단으로 발생한다. 숲속 낙엽 사이에 근부가 붙어서 덩어리 모양으로 발생하기도 한다.

분포 한국, 일본, 중국, 유럽, 북아메리카, 아프리카

검은물결배꼽버섯

Melanoleuca arcuata (Bull.) Sing.

형태 균모의 지름은 4~12㎝로 처음에는 평평한 모양이다. 곧 가운데가 약간 오목해지면서 중앙이 다소 솟아오르는 방패 모양으로 되거나 가운데가 오목한 모양으로 된다. 습할 때는 적색의 갈색이거나 흑갈색이고 건조할 때는 회갈색이다. 살은 백색이다. 주름살은 홈파진 주름살로 백색이고 빽빽하다. 자루의 길이는 3~6㎝, 굵기는 0.5~1.3㎝로 위아래 굵기가 같지만 기부 쪽으로 굵어진다. 표면은 회갈색이며 꼭대기에는 크림 백색의 가루상 물질이 있고 아래쪽은 밋밋하다. 포자의 크기는 7~9×4.5~5.5㎛로 타원형이고 표면에는 미세한 사마귀 반점이 덮여 있다. 아밀로이드 반응을 보인다. 포자문은 백색이다.

생태 가을 / 숲속 개활지의 풀 사이에 난다. 식독이 불분명하다.

분포 한국, 유럽

451

비단배꼽버섯

Melanoleuca brevipes (Bull.) Pat.

형태 균모의 지름은 5~9*cm*로 둥근 산 모양에서 펴지고 가운데가 들어가며 중앙은 돌출한다. 표면은 밋밋하고 무딘 비단결이며 방사상의 섬유실이 있고 흡수성이다. 습할 때는 베이지색에서 회갈색이고 중앙은 흑갈색이며 건조할 때는 밝은 회색에서 황토 갈색으로 퇴색한다. 가장자리는 오랫동안 안으로 말리고 물결형이며 줄무늬홈선이 있다. 살은 백색에서 크림색이고 얇다. 버섯 냄새가 나고 맛은 온화하나 약간 쓰다. 주름살은 홈파진 주름살에서 내린 주름살로 폭은 넓다. 밝은 크림색이며 나중에 회색에서 라일락색으로 된다. 언저리는 밋밋하다. 자루의 길이는 3~5*cm*, 굵기는 0.8~1.5*cm*로 원통형이며 보통 기부는 곤봉형이고 꼭대기는 넓다. 표면에는 황토색의 세로줄 섬유실이 갈색 바탕 위에 있고 꼭대기는 검은색-갈색에서 라일락 갈색으로 되며 백색에서 황토색의 가루로 덮인다. 위는 백색이며 점차 기부 쪽으로 갈색이다. 포자는 6.9~9.7×4.6~7*μm*로 타원형이며 사마귀 반점이 있고 투명하며 기름방울을 함유한다. 포자문은 연한 크림색이다. 담자기는 30~40×8~9*μm*로 곤봉형이고 4-포자성이다. 기부에 꺾쇠는 없다.

생태 봄~가을 / 풀밭, 쓰레기장, 길옆, 정원에 단생·군생한다.

분포 한국, 유럽

톱니배꼽버섯

Melanoleuca cognata (Fr.) Konrad & Maubl.
M. cognata var. cognata (Fr.) Konrad & Maubl.

형태 균모의 지름은 2.5~5cm로 어릴 때는 둥근 산 모양이며 가장자리는 안으로 말린다. 후에 가장자리는 곧게 또는 위로 말린다. 중앙은 분명하게 볼록하다. 표면은 밋밋하고 무디다. 습할 때 광택이 나고 흡수성이다. 흑갈색으로 건조할 때 밝은 황토색-갈색이고 중앙은 흑갈색이다. 살은 크림색으로 얇고 풀냄새가 나고 버섯 맛이며 온화하다. 주름살은 홈파진 주름살로 베이지색에서 황토색, 밝은 갈색으로 되고 폭이 넓으며 포크형이다. 언저리는 밋밋하다. 자루의 길이는 3~6cm, 굵기는 0.5~1.2cm로 원통형이고 기부는 부풀어서 곤봉형이며 균사가 부착한다. 꼭대기는 크림 백색이며 갈색, 백색의 세로줄 섬유실이 덮여 있다. 자루의 살은 백색이며 상처가 나도 갈색으로 변하지 않는다. 속은 차 있다. 포자의 크기는 7.6~10×4.8~6.4μm로 타원형이며 표면에는 미세한 사마귀 반점이 있고 기름방울을 함유한다. 포자문은 백색이다. 담자기의 크기는 25~30×8~9μm로 곤봉형이며 4-포자성이다. 기부에 꺾쇠는 없다.

생태 여름 / 풀밭 등의 땅에 단생 · 군생한다. 드문 종이다.

분포 한국, 유럽

흑녹색배꼽버섯

Melanoleuca davisiae (Peck) Murrill
Tricholoma davisiae Peck

형태 균모의 지름은 3~16cm로 어릴 때 넓은 원추형에서 종 모양을 거쳐 넓은 둥근 산 모양으로 되었다가 편평해진다. 무디거나 예리하게 볼록해진다. 표면은 건조성이며 어릴 때 압착된 섬유실이 전체를 덮는데 처음은 검은 회갈색에서 흑녹색이다. 작은 인편이 생기며 가끔 연한 색으로 된다. 살은 얇고 부서지기 쉽다. 녹색이며 성숙하면 연한 갈색으로 퇴색한다. 맛과 냄새는 밀가루와 같다. 가장자리는 안으로 말리고 물결형이며 고르지 않고 위로 올려져 갈라진다. 주름살은 어릴 때 활모양에서 홈파진 주름살로 되며 밀생 또는 약간 성기다. 노란색에서 녹색의 연한 황갈색이며 성숙하면 백색에서 연한 황갈색으로 되며 노후하면 언저리에 오렌지 얼룩이 생긴다. 자루의 길이는 4.5~18cm, 굵기는 1~3cm로 원통형 또는 배불뚝이형으로 아래로 부풀고 둥근 기부를 가진다. 속은 차 있다. 표면은 건조성이고 섬유실이며 위는 연한 녹황색, 아래는 백색이다. 핑크색의 오렌지 얼룩이 있다. 포자는 5.5~9.5×4~5.5 μm로 좁은 타원형에서 타원형이다.

생태 여름 / 참나무과 숲의 땅에 산생 또는 집단으로 발생한다.

분포 한국, 북아메리카

십자배꼽버섯

Melanoleuca decembris Métrod ex Bon

형태 균모의 지름은 5~7cm로 반구형 또는 좁은 반구형이며 중앙은 돌출한다. 표면은 부드럽고 벨벳 같다. 색깔은 튤립색, 어두운 검은 갈색, 암갈색, 거무스레한 갈색 등에서 마침내 튤립색으로 되거나 더러운 암갈색, 연한 황토색으로 된다. 살은 백색이며 표피 아래는 갈색 또는 불분명한 핑크색이다. 가장자리는 전연이며 폭은 넓다. 주름살은 내린 주름살로 연한 회색에서 빠르게 연한 황토 회색으로 된다. 자루의 길이는 4~6cm, 굵기는 1~1.5cm로 거의 막대 모양이고 흑갈색, 암갈색이다. 부드러운 섬유상의 줄무늬홈선이 있고 연한 털이 있으며 기부는 백색이다. 포자의 크기는 8~10×5~6.5㎛로 타원형이며 표면에는 거의 융기된 맥상의 불규칙한 사마귀 반점 또는 거친 사마귀 반점이 있다.

생태 여름 / 풀밭에 단생·군생한다.

분포 한국, 중국, 유럽

가루배꼽버섯

Melanoleuca farinacea Murrill
Tricholoma farinaceum (Murrill) Murrill

형태 균모의 지름은 3~8cm로 둥근 산 모양에서 차차 편평해지며 중앙은 볼록하다. 표면은 밋밋하고 매끈하며 성숙하면 연한 갈색으로 된다. 가장자리는 처음에 안으로 말리다가 이후에는 펴지고 물결형이 되면 가끔 찢어진다. 살은 얇고 백색이며 강한 밀가루 냄새와 맛이 난다. 주름살은 홈파진 주름살로 백색이며 폭이 넓고 약간 성기며 타이어 바퀴 모양이다. 자루의 길이는 5~6cm, 굵기는 0.5~1cm로 백색이고 위아래 굵기가 같으며 아래로 약간 부풀고 둥글다. 기부에 백색의 균사체가 부착한다. 자루의 속은 차거나 빈다. 표면은 다소 매끄럽고 밋밋하다. 포자의 지름은 4.5~6.5 μm로 구형이며 표면은 매끈하다.

생태 여름 / 숲속의 낙엽에 군생한다. 식용 여부는 모른다.

분포 한국, 북아메리카

흑갈색배꼽버섯

Melanoleuca grammopodia (Bull.) Murr.

형태 균모의 지름은 6~16cm로 비교적 대형이며 편반구형에서 차차 편평해지고 중앙은 볼록하다. 표면은 오백색-암갈색으로 가장자리는 색이 진하고 흡수성이며 광택이 나고 밋밋하다. 살은 백색 또는 오백색이며 표피는 거의 연한 갈색이다. 가장자리는 어릴 때 아래로 말린다. 주름살은 바른 주름살이지만 노후하면 거의 홈파진 주름살로 된다. 표면은 백색-오백색이고 가장자리는 물결형-치아 모양이고 밀생하며 포크형이다. 자루의 길이는 7~12cm, 굵기는 0.6~1.7cm로 원주형이다. 갈색-흑갈색이며 줄무늬선이 있고 속은 차고 기부는 팽대한다. 포자문은 백색이다. 포자의 크기는 8~9.5×5~6.3μm로 타원형-광타원형이며 표면에 사마귀 반점이 있다. 연낭상체의 크기는 33.7~51×2.5~4μm로 비교적 작고 황색이며 보통 가늘고 긴 침상형이다. 기부는 팽대하며 꼭대기는 뾰족한 모양 또는 약간 둔하게 뾰족한 모양이다.

생태 여름~가을 / 숲속의 땅 또는 풀밭에 군생한다. 맛좋은 식용균이다.

분포 한국, 중국

배꼽버섯

Melanoleuca melaleuca (Pers.) Murr.

형태 균모의 지름은 3~10cm로 둥근 산 모양에서 차차 편평하게 되고 중앙부가 조금 오목하거나 배꼽형으로 된다. 표면은 흡수성이며 털이 없고 습기가 있을 때는 암갈색-흑갈색이며 마르면 황갈색-황색이 된다. 표피는 벗겨지기 쉽다. 가장자리는 처음에 아래로 감기나 나중에 펴진다. 살은 얇고 유연하며 백색이다. 맛은 온화하다. 주름살은 홈파진 주름살로 밀생하며 폭이 넓은 편이고 길이가 같지 않다. 백색에서 황백색으로 된다. 가장자리는 물결형이다. 자루는 길이가 4~10cm, 굵기가 0.4~1cm로 원주형이며 기부는 공 모양으로 불룩하다. 꼭대기는 백색이고 가루상이며 아래는 갈색-암자갈색이다. 노후하면 퇴색하고 세로줄무늬가 있다. 탄력이 있고 연골질에 가까우며 없어지기 쉽다. 자루의 속은 차 있다. 포자의 크기는 6~8×4~5μm로 타원형이며 표면에 혹이 있다. 포자문은 백색이다. 낭상체의 크기는 60~70×8.5~11μm로 원추형이고 꼭대기에 부속물의 과립이 있다.
생태 여름~가을 / 숲속 또는 숲 변두리의 땅에 단생 · 군생 · 산생한다. 황철나무 또는 사시나무와 외생균근을 형성한다. 식용이다.
분포 한국, 일본, 중국 등 전 세계

삼각배꼽버섯

Melanoleuca metrodiana Bon

형태 균모의 지름은 3~5cm로 둥근 산 모양에서 빨리 편평하게 되며 약간 가루가 있다. 완전히 암갈색-회색에서 그을린 회색으로 되며 중앙은 검은색이다. 살은 백색 또는 약간 갈색이고 냄새가 약간 난다. 주름살은 거의 내린 주름살로 회색에서 누른빛의 회색으로 되며 밀생한다. 자루의 길이는 3~6cm, 굵기는 0.3~0.5cm로 균모와 거의 같은 색이고 섬유상이며 쉽게 탈락하여 밋밋하게 된다. 포자의 크기는 9~11×5~6μm로 타원형이다. 표면에 사마귀 반점들이 있는데 이것들은 연락사로 서로 연결되어 있다.
생태 여름 / 숲속의 땅에 군생한다.
분포 한국, 중국

산배꼽버섯

Melanoleuca oreina (Fr.) Kühner & Maire

형태 균모의 지름은 1.5~3.5*cm*로 둥근 산 모양에서 다소 편평하게 되며 중앙이 보통 넓게 볼록하다. 살은 백색에서 연한 갈색이며 밀가루 맛이 나고 온화하지만 약간 쓰며 밀가루 냄새가 난다. 가장자리는 처음에 안으로 말리고 이후에 위로 올려진다. 주름살은 바른 주름살로 백색이나 이후 회색으로 된다. 자루의 길이는 2.5~7.5*cm*, 굵기는 0.5~1*cm*로 위쪽으로 가늘어지며 기부는 곤봉형이다. 표면은 미세한 섬유상이다. 포자의 크기는 6.2~9×4~5μm로 장타원형이며 표면에 거친 사마귀 반점이 있다. 포자문은 백색-크림색이다. 아밀로이드 반응을 보인다. 낭상체는 방추형의 병 모양이다.

생태 가을 / 풀밭, 숲속의 땅에 작은 집단으로 발생한다. 매우 드문 종이다.

분포 한국, 유럽

회백색배꼽버섯

Melanoleuca polioleuca (Fr.) Kühner & Maire

형태 균모의 지름은 3~8cm로 둥근 산 모양에서 편평하게 되며 흔히 가운데가 약간 들어간다. 표면은 습기가 있을 때는 흑갈색, 건조할 때는 연한 황갈색이며 밋밋하다. 살은 균모에서는 백색, 자루에서 기부 쪽으로는 황토색에서 황토 갈색이다. 맛과 냄새는 분명치 않다. 주름살은 떨어진 주름살로 촘촘하며 백색에서 크림색이다. 자루의 길이는 4~7cm, 굵기는 0.8~1.4cm로 원통형이며 약간 부풀고 백색 또는 검은 회갈색이다. 세로로 섬유상의 줄무늬 선이 있다. 포자의 크기는 7~8.5×5~5.5μm로 타원형이고 표면에 미세한 장식물이 있다. 아밀로이드 반응을 보인다. 포자문은 크림색이다. 연낭상체는 작살 모양이며 벽은 얇고 투명하다.

생태 늦여름~늦가을 / 숲과 풀밭에 발생한다. 흔한 종이다. 먹을 수 있지만 추천할 정도는 아니다.

분포 한국, 유럽, 북아메리카

헛배꼽버섯

Melanoleuca pseudoluscina Bon

형태 균모의 지름은 2~3cm로 둥근 산 모양에서 차차 편평해지며 회갈색이다. 주름살은 바른 주름살로 유백색에서 연한 황토색으로 되며 약간 밀생한다. 살은 얇고 유백색 또는 크림색이나 자루의 기부는 갈색이다. 냄새와 맛은 불분명하다. 자루의 길이는 3~5cm, 굵기는 0.2~0.4cm로 비교적 가늘고 균모와 비슷한 색 또는 녹슨 색이지만 자색을 조금 띤다. 포자의 지름은 8×6.5㎛로 구형 또는 난형이며 표면의 사마귀 반점은 서로 분리되어 있다.
생태 여름 / 잡목림 또는 숲속의 땅, 가끔 모래땅에 군생한다.
분포 한국, 북유럽

직립배꼽버섯

Melanoleuca strictipes (P. Karst.) Jul. Schäff.

형태 균모의 지름은 4~11cm로 처음은 반구형에서 차차 편평하게 되며 표면은 백색 또는 우윳빛 백색에서 갈색으로 된다. 가장자리에 줄무늬홈선은 없다. 살은 백색이고 얇다. 주름살은 바른 주름살 또는 홈파진 주름살로 백색 또는 우윳빛 백색이며 밀생하고 주름살의 길이가 다르다. 자루의 길이는 4~8cm, 굵기는 0.7~1.5cm로 원통형이다. 표면은 백색이고 미세한 털이 있으며 기부는 부푼다. 자루의 속은 차 있다. 포자의 크기는 7.7~11.5×6.5~7㎛로 타원형이며 표면에 사마귀 반점이 있다. 낭상체의 크기는 38~71×6~15㎛로 방추형이고 선단에 결정체가 있고 둥근형이다.

생태 여름 / 혼효림의 땅에 군생한다.

분포 한국, 중국

줄배꼽버섯

Melanoleuca stridula (Fr.) Sing.

형태 균모의 지름은 2.5~5.5cm로 구형에서 둥근 산 모양을 거쳐 편평하게 되며 중앙부는 약간 들어가거나 볼록하다. 표면은 적갈색-암갈색이며 중앙부는 진하다. 밋밋하고 어릴 때 가장자리는 아래로 말린다. 살은 백색이다. 주름살은 홈파진 주름살로 백색에서 암색으로 되고 밀생하며 포크형이다. 자루의 길이는 4~6.5cm, 굵기는 0.3~0.7cm로 원주형이며 균모와 비슷한 색으로 기부는 팽대한다. 포자의 크기는 7.5~8.3×4.8~5.7㎛로 난원형이고 표면에 사마귀 반점이 있으며 매끈하고 투명하며 기름방울을 가지고 있다. 담자기의 크기는 26~32×7.5~9.5㎛로 원통형에서 원통형의 곤봉형이고 2 또는 4 포자성이다. 기부에 꺾쇠가 없다.

생태 여름~가을 / 풀밭에 단생 · 군생 · 속생한다.

분포 한국, 중국, 내몽골, 유럽

원뿔배꼽버섯

Melanoleuca subacuta (Peck) Murrill
Tricholoma subacutum Peck

형태 균모의 지름은 3~7.3cm로 처음 반구형 혹은 원추형에서 삿갓 모양으로 되었다가 차차 편평하게 되며 중앙부는 돌출한다. 표면은 회청 갈색 혹은 회갈색이며 중앙에 방사상의 털상 인편이 밀집한다. 가장자리는 연한 색 또는 오백색이다. 살은 백색이다. 주름살은 홈파진 주름살로 백색이고 밀생하며 포크형이다. 자루의 길이는 6~11cm, 굵기는 0.5~1.5cm로 원주형이고 표면은 밋밋하고 털상 인편이 있다. 자루의 속은 비고 기부는 팽대한다. 포자의 크기는 6~7.5×4.5~5μm로 난원형이고 표면은 매끈하고 투명하다.

생태 가을 / 활엽수림과 침엽수림의 땅에 군생한다. 외생균근을 형성한다.

분포 한국, 중국

크림색배꼽버섯

Melanoleuca subalpina (Britz.) Bresinsky & Stangl

형태 균모의 지름은 6~11cm로 반구형에서 둥근 산 모양을 거쳐 차차 편평하게 되지만 중앙은 오목해지며 한가운데는 약간 볼록하다. 표면은 밋밋하며 무디고 비단결이다. 건조할 때 그물꼴이 나타난다. 어릴 때 백색에서 크림색으로 되었다가 황토색으로 되며 가운데가 가끔 진하다. 가장자리는 예리하고 어릴 때 아래로 말린다. 살은 백색이고 가운데는 두껍고 가장자리는 얇다. 냄새가 약간 나고 맛도 약간 쓰다. 주름살은 홈파진 주름살로 처음은 백색이지만 크림 백색으로 되며 밀생하고 폭은 넓다. 가장자리는 물결형이고 포크형이다. 자루의 길이는 4~7cm, 굵기는 0.8~1cm로 원통형이고 속은 차 있고 기부는 약간 부풀어서 둥글다. 표면은 백색으로 섬유상의 세로줄무늬가 있다. 포자의 크기는 6.5~10×4.5~5.5μm로 타원형이며 투명하고 기름방울이 있는 것도 있다. 표면에 미세한 반점이 있다. 포자문은 크림 백색이다.

생태 봄~가을 / 풀밭, 목초지, 길가 등에 단생 · 군생하며 특히 고지대에 발생한다. 식용이다.

분포 한국, 중국, 유럽

직립배꼽버섯아재비

Melanoleuca substrictipes Kühn.

형태 균모의 지름은 2~7cm로 구형에서 반구형을 거쳐 차차 편평하게 되지만 중앙은 볼록하다. 표면은 처음 백색에서 유황 갈색으로 되나 중앙부는 진하고 광택이 나며 매끄럽다. 살은 백색이며 중앙부는 비교적 두껍고 향기가 난다. 가장자리는 위로 올라간다. 주름살은 바른 주름살로 비교적 밀생한다. 백색에서 유백색을 거쳐서 분홍색으로 되며 갈색 반점이 있는 것도 있고 포크형이다. 자루의 길이는 3~7cm, 굵기는 0.4~0.8cm로 원주형이며 백색에서 황갈색으로 되고 기부는 비교적 팽대한다. 표면에 긴 줄무늬홈선이 있으며 속은 차 있거나 푸석푸석한 스펀지 모양이다. 포자의 크기는 8~10×5~6.5㎛로 타원형-난원형이며 표면에는 사마귀반점이 있다. 낭상체의 크기는 3.5~4.5×5~6.5㎛로 능형이며 꼭대기에 부속물이 있고 중앙부에 격막이 있다.

생태 여름~가을 / 상록수림, 고산 등에 군생하며 드물게 단생한다. 식용이다.

분포 한국, 중국, 유럽

모래배꼽버섯

Melanoleuca verrucipes (Fr.) Sing.

형태 균모의 지름은 3.5~4.5㎝로 원추형 내지 반구형에서 차차 편평하게 되고 중앙부는 돌출한다. 표면은 건조하고 유백색이나 나중에 중앙부는 황색 또는 갈색으로 된다. 비단결 같고 털이 없어 매끈하다. 가장자리는 처음에 아래로 감기며 짧은 융털이 있다. 살은 중앙부가 두껍고 백색이며 유연하고 맛은 유화하다. 주름살은 홈파진 주름살로 밀생하며 폭이 넓고 백색에서 어두운 황색으로 되며 포크형이다. 자루의 길이는 2.5~3.5㎝, 굵기는 0.6~0.8㎝로 원주형이고 기부는 볼록하며 백색이다. 암갈색 또는 흑색의 주근깨 같은 인편 또는 혹이 있고 속은 차 있으나 나중에 빈다. 포자의 크기는 7~8×4~5㎛로 타원형이며 표면에 사마귀 같은 반점이 있다. 포자문은 백색이다.

생태 여름 / 소나무 숲의 땅에 군생 · 산생한다. 식용이다.

분포 한국, 중국, 일본, 유럽 등 전 세계

회점액솔밭버섯

Myxomphalia maura (Fr.) Hora
Omphalia maura (Fr.) Gill.

형태 균모의 지름은 2~4(5)*cm*로 어릴 때 반구형이다가 나중에 둥근 산 모양에서 낮은 둥근 산 모양으로 되면서 중앙이 오목하게 들어간다. 표면은 흡수성이고 암갈색 또는 황토색의 암갈색이다. 건조할 때는 색이 연해지고 광택이 나며 방사상의 긴 줄무늬가 나타난다. 주름살은 바른 주름살의 내린 주름살이다. 크림 백색-연한 갈색이고 촘촘하다. 자루의 길이는 2~4*cm*, 굵기는 0.2~0.4*cm*로 균모와 같은 색이거나 다소 옅은 색이며 기부는 약간 굵어진다. 포자의 크기는 4.7~6.8×3.5~4.9μm로 광타원형이고 표면은 매끈하고 투명하며 기름방울이 들어 있다. 포자문은 백색이다.

생태 가을 / 침엽수림의 불탄 자리에 군생한다. 식용이다.

분포 한국, 유럽

469

흰비단새깔때기버섯

Neoclitocybe alnetorum (Favre) Sing.
Clitocybe alnetorum Favre

형태 균모의 지름은 1.5~2.5cm로 어릴 때는 넓은 반구형이며 차차 둥근 산 모양을 거쳐 편평하게 되었다가 깔때기형으로 된다. 표면은 밋밋하고 비단결이며 백색에서 크림색으로 되었다가 베이지색의 칙칙한 백색으로 되며 드물게 얼룩이 있다. 살은 유백색이고 가운데는 두꺼우며 청산가리 냄새가 나고 풀잎 맛이다. 가장자리는 얇고 날카롭다. 주름살은 내린 주름살로 어릴 때 백색에서 크림색으로 되며 폭은 넓다. 가장자리는 밋밋하다. 자루의 길이는 2~3.5cm, 굵기는 0.3~0.4cm로 원통형이며 위쪽으로 약간 부풀고 기부에는 백색의 털이 있다. 표면에 세로줄의 섬유가 있으며 백색에서 하얀 크림색으로 된다. 자루의 속은 차 있다가 빈다. 포자의 크기는 4~6.5×2.5~3μm로 타원형이며 표면은 밋밋하다. 담자기의 크기는 18~24×4~55μm로 원통형의 곤봉형이며 기부에 꺾쇠가 있다.

생태 여름~가을 / 맨땅에 단생·군생한다. 희귀종이다.

분포 한국, 일본, 중국, 유럽, 북아메리카, 북반구 온대

덮개솔밭버섯

Omphalina pyxidata (Bull.) Quél.

형태 균모의 지름은 0.7~1.5(2)cm로 어릴 때 중앙이 오목 들어간 둥근 산 모양에서 편평한 모양으로 되어 깔때기형이 된다. 표면은 밋밋하거나 미세하게 쌀겨 모양이고 반투명한 줄무늬선이 거의 중앙까지 뻗어 있다. 습할 때는 연한 적갈색, 건조할 때는 분홍색의 베이지색이다. 가장자리에는 물결형의 굴곡이 있고 다소 톱니상이다. 살은 회갈색으로 얇다. 주름살은 넓은 바른 주름살 또는 홈파진 주름살로 그을린 크림 백색-크림색이며 적갈색으로 폭이 넓고 매우 성기다. 자루의 길이는 2~3.5cm, 굵기는 0.1~0.15cm로 원주형이며 밋밋하고 연한 적갈색이며 백색의 섬유가 약간 있다. 기부는 간혹 구근상이 되고 백색의 털이 있다. 자루의 속은 비었다. 포자의 크기는 6.5~8.8×3.6~5.6μm로 타원형이다. 표면은 매끈하고 투명하며 기름방울이 들어 있다. 포자문은 백색이다.

생태 늦봄~가을 / 물이 고이는 곳, 이끼 사이, 길가 등에 단생 · 군생한다.

분포 한국, 유럽

간솔밭버섯아재비

Omphalina subhepatica (Batsch) Murrill
O. hepatica (Batsch) P.D. Orton

형태 균모의 지름은 1~2.3cm로 어릴 때 둥근 산 모양에서 차차 편평하게 된다. 중앙은 배꼽형이다. 가장자리는 어릴 때 안으로 말리고 나중에는 안으로 굽어진다. 표면은 밋밋하고 미세하게 압착된 섬유실-털이 있다. 흡수성이며 적갈색에서 검은 황토 갈색이다. 습할 때 약간 투명한 줄무늬선이 있으며 크림색-황토색이고 건조할 때 줄무늬선은 없다. 가장자리는 톱니상이다. 살은 백색에서 갈색이며 얇고 냄새는 거의 없고 맛은 온화하지만 분명치 않다. 주름살은 긴 내린 주름살로 어릴 때 백색의 크림색에서 갈색이 된다. 언저리는 밋밋하다. 자루의 길이는 1.5~2.2cm, 굵기는 0.1~0.2cm로 원통형이고 갈색이며 기부 쪽으로 연한 색이다. 표면은 밋밋하고 백색의 가루상이다. 어릴 때 자루의 속은 차고 나중이 되면 빈다. 포자는 6.5~8.1×4.3~5.4μm로 광타원형이고 매끈하고 투명하며 기름방울을 함유한다. 담자기는 22~30×6~7.5μm로 곤봉형이며 4-포자성이다. 기부에 꺾쇠가 있다.

생태 여름~가을 / 맨땅, 토탄, 불모지 땅에 단생 · 군생한다.

분포 한국, 유럽

끝말림측방망이버섯

Paralepista flaccida (Sow.) Vizzini
Clitocybe flaccida (Scop.) Quél. / Lepista flaccida (Sow.) Pat. / Lepista inversa (Scop.) Pat.

형태 균모의 지름은 3~8cm로 어릴 때 가운데가 쏙 들어간 둥근 산 모양에서 깔때기형으로 된다. 표면은 밋밋하고 습기가 있을 때 는 적색을 띤 황갈색, 건조할 때는 연한 황갈색이다. 가장자리는 약간 방사상의 섬유상으로 예리하고 다소 오랫동안 아래로 말리 며 처음에는 고르지만 나중에 불규칙한 물결형 굴곡이 진다. 살은 크림색-연한 갈색이고 얇다. 주름살은 내린 주름살 또는 간혹 홈 파진 주름살로 밀생하며 어릴 때 크림색에서 적색을 띤 베이지색 으로 된다. 자루의 길이는 2~5cm, 굵기는 0.5~1.5cm로 원주형이 고 위쪽이 약간 가늘다. 표면은 밋밋하고 적색을 띤 연한 황갈색 이며 보통 유백색의 섬유가 덮여 있다. 자루의 속은 어릴 때는 차 있다가 비게 되며 기부에는 유백색의 균사가 붙어 있다. 포자의 크기는 4~5.3×3.5~4.5μm로 아구형이고 표면에는 미세한 사마귀 반점이 있으며 투명하다. 포자문은 유백색이다.

생태 여름~늦가을 / 주로 침엽수림의 땅에 발생하나, 드물게 혼 효림이나 활엽수림의 땅에 군생한다. 열을 지어 나거나 균륜을 형성한다. 식용이다.

분포 한국, 일본, 중국, 유럽, 북아메리카, 북반구 온대, 북아프리카

독방망이버섯

Paralepistopsis acromelalga (Ichimura) Vizzini
Clitocybe acromelalga Ichimura

형태 균모의 지름은 5~10cm로 중앙은 약간 오목한 둥근 산 모양 이지만 나중에 펴져서 깔때기형이 된다. 가장자리는 안쪽으로 말 린다. 표면은 오렌지 갈색-황적 갈색이며 밋밋하고 끈적기는 없 다. 살은 얇고 연한 황갈색을 띤다. 주름살은 긴 내린 주름살로 연 한 크림색부터 연한 황갈색을 띤다. 자루의 길이는 3~5cm, 굵기 는 0.5~0.8cm이며 섬유질로 쉽게 갈라지고 표면은 균모와 거의 같은 색이다. 기부는 부푼 것이 많다. 자루의 속은 비었다. 포자의 크기는 3~4×2.3~3μm로 광타원형-난형이다.

생태 가을 / 혼효림의 땅에 군생 · 속생한다. 균륜을 형성한다. 독버섯이다.

분포 한국, 일본

귀느타리버섯

Phyllotopsis nidulans (Pers.) Sing.

형태 균모의 지름은 좌우 폭이 2~8*cm*, 전후 폭이 2~5*cm*로 반원형-신장형 또는 조개껍질형이며 자루 없이 목재에 측생으로 부착한다. 표면은 선황색-오렌지 황색이며 마르면 황백색이 된다. 황갈색-백색의 거친 털이 많이 덮여 있고 균모의 가장자리가 오랫동안 안쪽으로 강하게 말리는 것이 특징이다. 살은 얇고 말랑말랑한 느낌이 강하며 황색이고 마르면 거의 백색이 된다. 주름살은 선황색-오렌지색이며 촘촘하다. 포자의 크기는 5.1~6.7×2.1~3.3 μm로 원주형이고 돋보기형 또는 소시지형이다. 표면은 매끈하고 투명하다. 포자문은 크림 살구색이다.

생태 늦가을 / 활엽수의 등치나 가지에 측생하여 군생한다. 드물다. 불쾌한 냄새가 나지만 유럽에서는 식용한다.

분포 한국, 일본 등 주로 북반구 온대 지역

헛깔때기버섯

Pseudoclitocybe cyathioformis (Bull.) Sing.
Clitocybe cyathiformis (Bull.) P. Kumm.

형태 균모의 지름은 3~9*cm*로 어릴 때는 낮은 둥근 산 모양이지만 중앙이 편평하게 펴지면서 오목하게 되고 중앙이 깊게 파여 깔때기형이 된다. 중앙 바닥에 작은 젖꼭지 모양의 돌기가 있다. 표면은 밋밋하며 방사상으로 가는 섬유가 있다. 습기가 있을 때는 밤색을 띤 암갈색-회갈색이고 오래되거나 건조하면 황갈색-베이지색으로 된다. 주름살은 내린 주름살로 연한 회색-회갈색이며 촘촘하고 폭이 좁다. 자루의 길이는 4~8*cm*, 굵기는 0.4~1.8*cm*로 거의 속이 차 있거나 빈다. 표면은 회백색-갈색 바탕에 쥐색의 불분명한 그물눈 모양이 덮여 있다. 포자의 크기는 7.6~12×5~6.8 *μm*로 타원형이고 표면은 매끈하고 투명하며 기름방울이 많다. 포자문은 유백색의 크림색이다.

생태 가을 / 숲속의 떨어진 나뭇가지나 썩은 나무에 군생·속생한다. 식용이다.

분포 한국, 일본, 중국, 북반구 일대 및 아프리카

바랜헛갈때기버섯

Pseudoclitocybe expallens (Pers.) M.M. Moser
Clitocybe expallens (Pers.) P. Kumm.

형태 균모의 지름은 2~5㎝로 둥근 산 모양에서 차차 편평하게 되지만 약간 중앙이 들어간다. 표면은 회색-갈색 또는 핑크색-갈색이나 중앙은 진하거나 약간 흑갈색이다. 살은 얇고 연한 크림색에서 회색이며 맛은 온화하나 냄새는 불분명하다. 주름살은 내린 주름살로 회색-연한 황색이며 비교적 밀생한다. 자루의 길이는 4~7㎝, 굵기는 0.2~0.5㎝로 위쪽으로 약간 가늘지만 질기고 가끔 백색의 턱받이 같은 흔적이 꼭대기에 있다. 포자의 크기는 7~9× 6~7㎛로 난형-타원형이고 표면은 매끈하고 투명하다. 아밀로이드 반응을 보인다. 포자문은 백색이다.

생태 가을~겨울 / 활엽수림의 땅, 이끼류 속에 소집단으로 발생한다.

분포 한국, 유럽

납작헛솔밭버섯

Pseudoomphalina compressipes (Peck) Sing.

형태 균모의 지름은 1~4.5㎝로 둥근 산 모양이나 가장자리는 안으로 말리고 편평하다. 중앙은 들어가고 핑크 갈색이다. 표면은 처음에 미세한 백색의 가루가 있지만 곧 밋밋해진다. 살은 부서지기 쉽고 습할 때는 갈색이고 건조할 때는 퇴색하여 연한 황색으로 된다. 밀가루의 맛과 냄새가 나지만 분명치는 않다. 가장자리는 노란색이며 약간 아래로 말리고 고르지만 가끔 물결형에 줄무늬선은 없다. 주름살은 내린 주름살로 아치형이며 밀생하거나 약간 성기고 백색이다. 자루의 길이는 1~3㎝, 굵기는 0.3㎝로 위아래 굵기가 같다. 표면은 흔히 압착되지만 중앙에 수직의 고랑이 있다. 자루의 살은 습할 때 싱싱하고 균모와 같은 색이다. 기부에 백색의 균사체가 있다. 포자의 크기는 5~8×3~5㎛로 타원형이고 표면은 매끈하다. 포자문은 백색이다. 아밀로이드 반응을 보인다. 균사에 꺾쇠가 있다.
생태 여름~가을 / 풀숲의 땅, 참나무류 숲의 개활지에 단생·군생·산생하며 때로는 소집단으로 속생한다.
분포 한국, 유럽

꽃무늬애버섯

Resupinatus applicatus (Batsch) Gray

형태 균모의 지름은 0.4(0.5)~1.2cm로 자실체의 등면이 기물에 부착하는 배착생이다. 처음 술잔 모양에서 원형, 난형, 콩팥형, 조개껍질형 등 다양한 형태로 주름살 부분이 노출되어 벌어진다. 전체가 막질이고 융털로 덮이며 암회색이다. 가장자리는 안쪽으로 감긴다. 주름살은 회색-회갈색이고 방사상으로 펴지며 폭이 좁고 다소 성기다. 언저리에는 하얀 가루가 있다. 자루는 없다. 포자의 지름은 4~5.5㎛로 구형이며 표면은 매끈하다.

생태 여름~가을 / 활엽수의 고목, 말라죽은 가지에 군생한다.

분포 한국, 일본, 중국 등 북반구 온대 이북

478

쥐털꽃무늬애버섯

Resupinatus trichotis (Pers.) Sing.

형태 균모는 지름 0.5~1.2cm로 조개껍질형, 부채 모양이다. 표면은 회색이며 방사상의 주름진 줄무늬선이 있다. 배면의 중심에서 가장자리 쪽으로 일단의 기물에 부착하며 암갈색-흑색의 털이 밀생한다. 주름살은 회색이고 밀생한다. 자루는 없다. 포자의 지름은 4.5~5.5μm로 구형이며 표면은 매끈하고 투명하다. 담자기의 크기는 18~21×5~6μm로 원통형-곤봉형이고 4-포자성이며 기부에 꺾쇠가 있다. 낭상체는 없다.

생태 초여름~가을 / 활엽수의 마른 줄기 또는 고목에 다수가 중첩 · 배착하여 군생한다.

분포 한국, 일본, 중국, 유럽, 북아메리카

볼록탈버섯

Ripartites metrodii Huijsman

형태 균모의 지름은 1.5~5cm로 둥근 산 모양에서 편평하게 되며 심하게 볼록하다. 표면은 어릴 때 백색이나 나중에 크림색으로 되며 가끔 중앙이 황토색이다. 무디다가 매끄럽고 미세한 방사상의 섬유실이 있다. 습할 때 광택이 난다. 가장자리는 고르다가 물결형으로 된다. 살은 건조하면 백색이나 습할 때 갈색이며 얇다. 냄새는 거의 없고 맛은 온화하다. 주름살은 약간 내린 주름살로 어릴 때 크림색이나 나중에 밝은 갈색으로 되며 폭은 넓고 드물게 포크형이다. 언저리는 밋밋하다. 자루의 길이는 3~8cm, 굵기는 0.3~0.7cm로 원통형이며 연한 갈색에 세로줄의 섬유실이 있다. 꼭대기는 백색의 가루상이며 끈적기가 있다. 자루의 속은 차 있다. 기부에는 노란색의 균사체가 있다. 포자의 크기는 4.3~5.9×3.2~5.5μm로 아구형 또는 잘린 원통형이며 표면에 가시가 있고 기름방울을 가진 것도 있다. 포자문은 갈색이다. 담자기의 크기는 22~26×5~7μm로 원통형이며 4-포자성이다. 기부에 꺾쇠가 있다.
생태 가을 / 혼효림 또는 참나무 숲, 침엽수림의 기름진 땅에 군생하며 드물게 단생한다.
분포 한국, 유럽

탈버섯

Ripartites tricholoma (Alb. & Schwein.) P. Karst.

형태 균모의 지름은 2~3.5cm로 어릴 때는 거의 구형-둥근 산 모양이지만 곧 펴져서 넓은 둥근 산 모양-약간 오목한 모양이 된다. 가장자리는 오랫동안 안쪽으로 감긴다. 표면은 미세하게 방사상으로 섬유상이 덮이고 가장자리에는 긴 섬유상 털이 있다. 습할 때는 약간 광택이 나고 끈적기가 있지만 건조하면 무디다. 갈색의 크림 백색-크림색이며 오래되면 살구색이 많아진다. 중앙이 다소 진하다. 살은 어릴 때 크림색에서 분홍 갈색으로 된다. 주름살은 넓은 바른 주름살의 내린 주름살로 어릴 때는 크림색이나 나중에 분홍 갈색으로 된다. 폭이 넓고 촘촘하다. 언저리는 고르다. 자루의 길이는 2~4cm, 굵기는 0.4~0.8cm로 원주형이고 표면은 황토 갈색 바탕에 세로로 백색의 섬유가 있다. 나중에 황토 갈색이 진해진다. 꼭대기는 백색 면모상이고 다소 굵다. 기부에는 백색의 털이 덮여 있다. 포자의 크기는 3.7~5×3.2~4.4μm로 아구형이다. 표면에 둔한 가시가 덮여 있고 어떤 것은 기름방울이 있다.

생태 늦여름~가을 / 활엽수림 또는 침엽수림의 낙엽 사이에 군생한다. 식용이다.

분포 한국, 일본, 유럽

이끼잎새버섯

Rimbachia bryophila (Pers.) Redhead

형태 균모의 지름은 0.3~0.7cm로 약간 늘어진 상태의 불규칙한 컵 또는 혀 모양이다. 표면은 섬유상의 비단결이다. 이후 불규칙하게 말리며 다소 주름살과 비슷하다. 살은 얇고 백색이며 맛과 냄새는 불분명하다. 가장자리는 불규칙하고 물결형이며 안으로 말린다. 자루는 없거나 간혹 짧게 있다. 포자를 만드는 표면은 밋밋하고 불규칙하게 접히며 약간 주름살처럼 된다. 포자의 크기는 5~7×4.5~7μm로 아구형이고 표면은 매끈하다. 비아밀로이드 반응을 보인다. 포자문은 백색이다.

생태 여름~가을 / 이끼류에 기생하며 단생 또는 소집단으로 군생한다.

분포 한국, 유럽

향비늘광대버섯

Squamanita odorata (Cool) Imbach

형태 균모의 지름은 0.7~3.5cm로 원추형-종 모양에서 편평한 둥근 산 모양으로 된다. 때때로 중앙이 들어가며 알갱이 인편이 집중되어 있다. 밝은 회갈색 바탕에 인편은 흑갈색, 라일락색-자색이다. 가장자리는 섬유상의 외피막의 조각이 매달린다. 살은 상처가 나면 회색에서 회갈색으로 되며 얇다. 냄새는 달콤하며 맛은 온화하다. 주름살은 홈파진 주름살로 오백색이고 성숙하면 회색에서 회갈색으로 된다. 폭이 넓으며 포크형도 있다. 언저리는 톱니상이다. 자루의 길이는 1~2.5cm, 굵기는 0.15~0.45cm로 원통형이고 세로줄의 회갈색 섬유상이 오백색 바탕 위에 있다. 띠는 직립하고 검은 회갈색의 알갱이 인편이 있다. 꼭대기에 섬유상의 외피막 조각들이 있으며 속은 차 있다가 빈다. 기부는 부풀고 여러 개의 둥근 선이 집중된다. 바깥 표면은 크림색에서 황토색이다. 포자는 6~9.7×4.2~5.2μm이고 타원형에서 난형이며 매끈하고 밝은 회노란색이다. 담자기는 38~45×6~8μm로 원통형이고 4-포자성이며 드물게 2-3 포자성인 것도 있다.

생태 가을 / 공원, 길가, 숲속의 땅에서 속생한다.

분포 한국, 유럽, 북아메리카, 아시아

곤봉비늘광대버섯

Squamanita schreieri Imbach

형태 균모의 지름은 5~8cm로 어릴 때는 반구형에서 원추형의 종
모양이다가 편평하게 된다. 중앙은 둔하게 볼록하다. 어릴 때는
백색의 외피막으로 싸여 있다가 황토색-노란색으로 되며 방사상
의 압착된 인편으로 덮이며 꼭대기는 검은 갈색에서 흑갈색의 인
편으로 된다. 가장자리에 섬유상 인편의 외피막 조각이 매달리고
예리하다. 살은 백색으로 두꺼우며 냄새는 좋고 맛은 온화하다.
주름살은 홈파진 주름살로 백색이며 폭은 좁고 언저리는 톱니상
이다. 자루의 길이는 6~10cm, 굵기는 0.8~1.5cm로 원통형이며 속
은 차 있고 단단하다. 표면은 섬유상이고 어릴 때 탈락하기 쉬운
백색의 턱받이가 있다. 턱받이 위는 노란색의 섬유상이고 띠를 형
성하나 아래는 갈색의 인편이다. 기부는 곤봉형이고 끝은 둥글다.
스펀지 같은 둥근형의 구근이 땅속에 파묻혀 있다. 구근의 크기는
40~60×30mm로 백색이고 갈색의 뒤집힌 인편으로 덮여 있다. 포
자는 5.2~6.9×4.3~5.4μm로 광타원형이고 매끈하고 투명하다. 담
자기는 24~30×8~10μm로 곤봉형이며 4-포자성이다. 기부에 꺾
쇠가 있다.

생태 여름 / 숲속의 땅과 모래땅에 군생한다. 드문 종이다.

분포 한국, 유럽, 북아메리카

혹비늘광대버섯

Squamanita umbonata (Sumst.) Bas

형태 균모의 지름은 4.6~6cm로 원추형 또는 종 모양에서 둥근 산 모양으로 되며 가운데는 볼록하다. 표면은 갈색, 가운데는 진한 갈색이며 솜털 같은 비늘이 있다. 살은 백색이며 얇다. 주름살은 바른 주름살 또는 약간 내린 주름살로 폭은 0.6~0.8cm이다. 백색 이고 밀생하며 칼 모양이다. 자루의 길이는 5~8cm, 굵기는 1~1.5 cm로 자루가 뒤틀려 있고 턱받이 아래는 갈색이다. 위쪽은 백색으로 쉽게 탈락하며 아래는 부풀어 있다. 포자의 크기는 6.7~7.4× 4.2~4.8㎛로 광타원형이다. 비아밀로이드 반응을 보인다.

생태 여름 / 소나무 숲 또는 혼효림의 땅에 단생·군생한다. 땅 에서 뾰족하게 나오거나 땅속에 큰 덩어리의 균괴를 형성하기도 한다. 식용 가능하다.

분포 한국, 일본, 북아메리카

가시송이버섯

Tricholoma acerbum (Bull.) Quél.

형태 균모의 지름은 7~12*cm*로 반구형에서 약간 편평해진다. 표면은 엷은 황갈색, 꿀색 혹은 황갈색이며 살은 비교적 두껍다. 가장자리는 처음에 아래로 말리며 끈적기는 없다. 주름살은 홈파진 주름살로 폭이 좁고 밀생하며 엷은 황색에서 분홍색으로 된다. 자루의 길이는 3~7*cm*, 굵기는 1.5~3*cm*로 기부는 팽대하고 표면은 비교적 거칠며 속은 차 있다. 표면은 엷은 황색이며 상부에는 가루상의 작은 과립 인편이 있다. 포자문은 백색이다. 포자의 크기는 4~6×3~3.5*μm*로 아구형-난원형이며 광택이 나고 표면은 매끄러우며 투명하다. 기름방울을 함유한다. 담자기의 크기는 15~24×4~5*μm*로 원통형의 막대형이고 4-포자성이다. 기부에 꺾쇠는 없다. 낭상체의 크기는 40~50×16~22*μm*로 짧고 두꺼운 곤봉형이다. 꼭대기에 미세하고 두꺼운 껍질 같은 것이 있다.

생태 여름~가을 / 활엽수림 및 혼효림의 땅에 군생한다.

분포 한국, 일본, 중국

황백송이버섯

Tricholoma albidum Bon

형태 균모의 지름은 3~7cm로 어릴 때는 둥근 산 모양 또는 둔한 원추형에서 넓은 둥근 산 모양으로 되거나 거의 편평하게 된다. 표면은 광택이 나고 끈적기는 없으며 비단결 같은 섬유실이다. 색깔은 처음에는 전체가 백색이나 성숙하면 오백색으로 되었다가 노란색에서 황토색으로 변한다. 표면은 가끔 사마귀 반점이 분포하고 특히 중앙에 집중된다. 가장자리는 처음에 안으로 말리고 구부러졌다가 위로 들어 올려진다. 가끔 틈새로 갈라진다. 살은 단단하나 부서지기 쉽다. 백색이며 변색하지 않으나 약간 노란색으로 변한다. 맛은 온화하나 약한 밀가루의 맛과 냄새가 난다. 주름살은 홈파진 주름살로 가끔 톱니상의 내린 주름살이 되기도 한다. 백색에서 서서히 노란색으로 변하며 언저리는 미세한 톱니상이다. 자루의 길이는 4~7cm, 굵기는 0.5~1cm로 아래로 약간 가늘고 속은 차 있다. 표면은 건조성이고 섬유상의 비단결로 백색이다. 손으로 만지면 노란색으로 변하며 기부는 가끔 황토색이다. 포자의 크기는 5~7×3~5㎛로 타원형이거나 난형이다.

생태 여름 / 숲속의 흙에 산생 또는 집단으로 발생한다. 식용 여부는 불분명하다.

분포 한국, 북아메리카

486

흰갈색송이버섯

Tricholoma albobrunneum (Pers.) P. Kumm.

형태 균모의 지름은 3.5~7cm로 원추형-둥근 산 모양에서 편평해지며 중앙이 약간 볼록하다. 표면은 끈적기가 있고 적갈색-밤갈색이다. 가장자리는 연한 색이며 안쪽으로 굽어진다. 살은 백색이며 표피 아래는 갈색이다. 주름살은 홈파진 주름살로 처음에 백색이나 오래되면 붉은색이다. 폭이 넓고 약간 촘촘하다. 자루의 길이는 4~8cm, 굵기는 1~2cm로 위아래가 같은 굵기이며 꼭대기는 흰 가루상이고 하부는 연한 적색에 세로로 줄무늬선이 있다. 자루의 속은 차 있다. 포자의 크기는 4~6×3~4μm로 아구형-난형의 타원형이며 표면은 매끈하다. 포자문은 백색이다.

생태 가을 / 소나무 숲 등의 땅에 발생한다. 먹을 수 있으나 때때로 가벼운 설사를 유발하므로 먹지 않는 것이 좋다.

분포 한국, 일본, 중국, 유럽, 오스트레일리아

흰송이버섯

Tricholoma album (Schaeff.) Kummer
T. japonicum Kawam.

형태 균모의 지름은 3~13cm로 반구형에서 차차 편평하게 되며 중앙부가 약간 돌출된다. 표면은 백색 또는 어두운 백색이나 오래되거나 마르면 황색을 띤다. 가장자리는 아래로 감기며 나중에 펴지고 가끔 물결형으로 된다. 살은 중앙부가 두껍고 가장자리로 갈수록 점차 얇아지며 백색 또는 유백색이다. 냄새가 나며 맛은 조금 쓰다. 주름살은 홈파진 주름살로 백색이고 밀생하며 폭은 넓고 길이는 같지 않다. 가장자리는 반반하거나 물결형이다. 자루의 길이는 2~8cm, 굵기는 0.7~1.5cm로 원주형이며 상하의 굵기가 같고 기부는 구경 모양으로 볼록하며 백색 또는 유백색이다. 꼭대기는 가루상이며 아래는 거칠고 속은 차 있다. 포자의 크기는 6~6.5×4.5~5μm로 타원형이며 표면은 매끄럽다. 포자문은 백색이다.
생태 여름~가을 / 침엽수와 활엽수의 혼효림의 땅에 군생·속생한다. 신갈나무와 외생균근을 형성한다. 식용이다.
분포 한국, 일본, 중국

벌꿀색송이버섯

Tricholoma apium Jul.Schäff.

형태 균모의 지름은 5~10cm로 둥근 산 모양이 퍼져서 편평하게 되며 중앙은 낮고 넓게 볼록하다. 가장자리는 어릴 때 강하게 안으로 말리고 고르며 물결형이다. 표면은 건조성이고 둔하며 미세한 털이나 과립이 있고 거의 백색이다. 처음 빛에 노출되면 빠르게 황토색으로 되고 이후에 꿀색의 노란색 또는 황갈색으로 되며 다음에 적갈색으로 되어 연한 바탕에 금 간 것이 나타난다. 살은 중앙이 두껍고 백색 또는 그을린 백색이다. 냄새는 강하고 맛은 온화하며 약간 밀가루, 양파 맛이 난다. 주름살은 홈파진 주름살에서 활 같은 바른 주름살 또는 가끔 내린 주름살로 톱니상이며 밀생 또는 촘촘하고 크림색이다. 기부 쪽으로 가늘다. 자루의 속은 스펀지 같고 차 있다가 나중에 빈다. 표면은 건조성이며 위에는 섬유상 또는 부스러기가 있는데 섬유상 인편이 띠를 형성하고 아래에는 강한 섬유상 또는 미세한 인편이 있다. 처음 백색에서 약간 검게 되었다가 오회색을 거쳐서 붉은 연한 황갈색 또는 노란 황토색으로 된다. 포자의 크기는 3.5~6×3~5㎛로 아구형에서 광타원형이다.

생태 여름~가을 / 참나무과 숲의 혼효림에 단생 또는 작은 집단으로 발생한다.

분포 한국, 북아메리카

은백색송이버섯

Tricholoma argyraceum (Bull.) Gillet

형태 균모의 지름은 4~8cm로 원추형에서 둥근 산 모양을 거쳐 편평하게 되나 중앙이 약간 볼록하다. 연한 회색 또는 회갈색에서 거의 백색이고 껍질이 흔히 쪼개져서 펠트상으로 되며 고른 연한 색깔에 중앙은 황갈색이다. 살은 균모에서는 백색, 자루에서는 회색이다. 맛과 냄새는 밀가루와 같다. 주름살은 홈파진 주름살로 노후하면 백색에서 점상으로 되며 노란색이다. 자루의 길이는 4~8cm 굵기는 0.6~1.2cm로 흔히 균모 색깔과 비슷한 색을 희미하게 띤다. 포자의 크기는 5~6×3~4μm로 타원형이다. 포자문은 백색이다.

생태 초여름~늦가을 / 소나무 또는 너도밤나무 숲의 땅에 군생한다. 식용이다.

분포 한국, 북아메리카

밭송이버섯

Tricholoma arvrenense Bon

형태 균모의 지름은 4~8cm로 어릴 때는 다소 반구형에서 둥근 산 모양의 종 모양으로 된다. 때때로 둔하게 볼록해지기도 한다. 표면은 밋밋하고 매끄러우며 습할 때는 중앙이 약간 빛난다. 방사 상의 섬유상이고 중앙에 약간 압착된 알갱이 인편이 있으며 노란 색의 밝은 갈색에서 오렌지 노란색으로 된다. 가장자리는 회올리 브색에서 올리브 갈색으로 되며 아래로 말린다. 살은 백색이며 표 피 아래는 올리브색-노란색이고 두껍다. 변 냄새가 나며 밀가루 맛에 온화하지만 나중에는 쓴맛이 난다. 주름살은 홈파진 주름살 로 백색에서 회백색이고, 폭이 넓다. 언저리는 밋밋하다. 자루의 길이는 5~9cm, 굵기는 0.8~1.5cm로 원통형이고 기부는 곤봉형의 방추형이다. 표면은 백색이며 노후하면 회색에서 노란색으로 된 다. 세로줄의 섬유상이 있고 꼭대기는 백색의 가루가 있다. 속은 차고 단단하다. 포자는 4.4~6.3×3.1~4.7μm로 광타원형이고 매끈 하고 투명하며 기름방울을 함유한다. 담자기는 26~36×6~7.5μm 로 가는 곤봉형이고 4-포자성이며 기부에 꺾쇠가 있다.

생태 늦여름~가을 / 단풍나무와 소나무 밑 또는 이끼류 속과 풀 속에 단생 · 군생한다. 드문 종이다.

분포 한국, 유럽

검은비늘송이버섯

Tricholoma atrosquamosum Sacc.
T. squarrulosum Bres. / T. atrosquamosum Sacc. var. atrosquamosum

형태 균모의 지름은 3~8cm로 어릴 때는 원추형-둥근 산 모양에서 차차 편평하게 되며 중앙이 돌출한다. 표면은 방사상의 섬유상으로 회색, 흑갈색이고 가장자리 색이 다소 연하며 흑갈색의 끈적한 비늘이 촘촘하게 덮여 있다. 살은 유백색 또는 회백색이다. 주름살은 홈파진 주름살로 폭이 넓고 촘촘하다. 처음에는 회백색이며 오래되면 갈색 또는 검은색으로 된다. 자루의 길이는 3~8cm, 굵기는 0.6~1.5cm로 위아래가 같은 굵기이며 균모보다 다소 옅은 색으로 거무스레한 비늘이 덮여 있다. 자루의 속은 차 있기도 하고 빈 것도 있으며 기부에는 흰색의 균사가 덮여 있다. 포자의 크기는 6.6~7.5×3.8~5㎛로 타원형이고 표면은 매끈하고 투명하며 기름방울이 있다. 포자문은 크림색이다.

생태 여름~가을 / 석회질이 많은 침엽수림의 토양에 단생·군생한다. 드문 종이다.

분포 한국, 일본, 중국, 유럽, 북아메리카

흑보라송이버섯

Tricholoma atroviolaceum A.H. Sm.

형태 균모의 지름은 4~10cm로 어릴 때는 넓은 둥근 산 모양이
고 성숙하면 거의 편평해진다. 표면은 건조성이고 검은 보라색
의 회갈색 섬유 인편으로 덮이며 중앙은 거의 검은색이다. 가장
자리 쪽으로 자회색이지만 퇴색하여 회갈색으로 된다. 처음에 안
으로 말리고 위로 올려지고 물결형이며 가끔 갈라지고 방사상으
로 된다. 살은 얇고 백색에 변색하지 않으며 적회색의 얼룩이 빨
리 생긴다. 냄새와 맛은 밀가루와 비슷하다. 주름살은 홈파진 주
름살로 비교적 폭이 넓고 밀생하며 두껍다. 어릴 때 연한 회색이
다가 성숙하면 핑크색의 회색에서 오회갈색 또는 붉은색으로 된
다. 언저리는 가끔 흑색으로 변한다. 자루의 길이는 5~14cm, 굵기
는 1.5~4cm로 거의 원통형이거나 아래로 부풀고 가끔 기부 쪽으
로 가늘다. 자루의 속은 차 있다. 표면은 건조하며 섬유실이 압착
되어 있고 꼭대기는 가루상이며 백색에서 연한 자회색 또는 갈색
이다. 손으로 만지면 불에 탄 색처럼 변한다. 포자의 크기는 7~10
×4.8~7.2μm로 타원형에서 광타원형이다.
생태 여름~가을 / 참나무류 숲의 땅에 단생 · 산생한다.
분포 한국, 북아메리카

해송송이버섯

Tricholoma aurantium (Schaeff.) Rick.

형태 균모의 지름은 5~10(12)cm로 어릴 때 둥근 산 모양-무딘 원추형에서 편평해지면서 중앙은 둔각으로 볼록 튀어나오거나 오목해진다. 표면은 습할 때는 끈적기가 있고 밋밋하며 건조할 때는 매우 미세한 잔털 모양의 비늘이 덮이는데 특히 가장자리 쪽으로 밀집하여 덮인다. 오렌지 적색이거나 오렌지 갈색-밤갈색이며 중앙이 더 진하다. 가장자리는 안쪽으로 감겨 있다. 살은 백색이고 자루의 기부 쪽은 다소 연한 황색이며 치밀하다. 주름살은 홈파진 주름살로 백색이며 오래되면 크림색으로 된다. 주름살에 적갈색의 반점이 생기기도 하며 빽빽하다. 자루의 길이는 5~10cm, 굵기는 1~2cm로 위아래가 같은 굵기이고 때에 따라서는 기부로 가늘어지면서 휘어 있다. 자루는 백색이며 오렌지 갈색의 끈적거리는 비늘이 얼룩지게 많이 덮여 있다. 자루의 속은 차 있다. 포자의 크기는 4.4~6.2×3.2~3.9μm로 타원형이고 표면은 매끈하고 투명하며 기름방울이 들어 있다. 포자문은 백색이다.

생태 여름~늦가을 / 주로 침엽수림에 발생하나 때로는 활엽수림의 땅에 단생·군생한다. 바닷가 해송림의 땅에 많이 난다. 맛이 좋은 식용균이다.

분포 한국, 일본, 유럽, 북반구 일대

붉은밑동송이버섯

Tricholoma basirubens (Bon) A. Riva & Bon

형태 균모의 지름은 4~7cm로 어릴 때 원추형의 반구형에서 둥근 산 모양을 거쳐 편평하게 된다. 표면에는 방사상으로 검은 알갱이 인편이 있다. 가장자리는 아래로 말리며 핑크색이다. 가장자리에 는 얼룩점이 있고 적색이며 노후하면 퇴색한다. 살은 백색-크림색 이고 얇다. 냄새는 좋지 않고 맛은 온화하다. 주름살은 홈파진 주름 살로 백색에서 회백색이며 상처가 나면 갈색으로 된다. 언저리는 밋밋하다. 자루의 길이는 4~7cm, 굵기는 1~1.5cm로 원통형이며 기 부 쪽으로 부풀고 곤봉형이며 뿌리 같다. 표면에는 흑색 세로줄의 섬유상 알갱이 인편이 회백색 바탕 위에 있다. 기부는 노후하면 강 한 핑크색으로 변한다. 나중에 청색 또는 라일락색의 얼룩이 생긴 다. 살은 백색이고 자루의 속은 차 있다가 빈다. 포자는 5.8~7.4× 3.8~5.4μm로 광타원형이고 매끈하고 투명하며 기름방울을 함유한 다. 담자기는 23~30×5.5~7.5μm로 곤봉형이고 4-포자성이다.
생태 여름~가을 / 활엽수와 참나무과 식물의 혼효림에 단생 · 군생한다. 드문 종이다.
분포 한국, 일본, 유럽

어리송이버섯

Tricholoma colossus (Fr.) Quél.

형태 균모의 지름은 10~20cm로 구형이다가 둥근 산 모양에서 편 평해진다. 흔히 중앙부가 다소 높고 가장자리는 안쪽으로 말린다. 표면은 습할 때 약간 끈적기가 있다. 황색의 적갈색-베이지 갈색 으로 중앙이 진하다. 성숙하면 황색을 띤 적갈색의 미세한 인편 이 무수하게 불분명한 인피를 형성한다. 인피 사이에는 연한 황색 또는 연한 갈색의 바탕이 드러난다. 가장자리는 면모상이다. 살은 백색이며 치밀하고 두꺼우며 상처를 받으면 매우 연한 황색을 띤 다. 주름살은 홈파진 주름살의 떨어진 주름살로 어릴 때는 백색이 나 오래되면 황갈색으로 되며 폭이 넓고 촘촘하다. 자루의 길이는 6~12cm, 굵기는 3~5cm로 짧고 굵으며 기부는 다소 굵어진다. 턱 받이가 있고 상부는 백색이나 하부는 연한 적갈색이다. 자루의 속 은 차 있다. 포자는 6~7×4~5μm로 광타원형 또는 아구형으로 매 끈하고 투명하다. 포자문은 백색이다.
생태 여름~가을 / 소나무 숲의 땅에 군생한다. 매우 드물다. 식 용 가능하다.
분포 한국, 일본, 유럽

비듬테두리송이버섯

Tricholoma cingulatum (Almfelt ex Fr.) Jacobashch

형태 균모의 지름은 3~6cm로 처음 반구형에서 차차 편평형으로 되며 중앙부는 비교적 볼록하다. 표면은 어릴 때 비교적 밋밋하며 광택이 나고 분명한 회색-회갈색의 인편이 있다. 살은 백색이고 뚜렷한 송진 냄새가 난다. 가장자리는 아래로 말린다. 주름살은 홈파진 주름살로 회백색이고 비교적 밀생하며 포크형이다. 자루의 길이는 3~7cm, 굵기는 0.5~1.2cm로 거의 원주형이며 백색에서 약간 갈색으로 변한다. 표면에 털 같은 인편이 있고 기부는 약간 팽대하며 때때로 뚜렷한 융모상이다. 포자의 크기는 4~6.5×2.5~3.2μm로 타원형이고 광택이 나며 표면은 매끄럽다. 담자기의 크기는 20~28×5~6μm로 긴 곤봉형이고 4-포자성이며 기부에 꺾쇠는 없다. 포자문은 백색이다.

생태 여름~가을 / 낙엽이 있는 땅에 단생 · 군생 · 산생한다.

분포 한국, 일본, 중국, 유럽, 북아메리카

흰비단송이버섯

Tricholoma columbetta (Fr.) Kummer

형태 균모의 지름은 3~10cm로 반구형에서 차차 편평하게 되며 중앙부가 둔하게 돌출된다. 표면은 마르고 순백색이며 광택이 나고 처음은 털이 없으나 나중에 비단결의 털 또는 가는 인편이 있다. 가장자리는 처음에 아래로 감기나 나중에 펴지며 가는 융털이 있다. 살은 얇고 백색이며 맛은 온화하다. 주름살은 홈파진 주름살 또는 떨어진 주름살로 밀생하고 폭은 넓고 백색이다. 가장자리는 물결형이다. 자루의 길이는 5~7cm, 굵기는 1.8~3.5cm로 원주형이며 백색이고 속은 차 있다가 나중에 빈다. 포자의 크기는 7~8×4~4.5㎛로 타원형이고 표면은 매끄럽다. 담자기의 크기는 28~32×6~8㎛로 원통형의 곤봉형이고 4-포자성이며 기부에 꺾쇠가 있다. 포자문은 백색이다.

생태 여름~가을 / 활엽수림의 땅에 단생 · 군생한다. 신갈나무와 외생균근을 형성한다. 식용이다.

분포 한국, 일본, 중국, 유럽, 북아메리카

497

냄새송이버섯

Tricholoma odorum Peck

형태 균모의 지름은 2~9cm로 넓은 둥근 산 모양에서 거의 편평한 모양으로 되며 중앙에 작은 돌기가 있다. 표면은 밋밋하거나 미세한 털이 있으며 연한 노란색이다. 어릴 때는 연한 녹색, 그을린 황갈색 또는 연한 황갈색이다. 주름살은 바른 주름살 또는 약간 홈파진 주름살로 밀생한다. 어릴 때 노란색에서 연한 노란색으로 되며 성숙하면 퇴색하여 연한 황갈색으로 된다. 상처가 나도 변색하지 않는다. 살은 연한 노란색에서 크림 백색으로 공기에 노출되어도 변색하지 않는다. 맛은 약간 있고 냄새는 강하며 불쾌하다. 자루의 길이는 3~11cm, 굵기는 1.5cm로 위아래 굵기가 같으며 맑은 녹색 또는 맑은 노란색이지만 가끔 갈색으로 변한다. 포자의 크기는 9.5~11.5×5~7μm로 플라스크형이며 표면은 매끈하다. 비아밀로이드 반응을 보인다. 담자기는 4-포자성 또는 2-포자성이며 기부에 꺾쇠가 있다. 낭상체는 없다.

생태 늦여름~가을 / 참나무류와 자작나무, 단풍나무와 균근을 형성한다. 군생하며 가끔 속생한다.

분포 한국, 북아메리카

금빛송이버섯

Tricholoma equestre (L.) Kumm.
T. auratum Gill. / T. flavovirens (Pers.) Lund

형태 균모의 지름은 4~10cm로 둔한 원추형에서 둥근 산 모양으로 되고 점차 펴져서 편평한 둥근 산 모양 또는 거의 편평하게 되며 가끔 넓고 낮은 볼록형이 된다. 가장자리는 아래로 말리기도 하며 물결형에서 나뭇잎 모양이다. 표면은 습할 때 끈적기가 있고 중앙은 납작한 섬유실에서 미세한 인편이 있고 황갈색에서 오렌지 갈색 또는 갈색이다. 그 외는 매끈하고 노란색에서 연한 노란색이지만 때때로 녹색기가 있다. 살의 두께는 5~10mm로 백색에서 연한 황백색이다. 주름살은 올린 주름살에서 홈파진 주름살로 밀생하며 폭은 4~10mm이고 노란색이다. 자루의 길이는 5~7cm, 굵기는 1~2cm로 원주형에서 곤봉형이다. 자루의 속은 차 있다가 빈다. 표면은 비단 섬유실이며 꼭대기는 백색이다. 기부는 연한 노란색이며 외피막은 없다. 밀가루 냄새와 맛이 난다. 포자의 크기는 5~8×3.5~5.5μm로 타원형이고 표면은 매끈하고 투명하다. 난아밀로이드 반응을 보인다. 포자문은 백색이다.

생태 가을 / 소나무 숲 아래의 땅에 산생·군생한다. 식용하기 좋다.

분포 한국, 일본, 중국, 북아메리카 등 전 세계

금빛송이버섯(황끈적형)

Tricholoma flavovirens (Pers.) Lund.

형태 균모의 지름은 4~7.5cm로 둥근 산 모양에서 차차 편평하게 되며 중앙부가 둔하게 볼록하거나 조금 돌출한다. 표면은 습할 때 끈적기가 있으며 황색, 레몬색 또는 암황색, 암갈색 등의 뭉친 인편이 덮이고 중앙부에 인편이 밀집되어 갈색으로 보인다. 가장자리는 반반하고 가끔 갈라진다. 살은 두꺼운 편이고 백색 또는 연한 황색이며 맛이 좋다. 주름살은 홈파진 주름살 또는 떨어진 주름살에 가깝고 밀생하며 폭은 넓은 편이고 길이는 같지 않으며 황색 또는 레몬색이다. 가장자리는 톱날 모양이다. 자루의 길이는 4~8cm, 굵기는 0.5~1.2cm로 원주형이고 기부는 볼록하며 연한 황색에 가는 인편이 있다. 속은 차 있으나 나중에 듬성듬성 비게 된다. 포자의 크기는 6~7.5×4~5μm로 난형의 타원형이고 표면은 매끄럽다. 포자문은 백색이다.
생태 가을 / 침엽수와 활엽수의 혼효림의 땅에 군생 · 산생한다. 소나무와 외생균근을 형성한다. 맛 좋은 야생 버섯이다.
분포 한국, 일본, 중국

황갈색송이버섯

Tricholoma fulvum (DC.) Bigeard & H. Guill.
T. flavoburnneum (Fr.) P. Kumm.

형태 균모의 지름은 4~8(10)*cm*로 어릴 때 원추형의 둥근 산 모양에서 편평한 모양이 되며 중앙이 약간 오목해진다. 표면은 밋밋하며 미세하고 방사상이며 섬유상이고 습할 때는 끈적기가 있다. 흔히 적갈색이나 갈색 또는 황갈색이기도 하며 중앙이 진하다. 가장자리는 고르고 골이 생기기도 한다. 살은 백색-연한 황색으로 중앙은 단단하고 두껍다. 주름살은 홈파진 주름살로 연한 황색-황갈색이며 때때로 적갈색의 얼룩 반점이 생긴다. 폭은 넓고 촘촘하며 언저리는 고르다. 자루의 길이는 7~11(15)*cm*, 굵기는 1~2*cm*로 원주형이며 때때로 방추형이거나 방추상의 뿌리 모양이다. 표면은 황색 바탕에 적갈색 또는 균모와 같은 색의 섬유상 인편이 있다. 꼭대기는 크림 백색-연한 황색이다. 어릴 때는 자루의 속이 차 있으나 나중에는 빈다. 포자의 크기는 5.5~7.2×4.2~5.9*μm*로 아구형-광타원형이고 표면은 매끈하고 투명하며 기름방울이 들어 있다. 포자문은 백색이다.

생태 여름~가을 / 활엽수림 또는 침엽수림의 땅에 단생·군생한다. 식용이다.

분포 한국, 유럽

붉은송이버섯

Tricholoma imbricatum (Fr.) P. Kumm.

형태 균모의 지름은 5~10cm로 어릴 때 반구형의 원추형에서 둥근 산 모양이 되었다가 편평해지며 중앙이 약간 오목해진다. 표면은 적갈색-붉은색의 회갈색으로 중앙이 다소 진하며 끈적기는 없다. 표면에는 가늘고 납작한 인편이 덮여 있다. 처음에는 가장자리가 안쪽으로 말리고 살은 백색이나 시간이 지나면 갈색으로 된다. 주름살은 홈파진 주름살이고 백색에서 적갈색의 얼룩이 생기며 약간 촘촘하다. 자루의 길이는 6~10(12)cm, 굵기는 0.7~2cm로 위아래 굵기가 같거나 기부 쪽으로 가늘어진다. 위쪽은 흰 가루상이고 아래쪽은 균모와 같은 색 또는 다소 연한 색이고 섬유상이다. 자루의 속은 차 있다. 기부에 백색 균사가 붙어 있기도 하다. 포자의 크기는 5.3~7.4×3.7~5.5μm로 광타원형이고 표면은 매끈하고 투명하며 기름방울이 들어 있다. 포자문은 백색이다.
생태 가을 / 침엽수림과 소나무 숲의 땅에 군생한다. 균륜을 만들 때도 있다. 식용이다.
분포 한국을 비롯한 북반구 온대 이북

501

향기송이버섯

Tricoloma inamoenum (Fr.) Gillet

형태 균모의 지름은 4~6cm로 어릴 때는 반구형이지만 나중에 둥근 산 모양을 거쳐서 차차 편평해지며 중앙이 약간 돌출된다. 표면은 밋밋하고 미세하게 눌린 것 같은 솜털이 있으며 칙칙한 흰색-연한 베이지 갈색이다. 가장자리는 예리하다. 살은 유백색이고 치밀하며 연료가스 같은 불쾌한 냄새가 난다. 주름살은 홈파진 주름살 또는 떨어진 주름살로 흰색이고 때로는 유황색인 것도 있으며 폭이 넓다. 자루의 길이는 5~7cm, 굵기는 0.8~1cm로 어릴 때는 가운데가 굵지만 나중에는 위아래 굵기가 같아지며 속은 차 있다. 표면은 백색에서 연한 황색이고 아래쪽으로 갈수록 갈색에 가까운 색이다. 포자의 크기는 8.6~10.6×5.7~7.5μm로 타원형이고 표면은 매끈하고 투명하며 기름방울이 있다. 포자문은 백색이다.

생태 여름~가을 / 가문비나무 등 침엽수가 자라는 석회질 토양에 군생한다. 식용은 불가능하다.

분포 한국, 일본, 중국

납작송이버섯

Tricholoma intermedium Peck

형태 균모의 지름은 4~10*cm*로 어릴 때 둥근 산 모양에서 편평하게 되며 가끔 넓게 볼록해진다. 표면은 싱싱하고 습할 때 끈적기가 있지만 곧 건조성으로 된다. 약간 황금 갈색에서 황갈색 또는 적갈색의 납작한 인편으로 덮인다. 섬유실이 노란색 바탕 위에 덮인다. 가장자리는 처음에는 아래로 말리며 밋밋하고 노란색에서 황갈색으로 된다. 살은 백색이고 밀가루 냄새와 맛이 나고 온화하다. 주름살은 홈파진 주름살로 밀생하며 백색에서 크림 백색으로 된다. 언저리는 성숙하면 톱니상이 된다. 자루의 길이는 3~9*cm*, 굵기는 1~2.5*cm*로 거의 원통형이며 비듬이 있다. 백색에서 크림 백색으로 되며 흔히 갈색의 얼룩이 있는데 기부에서 뚜렷하다. 포자의 크기는 5~7×3.7~4.8*μm*로 타원형이다. 연낭상체는 다양하다.

생태 가을 / 참나무 숲의 땅에 산생 또는 집단으로 발생한다. 식용이다.

분포 한국, 북아메리카

가루송이버섯

Tricholoma josserandii Bon

형태 균모의 지름은 3~6cm로 종 모양에서 차차 퍼지고 중앙은 약간 낮은 볼록형이다. 표면은 벨벳 같은 부드러운 털로 덮인다. 건조성이고 회색 또는 물푸레나무색이다. 살은 얇으며 약간 백색이다. 자루의 살은 가끔 적색을 띠며 냄새가 나는데 나중에는 곤충 썩는 냄새와 비슷해진다. 주름살은 끝붙은 주름살로 약간 성기고 폭은 넓으며 백색에서 거의 물푸레나무색으로 된다. 자루의 길이는 4~5cm, 굵기는 0.6~1cm로 섬유상의 실로 되며 기부 쪽으로 가늘고 회백색이다. 포자의 크기는 구형은 $7 \times 5.5 \mu m$이고 타원형은 $4 \times 6 \sim 7 \mu m$이다. 꺾쇠는 없다.

생태 가을 / 풀밭에 군생한다. 독버섯이다.

분포 한국, 일본, 유럽

털송이버섯

Tricholoma lascivum (Fr.) Gillet

형태 균모의 지름은 3~5(7)*cm*로 어릴 때는 반구형~등근 산 모양에서 편평해지고 흔히 불규칙하게 굴곡지며 오목하게 들어가거나 융기되기도 한다. 표면은 크림색~연한 백갈색 바탕에 다소 또는 심하게 갈색 면모가 나 있다. 중앙 쪽으로 색이 다소 진하다. 건조하면 균모의 표면이 갈라진다. 가장자리는 예리하고 다소 쪼개진다. 살은 백색~크림 백색이다. 주름살은 홈파진 주름살로 어릴 때는 백색이나 나중에 크림색으로 되며 폭이 넓다. 언저리는 다소 무딘 톱니상이 되기도 한다. 자루의 길이는 3~6(8)*cm*, 굵기는 0.6~1.5*cm*로 원주상이나 가끔 기부가 굵어지거나 가늘어지기도 한다. 표면은 크림색이며 세로로 섬유상이 되기도 한다. 꼭대기는 백색의 분말상이다. 자루의 속은 차 있고 단단하다. 포자의 크기는 6.1~8.3×3.2~4.9*μm*로 타원형~씨알 모양이고 표면은 매끈하고 투명하며 기름방울이 들어 있다. 포자문은 유백색이다.

생태 늦여름~가을 / 참나무류, 자작나무류 등 활엽수림의 땅에 단생·군생한다. 유럽에서는 식용한다.

분포 한국, 일본, 유럽

점성송이버섯

Tricholoma manzanitae *Baroni & Ovrebo*

형태 균모의 지름은 4~10cm로 둥근 산 모양에서 차차 편평하게 되거나 중앙이 들어간다. 표면은 끈적기가 있고 흔히 나뭇잎 부스러기가 부착하며 미끈거리거나 갈색의 압착된 섬유실의 인편이 중앙을 덮는다. 어릴 때 백색이다가 오렌지색-백색에서 연한 오렌지색이 중앙을 뒤덮고 가장자리로 퍼진다. 결국 오렌지 갈색 또는 갈색이 중앙을 덮게 되고 흔히 적색의 얼룩이 있다. 가장자리는 안으로 말리고 부드러운 솜털상이며 노후하면 불규칙한 물결형이다. 살은 두껍고 단단하며 백색이다. 냄새는 없고 맛은 온화하거나 약간 쓰다. 주름살은 홈파진 주름살로 폭은 비교적 넓고 밀생한다. 언저리는 백색에서 연한 연어색으로 된다. 자루의 길이는 3~4.5cm, 굵기는 1.5~3cm로 원통형이며 가늘고 기부 쪽으로 부푼 것도 있다. 위쪽은 연한 노란색에 비듬이 있고 아래는 밋밋하고 불규칙하다. 아래는 손으로 만지면 적색의 얼룩이 생기고 특히 기부에 많이 생긴다. 기부는 미끈거리고 울퉁불퉁하다. 자루의 속은 차 있다. 포자의 크기는 5~7×4~5.5μm로 타원형이다.

생태 여름~가을 / 숲속의 땅에 산생 · 속생하나 집단으로 발생하기도 한다.

분포 한국, 북아메리카

송이버섯

Tricholoma matsutake (S. Ito. & Imai.) Sing.

형태 균모는 육질이고 지름은 5~15(30)*cm*이며 구형 또는 반구형에서 편평하게 되며 중앙부가 둔하게 돌출된다. 표면은 마르고 진한 황갈색, 갈색 또는 암갈색의 섬유상 인편이 있고 때로는 총모상으로 보인다. 노후하면 인편이 갈라져 백색의 살이 노출된다. 균모의 변두리는 초기에는 안쪽으로 감기나 나중에 펴지며 늙으면 위로 뒤집혀 들린다. 살은 두껍고 단단하며 백색이고 짙은 송진 냄새가 난다. 주름살은 홈파진 주름살로 밀생하며 폭은 넓고 백색에서 황색을 띤다. 자루의 길이는 7~15*cm*, 굵기는 1.8~3.5(5)*cm*로 원주형이고 기부는 불룩하며 턱받이의 위는 가루상이고 아래는 섬유상 인편이 있으며 균모와 같은 색이고 속이 차 있다. 턱받이는 상위이며 솜털상이고 황갈색이다. 포자의 크기는 5~8×5~6*μm*로 타원형이며 표면은 매끄럽고 무색이다. 포자문은 백색이다.

생태 여름~가을 / 소나무숲 또는 신갈나무 숲속 땅에 군생 · 단생한다. 소나무와 외생균근을 형성한다. 살이 두껍고 향기로우며 맛 좋은 야생 버섯으로서 항암 등 약용가치가 있다.

분포 한국, 일본, 중국

독송이버섯

Tricholoma muscarium Kawam. ex Hongo

형태 균모의 지름은 4~6cm로 원추형에서 차차 편평하게 되나 중앙부는 항상 돌출한다. 표면은 연한 황색 바탕에 올리브 갈색의 섬유 무늬로 덮여 있다. 중앙의 색은 짙고 가장자리는 연하지만 때로는 전면이 올리브 갈색을 띠는 것도 있다. 살은 백색이다. 주름살은 올린 주름살-홈파진 주름살로 폭은 4~5mm이며 밀생하거나 성기며 처음은 백색이지만 약간 황색으로 된다. 자루의 길이는 6~8cm, 굵기는 0.6~1.5cm로 위아래 크기가 같거나 다소 방추형이다. 백색-연한 황색이며 섬유상이고 속이 차 있다. 포자의 크기는 5.5~7.5×4~5μm로 좁은 타원형이다. 연낭상체의 크기는 35~68 ×8.5~15μm로 원주형-곤봉형이다.

생태 여름~가을 / 활엽수림의 땅에 군생·산생한다. 살충성을 가진 트리콜롬산이 들어 있어 파리를 잡는 데 쓴다.

분포 한국, 일본, 중국

508

거북송이버섯

Tricholoma pardinum (Pers.) Quél.

형태 균모의 지름은 5~15cm로 어릴 때 반구형이다가 나중에 둥근 산 모양-편평한 모양이 된다. 어떤 것은 중앙이 오목해지기도 하고 돌출하기도 한다. 표면은 건조하고 암회백색이며 섬유상의 비늘로 덮여 있다. 주름살은 끝붙은 주름살로 어릴 때는 백색이고 촘촘하며 폭이 넓다. 자루의 길이는 5~15cm, 굵기는 1.5~3.5cm로 원주형이며 흔히 기부가 다소 굵다. 위쪽은 백색의 가루상이며 아래쪽은 백색 바탕에 작은 연한 갈색의 섬유상 인편이 덮여 있다. 자루의 속은 차 있고 단단하며 섬유질이다. 포자의 크기는 8~10 ×5.5~6.5μm로 타원형이며 표면은 매끈하고 투명하다. 포자문은 백색이다.

생태 여름~가을 / 침엽수림의 땅에 군생 · 속생한다. 독버섯으로 알려져 있다.

분포 한국, 일본, 유럽, 미국

파도송이버섯

Tricholoma pessundatum (Fr.) Quél.

형태 균모의 지름은 5~15cm로 어릴 때 둥근 산 모양에서 넓은 둥근 산 모양을 거쳐 편평하게 된다. 표면은 습할 때는 끈적기가 있고 밋밋하며 중앙은 밤갈색이다. 가장자리는 연한 황금 갈색이며 어릴 때 안으로 말리고 노후하면 위로 들어 올려지고 흔히 희미한 줄무늬선 또는 짧은 융기가 있다. 살은 백색이며 상처가 나면 빨간색으로 물들고 밀가루의 맛과 냄새가 난다. 주름살은 홈파진 주름살에서 바른 주름살로 밀생하며 폭은 넓고 백색에서 연한 갈색으로 되며 반점 같은 것이 있다. 자루의 길이는 7~10cm, 굵기는 1~2cm로 거의 원통형이나 기부 쪽으로 부푼다. 표면은 밋밋하고 약간의 섬유실 또는 비듬이 있다. 어릴 때 백색이나 적갈색으로 된다. 자루의 속은 차 있다. 포자의 크기는 5.7~6.7×3.8~4.8μm 또는 4.8~5.7×2.9~3.8μm로 타원형이다.

생태 여름~가을 / 참나무류의 식물, 활엽수림 또는 혼효림에 산생 또는 집단으로 발생한다. 독버섯이다.

분포 한국, 북아메리카

무리송이버섯

Tricholoma populinum J.E. Lange

형태 균모의 지름은 6~12(14)cm로 처음에 둥근 산 모양에서 평평한 모양으로 된다. 가장자리는 어릴 때부터 오랫동안 안쪽으로 감긴다. 중앙은 돌출하지 않는다. 표면은 밋밋하며 습기가 있을 때는 약간 끈적기가 있고 건조할 때는 광택이 나며 갈라지기도 한다. 연한 갈색-적갈색으로 중앙 쪽이 진하다. 가장자리에는 약간 줄무늬 고랑이 있다. 살은 백색이며 표피 아래는 적갈색으로 두껍고 단단하다. 주름살은 홈파진 주름살로 처음에 백색이나 나중에 적갈색으로 변하며 폭은 좁고 빽빽하다. 언저리는 고르다. 자루의 길이는 5~10cm, 굵기는 1~3cm로 원주형이나 간혹 아래쪽으로 굵어지거나 가늘어지기도 한다. 표면은 밋밋하고 광택이 나고 백색이며 나중에 아래쪽에서 위쪽으로 갈색이 된다. 미세하게 세로로 섬유상이고 자루의 속은 차 있다. 포자의 크기는 4.1~6.5×3~4.9μm로 아구형-광타원형이며 표면은 매끈하고 투명하다. 기름방울이 들어 있다. 포자문은 백색이다.

생태 가을 / 포플러류의 숲이나 혼효림의 땅에 난다. 때로는 큰 균륜을 형성하기도 한다. 식용 가능하다.

분포 한국, 유럽, 북아메리카

줄무늬송이버섯

Tricholoma portentosum (Fr.) Quél.

형태 균모의 지름은 5~10cm로 처음 반구형에서 거의 편평형으로 되며 중앙부가 볼록하다. 표면은 거의 밋밋하고 암색의 줄무늬 선이 방사상으로 있으며 노후하면 털상의 인편이 있다. 살은 백색에서 황색이며 약간 얇고 맛은 없다. 자루의 살은 송진 냄새가 나고 어떤 때는 털상의 흔적이 있다. 가장자리는 아래로 말리고 나중에 종종 갈라진다. 주름살은 바른 주름살에서 홈파진 주름살로 백색 또는 황색이며 포크형이다. 자루의 길이는 3.5~10cm, 굵기는 0.5~1.6cm로 거의 원주형 또는 곤봉형이다. 표면은 비교적 거칠고 백색이고 거의 밋밋하다. 상부에는 백색의 작은 인편이 있고 하부에는 때때로 황갈색의 반점이 있다. 포자의 크기는 5~6.5×3.5~5 μm로 난원형 또는 아구형이고 표면은 밋밋하다.

생태 늦여름~가을 / 숲속의 땅에 군생 · 산생한다.

분포 한국, 중국, 북아메리카

낙엽송송이버섯

Tricholoma psammopus (Kalchbr.) Quél.

형태 균모의 지름은 3~8cm로 어릴 때는 반구형이나 나중에 둥근 산 모양 또는 편평한 모양으로 되고 약간 중앙이 돌출한다. 표면은 끈적기가 없고 황토 갈색이며 중앙이 진하다. 표면은 밋밋하거나 가는 인편이 덮여 있다. 살은 유백색이며 다소 쓴맛이 있다. 주름살은 홈파진 주름살이며 처음에는 백색이나 나중에 연한 황색으로 되며 오래되면 갈색의 얼룩이 생긴다. 자루의 길이는 4~8(10)cm, 굵기는 0.5~1.5cm로 위아래의 굵기가 같거나 아래쪽이 다소 굵다. 균모와 같은 색으로 작은 인편이 덮여 있다. 꼭대기는 유백색이다. 포자의 크기는 5.8~6.3×4.4~5.3μm로 광타원형이며 표면은 매끈하고 투명하다. 기름방울을 함유한다. 포자문은 백색이다.
생태 여름~가을 / 낙엽송수림의 땅에 군생·산생한다. 식용 가능하다.
분포 한국, 일본, 중국

송이아재비

Tricholoma robustum (Alb. & Schwein.) Ricken

형태 균모의 지름은 4~10cm로 처음에 둥근 산 모양에서 낮은 둥근 산 모양으로 된다. 표면은 적갈색-진한 갈색이며 표피는 작고 잘게 찢어져 섬유상 인편이 된다. 색은 중앙이 진하고 가장자리는 연하다. 가장자리는 아래쪽으로 굽으며 막편이 부착되기도 한다. 살은 백색인데 나중에 갈색으로 되며 끓이면 검은색으로 변한다. 주름살은 처음에는 바른 주름살이다가 퍼지면 홈파진 주름살이 되고 처음에 백색이나 나중에 갈색 얼룩이 생긴다. 자루의 길이는 5~10cm, 굵기는 1~2cm로 거의 같은 굵기지만 기부 쪽으로 급히 가늘어진다. 꼭대기는 백색이고 아래쪽은 적갈색이다. 포자의 크기는 6~7×3.5~4㎛로 타원형이며 표면은 매끈하고 투명하다. 포자문은 백색이다.

생태 가을 / 송이보다 조금 늦은 시기에 소나무 숲에 단생·군생한다. 송이보다 향기가 약하다. 식용이다.

분포 한국, 일본, 북아메리카 등 북반구 온대 이북, 오스트레일리아

할미송이버섯

Tricholoma saponaceum (Fr.) P. Kumm.
T. saponaceum var. squamosum (Cooke) Rea / T. saponaceum var. ardosiacum Bres.

형태 균모의 지름은 3.5~7cm로 반구형에서 중앙이 높은 편평형으로 된다. 표면은 흡수성이고 올리브 녹색, 연한 갈색, 회백색 등으로 색의 변화가 많다. 중앙부는 그을음 같은 인편이 밀포하며 때때로 반점이 있는 경우도 있다. 살은 백색이나 상처를 입으면 홍갈색으로 되며 풀잎 맛이 난다. 주름살은 홈파진 주름살로 백색에서 적색의 얼룩이 생기고 홈파진 부분은 부풀거나 가늘고 백색-올리브색으로 밀생하고 폭이 넓다. 자루의 길이는 3~8cm, 굵기는 0.8~1.5cm로 원통형이나 아래쪽은 방추상으로 약간 굵어지거나 가늘어진다. 표면은 매끄러우며 꼭대기 쪽은 유백색, 아래쪽은 그을린 색-회색의 인편으로 덮인다. 포자의 크기는 5~6.5×2.5~4.5μm로 타원형이며 표면은 매끄럽고 투명하다. 기름방울이 들어 있는 것도 있다. 포자문은 백색이다.
생태 가을 / 침엽수와 활엽수의 혼효림의 땅에 군생·산생한다. 식용이다.
분포 한국, 일본, 중국, 북반구 온대 이북

노란비늘송이버섯

Tricholoma scalpturatum (Fr.) Quél.

형태 균모의 지름은 4~7cm로 반구형에서 차차 거의 편평하게 되며 중앙부는 약간 볼록하다. 표면은 암회백색이며 건조성이다. 회색을 띤 털상의 인편이 있고 때에 따라 가장자리가 갈라진다. 살은 백색이고 얇다. 주름살은 홈파진 주름살로 비교적 밀생하며 백색 또는 회색에서 황색으로 되며 황색의 반점이 생기고 포크형이다. 자루의 길이는 4~5cm, 굵기는 0.8~1cm로 거의 원주형이고 표면은 백색이다. 하부에는 작은 인편이 부착하고 중부 아래에는 짧고 가는 털이 있다. 간혹 균모의 막편상 흔적이 있는 것도 있다. 오래되면 광택이 나고 밋밋해진다. 포자문은 백색이다. 포자의 크기는 4.5~6.2×3~4㎛로 타원형 또는 난원형이며 표면은 매끈하다.
생태 가을 / 낙엽송의 땅에 군생한다. 식용이다.
분포 한국, 중국

재비늘송이버섯

Tricholoma sciodes (Secr.) Martin

형태 균모의 지름은 3~7cm로 어릴 때는 원추형이나 나중에 둥근 산 모양-편평한 모양으로 되며 대부분 중앙이 뾰족하게 돌출한다. 표면에는 섬유상 무늬가 방사상으로 있고 미세한 비늘이 덮여 있으며 건조할 때는 흔히 갈라지기도 한다. 색깔은 암갈색에서 회갈색으로 된다. 가장자리는 오랫동안 안으로 감겨 있으며 날카롭고 고르며 가끔 갈라지기도 한다. 주름살은 홈파진 주름살로 어릴 때는 백색이나 나중에 회백색으로 되며 다소 분홍색으로 폭이 넓고 촘촘하다. 자루의 길이는 3.5~8cm, 굵기는 0.7~1.8cm로 원주상이나 간혹 아래쪽으로 굵어지거나 가늘어지기도 한다. 표면은 백색-회백색으로 밋밋하며 어릴 때는 속이 차 있으나 나중이 되면 빈다. 포자의 크기는 6.1~8.1×4.5~6.5㎛로 광타원형이며 표면은 매끈하고 투명하다. 기름방울이 있다. 포자문은 백색이다.

생태 여름~가을 / 활엽수림의 땅에 단생 · 군생한다. 식용이다.

분포 한국, 북아메리카

쓴송이버섯

Tricholoma sejunctum (Sowerby) Quél.

형태 균모의 지름은 4~10cm로 어릴 때는 둔각의 원추형에서 나중에 둥근 산 모양-편평한 모양으로 된다. 간혹 중앙이 약간 돌출한다. 표면은 밋밋하고 올리브 황색-올리브 회색 바탕에 갈색의 섬유상 인편이 방사상으로 퍼져 있다. 중앙은 암갈색, 때로는 연기색을 띤다. 가장자리는 약간 물결형이며 연한 색이다. 살은 백색이다. 균모의 표피 아래는 연한 황록색이고 쓴맛이 있다. 주름살은 홈파진 주름살로 크림 백색-크림색이며 폭이 좁고 약간 성기다. 자루의 길이는 5~8cm, 굵기는 1~2cm로 위아래의 굵기는 같지만 기부는 다소 굵은 방망이 모양이다. 표면은 백색-연한 황색이고 세로로 섬유상이며 오래되면 연한 황갈색의 반점이 생기기도 한다. 속은 차 있다. 포자의 크기는 4.8~7×4.3~5.6μm로 아구형-광타원형이며 표면은 매끈하고 투명하다. 기름방울이 들어 있다. 포자문은 백색이다.

생태 여름~가을 / 침엽수와 활엽수의 혼효림의 땅에 단생·군생한다. 식용이다.

분포 한국, 일본, 유럽, 북아메리카 등 전 세계

잎줄기송이버섯

Tricholoma stiparophyllum (N. Lund) P. Karst.

형태 균모의 지름은 5~10cm로 어릴 때 거의 반구형-원추형에서 편평해진다. 표면은 미세한 톱니상이며 둔하게 볼록하다. 표면은 무디다가 매끄럽게 되고 어릴 때는 거의 백색이다가 나중에 크림색에서 황갈색이 되지만 가끔 오렌지색이 되기도 한다. 가장자리는 물결형이며 날카롭고 엽맥상이다. 살은 백색으로 얇으며 강한 흙냄새가 나고 매운맛이 난다. 주름살은 홈파진 주름살로 백색에서 크림색-황토색으로 폭은 넓다. 언저리는 밋밋하고 가끔 검은 갈색에서 흑색(건조표본에서)이다. 자루의 길이는 6~10cm, 굵기는 1.2~1.5cm로 원통형이며 기부는 부풀고 약간 뿌리 형태이다. 표면은 밋밋하고 세로줄의 섬유실이 있으며 백색이다. 꼭대기는 백색의 섬유상으로 손을 대면 자루 전체가 오갈색으로 되며 특히 기부쪽이 심하다. 자루의 속은 차 있다. 살은 백색이고 세로줄의 섬유실이다. 포자는 4.6~6×3.6~4.1μm로 타원형-씨앗 모양이며 매끈하고 투명하다. 기름방울을 함유한다. 담자기는 25~30×5.5~7μm로 원통형-곤봉형이고 4-포자성이다. 기부에 꺾쇠가 있다.

생태 늦여름~가을 / 풀밭, 덤불 아래, 숲속의 변두리를 따라서 단생 · 군생한다.

분포 한국, 유럽, 아시아, 북아메리카

황색송이아재비

Tricholoma subluteum Peck

형태 균모의 지름은 4~11cm로 어릴 때 둔한 원추형에서 넓은 둥근 산 모양으로 되고 중앙은 낮고 넓게 볼록하다. 표면은 건조성이고 습할 때는 약간 끈적기가 있으며 중앙은 매끄럽다. 황색을 띤 방사상의 긴 섬유가 가장자리 근처에 있다. 어릴 때 색은 다양하여 오렌지 또는 금빛 황색에서 황색으로 되며 성숙하면 보통 연한 노란색이고 흔히 갈라진다. 살은 백색이고 밀가루 같은 맛과 냄새가 난다. 주름살은 홈파진 주름살의 바른 주름살에서 거의 끝붙은 주름살이고 밀생하며 백색이다. 자루의 길이는 7.5~12cm, 굵기는 1~2cm로 거의 원통형으로 아래쪽은 약간 부푼다. 윗부분은 노란색이고 기부 근처는 백색 또는 노란색이다. 자루의 속은 처음에 차 있다가 노후하면 빈다. 포자의 크기는 5.7~7.5×4.8~6μm로 광타원형에서 아구형이다.

생태 여름~가을 / 참나무 또는 혼효림의 땅에 단생 · 군생 · 산생한다. 식용 여부는 불분명하다. 흔한 종은 아니다.

분포 한국, 북아메리카

변형송이버섯

Tricholoma transmutans (Peck) Sacc.

형태 균모의 지름은 2.5~11cm로 원추형에서 넓은 둥근 산 모양 또는 거의 편평하게 된다. 중앙은 낮고 넓게 볼록하다. 표면은 약간 끈적기가 있다가 건조하고 중앙은 밀집된 섬유상으로 매트 같다. 흑갈색에서 적갈색이며 가끔 줄무늬선이 있다. 가장자리는 안으로 말린다. 살은 백색에서 연한 황색이며 냄새와 맛은 밀가루와 비슷하다. 주름살은 바른 주름살에서 홈파진 주름살 또는 거의 끝붙은 주름살로 밀생하며 얇다. 황백색에서 연한 황색으로 되며 점 모양으로 된다. 언저리는 적색이다. 자루의 길이는 4~15cm, 굵기는 0.7~2cm로 위아래가 같은 굵기거나 곤봉형이다. 기부 쪽으로 길고 약간 뿌리형이다. 속은 차거나 빈다. 표면은 건조하며 압착된 섬유실 또는 때때로 돌출된 섬유실을 가진다. 꼭대기는 가루상이고 노란 연한 황색에서 회오렌지색으로 되며 기부는 적갈색이 된다. 포자는 5~8.6×3.4~6.2μm로 타원형에서 광타원형이다.

생태 여름~가을 / 참나무 숲 또는 혼효림의 땅에 산생 또는 집단으로 발생한다. 식용 여부는 불분명하다.

분포 한국, 북아메리카

비단송이아재비

Tricholoma subresplendens (Murrill) Murrill

형태 균모의 지름은 2~11cm로 어릴 때 둥근 산 모양에서 거의 편평하게 되며 가끔 낮고 넓게 볼록하다. 가장자리는 안으로 말리고 가끔 노후하면 물결형이나 엽편 모양으로 된다. 표면은 습할 때 끈적기가 있고 밋밋하며 약간 비단결 같다. 표면은 백색에서 노란색으로 되며 노란색, 연한 핑크색의 붉은색 반점이 있는데 이는 중앙에서 뚜렷하다. 가끔 청록색 또는 녹색의 얼룩이 있다. 살은 백색이고 밀가루 맛과 냄새가 나나 분명치 않다. 주름살은 홈파진 주름살에서 바른 주름살이고 성숙하면 거의 끝붙은 주름살로 된다. 폭은 넓고 밀생하거나 약간 성기고 백색에서 크림 백색이다. 언저리는 고르지 않고 노후하면 가끔 미세한 가리비 모양이된다. 자루의 길이는 5~10cm, 굵기는 1~2.5cm로 거의 원통형이고 아래로 가늘다. 표면은 밋밋하다가 비단결의 섬유실 또는 약간 비듬이 생기며 건조성이다. 상처를 입으면 청록색으로 되며 기부는 녹색으로 물든다. 포자의 크기는 5.6~7×4~5μm로 타원형이고 대부분 균사에 꺾쇠가 있다.

생태 여름~가을 / 활엽수림 또는 혼효림의 땅에 단생·군생·산생한다.

분포 한국, 북아메리카 등 광범위

유황변송이버섯

Tricholoma sulphurescens Bresadola

형태 균모의 지름은 5~12cm로 어릴 때 반구형에서 둥근 산 모양
이 되었다가 거의 편평하게 되며 가끔 중앙이 볼록하다. 표면은
건조하고 밋밋하며 백색에서 크림 백색이다. 손으로 만지거나 노
후하면 빠르게 노란색으로 물들었다가 둔한 노란색 또는 갈색으
로 된다. 살은 백색이고 냄새는 변화가 많은데 유황, 밀가루, 콜
타르 등의 냄새가 나고 때때로 코코넛 또는 다른 과일 성분 냄새
가 난다. 맛은 톡 쏘거나 온화하며 쓰다. 주름살은 홈파진 주름살
에서 바른 주름살 또는 올린 주름살로 폭은 좁고 밀생한다. 백색
에서 크림 백색이고 노후하면 노란색으로 된다. 자루의 길이는
3~10cm, 굵기는 1~3cm로 곤봉형에서 위아래 굵기가 같아진다.
건조성이고 밋밋하다가 섬유상으로 된다. 처음에 백색에서 크림
백색을 거쳐 노란색으로 되며 손으로 만지거나 노후하면 노란색
으로 물든다. 포자의 크기는 5~7×4~5μm로 광타원형에서 아구형
으로 된다.
생태 여름~가을 / 자작나무와 참나무 숲에 단생·산생 또는 집
단으로 발생한다.
분포 한국, 북아메리카

유황송이버섯

Tricholoma sulphureum (Bull.) P. Kumm.
T. sulphureum (Bull.) P. Kumm. var. sulphureum

형태 균모의 지름은 3~8cm로 어릴 때 반구형이다가 나중에 둥근
산 모양에서 편평하게 펴지며 중앙이 오목하게 들어가기도 한다.
표면은 밋밋하고 유황 황색이며 가끔 적갈색을 띤다. 살은 연한
유황 황색이고 강한 가스 냄새가 난다. 주름살은 홈파진 주름살로
약간 성기고 연한 유황 황색이며 폭이 좁은 편이다. 자루의 길이
는 2.5~7(10)cm, 굵기는 0.8~1.5cm로 균모와 같은 색이며 적갈색
의 섬유상 인편이 밀포되어 있다. 자루의 속은 차 있다. 포자의 크
기는 5~6.2×4~5μm로 광타원형-편도형이며 표면은 매끈하고 투
명하다. 기름방울이 들어 있다. 포자문은 백색이다.

생태 가을 / 활엽수림의 땅에 주로 나며 간혹 침엽수림의 땅에도
난다. 독버섯으로 알려져 있다.

분포 한국, 일본, 유럽, 북아메리카, 북반구 온대

땅송이버섯

Tricholoma terreum (Schaeff.) Kummer

형태 균모의 지름은 5~8cm로 반구형에서 둥근 산 모양-종 모양을 거쳐 차차 편평하게 되며 중앙이 조금 볼록하다. 표면은 건조하고 회갈색-암갈색이며 중앙은 거의 흑색인데 섬유상의 솜털이 인편으로 되어 있다. 가장자리는 색이 약간 연하다. 살은 백색이고 표피 아래는 회색이며 얇고 연하다. 밀가루 냄새가 난다. 주름살은 홈파진 주름살-올린 주름살이고 백색-회색이며 폭은 넓고 밀생한다. 자루의 길이는 5~8cm, 굵기는 0.1~1.7cm로 위아래 굵기가 같으며 백색에서 회색이다. 위쪽은 흰 가루상이고 아래쪽은 솜털이 섬유상으로 있으며 속은 차 있다. 포자의 크기는 5~7×4~5μm로 타원형이며 표면은 매끄럽고 투명하다. 기름방울이 있다. 담자기의 크기는 30~38×5.5~7.5μm로 가는 곤봉형이며 4-포자성이다. 기부에 꺾쇠가 없다. 낭상체는 안 보인다. 포자문은 백색이다.

생태 여름~가을 / 활엽수림의 땅에 단생·군생한다. 식용이다.

분포 한국, 일본, 중국, 유럽, 북아메리카, 북반구 온대

담갈색송이버섯

Tricholoma ustale (Fr.) P. Kumm.

형태 균모의 지름은 4~8cm로 어릴 때는 원추형-반구형이나 나중에 둥근 산 모양-편평한 모양으로 되며 가끔 중앙이 다소 오목해진다. 표면은 밋밋하며 습기가 있을 때는 끈적거림이 심하고 적갈색-밤갈색이다. 가장자리 쪽 색이 다소 연하고 물결형으로 굴곡되기도 한다. 살은 크림 백색이며 절단하면 갈색으로 된다. 주름살은 바른 주름살에서 홈파진 주름살로 되며 백색이나 노후하면 적갈색의 얼룩이 생긴다. 자루의 길이는 4~9(12)cm, 굵기는 0.5~1.5(2.5)cm로 위아래가 같은 굵기거나 때때로 아래쪽이 불룩해지는 방추형이다. 자루는 균모보다 다소 연한 색이고 꼭대기 부근은 연한 색이다. 포자의 크기는 5.4~6.7×3.7~5.2μm로 광타원형이며 표면은 매끈하고 투명하다. 기름방울이 들어 있다. 포자문은 연한 크림색이다.

생태 늦여름~늦가을 / 활엽수림의 땅에 나며 자작나무 숲에 많이 난다. 식용하나 다소 독성이 있다.

분포 한국 등 북반구 온대

담갈색송이아재비

Tricholoma ustaloides Romagn.

형태 균모의 지름은 4~9cm로 반구형에서 둥근 산 모양으로 되며 밤갈색이고 끈적기가 있다. 가장자리는 아래로 말리며 색이 연하다. 주름살은 홈파진 주름살로 백색이며 녹슨 색의 얼룩점이 있다. 자루의 길이는 6~10cm, 굵기는 0.8~1.5cm로 원통형이며 녹슨 갈색이다. 꼭대기는 백색이고 기부 쪽으로 얼룩이 있다. 어릴 때는 부서지기 쉬우며 가끔 매우 짧은 거미집막 털 같은 것이 자루 꼭대기 근처에 있다. 살은 백색이며 밀가루 맛과 냄새가 난다. 포자의 크기는 6~7×4~5㎛로 타원형이다. 포자문은 백색이다.

생태 가을 / 낙엽수림의 땅에 군생한다. 흔한 종은 아니다. 식용 불가능하다.

분포 한국, 일본, 중국, 유럽

비늘송이버섯

Tricholoma vaccinum (Schaeff.) Kummer

형태 균모의 지름은 3~6cm로 원추형 내지 종 모양에서 차차 편평하게 되고 중앙부가 뚜렷이 돌출한다. 표면은 마르고 계피색 또는 홍갈색이며 섬유상 인편이 있고 중앙부는 이것이 더 밀집되어 색깔이 진하다. 가장자리는 처음에 아래로 감기고 가는 융털이 있다. 살은 두꺼운 편이며 처음은 백색이고 노후하여 상처가 나면 홍색으로 변한다. 냄새가 난다. 주름살은 홈파진 주름살로 성기며 폭은 넓은 편이고 연한 색 또는 황색이다. 노후하여 상처를 받으면 붉어진다. 자루의 길이는 4~8cm, 굵기는 0.5~1.2cm로 원주형 또는 부정형이고 기부는 불룩하다. 위쪽은 백색이고 아래쪽은 홍갈색이며 상처가 나면 홍색으로 된다. 자루의 속은 차 있다가 나중에 빈다. 포자의 크기는 5.5~7×4.5~5μm로 타원형이며 표면은 매끄럽고 투명하다. 포자문은 백색이다.

생태 여름~가을 / 혼효림 또는 분비나무, 가문비나무 숲의 땅에 속생·군생한다. 소나무, 분비나무, 가문비나무 등과 외생균근을 형성한다. 식용이다.

분포 한국, 일본, 중국

엽편송이버섯

Tricholoma vernaticum Shanks

형태 균모의 지름은 5~17cm로 어릴 때 둥근 산 모양에서 편평하게 된다. 표면은 건조성에서 습기성으로 되며 끈적거림은 있으나 미끈거림은 없다. 표면은 처음에는 흰 가루상이고 나중에 줄무늬 선과 압착된 섬유실이 나타난다. 어릴 때는 백색 또는 인편 같은 것으로 덮여 있는데 시간이 지나면 흑색에서 갈색으로 되며 흔히 올리브 회색 또는 연한 불에 탄 색처럼 된다. 가장자리는 아래로 처진 상태에서 들어 올려지는데 흔히 엽편처럼 되며 불규칙하다. 살은 두껍고 백색이며 밀가루의 냄새와 맛이 강하게 난다. 주름살은 어릴 때 바른 주름살에서 올린 주름살로 되며 노후하면 톱니상으로 되어 촘촘하고 두껍다. 백색이며 가끔 연한 핑크색으로 된다. 자루의 길이는 4~14cm, 굵기는 1.3~3.5cm로 원통형 또는 약간 곤봉형이며 흔히 기부 쪽으로 부푼다. 표면은 건조하고 밋밋한 상태에서 턱받이 위는 비단 같은 섬유실이, 아래는 백색을 띤 압착된 섬유실의 인편이 나타난다. 불에 탄 것 같은 색에서 오렌지 갈색으로 물든다. 자루의 속은 차 있다. 포자의 크기는 8~12×4.8~6.2μm로 타원형이다. 담자기 등 균사에 꺾쇠가 있다.

생태 늦봄~초여름 / 높은 지대의 참나무류 식물 아래에 단생·군생한다. 흔한 종이다.

분포 한국, 북아메리카

흑비늘송이버섯

Tricholoma virgatum (Fr.) Kummer.

형태 균모의 지름은 4~8cm로 원추형의 종 모양에서 차차 편평하게 되며 중앙부는 뚜렷이 돌출하여 삿갓 모양으로 된다. 표면은 마르고 회색, 회녹색 또는 은회색이며 중앙부는 색이 진하다. 처음에는 털이 없어서 매끄러우나 나중에 흑색을 띤 방사상의 줄무늬 또는 인편이 생긴다. 가장자리는 아래로 굽었다. 살은 단단하고 백색이다. 처음에는 매우 쓰나 오래되면 쓴맛이 없어진다. 주름살은 홈파진 주름살로 밀생하며 폭은 넓은 편이고 백색에서 회백색으로 된다. 자루의 길이는 9~11cm, 굵기는 0.8~1.2cm로 원주형이며 기부는 불룩하다. 백색에서 회백색으로 되고 반반하거나 세로줄의 홈선이 있고 섬유질이며 속은 차 있다. 포자의 크기는 6~7×4~5μm로 광타원형이며 표면은 매끄럽고 투명하다. 포자문은 백색이다.

생태 여름~가을 / 가문비나무, 분비나무, 잎갈나무의 숲 또는 혼효림의 땅에 군생·산생한다. 소나무와 외생균근을 형성한다. 쓴맛 때문에 먹을 수 없다.

분포 한국, 일본, 중국

녹황색송이버섯

Tricholoma viridfucatum Bon

형태 균모의 지름은 5~9cm로 어릴 때 반구형에서 둔한 둥근 산모양을 거쳐 편평해지나 중앙은 약간 볼록하다. 표면에는 녹황색의 바탕에 흑회색을 띤 방사상의 섬유가 있다. 중앙은 압착된 회갈색의 인편이 있고 습기가 있을 때는 광택이 난다. 가장자리는 날카롭다. 살은 백색이고 변하지 않으며 두껍다. 맛은 온화하며 밀가루의 맛과 냄새가 난다. 주름살은 홈파진 주름살로 백색이며 폭은 좁다. 가장자리는 물결형 또는 톱니상이다. 자루의 길이는 6~8cm, 굵기는 1~2cm로 원통형이며 가끔 기부 쪽으로 비틀린다. 표면은 밝은 녹황색이며 위아래는 백색이고 갈색의 섬유상이다. 자루의 속은 차 있다. 포자의 크기는 5.5~7×4.5~6μm로 광타원형에서 아구형이며 표면은 매끈하고 투명하다. 담자기의 크기는 32~35×7~9μm로 4-포자성이고 기부에 꺾쇠가 있다.

생태 가을 / 참나무류 숲의 땅에 단생 · 군생한다. 드문 종이다.

분포 한국, 중국, 유럽

대나무솔버섯

Tricholomopsis bambusina Hongo

형태 균모의 지름은 3~6cm로 둥근 산 모양에서 차차 편평하게
펴진다. 표면은 황색 바탕에 암적갈색이며 약간 부스럼 모양의 인
편이 밀포한다. 살은 부서지기 쉽고 연한 황색이다. 주름살은 홈
파진 주름살-바른 주름살로 연한 황색-난황색이며 약간 성기고
조금 밀생한다. 가장자리에는 미세한 털이 촘촘히 나 있다. 자루
의 길이는 4~6cm, 굵기는 0.4~0.6cm로 황색 바탕에 암적색을 띤
섬유상의 무늬가 있다. 포자의 크기는 4.5~5.5×3.5~4.5㎛이고 짧
은 타원형-아구형이다. 연낭상체의 크기는 57~90×12~19㎛로
원주형-방추형이고 막은 얇다.
생태 가을 / 대나무 절주 또는 썩은 고목에 군생·속생한다.
분포 한국, 중국, 일본, 유럽, 북아메리카, 북반구 온대

장식솔버섯

Tricholmopsis decora (Fr.) Sing.

형태 균모의 지름은 3~7(9)*cm*로 둥근 산 모양에서 차차 편평하게 되며 중앙부는 약간 돌출하기도 하고 때로는 오목해진다. 표면은 황금색 바탕에 암갈색-올리브 갈색의 미세하고 가는 비늘이 점 모양으로 덮여 있는데 중앙부에 더 밀집되어 있다. 가장자리는 어릴 때 안쪽으로 감기며 끝은 섬유상의 털이 붙어 있다. 살은 황색이며 때로는 쓴맛이 난다. 주름살은 끝붙은 주름살로 황금색이고 촘촘하다. 자루의 길이는 3~7*cm*, 굵기는 0.4~1*cm*로 위아래가 같은 굵기이며 때때로 굽어진다. 균모와 비슷한 색이다. 표면에는 작은 인편이 산포되어 있다. 속은 차 있거나 때로는 빈다. 포자의 크기는 6.2~8.4×4.2~5.4*μm*로 타원형이며 표면은 매끈하고 투명하다. 기름방울이 들어 있다. 포자문은 백색이다.

생태 여름~가을 / 죽은 침엽수와 침엽수 그루터기에서 단생 · 속생한다. 고지대에서 많이 발생한다. 드물며 식용이다.

분포 한국을 비롯한 북반구 온대 이북

예쁜솔버섯

Tricholomopsis formosa (Murrill) Sing.

형태 균모의 지름은 3~8cm로 둥근 산 모양에서 거의 편평하게 되며 표면은 올려졌다가 나중에 뒤로 휘어진다. 녹슨 갈색에서 황갈색의 인편이 있고 땅색 같은 갈색 위에 적담황색이 덮인다. 건조성이다. 살은 백색이고 냄새와 맛은 약간 불분명하다. 가장자리는 어릴 때 안으로 굽으며 노후하면 보통 물결형으로 된다. 주름살은 바른 주름살로 약간 또는 아주 촘촘하며 백색에서 핑크 크림색이다. 자루의 길이는 4~7.5cm로 위아래가 거의 같은 굵기 또는 아래로 약간 가늘다. 섬유상 인편이 있고 건조성이며 균모와 같은 색이거나 그것보다 연하다. 외피막과 턱받이는 없다. 포자문은 백색이다. 포자의 크기는 5~7×5~6μm로 난형이며 표면은 매끈하고 투명하다. 비아밀로이드 반응을 보인다.

생태 여름~가을 / 기름진 땅, 땅에 묻힌 나무, 뿌리, 톱밥 위, 쓰레기더미, 썩은 나무 위에 단생·산생하나 때로는 집단으로 발생한다. 식용 여부는 불분명하다.

분포 한국, 북아메리카

털가루솔버섯

Tricholmopsis sasae Hongo

형태 균모의 지름은 1~4.5cm로 둥근 산 모양에서 편평하게 펴진다. 표면은 갈색을 띤 오렌지 황색 바탕에 연한 적갈색-흑적색의 털 같은 작은 인편이 산포되어 있고 중앙부에 밀집되어 있다. 살은 얇고 황색을 띤다. 주름살은 홈파진 주름살 또는 바른 주름살로 처음에는 백색이지만 황색으로 되고 촘촘하다. 언저리는 흰 가루상이다. 자루의 길이는 1.5~3.5cm, 굵기는 0.3~0.5cm로 위아래의 굵기가 같고 연한 갈색의 황색이다. 자루의 속은 비어 있다. 포자의 크기는 5~6.2×4~5.2μm로 광타원형-아구형이며 표면은 매끈하고 투명하다.

생태 가을 / 조릿대밭이나 초원 등에 군생·속생한다.

분포 한국, 일본

솔버섯

Tricholomopsis rutilans (Schaeff.) Sing.

형태 균모의 지름은 4~20cm로 종 모양에서 차차 편평하게 된다. 표면은 황색 바탕에 암적갈색-암적색의 가는 인편이 밀포되어 있고 감촉은 부드러운 가죽 같다. 주름살은 바른 주름살-홈파진 주름살로 황색이며 밀생한다. 가장자리는 고운 가루상이다. 자루의 길이는 6~20cm, 굵기는 1~2cm로 위아래가 같은 크기거나 근부가 조금 가늘다. 황색 바탕에 적갈색의 가는 인편을 가진다. 포자의 크기는 5.5~7×4~5.5μm로 좁은 타원형이다. 연낭상체의 크기는 33~90×12.5~24μm로 곤봉형 또는 방추형 등이며 벽은 얇다.

생태 여름~가을 / 침엽수의 그루터기나 썩은 나무에 단생·속생한다. 식용하나 설사를 유발하기도 한다.

분포 한국, 일본, 중국 등 거의 전 세계

붉은솔버섯

Tricholmopsis sanguinea Hongo

형태 균모의 지름은 1~3*cm*로 둥근 산 모양에서 거의 편평하게 펴진다. 표면은 섬유상-비단결의 작은 인편으로 덮여 있고 핏빛의 홍색-암적색이나 나중에는 퇴색하여 하얀 백색으로 된다. 가장자리는 처음에 안쪽으로 말린다. 살은 황적색이며 냄새는 없다. 주름살은 올린 주름살로 포도주색-붉은 적색이며 약간 성기고 언저리는 고운 가루상이다. 자루의 길이는 1.5~5*cm*, 굵기는 0.3~0.5*cm*로 위아래가 거의 같은 굵기이며 혈홍색이다. 표면에 작은 인편이 덮여 있고 속은 비었다. 자루의 중간에 적색의 거미집막과 같은 것이 있는데 쉽게 소실되며 나중에 자루의 위쪽에 불완전한 턱받이의 흔적이 생긴다. 포자의 크기는 6~7.5×4~5*μm*로 타원형이다. 연낭상체의 크기는 35~50×7.5~10*μm*로 곤봉형-유원통형이며 때때로 꼭대기가 머리 모양이고 오렌지 황색이다.

생태 여름~가을 / 산속 침엽수의 썩은 고목에 군생한다. 드문 종이다.

분포 한국, 일본

부 록

1. 신종 버섯

노란가루광대버섯

Amanita aureofarinosa D. H. Cho

형태: 균모의 지름은 7.8cm로 중앙이 붉으며 전체적으로 노란색이다. 가장자리에는 줄무늬선이 있고 중앙은 약간 오목하며 적색이다. 표면에 황색 분말이 덮여 있다. 주름살은 떨어진 주름살로 약간 촘촘하고 폭은 0.7~0.8cm이다. 백색이며 언저리는 노랗고 가루가 부착되어 있다. 자루의 길이는 11cm, 굵기는 1.5cm로 기부가 굵다. 노란색의 인편과 가루가 있고 대주머니는 없다. 자루의 속은 비어 있고 백색이다. 마르면 버섯 전체가 연한 노란 색을 띤다. 포자의 크기는 7.5~10 × 5~6μm로 광타원형-아구형이며 표면은 매끈하다.

생태: 여름 / 숲속의 벌채를 위해 만든 도로의 모래땅 등에 단생한다. 식독이 불분명하다.

분포: 한국(경상북도 울진군 소광리)

Pileus 7.8cm broad, convex to plane, yellow, disc reddish yellow, striate at margin, depressed at center, reddish. Floccose of yellow covered all surface. Lamellae more or less crowded, remote, 0.7~0.8cm wide, white, edge yellow, farinaceous. Stipe 11cm long, 1.5cm thick, downwards thick, farinaceous of scale, hollow, white, volava none. Fruiting body pale yellow when dry. Spores 9.0~12×6.5~10μm, subglobose, broadly elliptical, basidia 25.5-31.5×7.8-9.0μm, clavate, cheilocystidia and pleurocystidia 6.3~7.5×13.8~13.8~25μm, flask-shaped, cell from pileus trma 37.5~50×17.5~25μm, fusiform, hyphae from lamellae trama 2.5~3.8 μm, wide.

Habt.: Solitary on soil with sand.

Distr.: Korea(Sokwang-ri of Wooljin-kun in Kyungsangbuk-do)

Specimens studied: CHO-6217 (August 1, 1999) collected in Sokwang-ri, Wooljin, Kyungsangbuk-do.

Pileo 7.8cm lato, convexo vel plano-depressed, aureo-farinovus, margin integer, striatus, lamellis remote, confertus, albus, stipite 11cm long, 1.5 crasso, aureus farinosus, saccatus absens. sporis 9.0~12×6.5~10μm, late ellipsoidsis, broad ellipsoidsis, basidis tetrasporis, clavate, pleurocystidia and cheilocystidia ampuliformis.

긴뿌리광대버섯

Amanita longistipitata D. H. Cho

형태: 균모의 지름은 8*cm* 정도며 반구형이다. 표면은 거북등처럼 갈라지며 백색 또는 회백색이다. 거북등 모양은 가운데가 크고 가장자리로 갈수록 작아지며 회흑색이다. 살은 백색이며 약간 질기다. 주름살은 떨어진 주름살로 백색 또는 회백색이며 가루 같은 것이 있다. 턱받이는 잘 떨어지고 백색이다. 자루 전체의 길이는 18*cm*, 굵기는 0.8*cm* 이다. 근부는 땅속 깊이 묻혀 있으며 지상부의 길이는 7.5*cm*, 굵기는 0.8*cm*이고 부풀어 있으며 백색이다. 불완전한 바퀴 모양의 윤문이 있고 균모와 색이 같으며 가루 같은 것이 붙어 있다. 땅속의 길이는 10.5*cm*, 굵기는 0.7*cm* 정도며 아래쪽으로 갈수록 가늘어 지면서 굽어 있고 백색이다. 자루의 속은 비어 있다. 포자의 크기는 9~12×6.5~10*μm*로 타원형이며 아밀로이드 반응을 보인다.

생태: 가을 / 혼효림의 모래가 섞인 땅에 단생한다. 식독이 불분명하다.

분포: 한국(서울의 남산)

Pileus 8cm broad, more or broad, white, grayish white, hemiglobose, with warts of papillatus with crack cross, diminishing in size toward margin larger at center, smaller at margin, cross crack at center, grayish brown but darkish brown at top, margin attaching scales, incurved when young. Context white, thin, more or less tough, taste mild, odor farinaceous. Lamellae sinuate, white, more or less crowded, farinaceous, 4~6mm wide, edge minutely farinaceous. Stipe 18cm long, white, from pileus to base 7.5cm long, 8mm thick, downwards thick and bulbose, annulus easily deciduous, white, base incomplete circle, squamulose, scale of grayish brown, from surface of soil to under soil 10.5cm long, 7mm thick, larger bulbose at near soil surface, slender and bent downwards in soil, white, hollow white. Volva none. Spores $7.5\sim10\times5\sim6\mu m$, elliptical, amyloid, basidia $35\sim52\times7.5\sim10.5\mu m$, 4-spored, clavate, clamp connection at base, pleurocystidia $10\sim16\times7\sim11.5\mu m$, flask-shaped, cheilocystidia $10\sim12\times6\sim8\mu m$, similar to pleurocystidia, cell of wats in pileus $27.5\sim55\times17.5\sim25\mu m$, subglobose, clavate.

Habt.: Solitary on soil with sand of broadleaved and needle trees.

Distr.: Korea(Mt.Namasan)

Specimens studied: CHO-5792 (September 6, 1998) collected at Mt.Nam of Seoul.

Pileo 8cm vel lato, hemisphaerico vel convex, cretaceus, canus, verrucous, papilatus, cruciatim crux, margin squamulosus, odor grato, spore mitis, lamellis sinuatus, albus, confertus, fari naceus, stipite 7.5 cm long, 8mm crasso, annulus, albus, squamulous ventricosus, solid, sporis $7.5\sim10\times5\sim6\mu m$, late ellip-soidsis, amyloideis, basidis tetrasporis, pleurocystidia and cheilo-cystidia ampuliformis. cellua in verrucose, subglobose, clavato.

독우산광대버섯(적변형)

Amanita virosa var. rubescens D.H. Cho sp.nov.

 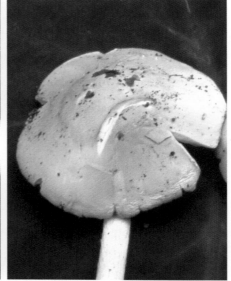

형태: 균모는 지름이 5~8cm로 원추형이며 표면은 순백색이고 중앙부는 원추형으로 돌출한다. 중앙은 붉은색의 적색으로 뚜렷한 적색이다. 가장자리는 위로 뒤집혀서 갈라지기도 한다. 고약한 냄새가 난다. 주름살은 떨어진 주름살로 밀생하고 폭은 좁고 얇으며 백색이다. 자루의 길이는 7~10cm이고 굵기는 1.5~3cm로 순백색이고 표면은 약간 매끈한 편이다. 기부는 둥글게 부푼다. 막질의 턱받이가 있다. 대주머니는 막질로 크고 윗면은 찢어진다. 포자의 지름은 8~10μm이고 구형이며 표면은 매끄럽다. 포자문은 백색이다. 독우산광대버섯과 비슷하나 균모의 중앙이 오래되면 붉은 적색으로 되는데 거의 가장자리까지 붉게 된다. 적변현상은 보통 12시간 정도가 걸리며 밤에만 일어난다. 햇빛이 있는 낮에는 적변이 일어나지 않는다.

생태: 봄~여름 / 활엽수림의 땅에 군생한다.

분포: 한국(서울 근교의 서오릉)

Pileus 5~8*cm* broad, convex or conic-shaped, disc conic-shaped, pure white, distictly reddish from pileus to margin in age. Margin rimose uplift, odor foul. Lamellae remote, crowded, narrow, thin, white. Stipe 7~10*cm* long, 1.5~3*cm*, thick, pure white, surface smooth, base bulbosus, annulus membranaceous, volva membranaceous, large, upper rimose. Spores 8~10μm, globose, hyaline, Spore print white.

Hab.: Spring to summer. Gregarius on soil in broadleaf forests

Distr.: Korea (Seoul; Seooreung of Seoul)

Specimens studied: CHO-16859 (July 22, 2011) collected in Seooreung, Seoul.

Pileo 5~8*cm* lato, convexo vel conic-shaped, albus, reddish from pileo to margin, lamellis remote, crowded, narrow, thin, albus, stipite 7~10*cm* long, 1.5-3*cm* crasso, albus, smooth, base bulbose, annulus membranaceus, volva membranaceus, large, rimosus, sporis 9.0~12× 6.5~10μm, globosus, hyalinus.

2. 버섯의 구조

1. 버섯의 구조

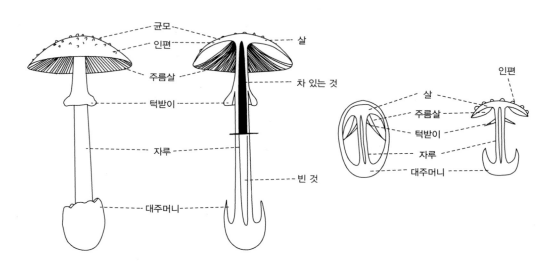

2. 균모의 모양

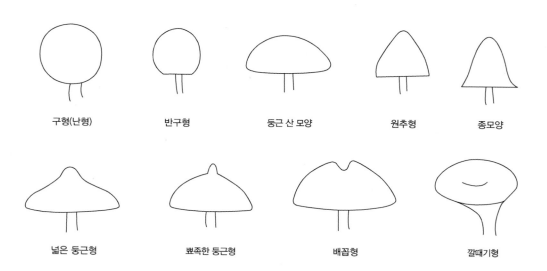

구형(난형)　　　반구형　　　둥근 산 모양　　　원추형　　　종모양

넓은 둥근형　　　뾰족한 둥근형　　　배꼽형　　　깔때기형

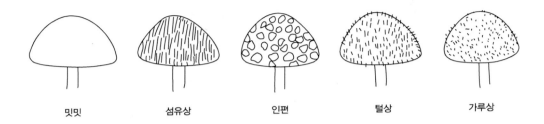

밋밋 섬유상 인편 털상 가루상

4. 균모 가장자리의 상태

줄무늬선 홈선줄무늬 물결형

5. 균모 가장자리 끝의 형태

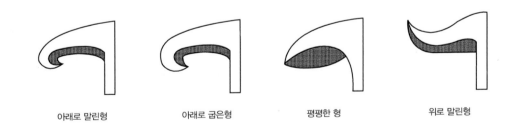

아래로 말린형 아래로 굽은형 평평한 형 위로 말린형

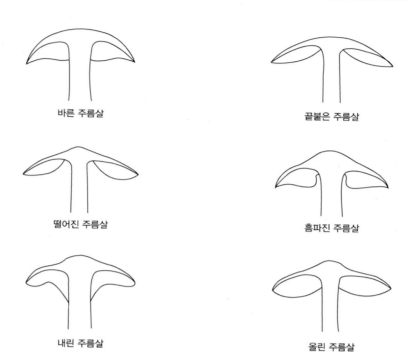

바른 주름살

끝붙은 주름살

떨어진 주름살

흠파진 주름살

내린 주름살

올린 주름살

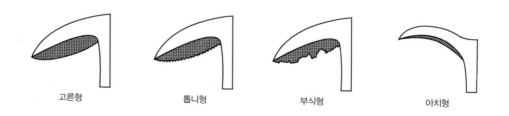

고른형

톱니형

부식형

아치형

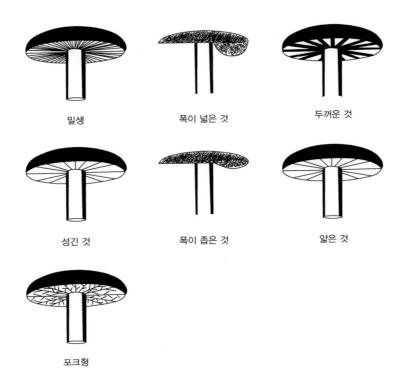

밀생	폭이 넓은 것	두꺼운 것
성긴 것	폭이 좁은 것	얇은 것
포크형		

9. 주름살 표면의 형태

길이가 같은형	길이가 다른형	포크형	맥으로 연결된형

10. 자루의 형태

원통형

아래로 가는 것

위로 가는 것

막대형

기부가 부푼 것

배불뚝이형(방추형)

11. 자루의 발생 상태

중심생

편심생

측생

12. 포자의 모양

구형

타원형

다각형

방추형

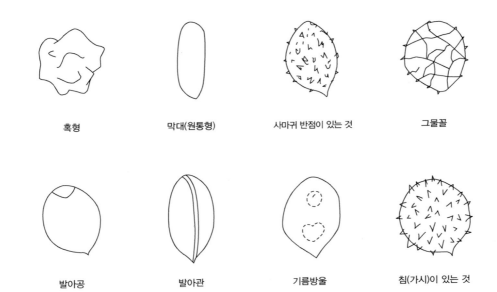

혹형 　막대(원통형) 　사마귀 반점이 있는 것 　그물꼴

발아공 　발아관 　기름방울 　침(가시)이 있는 것

13. 담자균류의 내부구조

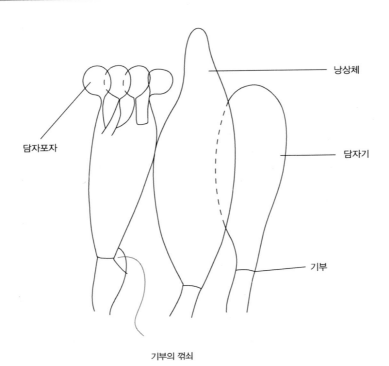

낭상체

담자포자

담자기

기부

기부의 꺾쇠

14. 주름살의 구조

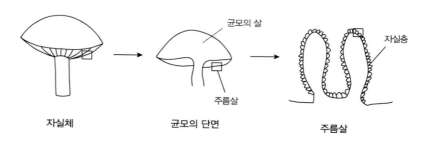

자실체   균모의 단면   주름살

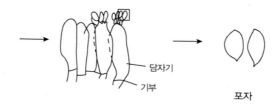

포자

15. 관공(구멍)의 구조

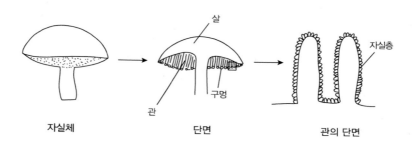

자실체   단면   관의 단면

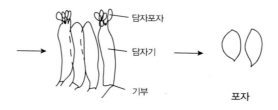

포자

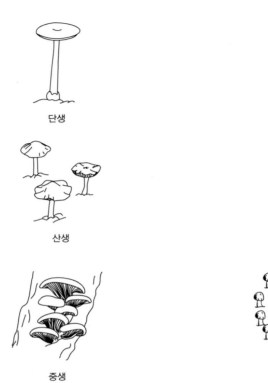

단생

군생

산생

속생

중생

균륜

3. 용어 해설

4-포자성

담자기에 4개의 소경자가 있어 4개의 포자가 매달리는 것이다. 2-포자성은 2개의 소경자에 2개의 포자가 매달리는 것이다. 담자균류는 4-포자성이 대부분이고 간혹 2-포자성도 있다.

갈색부후(brown rot)

목질분해균이 목질 내의 섬유소(cellulose)를 분해하여 목질소(lignin)가 주로 남게 됨으로써 목질이 갈색을 띠는 것을 말한다.

격막(septum)

균사와 균사 사이를 서로 격리시키는 가로막 또는 포자, 측사 내부에 칸을 형성하는 가로막이다. 균사나 포자 중에는 있는 것도 있고 없는 것도 있다.

관공(tube pore)

자실층이 주름살 대신 관 모양의 구멍으로 되어 있는 것으로 관공의 표면에 나타난 부분은 구멍(pores)이라 한다.

구근상(bulbous)

자루의 기부(밑동)가 팽대되어 구근 또는 덩이뿌리 모양을 이룬 것으로 괴근상(塊根狀)이라고도 한다.

균근(mycorrhiza)

기주식물인 나무뿌리와 버섯의 균사가 함께 공생하는 것으로 내생균근(endo mycorrhiza), 외생균근(ecto mycorrhiza), 내외생균근(ecto-endo mycorrhiza) 등 3가지가 있다. 균근을 형성하는 버섯류는 인공재배가 안 된다.

균륜(균환, fairy ring)

송이버섯, 자주방망이버섯 등에서 볼 수 있는 것과 같이 버섯이 둥글게 원형으로 발생하거나 줄 모양으로 발생하는 것을 말한다. 버섯 균사가 바깥쪽으로 펴지면서 가장자리 끝에서 많은 버섯이 나기 때문에 큰 원 모양으로 보인다.

균모(갓, pileus, cap)

버섯의 머리 윗면이다.

균사(hypha, phyae)

균류의 영양 생장기관으로 실 모양을 이루면서 조직을 만든다. 보통 생물의 세포에 해당하며 세포가 길게 되어서 균사라 부른다.

균사구조(hyphal system)

1균사형, 2균사형, 3균사형이 있다. 1균사형은 일반균사(generative)로 된 것이고 2균사형은 일반균사와 결합균사(Binding hyphae)가 결합된 것 또는 일반균사와 골격균사(sjeketal)가 결합된 것이며 3균사형은 일반균사, 결합균사, 골격균사가 결합된 것이다.

균사속(rhizomorph)

균사가 모여 끈 모양으로 길게 뻗어 나가 덩어리 형태로 된 것으로, 특히 뽕나무버섯의 경우 버섯 기부에 긴 균사속이 있다.

균사체(mycelium)

균사는 실 모양으로 생장하는데 균사들이 모여 집단을 만든 것을 균사체라고 한다.

균핵(sclerotium, sclerotia)

균사가 엉켜서 단단한 덩어리의 핵 모양을 이룬 것으로 애기볏짚버섯, 저령 등의 밑동에 형성되기도 한다.

그물눈 모양(망목상, recticulate)

버섯의 갓이나 대 또는 포자의 표면에 그물눈 모양을 이룬 것을 이른다.

기물에 직접 부착(sessile, broadly attached)

자실체가 자루 없이 기물에 직접 부착한 것을 말한다.

기본종(기준종, type species)

어떤 속의 기준이 되는 종, 아종, 변종, 형태종 등의 기준이 되는 종을 기본종이라 한다. 최근에는 아종, 변종, 형태종을 대부분 기본종으로 간주하고 있다. 전혀 형질이 다른 버섯은 다른 종으로 구분하는 경향이 있다.

기본체(gleba)

말불버섯 등의 자실체 내부에 포자를 형성하는 기본 조직이다.

기부(밑동, base)

자루의 아래 끝부분 또는 자낭의 아랫부분을 말한다.

기주(host)

버섯이 발생하기 위한 영양을 얻는 식물이나 동물을 말한다. 기주에는 활물기생성과 사물기생성 2가지가 있다.

기질(sbustrate)

버섯이 자라거나 붙어 있는 물질이다. 예를 들면 말굽버섯의 기질은 활엽수 목질이다.

꺾쇠(clamp connection)

균사와 균사 사이 격막 한쪽에 꺾쇠 모양으로 서로 연결된 부위로 균사 중에는 연결 꺾쇠가 있는 것도 있고 없는 것도 있어서 분류상 주요한 열쇠가 된다. 자낭균에서는 담자기의 기부에 많다.

낭상체(cystidia)

자실층에 이상하게 분열한 것으로 담자기 사이에 생기는 것으로 자루 모양, 곤봉형, 방추형, 플라스크형, 원주형, 실모양 등 여러 형태로 불염성이다. 주름살의 언저리(가장자리)에는 연낭상체(cheilocystidia)가, 측면에는 측낭상체(Pleurocystidia)가 있다. 이외에도 균사층(기질층)을 "tramal-cystidia", 균모의 표면의 것을 "pileo-cystidia", 자루(대)에 있는 것을 "caulo-cystidia"라고 한다.

담자기(basidium, basidia)

담자균류에서 포자를 생성하는 기관을 말하며 담자기의 꼭대기에는 소경자(sterigmata)가 있다.

담자기과(basidiocarp)

담자균류(버섯)의 자실체를 말한다.

담자포자(basidio spores)

담자균류의 담자기 끝에 포자가 떨어지지 않고 매달려 있을 때를 말한다. 포자라고 할 때는 보통 담자기 끝에서 떨어진 것을 말한다.

둥근 산 모양(convex)

균모의 표면 모양이 둥근 산처럼 볼록한 것으로 호빵형, 평반구형, 반반구형이라고도 한다.

무성기부(sterile base)

말불버섯, 말징버섯 등에서 포자가 형성되는 기본체 상부와 달리 포자가 형성되지 않는 기본체의 하부이다.

멜저 시약(melzer's reagent)

버섯을 동정하기 위한 방법으로 멜저액에 포자가 어떻게 염색되는가를 살펴 분류에 이용하는 방법이다. 시약을 만드는 방법은 증류수 20g, 요오드 0.5g, 아이오딘화칼륨 1.5g, 포수클로랄 22g을 차례로 녹여서 만든다. 잘 녹지 않으므로 유리막대로 저으면서 녹인다. 먼저 포자에 증류수를 떨어뜨려 포자의 색깔을 관찰한 다음 아래의 어느 반응에 해당하는지 판정한다.

- 아미로이드반응(amyloid): 포자막이나 포자가 연한 회색이나 회청자색, 암자색 또는 검은색으로 염색되는 것으로 무당버섯과의 무당버섯류, 젖버섯류가 이 반응을 나타낸다.
- 비아미로이드반응(nonamyloid): 포자의 막이 연한 황색으로 변하거나 염색되지 않는 것으로 외대버섯속, 느타리버섯 등이 이 반응을 나타낸다.
- 거짓(위) 아미로이드 반응(pseudoamyloid): 포자막이 적갈색, 또는 자갈색으로 염색되는 것으로 갓버섯속이 대표적이다.

그러나 어떤 무리의 버섯들은 같은 속이라도 종에 따라서 아밀로이드, 비아밀로이드, 거짓 아밀로이드 반응을 다르게 나타내기도 한다. 광대버섯류의 어떤 것은 아밀로이드 반응이고 어떤 것은 비아밀로이드 반응을 나타낸다.

반배착생(semipilate)

자실체가 기질 표면에 배착생으로 퍼지다가 가장자리 일부에 균모가 형성되는 것을 말한다.

배착생(resupinate)

자실체에 갓이 형성되지 않고 기질에 완전히 들러붙어 있는 것을 말한다.

백색부후균(white rot)

버섯균이 갈색을 띠는 목질소를 주로 분해하여 목질소가 감소하고 백색을 띠는 섬유소가 주로 남은 것이다.

버섯(mushroom, toadstool, fungi)

버섯은 균사로 된 세포이고 곰팡이 무리 가운데서 자실체를 형성하는 것들을 말한다. 일반적으로 mushroom은 먹을 수 있는 버섯을 의미하며 특히 양송이를 지칭 때 사용하고 독버섯이나 먹을 수 없는 잡버섯을 toadstool로 구분하고 있으나 독버섯만을 지칭할 때도 사용한다.

부착물(appendiculate)

균모의 가장자리에 외피막 잔존물이 달라붙어서 늘어져 있는 것을 이른다.

분생자(conidium)

동충하초 등의 분생자병에서 출아, 분열 등에 의해서 무성적으로 생긴 포자이다. 이 포자는 발아하여 새로운 균사로 발육된다.

분생자병(conidiophore)

분생자를 붙이는 균사로 대 모양으로 길게 뻗어 있거나 분지되기도 하며 그 선단 또는 측면에 분생포자를 형성한다.

사물기생(saprophyte)

버섯이 죽은 식물체(목질, 초류, 낙엽 등)나 죽은 동물체 또는 분뇨 등에 발생하여 영양을 섭취하는 것이다.

생태(서식지, habitat)

버섯이 서식하는 장소로 난대, 온대, 고산, 임지 토양, 활엽수 임지, 침엽수 임지, 혼효림 임지, 초지, 목장, 낙엽 위, 살아 있는 나무, 죽은 나무나 풀, 분뇨, 곤충의 몸체, 죽은 버섯 등 다양하다.

섬유상(fibrillose)

균모나 자루의 표면에 미세한 섬유나 미세한 긴 털이 비교적 고르게 배열된 것으로 때로는 섬유 모양의 무늬가 덮여 있는 것이 있다.

소경(sterigma)

담자기의 선단에 포자와 연결되는 작은 막대 또는 침 모양의 돌기로 경자(梗子), 담자뿔이라고도 한다.

소피자(peridiole)

찻잔버섯류의 컵 모양 자실체 속에 생기는 바둑돌 모양의 기관으로 포자가 들어 있다.

이형균사체(hyphidium, hyphidia)

균사가 별 모양, 망태 모양, 자루 모양, 사슴뿔 모양, 뿔 모양, 옥수수 모양 등 각종 특이한 모양을 가진 것이다.

자낭(ascus, asci)

자낭균류의 유성생식에 의해서 자낭포자(ascospore)를 형성하는 기관으로 긴 자루 모양이며 그 안에 일반적으로 8개의 자낭포자가 들어 있다.

자낭균문(ascomycota)

이 문의 특징은 자낭의 형성과 자낭포자의 형성이다. 자낭은 자실체의 전체 또는 일부가 자낭과라고 하는 조직을 만들고 여기에서 형성된다.

자낭과(ascocarp)

자낭을 형성하는 조직을 일괄해서 자낭과라 말한다. 넓은 뜻으로 자낭균류의 자실체를 지칭하기도 한다. 자낭과에는 자낭각(폐자낭각 포함), 자낭반, 자좌 등이 포함된다.

자낭반(apothecium, apothecia)

자낭균류의 자실체 중 주발버섯, 접시버섯과 같이 컵 모양, 접시 모양, 안장 모양, 주걱 모양, 곤봉형 등을 형성하면서 표면에 자실층을 형성한 것으로 자루가 있는 것도 있고 없는 것도 있다.

자루(대, stipe, stem)

버섯의 줄기에 해당하는 부분으로 균모나 머리 부분을 지탱해준다.

자실체(fruit body)

자실을 만드는 몸체란 뜻으로 버섯을 말한다. 버섯균의 영양균사가 생장한 후 분화되어 생식기관인 버섯을 형성한 것으로 자실체는 나무의 열매에 해당한다.

자실층(hymenium)

포자가 형성되는 담자기나 자낭이 있는 최상층을 말한다. 일반적으로는 버섯의 주름살, 관공, 침상 돌기, 자낭반 표면 등에 형성된다.

자좌(stroma, stromata)

참나무쇠요버섯, 검은팥버섯 또는 동충하초 등에서 볼 수 있는 것으로 많은 자낭각을 포용하고 있는 조직이다. 자낭각 버섯류의 자실체를 자좌라고 한다.

측사(paraphysis)

자낭 사이에 이상하게 자란 균사가 위로 길게 솟아올라온 것으로 꼭대기가 둥근 것이 많다.

턱받이(고리, annulus, ring)

균모와 자루가 생기면서 자루에 내피막의 일부가 남아서 턱받이를 형성한 것이다.

폐자낭각(cleistothecium)

자낭각 중에서 포자분출공이 없는 자낭각으로 자낭과는 아구형으로 완전히 폐쇄되고 자낭포자를 내보낼 포자분출공이 없다.

포자돌기물(ornament)

포자의 표면에 부착된 돌기물로 점상, 선상, 능선상 또는 그물 모양 등을 만드는 것이다. 많은 포자에 돌기물이 나타나며 분류상 중요한 기준이 되기도 한다.

포자문(spore print)

버섯의 균모나 자실층을 잘라서 흰 종이나 검은 종이 위에 주름살이나 자실층이 아래로 가도록 얹어 놓으면 포자가 종이 위에 낙하하여 포자의 무늬를 이룬다. 떨어진 포자의 색은 버섯분류에 주요한 자료가 되는데 포자의 색은 포자문의 색으로 판단한다.

포자분출공(ostiole)

자낭각의 위쪽에 포자를 분출하는 구멍으로 각공(殼孔), 공구(孔口), 유구(有口) 등 다양한 명칭으로 불리고 있다.

활물기생(parasite)

버섯이 살아 있는 식물체나 동물체에 기생하면서 영양을 섭취하는 것을 말한다.

흡습성(hygrophanous)

버섯의 갓이 물기를 오래 유지하면서 진한 색을 나타내는 성질로 물기가 없어지면 연한 색이 된다. 흡수성 또는 습윤성이라고도 한다.

▌참고문헌

한국

박완희 · 이지현, 2011, 『새로운 한국의 버섯』, 교학사.

서재철 · 조덕현, 2004, 『제주도 버섯』, 일진사.

윤영범 · 현운형, 1987, 『조선포자식물(균류 편 1)』, 과학백과사전종합출판사.

이지열, 1988, 『원색 한국의 버섯』, 아카데미.

이지열, 2007, 『버섯생활백과』, 경원미디어.

이지열 · 홍순우, 1985, 『한국동식물도감 제28권: 고등균류(버섯 편)』, 문교부.

이태수, 2016, 『식용 · 약용 · 독버섯과 한국버섯목록』, 한택식물원.

조덕현, 2002, 『버섯』, 지성사.

조덕현, 2003, 『원색 한국의 버섯』, 아카데미서적.

조덕현, 2007, 『조덕현의 재미있는 독버섯이야기』, 양문.

조덕현, 2009, 『한국의 식용 · 독버섯 도감』, 일진사.

조덕현, 2013, 『자연보전 50년사(고등균류(버섯)의 신종발견 이야기)』, 한국자연보전협회.

조덕현, 2014, 『버섯수첩』, 우듬지.

조덕현, 2014, 『백두산의 버섯도감 1』, 한국학술정보.

조덕현, 2014, 『백두산의 버섯도감 2』, 한국학술정보.

조덕현, 2016, 『한국의 균류 1: 자낭균류』, 한국학술정보.

최호필, 2015, 『버섯대도감』, 아카데미북.

Duck-Hyun Cho, 2002, Two new Species of Amanita from Korea, International Mycological Congress 7(IMC 7), Oslo(Norway).

Duck-Hyun Cho · W. K. Cho · J. Y. Chung · H. S. Park · B. Y. Ahn, 2002, Database of Korean Mushrooms International Mycological Congress 7(IMC 7), Oslo(Norway).

Duck-Hyun Cho, 2009, Flora of Mushrooms of Mt. Backdu in Korea, Asian Mycological Congress 2009(AMC 2009): Symposium Abstracts, B-035(p-109), Chungching(Taiwan).

Duck-Hyun Cho, 2010, Four New Species of Mushrooms from Korea, International Mycologica Congress 9(IMC9), Edinburgh(U.K).

Duck-Hyun Cho, Seong-Sick Park and Dong-Soo Choi, 1992, The Flora of Higher Fungi In Mt. Paekdu, Proc. Asian Mycol.Symp.: 115-124.

중국

嗚聲華·周文能·王也珍, 2002, 臺灣高等眞菌, 國立自然科學博物館.

周文能·張東柱, 2005, 野菇圖鑑, 遠流出版公司.

卵餞豊, 2000, 中國大型眞菌, 河南科學技術出版社.

卵餞豊·蔣張坪·欧珠次旺, 1993, 西蔣大型經濟眞菌, 北京科學技術出版社.

謝支錫·王云·王柏·董立石, 1986, 長白山傘菌圖志, 吉林科學技術出版社.

黃年來, 1993, 中國食用菌百科, 中國農業出版社.

黃年來, 1998, 中國大型眞菌原色圖鑒, 中國农业出版社.

李建宗·胡新文·彭寅斌, 1993, 湖南大型眞菌志, 湖南師範大學出版社.

戴賢才·李泰輝, 1994, 四川省甘牧州菌类志, 四川省科學技術出版社.

Bi Zhishu·Zheng Guoyang·Li Taihui, 1994, Macrofungus Flora of Guangdong Province, Guangdong Science and Technology Press.

Bi Zhishu·Zheng Guoyang·Li Taihui·Wang Youzhao, 1990, Macrofungus Flora of Mountainous District of North Guangdong, Guangdong Science & Technology Press.

Liu Xudong, 2002, Coloratlas of the Macrogfungi in China, China Forestry Publishing House.

Liu Xudong, 2004, Coloratlas of the Macrogfungi in China 2, China Forestry Publishing House.

Ying J.·X. Mao·Q. Ma·Y. Zong and H. Wen, 1989, Icones of Medicinal Fungi from China, Science Press.

일본

今關六也·大谷吉雄·本鄉次雄, 1989, 日本のきの乙, 山と溪谷社.

今關六也·本鄉次雄·椿啓介, 1970, 菌類, 保育社.

伊藤誠哉, 1955, 日本菌類誌 第2巻 擔子菌類 第4號, 養賢堂.

伊藤誠哉, 1959, 日本菌類誌 第2巻 擔子菌類 第5號, 養賢堂.

印東弘玄·成田傳藏, 1986, 原色きの乙圖鑑, 北隆館.

朝日新聞, 1997, きの乙の世界, 朝日新聞社.

本鄉次雄 監修 (幼菌の會編), 2001, きの乙圖鑑, 家の光協會.

本鄉次雄·上田俊穂·伊澤正名, 1994, きの乙, 山と溪谷社.

本鄉次雄·上田俊穂·伊澤正名, きのこ圖鑑, 保育社.

本鄉次雄, 1989, 本鄉次雄教授論文選集, 滋賀大學教育學部生物研究室.

工藤伸一·長澤榮史·手塚豊, 2009, 東北きの乙圖鑑, 家の光協會.

高橋郁雄, 2007, 北海道きの乙圖鑑, 亞璃西社.

伍十嵐恒夫, 1997, 北海道のきのこ, 北海道新聞社.

伍十嵐恒夫, 1997, 續 北海道のきのこ, 北海道新聞社.

伍十嵐恒夫, 2009, 北海道のきのこ, 北海道新聞社.

長澤榮史, 2005, 日本の毒きのこ, 株式會社 學習社.

萩原博光(解說), 2007, 南方熊楠菌類圖鑑, 新潮社.

Imazeki. R. & T. Hongo, 1987 · 1989, Colored Illustrations of Mushroom of Japan, vol.1-2. Hoikusha Publishing Co. Ltd.

Kento Katumoto, 1996, Mycological Latin and Nomenclature, The Kanto Branch of the Mycological Society of Japan.

유럽 및 미국

Antonio Testi, 1995, Il Libro Dei Funghi D Italia, Demetra.

Bas, C., TH. W. Kuyper, M.E. Noodeloos & E.C. Vellinga, 1988, Flora Agaricina Neerlandica (1), A.A. Balkema/Rotterdam/Brookfield.

Bas, C., TH. W. Kuyper, M.E. Noodeloos & E.C. Vellinga, 1990, Flora Agaricina Neerlandica (2), A.A.Balkema/Rotterdam/Brookfield.

Bas, C., TH. W. Kuyper, M.E. Noodeloos & E.C. Vellinga, 1995, Flora Agaricina Neerlandica (3), A.A.Balkema/Rotterdam/Brookfield.

Bessette, A.E., A.R. Bessette, D.W. Fischer, 1996, Mushrooms of Northeastern North America, Syracuse University Press.

Bessette, A. and W. J. Sundberg, 1987, Mushrooms, Macmillan Publishing.

Bessette, A.E., O.K. Miller, Jr. A.R. Bessette, H.H. Miller, 1984, Mushrooms of North America in Color, Syracuse University Press.

Binion D.E., H.H. Burdsall, Jr. S.L. Steohenson, O.K. MillerJr. W.C. Roody, L.N. Vasilyeva, 2008, Macrofungi Associated Oaks of Eastern North America, West virginia Press.

Boertmann David et al., 1992, Nordic Macromycetes vol. 2. Nordsvamp-Copenhagen.

Bon, M., 1995, Tricholomataceae 1, IHW-Verlag.

Bon, M., 1987, The mushrooms and Toadstools of Britain and North-Western Europe, Hodder & Stoughton.

Breitenbach, J. and Kränzlin, F., 1986, Fungi of Switzerland. Vols. 2. Verlag Mykologia, Lucerne.

Breitenbach, J. and Kränzlin, F., 1995, Fungi of Switzerland. Vols. 4. Verlag Mykologia, Lucerne.

Buczacki, S., 1992, Mushrooms and Toadstools of Britain and Europe, Harper Collins

Publishers.

Buczacki, S., 2012, Collins Fungi Guide, Collins.

Cappelli, A., 1984, Agaricus, Libreia editrice Giovanna Biella, 1-21047 Saronno.

Candusso, M.-G. Lanzoni, 1990, Lepiota, Libreia editrice Giovanna Biella, 1-21047 Saronno.

Cetto Bruno, 1987, Enzyklopadie der Pilze (1-4), BLV Verlagsgesellschaft, Munchen Wein Zurich.

Cetto, B., 1993, Funghi facili, Saturnia.

Corfixen Peer, 1997, Nordic Macromycetes vol. 3. Nordsvamp-Copenhagen.

Courtecuisse, R. & B. Duhem, 1995, Collins Field Guide, Mushrooms & Toadstools of Britain & Europe, Harper Collins Publishers.

Courtecuisse, R. & B. Duhem, 1994, Les Chamignons de France, Eclectis.

Dahncke,R.M., S.M. Dahncke, 1989, 700 Pilze in Farbfotos, At Verlag Aarau, Stuttgart.

Dahncke, R.M, 1994, Grundschule fur Pilzsammler, At Verlag.

Dennis E. Desjarin, Michael G. Wood, Fredericka. Stevens, 2015, California, Mushrooms, Timber Press.

Dkfm. Anton Hausknecht & Mag. Dr. Irmgard Krisai-Greilhuber, 1997, Fungi non Delieati, Liberia Bassa.

Foiera, F.-Ennio Lazzarini, Martin Snabl-Oscar Tani, 1998, Funghi Igrofori, Edagricole-Edizioni Agricole.

Foiera, F.-E.Lazzarini, M. Snabl-O. Tani, 1998, Funghi Lattari-Edagricole, Edizioni Agricole.

Foulds, N., 1999, Mushrooms of Northeast North America, George Barron.

Galli, R., 1980, Le Amanite Delle Nostre Regioni, Edizioni La Tipotecnica.

Goidanich, G. & G. Govi, 1997, Funghi E Ambiente, Edagricole-Edizioni Agricole.

Hall, I.R., S.L. Stephenson, P.K. Buchanan, W. Yun, A.L.J. Cole, 2003, Timber Press.

Holmberg Pelle, Hans Marklund, 2002, Nya Svampboken, Prisma.

Horak, E., 1973, Fungi Agaricini Novazelandiae (I-V), Verlag von J.Cramer.

Huang Nianlai, 1988, Colored Illustration Macrofungi of China, China Agricultural Press, China.

Jenkins, D.T., 1986, Amanita of North America, Mad River Press.

Jordan, P., 1996, The New Guide to Mushrooms, Lorenz Books.

Keller, J., 1997, Atlas des Basidiomycetes, Union des Societies Suisses de Mycologie.

Kibby, G., 1992, Mushrooms and other Fungi, Smithmark.

Kibby, G., 2012, The genus Agarcus in Britain, June 2012, Private Published.

Kibby, G., 2012, The genus Amanita in Britain, July 2012, Private Published.

Kibby, G., 2013, The Genus Tricholoma in Britain, Private Published.

Kirk, P.M., F, Cannon, D.W. Minter and J.A. Stalpers, 2008, Dictionary of the Fungi (10th ed), CABI Publishing.

Kirk. P.M, P.F. Cannon, J.C. David & J.A. Stalpers, 2001, Dictionary of the Fungi 10th Edition, CABI Publishing.

Laessoe, T., 1998, Mushrooms, Dorling Kindersley.

Laessoe, T. and A. D. Conte, 1996, The Mushroo Book, Dorling Kindersley.

Laursen, G.A. Mcarthur, N., 2016, Alaskas, Mushrooms, Alaska Northwest Books.

Lincoff, G.H., 1981, Guide to Mushrooms, Simon & Schuster Inc. Grafe & Unzer, G/U.

Lincoff, G.H., 1992, The Audubon Society Field Guide to North American Mushroom, Alfred A. Knof.

Linton, A., 2016, Mushrooms of the Britain And Europe, Reed New Holland Publishers.

Marren Peter, 2012, Mushroos, British Wildlife.

Mazza, R., 1994, I Funghi, Manuali Sonzogno.

McKnight, K.H., V.B. McKnight, 1987, A Field Guide to Mushrooms North America, Houghton Mifflin Company, Boston.

Meixner, A., 1989, Pilze selber zuchten, At Verlag.

Miller, Jr. O.K. Mushrooms of North America, E.P. Dutton New York.

Michael R. Davis, Robert Sommer, John A. Menge, 2012, Mushrooms of Weetern North America.

Miller, Jr. O.K. and H.H. Miller, 2006, North American Mushrooms, Falcon Guide.

Moser, M. and W. Julich, 1986, Farbatlas der Basidiomyceten, Gustav Fischer Verlag.

Noah, S. and C. Schwarz, 2016, Mushrooms of the Redwood Coast, Ten Speed Press Berkeley.

Noordeloos, M.E., 2011, Strophariaceae s.1. Edizioni Candusso.

Nylén, Bo, 2000, Svampar I Norden, Och Europa, Natur Och Kultur/Lts Forlag.

Nylén, B., 2000, Svampar I Norden, Och Europa, Natur Och Kultur/Lts Forlag.

Nylén, 2002, Svampar i skog dch mark, Prisma.

Pegler David N, 1993, Mushrooms and Toadstools, Mitchell Beazley.

Pegler D.N., T. Laesse, B.M. Spooner, 1995, British Puffballs, Earthstars and Stinkhorns, Royal Botanic Gardens, Kew.

Petrini, O. & E. Horak, 1995, Taxonomic Monographs of Agaricales, J. Cramer.

Phillips, R., 1981, Mushroom and other fungi of great Britain & Europe, Ward Lock Ltd. UK.

Phillips, R., 1991, Mushrooms of North America, Little, Brown and Company.

Phillips. R., 2006, Mushrooms, Macmillan.

Rea, C., 1980, British Basidiomycetaceae, J. Crame

Regis Courtecuisse, 1994, Guide des Champignons de France et DEurope.

Reid, D., 1980, Mushrooms and Toadstool, A Kingfisher Guide.

Riva, A., 1988, Tricholoma, Libreia editrice Giovanna Biella.

Riva, A., 1998, Tricholoma (Fr.) Staude, Mykoflora.

Singer, R., 1986, The Agaricales in Modern Taxonomy, 4th ed. Koeltz Scientific Books, Koenigstein.

Spooner Brian and Thomas Laessoe, 1992, Mushrooms and Other Fungi, Hamlyn.

Stangl, J., 1991, Guida alla determinazione dei funghi vol.3 Inocyeb, Saturnia.

Stellan Sunhede, 1989, Geastraceae (Basidiomycotina), Gronlands Grafiske A/S, Oslo, Norway.

Russell, B., 2006, Field Guide to Wild Mushrooms, The Pennsylvania State University.

Traverso, Mido, 1998, Il Genere Amanita in Italia, Associazione Micologica Romana.

Watling, R. & N.M. Gregory, 1987, 5/Strophariaceae & Coprinaceae pp. Roya Botanic Garden, Edinburgh.

Westhuizen, van der, G.C.A., A. Eicker, 1994, Mushrooms of Southern Africa, Struck.

Winkler Rudolf, 1996, 2000 Pilze einfach bestimmen, At Verlag.

영국 http://www.indexfungorum.org

이태수 http://koreamushroom.kr

조덕현 http://mushroom.ndsl.kr

색 인

조덕현
(조덕현버섯박물관, 버섯 전문 칼럼니스트, 한국에코과학클럽)

- 경희대학교 학사
- 고려대학교 대학원 석사, 박사
- 영국 레딩(Reading)대학 식물학과
- 일본 가고시마(鹿兒島)대학 농학부
- 일본 오이타(大分)버섯연구소에서 연구

- 우석대학교 교수(보건복지대학 학장)
- 광주보건대학 교수
- 경희대학교 자연사박물관 객원교수
- 한국자연환경보전협회 회장
- 한국자원식물학회 회장
- 세계버섯축제 조직위원장
- 한국과학기술 앰버서더
- 새로마지 친선대사(인구보건복지협회)
- 전라북도 농업기술원 겸임연구관
- 숲해설가 강사(광주, 대전, 충북)
- WCC총회 실무위원

- 저서
『균학개론』(공역)
『한국의 버섯』
『암에 도전하는 동충하초』(공저)
『버섯』(중앙일보 우수도서,
　　어린이도서관 연구소 아침독서용 추천도서)
『원색한국버섯도감』
『푸른 아이 버섯』
『제주도 버섯』(공저)
『자연을 보는 눈 "버섯"』
『나는 버섯을 겪는다』
『조덕현의 재미있는 독버섯 이야기』(과학창의재단)
『집요한 과학씨, 모든 버섯의 정체를 밝히다』
『한국의 식용, 독버섯 도감』(학술원 추천도서)
『옹기종기 가지각색 버섯』
『한국의 버섯도감 I』(공저)

『버섯과 함께한 40년』
『버섯수첩』
『백두산의 버섯도감 1, 2』(세종우수학술도서)
『한국의 균류 1: 자낭균류』 외 20여 권

- 논문
「백두산의 균류상」 외 200여 편

- 기타
버섯 칼럼
월간버섯 칼럼 연재
버섯의 세계(전북일보) 연재

- 방송
마이산 1억 년의 비밀(KBS 전주방송총국)
과학의 미래(YTN 신년특집)
갑사(MBC)
숲속의 잔치(버섯)(KBS)
어린이 과학탐험(SBS)
싱싱농수산(KBS)

- 수상
황조근조훈장(대한민국)
자랑스러운 전북인 대상(학술 · 언론부문, 전라북도)
사이버명예의 전당(전라북도)
전북대상(학술 · 언론부문, 전북일보)
교육부장관상(교육부)
제8회 과학기술 우수논문상(한국과학기술단체총연합회)
한국자원식물학회 공로패(한국자원식물학회)
우석대학교 공로패 2회(우석대학교)
자연환경보전협회 공로패(한국자연환경보전협회)

- 버섯 DB 구축
한국의 버섯(북한버섯 포함): http://mushroom.ndsl.kr
가상버섯 박물관: http://biodiversity.re.kr